Second Edition

Regression Analysis

이우리

회귀분석 입문

- 이해와 SAS활용

도서출판 탐진

▸▸▸ 머리말

우리들이 관심을 갖는 대부분의 사건들은 서로 복잡하게 연관되어 있고, 이 때 이들 간의 연관성을 분석하기 위하여 사용할 수 있는 방법이 바로 회귀분석이다. 즉, 회귀분석은 서로 연관성이 있는 변수들 간의 관련성을 분석하는 통계적 방법이다. 이와 같은 회귀분석은 통계적 분석방법 중에서 가장 많이 사용되는 방법 중 하나이며, 경제학, 경영학, 사회학, 체육학, … 등 거의 모든 분야에서 폭 넓게 이용되고 있다.

저자는 지난 1996년 '회귀분석－입문 및 응용'이란 책을 집필한 바 있다. 그 동안 세 차례의 개정판을 내면서 많은 독자들의 관심을 받아 왔다고 생각된다. 그러나 학부학생 혹은 비전공자들이 읽고 활용하기에는 책의 내용이 다소 방대하고 또 내용의 체계적인 전개가 미비한 것으로 판단되어 새로운 책으로 집필을 했다. 저자는 이 책을 통하여 다음의 목적들이 달성할 수 있기를 바라면서 이 책을 집필했다.

첫째, 이 책은 독자들에게 회귀분석에 대한 기본적인 이해를 시키는 회귀분석에 대한 입문서로 작성되었다. 따라서 이 책에서는 회귀분석을 이해하기 위한 기본적인 개념을 주로 다루었으며, 회귀이론의 유도과정이나 증명은 대부분 생략하거나 부록에서 다루었다.

둘째, 이 책은 회귀분석의 이론과 응용을 공부하기 위한 기본 서적이다. 따라서 통계학에 관한 기초적 이해만 있으며 읽을 수 있으며, 이 책에서 다루지 못하는 회귀분석 내용에 대해서는 각 편별로 참고문헌을 참고할 수 있도록 나열했다.

셋째, 이 책에서는 실증적인 분석에서 SAS를 활용하여 회귀분석을 하는 많은 사례를 기술하고 있다. 따라서 독자들이 실증적인 연구에서 SAS를 활용해서 회귀분석을 하는데 많은 도움을 줄 수 있을 것으로 생각된다.

관측한 자료의 분석을 통하여, 서로 관련성이 있는 두 개 혹은 그 이상의 변수들 간의 함수적 관련성을 추정하여 분석하는 통계적 방법인 회귀분석은 개념적으로는 매우 단순하다고 생각할 수도 있다. 그러나 회귀분석을 위하여 사용하는 회귀이론은 항상 어떤 가정 하에 성립되고, 현실에서 관측된 자료들은 대부분의 경우 이와 같은 가정을 충족시키지 못한다. 이와 같은 이론과 현실자료에 대한 괴리를 해결할 수 있는 방법 즉, 회귀분석을 위하여 설정된 모형과 가정들을 진단하여 적절히 대처하는 방법들에 관하여 많은 기술을 하였다.

저자는 그동안 회귀분석을 강의를 하면서 느낀 점들과 학생들의 건의사항들을 생각하면서 좀 더 쉽게 이해하기 쉽고, 실용적인 책을 쓰려고 노력했다.

추정된 회귀모형의 통계적 특성을 실증적으로 보여주기 위하여 몬테칼로 시뮬레이션 분석을 사용했고, 국내자료를 이용하여 실제로 응용한 많은 분석사례들을 실었다. 특히 적절한 사례를 찾기 위하여 많은 시간과 노력을 기울였으므로 이러한 사례들이 독자들에게 큰 도움을 줄 수 있기를 기대한다.

여러 층의 독자들이 쉽게 이해하고 응용할 수 있도록 하기 위하여 노력했으며, 특정 분야에 더 깊은 관심을 갖는 독자들을 위해서는 해당 분야의 참고문헌들을 상세히 나열했다.

이 책의 내용이 독자들에게 회귀분석의 개념을 정확하게 이해시키고, 또 독자들이 회귀분석을 사용하여 자료 분석을 할 때 보다 합리적이고 정확한 분석을 하는 데 도움을 줄 수 있기를 기원한다. 이 책에서는 아직도 미흡한 부분이 상당히 있을 것으로 생각되지만, 독자 여러분들의 많은 조언과 지속적인 노력으로 보완해 나갈 것이다. 이 책이 나오기까지 여러 가지로 도움을 주신 동료 교수님들, 그리고 학생들에게 감사드리고, 또 출판을 맡아 주신 탐진 여러분께도 고마움을 전합니다.

개정판에서의 수정 보완 사항으로는,

제1장 회귀분석을 위한 통계학의 기초 중에서 정규분포 및 관련분포의 내용을 보완했으며, 제3편의 제목 및 내용을 일부 수정, 보완했다. 특히 11장 모형의 확립을 위한 변수선택방법을 모형의 평가 및 확립으로 바꾸어 모형수립을 위한 종합적인 검토과정을 기술했다.

이 책에서 사용된 자료 및 프로그램은 도서출판 탐진의 홈페이지(http://www.tamjin.co.kr)에서 다운받을 수 있다.

2015년 8월

저 자

차 례

Part 1 회귀분석 입문

Chapter 1 회귀분석을 위한 통계적 기초

1.1 통계적 분석이란 / 15

1.2 확률변수와 확률분포 / 16

1.2.1 확률변수 ········· 16
1.2.2 확률변수의 기대값과 분산 ········· 17
1.2.3 확률분포 ········· 19

1.3 정규분포 및 관련분포 / 19

1.3.1 정규분포 ········· 19
1.3.2 정규분포와 관련된 분포 ········· 20

1.4 통계적 추정 / 23

1.4.1 표집분포 ········· 23
1.4.2 추정량의 특성 ········· 24
1.4.3 최우추정량과 최소제곱추정량 ········· 25

1.5 신뢰구간 추정 및 가설검정 / 26

Chapter 2 회귀분석의 이해

2.1 회귀분석이란? / 29

2.2 회귀분석의 기원 / 31

2.3 관련성의 기술과 모형 / 32

2.4 회귀분석을 위한 컴퓨터 패키지 프로그램 / 36

Chapter 3 단순회귀모형의 설정과 추정

3.1 단순회귀모형의 설정 / 39

3.2 최소제곱법에 의한 모형의 추정 / 44

3.2.1 최소제곱법에 의한 회귀계수의 추정 44

3.2.2 최소제곱추정량과 추정된 회귀선의 특성 47

3.3 추정된 회귀식의 평가 / 49

3.3.1 오차분산의 추정값 49

3.3.2 결정계수 51

3.4 몬테칼로 실험연구에 의한 최소제곱추정량의 특성분석(1) / 54

3.4.1 몬테칼로 실험의 계획 54

3.4.2 몬테칼로 실험결과 55

✪ 연습문제 / 63

Chapter 4 단순회귀모형의 추론

4.1 회귀계수 β_1에 대한 추론 / 66

4.1.1 b_1의 표집분포 66

4.1.2 β_1에 대한 신뢰구간추정 및 가설검정 68

4.2 회귀계수 β_0에 대한 추론 / 73

4.2.1 b_0의 표집분포 73

4.2.2 β_0에 대한 신뢰구간추정 및 가설검정 74

4.3 단순회귀모형에서의 분산분석 / 76

4.3.1 총변동의 분할 76

4.3.2 분산분석 78

4.4 예 측 / 80

4.5 몬테칼로 실험연구에 의한 최소제곱추정량의 특성분석(2) / 84

4.6 응용예제 / 85

4.6.1 물가와 통화량에 대한 회귀분석 85

✪ 연습문제 / 92

Chapter 5 회귀분석의 다른 논제들(I)

5.1 상관분석 / 95

5.1.1 상관계수 ··· 96

5.1.2 상관계수의 추론 ··· 99

5.1.3 순위상관계수 ··· 100

5.1.4 편상관계수 ··· 101

5.1.5 상관분석과 회귀분석 ··· 102

5.2 원점을 지나는 회귀 / 103

5.3 두 회귀선의 기울기의 비교 / 106

✪ 연습문제 / 109

Part 2 독립변수가 2개 이상인 회귀모형의 분석

Chapter 6 중회귀모형의 설정과 추론

6.1 중회귀모형의 설정과 추정 / 115

6.1.1 중회귀모형의 설정 ··· 115

6.1.2 최소제곱법에 의한 추정 ··· 117

6.1.3 최소제곱추정량의 특성 ··· 120

6.2 추정된 회귀함수의 평가 / 121

6.3 회귀계수에 대한 추론 / 124

6.3.1 회귀계수 β_i에 대한 신뢰구간 추정 ··· 124

6.3.2 회귀계수 β_i에 대한 검정 ··· 127

6.4 예 측 / 129

6.4.1 종속변수의 기대값에 대한 추정 ··· 129

6.4.2 종속변수의 기대값에 대한 검정 ··· 130

6.5 분산분석과 부분가설 검정 / 131

6.5.1 분산분석 ··· 131

6.5.2 부분가설검정 ··· 133

6.5.3 제1종 제곱합과 제2종 제곱합 ··· 137

6.6 중회귀분석 응용예제 / 140
6.6.1 중회귀모형을 이용한 한국의 수출량 분석 …… 140
6.6.2 중회귀모형을 이용한 한국의 도매물가지수의 분석 …… 144

✪ 연습문제 / 147

Chapter 7 행렬을 사용한 중회귀분석

7.1 행렬의 기초 / 150
7.1.1 행렬의 정의 …… 150
7.1.2 행렬의 연산 …… 152
7.1.3 행렬식 …… 153
7.1.4 특수한 행렬 …… 154
7.1.5 행렬의 몇 가지 특성 …… 155

7.2 중회귀모형의 설정과 추정 / 157
7.2.1 중회귀모형의 설정 …… 157
7.2.2 중회귀모형의 추정 …… 158

7.3 회귀계수에 대한 추론 / 164

7.4 예 측 / 166
7.4.1 종속변수의 기대값에 대한 추정 …… 166
7.4.2 종속변수의 기대값에 대한 검정 …… 167

✪ 연습문제 / 170

Part 3 회귀진단 및 모형의 확정

Chapter 8 회귀진단 및 해결방안(I) - 비선형성과 비정규성 문제

8.1 잔차분석 / 175

8.2 회귀함수의 비선형성 / 180
8.2.1 서 론 …… 180
8.2.2 모형의 변환과 추정 …… 184

8.3 오차항의 비정규성 / 189

8.3.1 서 론 ···· 189
8.3.2 오차항에 대한 정규성 가정의 검정 ···· 190
8.3.3 해결방안 ···· 194

8.4 응용예제 / 195

8.4.1 정규성 가정이 성립되지 않은 자료에 대한 분석 ···· 195
8.4.2 은행의 예금유치액과 지점크기에 대한 선형회귀분석 ···· 198

✪ 연습문제 / 204

Chapter 9 회귀진단 및 해결방안(II) - 자기상관과 이분산 문제

9.1 자기상관 / 206

9.1.1 서론 ···· 206
9.1.2 자기상관의 검정 ···· 209
9.1.3 해결방안 ···· 215

9.2 이분산 / 218

9.2.1 이분산이란 ···· 218
9.2.2 이분산의 검정 ···· 221
9.2.3 가중최소제곱법 ···· 225

9.3 응용예제 / 229

9.3.1 자기상관 및 이분산이 존재하는 경우의 최소제곱추정량의 특성 분석을 위한 몬테칼로 실험연구 ···· 229
9.3.2 자기회귀모형에 의한 한국의 도매물가지수 모형의 추정 ···· 232

✪ 연습문제 / 237

Chapter 10 회귀진단 및 해결방안(III) - 다중공선성과 특이값 및 영향력이 큰 관측값 문제

10.1 다중공선성 / 239

10.1.1 다중공선성의 개념 ···· 239
10.1.2 다중공선성의 효과 ···· 240
10.1.3 다중공선성의 진단과 해결방안 ···· 241

10.2 특이값과 영향력이 큰 관측값 / 246

10.2.1 특이값이란 ···· 246

10.2.2 특이값의 식별 247
10.2.3 영향력이 큰 관측값이란 250
10.2.4 영향력이 큰 관측값의 식별 251

10.3 응용예제 / 255
10.3.1 중회귀모형을 이용한 한국의 수출량 분석 255
10.3.2 중회귀모형을 이용한 환자의 수술후의 생존시간 분석 260

✪ 연습문제 / 268

Chapter 11 회귀모형의 평가와 확정

11.1 서 론 / 270

11.2 변수선택 / 271
11.2.1 변수선택의 판정기준 272
11.2.2 변수선택의 방법 277

11.3 모형의 확정 / 283
11.3.1 모형의 확정을 위한 유효성 평가 283
11.3.2 연구목적에 따른 독립변수의 수준선택 284

11.4 응용예제 / 285
11.4.1 단계별 회귀방법에 의한 소비자물가모형의 추정 285
11.4.2 환자의 수술후의 생존시간 분석을 위한 모형의 선택 288

✪ 연습문제 / 291

Part 4 회귀분석의 확장

Chapter 12 가변수를 포함하는 회귀모형

12.1 한 개의 가변수를 포함하는 모형 / 297

12.2 두 개 이상의 가변수를 포함하는 모형 / 301

12.3 종속변수가 가변수인 경우 – 선형확률모형 / 304
12.3.1 종속변수가 가변수인 모형 304
12.3.2 선형확률모형 305

12.3.3 프로빗모형과 로짓모형 308

12.4 응용예제 / 313

12.4.1 가변수를 이용한 미국의 사형제도에 관한 분석 313

✪ 연습문제 / 317

Chapter 13 다항회귀

13.1 독립변수가 하나인 다항회귀모형 / 319

13.2 독립변수가 2개인 다항회귀모형 / 323

13.3 이차 다항반응함수에서의 최적조건의 탐색 / 327

✪ 연습문제 / 329

Chapter 14 회귀분석의 다른 논제들(II)

14.1 제한최소제곱법 / 331

14.2 일반화 최소제곱법 / 333

14.3 연립방정식 모형 / 335

14.3.1 연립방정식 체계 336

14.3.2 식별문제 337

14.3.3 연립방정식 모형의 추정방법 340

14.4 ARCH 회귀모형 / 346

14.4.1 ARCH 모형이란 346

14.4.2 ARCH 회귀모형 347

14.4.3 GARCH 회귀모형 347

14.5 비선형회귀분석 / 351

✪ 부 록 / 359

✪ 연습문제 해설 / 372

✪ 찾아보기 / 384

Part 1

REGRESSION ANALYSIS

회귀분석 입문

제1편에서는 먼저, 회귀분석의 기본적인 개념과 회귀분석이 응용되는 예제들을 중심으로 하여 회귀분석에 관한 개괄적인 내용을 설명한다. 대부분의 경우 회귀분석을 행하기 위해서는 많은 계산이 필요하게 되므로, 컴퓨터의 사용은 필수적이다. 따라서 회귀분석을 행하기 위하여 이용할 수 있는 통계 패키지 프로그램들을 소개한다. 또한 독립변수가 하나만 포함하는 단순회귀모형의 설정과 추정 및 검정 그리고 상관분석에 관하여도 기술한다.

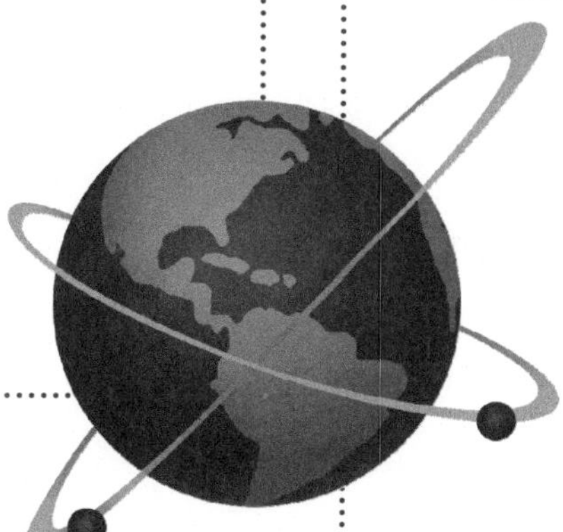

REGRESSION ANALYSIS

제1장 회귀분석을 위한 통계학의 기초

제2장 회귀분석의 이해

제3장 단순회귀모형의 설정과 추정

제4장 단순회귀모형의 추론

제5장 회귀분석의 다른 논제들(I)

제 1 장 회귀분석을 위한 통계적 기초

REGRESSION ANALYSIS

이 장에서는 회귀이론을 공부하기 위하여 필요한 기초적인 통계이론에 대하여 기술한다. 통계학에 대한 기본적인 개념이 정립되지 않은 독자들을 위하여 기초적이고 개념적인 내용들을 다룬다. 따라서 기초 통계학의 내용들을 어느 정도 이해를 하고 있는 독자들은 생략할 수 있다.

1.1 통계적 분석이란

통계학(statistics)이란 관심의 대상이 되는 집단에 대하여 자료를 효율적으로 수집, 정리, 요약하거나 이들의 제한된 자료 혹은 정보를 이용하여 불확실한 사실에 대하여 과학적이고 합리적인 의사결정을 내릴 수 있는 방법들을 대상영역으로 하는 학문분야를 말한다. 즉, 제한된 정보 혹은 불확실한 상황 하에서 최적 의사결정을 내릴 수 있는 방법들을 대상영역으로 하는 학문분야다.

통계학에서 가장 기본적인 용어는 모집단(population)과 표본(sample)이다. 모집단이란 연구 혹은 관심의 대상이 되는 개체들의 전체 집합을 말하며, 표본이란 모집단에서 조사대상으로 추출된 개체들의 집합, 즉 모집단의 부분집합을 말한다. 이 때 모집단의 평균, 분산, 회귀계수 등(μ, σ^2, β_0, β_1, $\cdots$)과 같이 모집단의 특성을 나타내는 값을 모수(parameter)라고 하고, 표본의 평균, 분산, 회귀계수 등과 같이 표본의 특성을 나타내는 양($\overline{X}$, S^2, b_0, b_1, $\cdots$)을 표본통계량(sample statistic), 혹은 통계량이라고 부른다. 따라서 통계적 분석방법이란 모집단에서 추출된 표본의 분석을 통하여 모집단의 특성을 나타내는 모수에 대한 의사결정(통계적 추정 및 가설검정)을 내리는 것이다.

이와 같은 통계적 분석과정을 그림으로 나타내면 다음과 같다.

<통계적 분석방법의 이해>

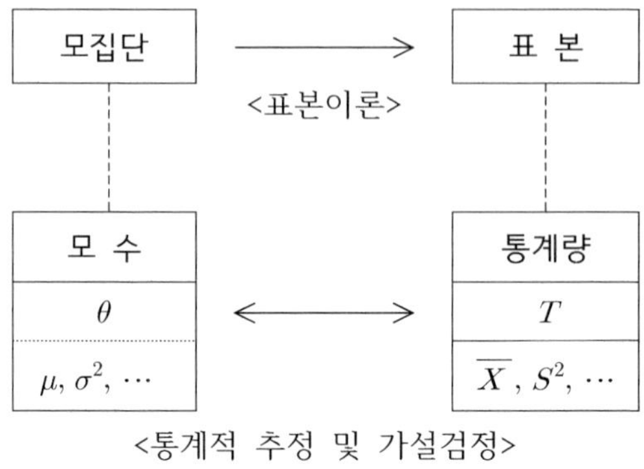

즉, 일반적으로 통계적 분석을 하기 위해서는 다음과 같은 과정을 거친다.

첫째, 적절한 표본추출방법(표본이론)에 따라서 연구대상 집단인 모집단에서 표본을 추출한다.

둘째, 표본으로 관측된 자료의 분석을 통하여 표본 자료의 특성을 분석, 즉 표본 통계량의 값들을 계산한다.

셋째, 표본 통계량이 이루는 확률분포인 표집분포(sampling distribution)를 이용하여 모집단의 모수에 대한 의사결정(추정 및 가설검정)을 내린다.

따라서 통계적 추정 및 가설검정을 하기 위해서는 통계량의 확률분포인 표집분포가 전재되어야 하며, 표집분포를 이해하기 위해서는 먼저 확률변수의 개념, 확률분포 등에 대한 이해가 선행되어야 한다.

1.2 확률변수와 확률분포

1.2.1 확률변수

확률변수에 대한 이해를 위해서는 먼저 사건과 확률에 대한 이해가 필요하다. 확률적 실험에서 나타날 수 있는 가장 기본적인 결과를 기본사건(elementary event)이라고 하고,

또 가능한 모든 결과들의 집합을 표본공간(sample space)이라고 한다. 이 때 사건(event)은 표본공간의 부분집합 혹은 기본사건의 집합으로 정의되고, 어떤 사건 E가 일어날 수 있는 확실성을 계량적으로 나타내는 척도를 사건 E의 확률(probability)이라고 하며 $P(E)$로 나타낸다.

확률변수(random variable)란 표본공간에서 관측된 사건을 실수로 대응시켜 주는 법칙 혹은 함수를 말한다.

예를 들면, 동전을 두 개 던지는 실험에서 앞면이 나타나는 횟수를 확률변수 X로 나타내면 확률변수 X가 갖는 값과 확률은 다음과 같이 된다.

사 건	X	$P(X=x)$
(HH)	2	1/4
(HT 혹은 TH)	1	1/2
(TT)	0	1/4

이 때 확률변수가 가지는 값들이 이산적 자료인 경우에는 이산확률변수(discrete random variable), 연속적 자료인 경우에는 연속확률변수(continuous random variable)라고 한다.

1.2.2 확률변수의 기대값과 분산

확률변수 X의 기대값 : $E(X)$

확률변수 X가 가지는 값들을 $x_i\ (i=1,\ 2,\ \cdots,\ N)$라고 하고 $X=x_i$가 될 확률을 $P(x_i)$라고 하면 X의 기댓값 $E(X)$는 다음과 같이 정의된다.

(1.1) $$E(X)=x_1P(x_1)+x_2P(x_2)+\ \cdots\ +x_NP(x_N)=\sum_{i=1}^{N}x_i\ P(x_i)$$

그런데 식(1.1)에서 $P(x_i)=1/N$인 경우에는 다음과 같이 된다.

$$E(X)=\sum_{i=1}^{N}x_i/N=\mu_x$$

즉, 기대값은 평균이 된다.

기대값을 구하는 연산인 $E(\ \ )$는 다음과 같은 특성을 갖는다.

(1.2a) $E(c)=c$, 단 c는 상수.

(1.2b) $E(cX)=cE(X)$

(1.2c) $E(X\pm Y)=E(X)\pm E(Y)$

(1.2d) $E(XY)=E(X)E(Y)$, 단 $X\perp Y$ (X, Y는 서로 독립)

단, 확률변수 X가 연속확률변수인 경우에는 $E(X)$는 다음과 같이 정의된다.

(1.3) $$E(X)=\int_{-\infty}^{\infty}xf(x)dx$$

확률변수 X의 분산 : $V(X)$

확률변수 X의 분산 $V(X)$는 다음과 같이 정의된다.

(1.4) $V(X)=E[X-E(X)]^2$ 혹은,

$V(X)=E(X^2)-2E^2(X)+E^2(X)=E(X^2)-E^2(X)$, 여기서 $E^2(X)=[E(X)]^2$

분산을 구하는 연산 $V(\ \ )$는 다음과 같은 특성을 갖는다.

(1.5a) $V(c)=0$

(1.5b) $V(cX)=c^2V(X)$

(1.5c) $V(X\pm Y)=V(X)+V(Y)\pm 2COV(X,Y)$

$=V(X)+V(Y)$ (단, $X\perp Y$)

여기서 $COV(X,Y)$는 확률변수 X,Y의 공분산(covariance)으로 두 확률변수의 관련성의 크기를 나타내며 다음과 같이 정의된다.

(1.6) $COV(X,Y)=E(X-\mu_X)(Y-\mu_Y)=E(XY)-\mu_X\mu_Y$

그런데 X, Y가 서로 독립이면 $E(XY)=E(X)E(Y)$가 되므로 $COV(X,Y)=0$가 된다.

공분산을 구하는 연산 $COV(\ \ )$는 다음과 같은 특성을 갖는다.

(1.7a) $COV(c_1X,c_2Y)=c_1c_2COV(X,Y)$

(1.7b) $COV(a_1+X, a_2+Y) = COV(X, Y)$

(1.7c) $COV(X, X) = V(X)$

1.2.3 확률분포

확률분포는 확률변수가 이산확률변수이냐, 연속확률변수이냐에 따라서 이산확률분포와 연속확률분포로 나누어진다.

이산확률분포에는 이항분포, 프와슨분포 등이 있으며 이산확률분포의 확률질량함수(probability mass function : pmf) $p(x)$는 다음과 같은 특성을 갖는다.

$$1)\ p(x) \geq 0,\ 2)\ \Sigma p(x) = 1$$

연속확률분포에는 정규분포, 지수분포 등이 있으며 연속확률분포의 확률밀도함수(probability density function : pdf) $f(x)$는 다음과 같은 특성을 갖는다.

$$1)\ f(x) \geq 0,\ 2)\ \int f(x)dx = 1$$

1.3 정규분포 및 관련분포

1.3.1 정규분포

정규분포(normal distribution)는 좌우대칭인 종 모양의 분포로 밀도함수(density function)는 다음과 같다.

(1.8) $$f(x) = \frac{1}{\sqrt{2\pi}\,\sigma}\exp\left[-\frac{1}{2}\left(\frac{x-\mu}{\sigma}\right)^2\right],\ -\infty < x < \infty$$

여기서 μ와 σ^2은 정규분포의 두 모수로서 정규확률변수 X의 평균과 분산을 나타낸다. 즉, $E(X) = \mu$, $V(X) = \sigma^2$이 된다.

또, 확률변수 X가 평균이 μ이고 분산이 σ^2인 정규분포를 따를 때 간단히 다음과 같이 나타낸다.

(1.9) $X \sim N(\mu, \sigma^2)$

이를 그림으로 나타내면, 다음과 같다.

<정규분포: $X \sim N(\mu, \sigma^2)$>

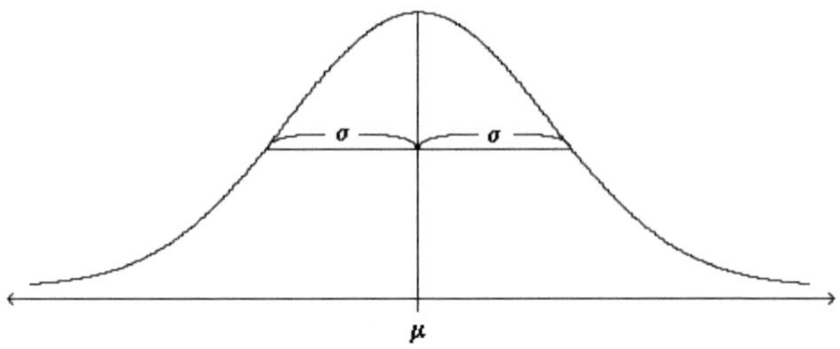

표준 정규확률변수 : Z

확률변수 X가 평균 μ, 분산 σ^2인 정규분포를 따를 때 X를 다음과 같이 표준화시킨 표준정규확률변수 Z는 평균 0, 분산 1인 표준정규분포를 따르게 된다.

$$Z = \frac{X - \mu}{\sigma} \sim N(0,1)$$

<부표 I: 표 1>에는 이와 같은 표준정규분포의 확률이 수표로 주어져 있다. 정규확률변수들의 함수에 대해서 다음이 성립된다.

(1.10) 정규확률변수 X를 선형변환시킨 확률변수 $Y = a + cX$(a와 c는 상수)는 평균 $a + cE(X)$, 분산 $c^2 V(X)$인 정규분포를 따른다.

(1.11) $X_1, X_2, \cdots, X_n$이 서로 독립인 정규확률변수들일 때에 이들의 선형결합 $a_1 X_1 + a_2 X_2 + \cdots + a_n X_n$은 평균 $\Sigma a_i E(X_i)$, 분산 $\Sigma a_i^2 V(X_i)$인 정규분포를 따른다.

1.3.2 정규분포와 관련된 분포

1) χ^2-분포

$Z_1, Z_2, \ldots, Z_m$이 서로 독립인 m개의 표준정규 확률변수들일 때 다음과 같은 χ^2은 자유도 m인 χ^2-분포를 따른다.

$$(1.12) \qquad \chi^2 = Z_1^2 + Z_2^2 + \cdots + Z_m^2 = \sum_{i=1}^{m} Z_i^2 = \frac{\Sigma(X_i - \mu)^2}{\sigma^2}$$

또 다음과 같은 χ^2은 자유도(df) m−1인 χ^2−분포를 따르게 된다.

$$(1.13) \qquad \chi^2 = \frac{\Sigma(X_i - \overline{X})^2}{\sigma^2} = \frac{(m-1)S^2}{\sigma^2}$$

자유도 m인 χ^2−분포의 평균은 m이 된다. 즉, $E(\chi^2(m)) = m$이다. χ^2−분포의 확률은 <부표 I : 표 3>에 주어져 있다. 자유도의 변화에 따른 χ^2−분포의 형태는 다음과 같이 된다.

<자유도 변화에 따른 χ^2분포 형태>

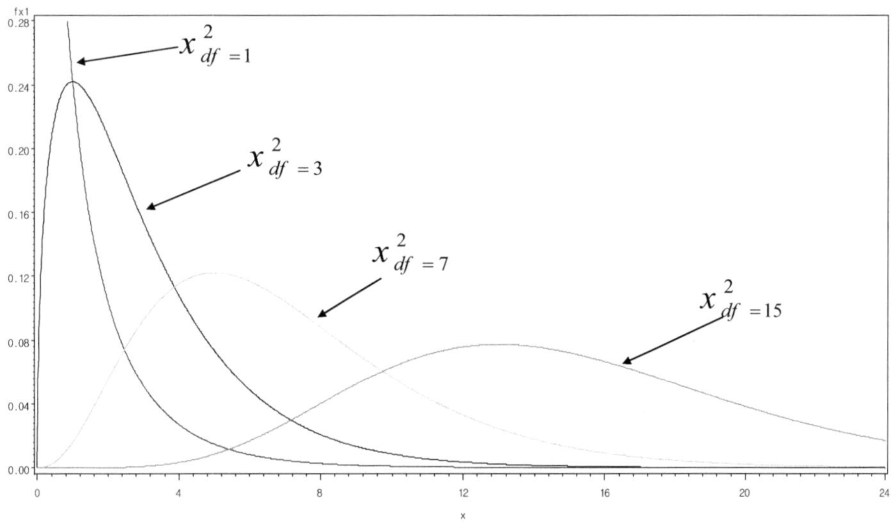

2) t−분포

Z는 표준정규확률변수, $\chi^2(m)$은 자유도가 m인 χ^2−분포를 따르는 확률변수이고, 두 변수는 서로 독립일 때 다음과 같이 정의되는 T−통계량은 자유도 m인 t−분포를 따르게 된다.

$$T = \frac{Z}{\sqrt{\chi^2_{(m)}/m}} \sim t-\text{분포}(df = m) \tag{1.14}$$

이 때 자유도 m인 t분포의 평균은 $E(T)=0$이 되며, $t-$분포의 확률은 <부표 I: 표 2>에 나타나 있다. 자유도의 변화에 따른 $t-$분포의 형태는 다음과 같이 된다.

<자유도 변화에 따른 t분포 형태>

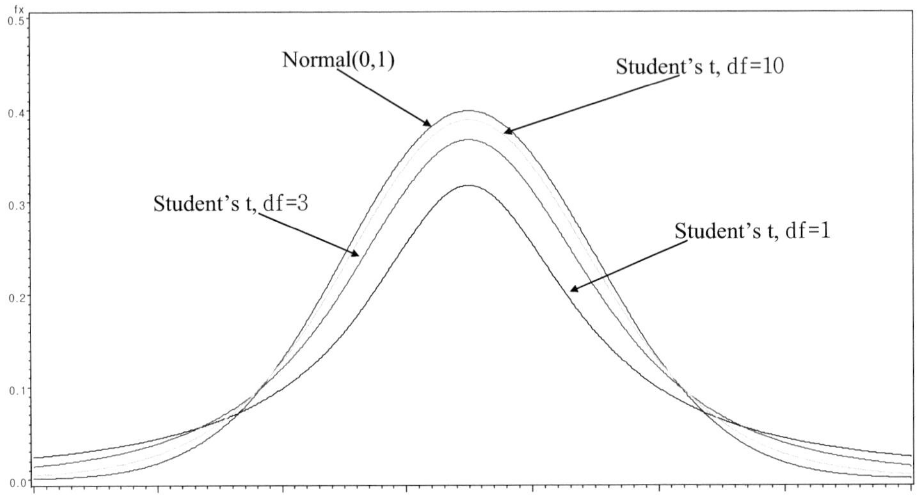

3) $F-$분포

$\chi^2_{(m_1)}$과 $\chi^2_{(m_2)}$는 각각 자유도가 m_1, m_2인 χ^2-분포를 서로 독립적으로 따르는 확률변수들인 경우에 다음과 같이 정의되는 통계량 F는 자유도가 m_1, m_2인 $F-$분포를 따르게 된다.

$$F_{(m_1,\, m_2)} = \frac{\chi^2_{(m_1)}/m_1}{\chi^2_{(m_2)}/m_2} \tag{1.15}$$

$F-$분포의 확률은 <부표 1: 표 4>에 주어져 있다. 자유도의 변화에 따른 $F-$분포의 형태는 다음과 같이 된다.

<분모의 자유도가 20인 경우 분자의 자유도 변화에 따른 F분포 형태>

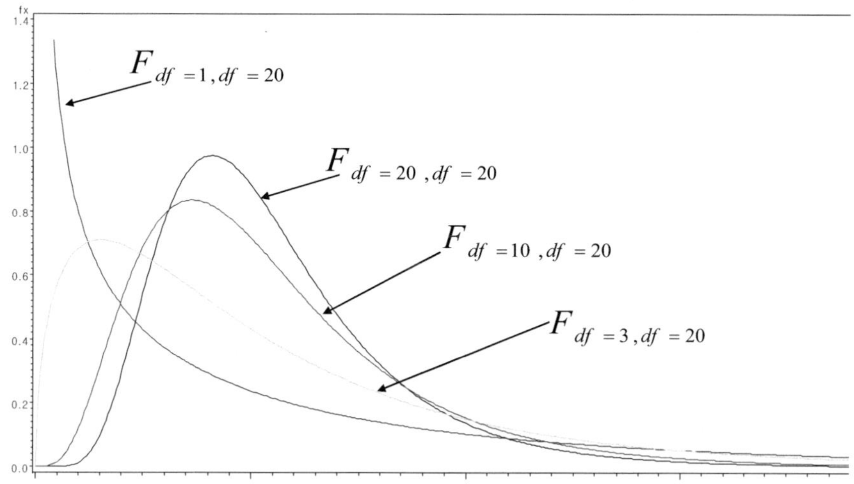

또 $F-$통계량은 다음과 같은 특성을 갖는다.

(1.16) $F_{(\alpha;m_1,m_2)} = 1/F_{(1-\alpha;m_2,m_1)}$

여기서 $F_{(\alpha;m_1,m_2)}$는 $\Pr[F \le F_{(\alpha;m_1,m_2)}] = \alpha$를 나타낸다.

1.4 통계적 추정

1.4.1 표집분포

표본통계량이 이루는 확률분포를 표집분포(sampling distribution), 혹은 표본분포라고 하며, 이 때 표본통계량은 표본의 특성을 나타내는 량으로 모수를 포함하지 않는 관측 가능한 확률변수의 함수이다.

모평균의 추론을 위한 표본평균의 표집분포는 다음과 같이 된다.

모집단이 정규분포를 따르는 경우, 표본평균도 역시 정규분포를 따른다. 즉, 다음과 같이 된다.

$$X \sim N(\mu, \sigma^2) \rightarrow \overline{X} \sim N(\mu, \sigma^2/n)$$

또한, 만약 모집단이 정규분포를 따르지 않는 경우에는 표본의 크기 어느 정도 이상 $(n \geq 30)$ 크면 중심극한정리에 의해서 표본평균은 정규분포에 근사하게 된다. 따라서 표본의 크기가 어느 정도 크면 다음과 같이 나타낼 수 있다.

$$X \sim (\mu, \sigma^2) \rightarrow \overline{X} \approx N(\mu, \sigma^2/n)$$

여기서, 중심극한정리란 평균이 μ이고 분산이 σ^2인 임의의 모집단에서 크기 n인 표본을 추출했을 때, 표본의 평균 $\overline{X}$가 이루는 분포는 n이 어느 정도 이상 크면 평균이 μ이고 분산이 σ^2/n인 정규분포를 따른다는 것이다.

따라서 모집단이 정규분포를 따르지 않는 경우에도 표본평균은 정규분포를 따르므로 표본평균을 사용하여 모평균에 대한 추론을 하고자 할 때는 정규분포를 사용할 수 있다.

1.4.2 추정량의 특성

바람직한 추정량은 다음과 같은 특성을 가져야 한다.

불편추정량(unbiased estimator)

모수 θ의 추정량을 T라고 하면 다음이 성립할 때 T는 θ의 불편추정량이라고 한다.

$$E(T) = \theta$$

유효추정량(efficient estimator)

모수 θ의 불편추정량을 T_1, T_2라고 할 때 다음과 같은 경우에 T_1은 T_2에 비하여 유효추정량이 된다고 말한다.

$$V(T_1) < V(T_2)$$

일치추정량(consistent estimator)

모수 θ의 추정량을 T라고 하면, 다음이 성립할 때 T는 θ의 일치추정량이라고 한다.

$$\lim_{n \to \infty} P[\,|\,T - \theta\,|\, \geq \epsilon] = 0, \ \epsilon\text{는 0보다 큰 임의의 작은 값}$$

평균제곱오차(mean squared error : MSE)

불편성과 유효성을 동시에 나타낼 수 있는 척도로서 다음과 같이 정의된다.

(1.17) $$MSE(T) = E(T-\theta)^2 = E[T-E(T)+E(T)-\theta]^2$$
$$= E[T-E(T)]^2 + [E(T)-\theta]^2$$
$$= V(T) + (bias)^2$$

즉, 모수 θ의 추정량 T의 MSE는 T의 분산과 편의의 제곱의 합이 된다. 따라서 T가 θ의 불편추정량인 경우에는 $MSE(T) = V(T)$가 된다.

1.4.3 최우추정량과 최소제곱추정량

최우추정량(maximum likelihood estimators : *MLE*)

확률함수가 $f(x;\theta)$인 모집단에서 n개의 관측값 $X_1, X_2, ..., X_n$을 추출하는 경우를 생각하자. 그러면 표본관측값의 결합확률함수는 다음과 같이 나타낼 수 있다.

(1.18) $$g(X_1,\ X_2,\ \cdots,\ X_n) = \prod f(X_i\ ;\theta)$$

이와 같은 결합확률함수는 n개의 관측값이 주어진다면 θ의 함수가 된다. 우리들은 이 θ의 함수 $L(\theta)$를 우도함수(likelihood function)라고 부른다.

(1.19) $$L(\theta) = \prod f(X_i\ ;\theta)$$

이 때 $L(\theta)$를 최대로 하는 θ의 추정량을 $\tilde{\theta}$라고 하면 $\tilde{\theta}$를 θ의 최우추정량이라고 한다.

최소제곱추정량(least squares estimators : *LSE*)

표본관측값 Y_i가 다음과 같은 형태로 나타난다고 가정하자.

(1.20) $$Y_i = f_i(\theta) + \epsilon_i,\ \ i = 1,\ 2,\ \cdots,\ n$$

여기서 $f_i(\theta)$는 모수 θ의 알려진 함수이고, ϵ_j는 평균이 0인 확률변수로 가정한다.

이 때 모수 θ의 최소제곱추정량 $\hat{\theta}$는 다음과 같은 제곱합을 최소로 하는 θ의 값이 된다.

(1.21) $$Q = \sum_{i=1}^{n}[Y_i - f_i(\theta)]^2$$

1.5 신뢰구간 추정 및 가설검정

평균 μ, 분산 σ^2인 정규모집단에서 크기 n인 표본 X_1, X_2, $\cdots$, X_n을 랜덤하게 추출하면 표본의 평균과 표준편차는 다음과 같이 된다.

$$\overline{X} = \frac{1}{n}\Sigma X_i\,,\ S = \sqrt{\frac{1}{n-1}\Sigma(X_i - \overline{X})^2}$$

이 때 표본평균의 표준편차는 다음과 같다.

$$\sigma_{\overline{X}} = \frac{\sigma}{\sqrt{n}}$$

또한 추정된 표본평균의 표준편차 $S_{\overline{X}}$는 다음과 같다.

$$S_{\overline{X}} = \frac{S}{\sqrt{n}}$$

또한 $X \sim N(\mu, \sigma^2)$이므로 $\overline{X} \sim N(\mu, \frac{\sigma^2}{n})$이 되고 $(\overline{X} - \mu)/S_{\overline{X}}$ 는 자유도 $n-1$인 $t-$분포를 따르게 된다.

(1.22) $$T = \frac{\overline{X} - \mu}{S_{\overline{X}}} = \frac{\overline{X} - \mu}{S/\sqrt{n}} \sim t-\text{분포}(df = n-1)$$

따라서 모평균 μ에 대한 신뢰구간추정 및 가설검정은 $t-$분포를 이용할 수 있다.

신뢰구간추정

모평균 μ에 대한 100(1 − a)%의 신뢰구간은 다음과 같이 추정된다.

(1.23) $$\overline{X} \pm t_{\alpha/2, n-1} S_{\overline{X}}\,,\quad S_{\overline{X}} = S/\sqrt{n}$$

가설검정

모평균 μ에 대한 가설검정은 다음과 같이 행할 수 있다.

가설(hypotheses)

$$H_0 : \mu = \mu_0$$

$$H_1 : \mu > \mu_0 \text{ (혹은 } \mu < \mu_0\text{, 혹은 } \mu \neq \mu_0\text{)}$$

임계값(critical value)

$$CV : t_c = t_{\alpha, n-1} \text{ (혹은 } -t_{\alpha,\, n-1}\text{, 혹은 } \pm t_{\alpha/2,\, n-1}\text{)}$$

결정 : $t_0 = (\overline{X} - \mu)/S_{\overline{X}}$일 때,

만약 $t_0 \geq t_{\alpha, n-1}$이면, H_0를 기각한다.

(혹은 만약 $t_0 \leq -t_{\alpha, n-1}$이면, H_0를 기각한다)

(혹은 만약 $|t_0| \geq t_{\alpha/2, n-1}$이면, H_0를 기각한다)

이와 같은 검정방법은 전통적인 방법이고, 최근에는 유의확률($P-$value)을 사용하는 검정방법을 주로 사용한다.

대립가설이 $\mu > \mu_0$인 경우에 유의확률은 다음과 같다.

$$P-\text{값} = \Pr[T \geq t_0] \tag{1.24}$$

이 때 $P-$값이 1에 가까우면 H_0를 지지하게 되고 0에 가까우면 H_1을 지지하게 된다. 따라서 $P-$값이 유의수준 α보다 작은 경우에 유의수준 α로 귀무가설을 기각시킬 수 있게 된다.

예제 1-1

모집단에서 n=16개의 표본을 추출하여 분석한 결과 다음과 같았다. 단, 모집단은 정규분포를 따르는 것으로 가정한다.

$$\overline{X} = 55,\ S = 8$$

첫째, 모평균 μ에 대한 95% 신뢰구간을 추정하면 다음과 같이 된다.

$$\overline{X} \pm t_{0.025, 15}\, S_{\overline{X}} = 55 \pm 2.13 \times \frac{8}{\sqrt{16}} = (50.74,\ 59.26)$$

둘째, 다음과 같은 가설들을 유의수준 5%로 검정해 보자.

$$H_0 \ : \ \mu = 50$$
$$H_1 \ : \ \mu > 50$$

임계값은 $t_c = t_{0.05,15} = 1.75$가 되고, 또 t_0는 다음과 같이 되므로 $t_0 > t_c$이다.

$$t_0 = \frac{\overline{X} - \mu}{S/\sqrt{n}} = \frac{55-50}{8/\sqrt{16}} = 2.5$$

따라서 유의수준 5%로 귀무가설 $\mu = 50$을 기각한다. 이 때 $P-$값은 다음과 같이 구할 수 있다.

$$P-\text{값} = [T \geq 2.5] = 0.013$$

즉, 유의수준 5%로 H_0를 기각시킬 수 있다. 물론 유의수준을 2%로 해도 H_0를 기각시킬 수 있다.

제 2 장 회귀분석의 이해

REGRESSION ANALYSIS

2.1 회귀분석이란?

우리들은 사회현상이나 자연현상의 연구에서 흔히 두 개 또는 여러 개의 변수들이 서로 일정한 관계를 갖고 변화하는 것을 관측할 수 있다.

예를 들면, 소득이 높은 가계는 대체로 지출이 높고, 광고비의 지출이 많으면 대체로 판매액이 많아지며, 지능지수가 높은 학생들은 대체로 수학성적이 높게 나타난다. 이 때 이들 변수들 간의 관련성을 수학적인 함수식으로 나타낼 수 있다면, 한 변수의 변화가 다른 변수에 미치는 영향을 파악할 수 있게 될 뿐만 아니라 다른 변수의 변화를 예측할 수도 있게 된다.

이와 같이 주어진 한 변수(종속변수 혹은 반응변수라고 부른다)와 다른 변수들(독립변수 혹은 설명변수라고 부른다)간의 관련성을 기술하고 평가하는 방법을 회귀분석(regression analysis)이라고 한다. 즉 회귀분석이란 둘 또는 그 이상의 변수들 간에 존재하는 관련성을 분석하기 위하여, 관측된 자료에서 이들 간의 함수적 관계식을 통계적 방법으로 추정하는 방법이다.

일반적으로 종속변수(dependent variable)는 Y로 나타내고, 독립변수(independent variable)들은 $X_1, X_2, \ldots, X_k$로 나타낸다. 이 때 하나의 독립변수(즉, $k=1$)만을 고려하는 분석 방법을 단순회귀분석(simple regression analysis)이라고 하고 두 개 이상의 독립변수들(즉, $k>1$)을 고려하는 분석을 중회귀분석(multiple regression analysis)이라고 한다.

예제를 통하여 회귀분석을 사용하여 분석하는 과정을 이해해 보도록 하자.

예제 2-1 단순회귀분석

어느 도시에서 가구들의 소득과 소비지출 간의 관련성을 분석하기 위하여 회귀분석을 하는 경우를 생각해 본다.
먼저 이 도시의 가구들 중에서 몇 가구의 표본을 랜덤하게 추출하여 이들의 소득과 소비지출(단위 : 만원)을 조사하고, 다음에 이 자료들을 이용하여 회귀방정식을 추정한다. 이렇게 추정된 방정식이 다음과 같다고 하자.

$$\widehat{Y}=20+0.7X$$

여기서 $\widehat{Y}$는 소비지출의 추정값이고, X는 소득을 나타내며 방정식의 추정방법에 대해서는 앞으로 자세하게 설명된다.
추정된 회귀방정식에서 우리들은 X가 한 단위 변화하면 $\widehat{Y}$는 0.7단위가 변화되는 것을 알 수 있고, 또 소득(X)이 만약 200만원이 되면 소비지출의 예측값은 $20+0.7\times200=160$만원이 될 것으로 추정할 수 있다.

예제 2-2 중회귀분석

어느 은행의 각 지점에서의 홍보비용 및 지점의 크기와 예금유치액 간의 관련성을 분석하기 위하여 회귀분석을 하는 경우를 생각해 본다.
먼저 지점들 중에서 몇 개의 지점을 표본으로 랜덤하게 추출하여 이들의 홍보비용(X_1), 지점의 크기(X_2), 그리고 예금유치액(Y)을 조사한다.
다음에 이 자료들을 이용하여 회귀방정식을 추정한다. 이렇게 추정된 방정식이 다음과 같다고 하자.

$$\widehat{Y}=20+0.1X_1+0.2X_2$$

이 추정된 방정식에서 우리들은 홍보비용이 한 단위 변화하면 예금유치액은 0.1단위 변화되고, 지점의 크기가 한 단위 변화하면 예금유치액은 0.2단위가 변화되는 것을 알 수 있다.
또 홍보비용(X_1)을 100으로 하고, 지점의 크기(X_2)를 50으로 하면 예금유치액의 예측값은 $20+0.1\times100+0.2\times50=40$이 될 것으로 추정할 수 있다.

2.2 회귀분석의 기원

회귀(regression)라는 용어는 영국의 생물학자이며 통계학자인 갈톤(F.Galton, 1822~1911)이 다윈(C. Darwin, 1809~1882)의 진화론을 반증하기 위하여 처음으로 사용하였다.

다윈의 진화론에 의하면 키가 큰 부모들의 자식들은 더욱 키가 커질 것이고, 키가 작은 부모들의 자식들은 키가 더욱 작아질 것이므로 몇 세대가 지나면 키의 분산은 점점 더 커질 것이라는 가설을 세울 수가 있다.

그러나 갈톤은 부자들 간의 신장관계의 연구에서 다음과 같은 사실을 밝혔다. 키가 큰 아버지를 가진 아들의 키는 대체로 평균 신장보다는 크나 그들의 아버지의 키보다는 작고, 키가 작은 아버지를 가진 아들은 대체로 평균 신장보다는 작지만 그들의 아버지의 키보다는 커서 결국은 아들들의 키는 인류전체의 평균 신장으로 되돌아가려는(회귀) 경향이 있다.

피어슨(K. Pearson, 1857~1936)은 갈톤의 이러한 연구를 뒷받침하기 위하여 1,078 가족의 부자들 간의 신장자료를 이용하여 아버지의 키(X)와 아들의 키(Y)에 대하여 다음과 같은 일차 함수관계식을 구했다.

$$\hat{Y} = 33.73 + 0.516X \text{ (단위 : inch)}$$

이 식에서 우리들은 아버지의 키(X)가 70일 때(즉, 보통 키인 경우) 추정된 아들의 키($\hat{Y}$)도 약 70이 되고, 아버지의 키가 65일 때는(즉, 작은 키인 경우) 아들의 키가 약 67이 되며, 아버지의 키가 75일 때는(즉, 큰 키인 경우) 아들의 키는 약 72가 됨을 알 수 있다. 즉, 아들들의 키는 평균키로 되돌아가려는 경향이 있음을 관측할 수 있다.

이와 같이 갈톤이 최초로 사용한 회귀라는 용어는 현대 통계학에서는 변수들 간의 통계적 관련성을 분석하는 것을 의미하게 되었다.

2.3 관련성의 기술과 모형

두 변수들 간의 관련성을 분석하기 위하여 이들의 관련성을 기술하는 방법에는 다음과 같은 두 가지의 형태가 있다. 여기에서는 선형관련성만을 고려하기로 한다.

첫째, 결정적 혹은 수학적 관련성

두 변수들 간의 결정적 관련성은 X의 한 값이 주어질 때 Y도 하나의 값만 대응되는 다음과 같은 일차함수식으로 나타난다.

$$Y = \beta_0 + \beta_1 X \tag{2.1}$$

예를 들어서 어떤 제품의 판매량(X)과 판매액(Y) 간의 관련성을 생각하자. 만약 한 개당 판매가격이 100원이면 이들의 관계식은 다음과 같고 이들 관계를 그래프로 나타내면 [그림 2.1]과 같이 된다.

$$Y = 100X$$

[그림 2.1] 결정적 관련성

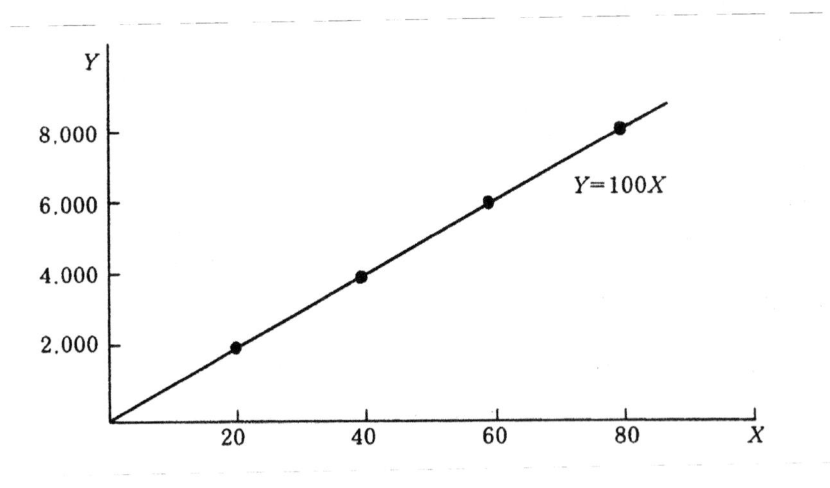

둘째, 확률적(혹은 통계적) 관련성과 모형

확률적 관련성은 결정적 관련성과는 달리 X의 한 값이 주어질 때 Y는 하나의 값만이 대응되는 것이 아니고 확률오차항(ϵ)이 취하는 값에 따라서 여러 값들이 대응될 수 있다. 이들의 관련성은 다음과 같이 나타낼 수 있다.

(2.2) $$Y = \beta_0 + \beta_1 X + \epsilon$$

예를 들어서 소득과 소비지출 간의 관련성을 관찰해 보면 소득이 증가하면 일반적으로 소비지출이 증가하지만 항상 그렇지만은 않다. 같은 소득을 가진 가구들 중에서도 소비지출을 많이 하는 가구들도 있고 그렇지 않은 가구들도 있으며 이들의 차이는 오차항으로 설명할 수 있게 된다.

가령 소득(X)과 소비지출(Y) 간에 다음과 같은 확률적 관련성이 있다고 하자.

$$Y = 30 + 0.5X + \epsilon$$

여기서 ϵ은 다음과 같은 확률분포(균등분포)를 따른다고 가정한다.

ϵ	5	0	−5
$p(\epsilon)$	1/3	1/3	1/3

이 경우에 X의 한 값에 대하여 Y는 세 가지의 값을 가질 수 있게 된다. 즉, $X=100$인 경우에는 Y는 85, 혹은 80, 또는 75가 될 수 있다.

그러므로 Y는 근사적으로 X의 함수가 되고 ϵ은 그러한 근사값에 대한 불일치의 척도로 해석할 수 있다.

X의 주어진 값에 대응할 수 있는 Y의 값들을 나타내면 <표 2.1>과 [그림 2.2]와 같이 된다.

<표 2.1> 확률적 관련성(오차항이 균등분포를 따르는 경우)

X	Y
100	85, 80, 75
120	95, 90, 85
140	105, 100, 95
160	115, 115, 105

[그림 2.2] 확률적 관련성(오차항이 균등분포를 따르는 경우)

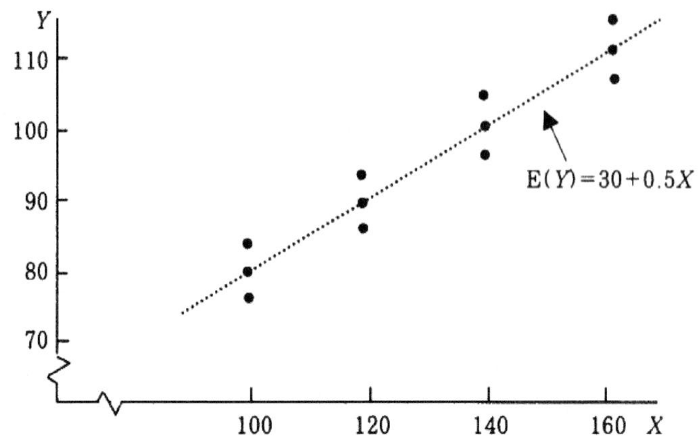

그런데 만약 ϵ이 연속확률변수라면, 예를 들어서 평균이 0이고 분산이 1인 정규분포를 따른다고 하면 주어진 X값에 대응하는 Y도 정규분포를 따르게 될 것이다. 즉, $X = 100$일 때 Y는 평균 80, 분산 1인 정규분포를 따르게 될 것이다. 이들 관계를 표와 그림으로 나타내면 <표 2.2>와 [그림 2.3]과 같이 된다.

<표 2.2> 확률적 관련성(오차항이 정규분포를 따르는 경우)

X	Y
100	N(80, 1)
120	N(90, 1)
140	N(100, 1)
160	N(110, 1)

즉, $X = X_0$가 주어졌을 때 Y의 값은 X_0의 수직선상의 한 점이 될 것이고 그 값들의 평균은 $30 + 0.5X_0$가 될 것이다.

회귀분석에서는 항상 이와 같은 확률적 관련성을 전제로 하여 모형(model)을 설정하게 된다.

[그림 2.3] 확률적 관련성(오차항이 정규분포를 따르는 경우)

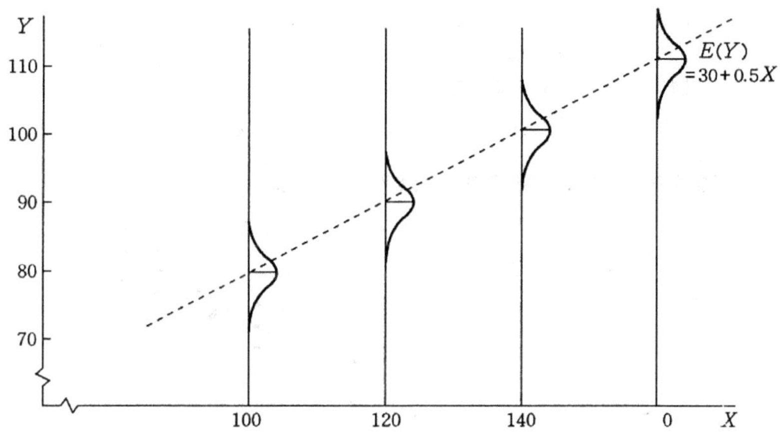

일반적으로 모형은 실물의 입체적 특성을 설명하기 위해 그 형상을 본떠 만든 것으로 가능한 단순화하고 이해하기 쉬운 구조체계로 만들어 진다.

예제 2-3 단순회귀분석

예를 들면, 통계학을 수강한 5명의 학생들이 한 학기동안 통계학을 개인적으로 공부한 시간이 다음과 같았다고 하자.

이 름	A	B	C	D	E
공부시간	12	14	11	10	13

이제 5개의 자료를 나타내는 모형, 즉 이들의 특성을 잘 나타낼 수 있는 단순화된 모형을 생각해 보자. 우리들은 일반적으로 관측값들의 대표값으로 (산술)평균을 사용한다. 따라서 우리들은 이 경우에 평균을 사용하여 다음과 같이 나타낼 수 있다.

자료 = 평균(12) + 오차

혹은, $X = \overline{X} + \epsilon$

이들 관계를 개별 학생들에 대하여 나타내면 다음과 같이 된다.

이 름	공부시간(X)	평균($\overline{X}$)	오차($X-\overline{X}$)
A	12	12	0
B	14	12	2
C	11	12	−1
D	10	12	−2
E	13	12	1

회귀분석에서는 두 변수(혹은 그 이상의 변수)들 간의 관련성을 모형화한다. 즉, 앞에서 기술된 두 변수들 간의 확률적 관련성을 나타내는 수식이 바로 모형이 된다.

회귀분석은 다른 변수(독립변수)들의 한 변수(종속변수)에 대한 영향력 혹은 관련성을 분석하지만 그들의 관련성에는 인과성(causality)을 전재하지는 않는다. 통계적 관련성은 결코 인과적 관계를 나타내는 것은 아니다. 인과성의 개념은 통계학에서부터가 아니고 다른 이론이나 배경에서부터 나온다. 앞에서 예를 든 소득과 소비지출에 대한 회귀분석에서 소비지출을 소득에 대한 종속변수로 설정하는 것은 통계적 배경이 아니고 소비지출은 소득에 의존한다는 경제이론에서 비롯된다. 물론 이 경우에 소비지출을 변화시켜서 소득을 조절할 수는 없으므로 역은 성립되지 않는다.

2.4 회귀분석을 위한 컴퓨터 패키지 프로그램

진공관을 사용한 최초의 컴퓨터인 ENIAC(Electronic Numerical Integrator and Calculator)이 미국의 펜실베니아 대학에서 1946년 개발된 이래 급속히 발전, 보급된 컴퓨터의 도움으로 통계적 분석방법의 실용화는 급격히 진전되었다.

컴퓨터의 발전은 복잡한 통계계산 및 많은 양의 통계자료의 처리를 가능하게 해 주었고, 특히 각종 패키지 프로그램(packaged program)의 개발은 컴퓨터 언어에 익숙하지 않은 연구자들도 이들을 이용하여 복잡한 계산과정들을 쉽게 처리할 수 있게 하였다.

여기서 패키지 프로그램이란 단순화된 컴퓨터 언어의 조절이나 지시로써 명시된 일련의 작업들을 수행할 수 있도록 준비된 프로그램을 말한다. 즉, 연구자들은 패키지 프로그램과 상통할 수 있는 특별하고 단순화된 언어만을 배움으로써 간단히 컴퓨터를 사용할 수 있는 것이다.

통계적 자료분석을 위한 패키지 프로그램은 1961년 캘리포니아 대학에서 개발된 BMD(Biomedical Computer Programs)가 발표된 이래 수없이 개발되었다. 특히, 1970년대에 개발된 펜실베니아 대학의 Minitab, 시카고 대학의 SPSS(Statistical Package for Social Science), 그리고 노스캐롤라이나 대학의 SAS(Statistical Analysis System) 등은 현재에도 가장 많이 이용되고 있는 통계 패키지 프로그램들이다. 그런데 이러한 패키지 프로그램들도 컴퓨터 및 패키지의 보급이 제한되어 있었기 때문에 이용자들은 제한될 수밖에 없었다.

그러나 1970년 말부터 보급되기 시작한 개인용 컴퓨터(personal computer: PC)와 개인용 컴퓨터에서 사용할 수 있는 통계 패키지 프로그램의 개발은 또 한번 통계적 분석 방법의 실용화에 큰 변혁을 가져오게 하였다. 왜냐하면 연구자들은 개인용 컴퓨터를 사용함으로써 아주 적은 시간적, 경제적 비용을 가지고도 통계자료를 처리할 수 있게 되었기 때문이다. 기존의 대부분의 통계 패키지 프로그램들이 개인용 컴퓨터에서 사용할 수 있도록 개편되었고, 또한 개인용 컴퓨터에서 사용할 수 있는 많은 패키지들이 개발된 것이다.

현재 주로 많이 사용되고 있는 통계 패키지 프로그램들은 SAS, SPSS, Minitab 등이 있다.

대부분의 패키지 프로그램들은 나름대로의 장점들을 모두 갖고 있지만 사용자의 목적에 따라서 분류하면 다음과 같은 패키지 프로그램들을 추천할 수 있다.

<표 2.3> 각 사용목적에 유용한 통계 패키지 프로그램

사용목적	패키지 프로그램
다목적 통계분석	SAS SPSS S+
교육용 및 편의성	Minitab Statgraphics CSS Microstat
다양한 예측방법	Sibyl/Runner SAS Statgraphics SCA
회귀 및 계량경제분석	SAS SHAZAM RATS TSP SPSS

모든 통계 패키지 프로그램들은 회귀분석방법을 포함하고 있지만 Minitab, CSS 등은 사용방법이 매우 간편하고, SAS, SPSS, RATS, SHAZAM 등은 회귀분석의 다양한 분석기법들이 포함되어 있다.

이 책에서는 회귀분석을 위해 가장 널리 사용되고 있고 또한 다양한 모형의 추정이 가능한 SAS를 사용한다.

제 3 장 단순회귀모형의 설정과 추정

REGRESSION ANALYSIS

3.1 단순회귀모형의 설정

두 변수들 간에 선형 확률적 관련성을 전제하는 경우에 우리들은 이들 간의 관련성을 식 (2.2)와 같이 나타낼 수 있었다. 이것을 n개의 표본관측값들에 대응하는 식으로 나타내면 다음과 같은 모집단 단순회귀모형이 된다.

모집단 단순회귀모형

(3.1) $$Y_j = \beta_0 + \beta_1 X_j + \epsilon_j \qquad j = 1,\ 2,\ 3,\ \ldots,\ n$$

여기서, Y_j는 종속변수 Y의 j-번째 관측값
β_0, β_1은 모집단회귀계수
X_j는 독립변수 X의 j-번째 관측값
ϵ_j는 j-번째 확률오차항(random error term) 혹은,
교란항(disturbance term)이라고 부른다.

우리들의 목적은 두 변수에 대한 n개의 관측값들을 이용하여 모형속에 포함된 미지의 모수인 β_0, β_1의 추정값을 구하는 것이 된다. 이를 위하여 우리들은 모형 (3.1)에서 다음과 같은 몇 가지의 가정을 하게 된다.

모형에 대한 가정

1) 오차항의 평균은 0이다. 즉, 모든 j에 대하여 $E(\epsilon_j)=0$
2) 오차항들은 동분산을 갖는다. 즉, 모든 j에 대하여 $V(\epsilon_j)=\sigma^2$
3) 오차항들은 서로 독립이다. 즉, $COV(\epsilon_i, \epsilon_j)=0$
4) X_j는 주어지는 상수이다. 즉, 확률변수가 아니다 .
5) 오차항들은 정규분포를 따른다.

오차항에 대한 가정은 다음과 같이 나타낼 수 있다.

(3.2) $$\epsilon_j \sim IN(0, \sigma^2) \qquad j=1, 2, 3, \ldots, n$$

여기서 IN(independently and normally distributed)은 독립적으로 정규분포를 따른다는 의미를 나타낸다. 이러한 가정을 하면 종속변수 Y의 j-번째 관측값인 Y_j는 상수항 $\beta_0+\beta_1 X_j$와 확률오차항 ϵ_j와의 합이 된다. 따라서 Y_j도 확률변수가 되며 다음과 같은 특성을 지닌다.

Y_j의 특성

1) X의 j-번째 관측값 X_j가 주어질 때 Y_j의 평균은 $\beta_0+\beta_1 X_j$가 된다.

(3.3)
$$\begin{aligned} E(Y_j \mid X_j) &= E(\beta_0+\beta_1 X_j+\epsilon_j \mid X_j) \\ &= \beta_0+\beta_1 X_j+E(\epsilon_j) \\ &= \beta_0+\beta_1 X_j \end{aligned}$$

이 식을 우리들은 모집단회귀함수(population regression function), 혹은 모집단회귀직선(population regression line)이라고 부른다.

2) X_j가 주어질 때 Y_j의 분산은 모든 j에 대하여 동일한 분산 σ^2을 갖는다.

(3.4)
$$\begin{aligned} V(Y_j \mid X_j) &= V(\beta_0+\beta_1 X_j+\epsilon_j \mid X_j) \\ &= V(\epsilon_j) \\ &= \sigma^2 \end{aligned}$$

3) 오차항들에 대하여 서로 독립을 가정했으므로 Y_j들도 서로 독립이다.

4) 오차항들이 정규분포를 따른다고 가정했으므로 Y_j도 정규분포를 따른다.

따라서 오차항 ϵ_j는 식 (3.1)과 (3.3)에서부터 다음과 같이 나타낼 수 있다.

(3.5) $$\epsilon_j = Y_j - E(Y_j) = Y_j - \beta_0 - \beta_1 X_j$$

이들을 요약하면, 독립변수의 값 X_j가 주어질 때 Y_j는 평균 $\beta_0 + \beta_1 X_j$이고, 분산 σ^2인 정규분포를 따르는 확률변수가 되고 또 모든 i, j(단, $i \neq j$)에 대하여 Y_i와 Y_j는 서로 독립이 된다. 즉, Y_j는 다음과 같이 나타낼 수 있다.

(3.6) $$Y_j \sim IN(\beta_0 + \beta_1 X_j,\ \sigma^2)$$

이들의 관계를 그래프로 나타내면 [그림 3.1]과 같이 된다.

[그림 3.1] X_j가 주어질 때 Y_j의 분포

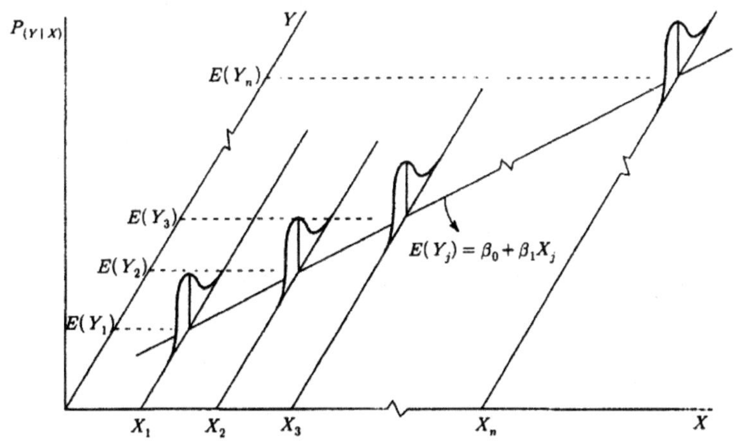

즉, 독립변수의 값이 X_1일 때는 Y_1은 평균이 $E(Y_1)$이고 분산이 σ^2인 정규분포를 따르고, X_2일 때는 Y_2는 평균이 $E(Y_2)$이고 분산 이 σ^2인 정규분포를 따르고, ... ,X_n일 때는 Y_n은 평균이 $E(Y_n)$이고 분산이 σ^2인 정규분포를 따른다. 또 X_j가 주어질 때 Y_j의 평균들을 연결한 선이 단순회귀함수 (혹은, 단순선형회귀함수)가 된다.

이와 같은 관계를 다음의 예를 가지고 이해해 보도록 하자.

예제 3-1

가구수가 10만인 어느 도시의 가구당 소득(X)과 소비지출(Y) 간의 관련성을 분석하는 경우를 생각한다. 모형의 가정이 성립된다고 가정하고 모든 가구들의 소득과 소비지출을 좌표상에 나타내었을 때 다음과 같다고 하자.

[그림 3.2] 모집단회귀직선과 표본회귀직선

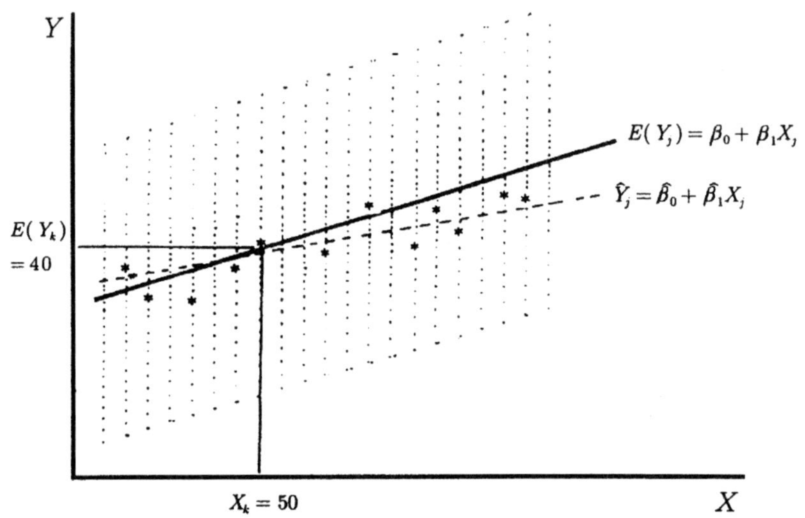

여기서 소득이 100만원(즉, X_k= 100만원)인 가구수는 5천 가구가 된다고 가정하고 이 5천 가구들의 소비지출의 평균이 80만원이라면, 모형의 가정은 이들의 소비지출, 즉 Y_k는 평균이 80만원이고 분산이 σ^2인 정규분포를 따른다는 의미가 된다. 이 때 만약 소득이 100만원인 어떤 가구의 소비지출이 90만원이라면 이 가구의 오차항은 10만원이 된다.

앞에서 설명된 것처럼 $X_j(j=1, 2, 3, ..., n)$가 주어질 때 Y_j들의 평균들인 $E(Y_1)$, $E(Y_2)$, ⋯ , $E(Y_n)$들을 통과하는 직선이 모집단회귀직선이 되고, 이 때 우리들의 목적은 모집단회귀직선을 추정하는 것이 된다.

[예제 3-1]의 분석을 위해서는 먼저 이 도시의 10만 가구들 중에서 표본으로 n가구

를 추출하여 각 가구별로 소득과 소비지출을 조사한다. 그리고 이 자료들을 사용하여 모집단회귀계수 $\beta_{0,}$ β_1을 추정한다.

이렇게 추정된 회귀직선을 표본회귀직선(sample regression line)이라고 하며, $E\widehat{(Y_j)}=\hat{\beta}_0+\hat{\beta}_1 X_j$로 나타낼 수 있다. 그러나 우리는 X_j가 주어질 때 Y_j의 기대값의 추정량 $E\widehat{(Y_j)}$를 $\hat{Y}_j$로, 그리고 $\beta_{0,}$ β_1의 최소제곱추정량을 b_0, b_1으로 사용하여 식 (3.7)과 같이 나타내도록 한다.

표본회귀직선

(3.7) $$\widehat{Y_j}=b_0+b_1X_j$$

[그림 3.2]에서 *들을 표본으로 관측된 점들이라면 표본회귀직선은 이 값들을 이용하여 추정하게 된다. 또, 모집단회귀모형 식 (3.1)에 대응하는 표본회귀모형(sample regression model)은 다음과 같이 나타낼 수 있다.

표본회귀모형

(3.8) $$Y_j=b_0+b_1X_j+e_j$$

여기서 $b_{0,}$ b_1은 표본회귀계수들이고 e_j는 잔차(residual)라고 한다.

이 때 잔차는 관측값과 추정값의 편차로서 다음과 같이 나타낼 수 있다.

잔차

(3.9) $$e_j=Y_j-\hat{Y}_j=Y_j-b_0-b_1X_j$$

잔차에 대한 자세한 설명은 제8장에서 다시 다루기로 한다.

회귀모형을 추정하는 방법에는 최소제곱법과 최우추정법 등이 있으며 최우추정법은 <부록 3.4>에서 설명하기로 한다.

3.2 최소제곱법에 의한 모형의 추정

단순회귀함수는 β_0, β_1에 의해서 결정되며, 이 때 β_0는 절편이 되고, β_1은 기울기가 된다. 따라서 단순회귀함수의 추정은 바로 모집단회귀계수 β_0, β_1을 추정하는 문제가 된다.

우리들은 표본으로 관측된 자료들을 이용하여 모집단회귀계수의 추정값 $\hat{\beta}_0$, $\hat{\beta}_1$을 구하게 된다. 이 때 추정된 회귀함수는 관측된 모든 자료를 잘 설명할 수 있어야 한다. 즉, 추정된 회귀함수는 관측된 자료에 가장 잘 적합되어야 한다.

모든 관측값들에 가장 잘 적합되는 회귀함수를 추정하는 방법으로는 다음과 같은 최소제곱법이 있다.

3.2.1 최소제곱법에 의한 회귀계수의 추정

최소제곱법이란 관측값 Y_j와 추정값 $\widehat{Y}_j(=b_0+b_1X_j)$간의 편차인 잔차 $e_j(=Y_j-\widehat{Y}_j)$의 제곱합을 최소로 하는 표본회귀계수 b_0, b_1을 구하는 방법이다.

[그림 3.3] 추정된 회귀직선과 잔차

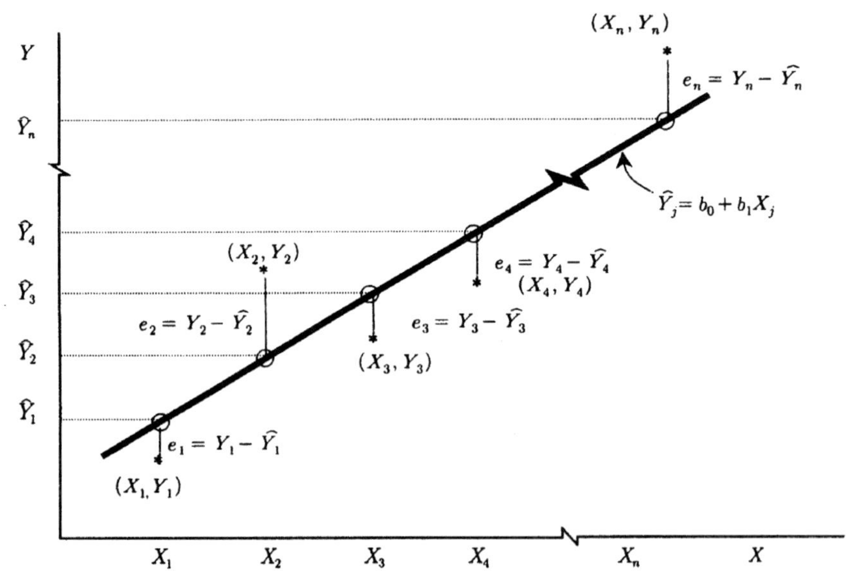

n개의 관측값 $(X_1, Y_1), (X_2, Y_2), \ldots, (X_n, Y_n)$를 적합시키는 회귀식과 잔차의 관계를

그래프로 나타내면 [그림 3.3]과 같이 되고, 이 경우에 최소제곱법으로 추정된 회귀식은 잔차의 제곱합을 최소로 하는 직선이 된다.

이 때 우리들은 두 변수들 간의 관계를 그래프로 나타낸 그림을 산점도(scatter diagram)라고 하며, 회귀분석을 위한 사전단계로 매우 유용한 수단이 된다.

이제 최소제곱법, 즉 잔차의 제곱합을 최소로 하는 회귀계수를 구하는 방법을 알아보기로 한다. 다음과 같이 잔차의 제곱합을 Q라고 하면, β_0, β_1의 최소제곱추정량 b_0, b_1은 이 Q를 최소로 하는 값이 된다.

(3.10) $$Q = \sum_{j}^{n}(Y_j - \hat{Y}_j)^2 = \sum_{j=1}^{n}(Y_j - b_0 - b_1X_j)^2$$

식 (3.10)을 만족하는 b_0, b_1은 부록의 <정리 3.1>을 이용하면 다음을 만족하는 값이 된다.

$$\frac{\partial Q}{\partial b_0} = -2\sum_{j=1}^{n}(Y_j - b_0 - b_1X_j) = 0$$

$$\frac{\partial Q}{\partial b_1} = -2\sum_{j=1}^{n}(Y_j - b_0 - b_1X_j)X_j = 0$$

이 식들을 다시 정리하면 다음과 같이 된다.

단순회귀모형에 대한 정규방정식

(3.11a) $$\sum_{j=1}^{n} Y_j = nb_0 + b_1\sum_{j=1}^{n} X_j$$

(3.11b) $$\sum_{j=1}^{n} X_jY_j = b_0\sum_{j=1}^{n} X_j + b_1\sum_{j=1}^{n} X_j^2$$

여기서 n, ΣX_j, ΣY_j, ΣX_jY_j, ΣX_j^2 는 관측값(X_j, Y_j, j=1, 2, ..., n)에서 구해질 수 있는 값이므로 이 두 식을 사용하면 b_0, b_1을 구할 수 있게 된다.

우리들은 이 식들을 정규방정식(normal equation)이라고 부르고, 이 두 식에서 b_0, b_1을 구하는 식을 유도하면 다음과 같이 된다.

β_0, β_1의 최소제곱추정량

(3.12a) $$b_1 = \frac{\Sigma X_j Y_j - \Sigma X_j \Sigma Y_j / n}{\Sigma X_j^2 - (\Sigma X_j)^2 / n} = \frac{\Sigma (X_j - \overline{X})(Y_j - \overline{Y})}{\Sigma (X_j - \overline{X})^2}$$

(3.12b) $$b_0 = \frac{1}{n}(\Sigma Y_j - b_1 \Sigma X_j) = \overline{Y} - b_1 \overline{X}$$

예제 3-2

어느 도시의 소득(X)과 소비지출(Y) 간의 관련성을 분석하기 위하여 표본으로 다섯 가구를 추출하여 조사한 결과 <표 3.1>과 같았다. 최소제곱법을 사용하여 회귀직선을 추정하여 보자.

<표 3.1> 소득(X)과 소비지출(Y)에 관한 표본자료

가 구	소 득(X)	지 출(Y)	$(X_j - \overline{X})^2$	$(X_j - \overline{X})(Y_j - \overline{Y})$
1	30	30	400	200
2	50	40	0	0
3	40	30	100	100
4	60	40	100	0
5	70	60	400	400
합 계	250	200	1000	700

먼저 관측된 소득과 소비지출 자료를 그래프로 나타내면 다음과 같이 된다.

[그림 3.4] 소득(X)과 소비지출(Y)에 관한 산점도

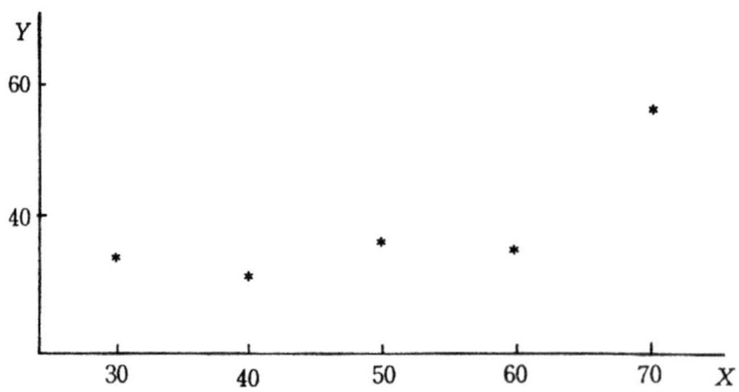

표본회귀계수 b_0, b_1을 구하기 위하여 식 (3.12a)와 (3.12b)를 이용한다. 이를 위해 먼저 $\overline{X}$,

$\overline{Y}$, $\Sigma(X_j-\overline{X})(Y_j-\overline{Y})$를 다음과 같이 계산한다.

$$\overline{X}=\frac{1}{5}(30+50+40+60+70)=50$$

$$\overline{Y}=\frac{1}{5}(30+40+30+40+60)=40$$

$$\Sigma(X_j-\overline{X})^2=(30-50)^2+(50-50)^2+(40-50)^2+(60-50)^2+(70-50)^2=1000$$

$$\begin{aligned}\Sigma(X_j-\overline{X})(Y_j-\overline{Y}) &= (30-50)\times(30-40)+(50-50)\times(40-40)\\ &\quad+(40-50)\times(30-40)+(40-50)\times(30-40)\\ &\quad+(60-50)\times(40-40)+(70-50)\times(60-40)\\ &=700\end{aligned}$$

따라서 b_1과 b_0는 다음과 같이 계산된다.

$$b_1=\frac{\Sigma(X_j-\overline{X})(Y_j-\overline{Y})}{\Sigma(X_j-\overline{X})^2}=\frac{700}{1000}=0.7$$

$$b_0=\overline{Y}-b_1\overline{X}=40-0.7\times 50=5$$

즉, 추정된 회귀식은 다음과 같이 된다.

$$\hat{Y}_j=5.0+0.7X_j$$

3.2.2 최소제곱추정량과 추정된 회귀선의 특성

모집단회귀계수 β_0, β_1의 최소제곱추정량을 b_0, b_1이라고 하면, 앞에서 기술된 단순회귀모형에 대한 가정 1)~4)가 성립되는 경우에 b_0, b_1는 β_0, β_1의 최량선형불편추정량(best linear unbiased estimator: BLUE)이 된다. 이 때 최량선형불편추정량이란 관측값(Y_j)들의 선형결합으로 나타나는 불편추정량(선형불편추정량)들 중에서 최소분산을 갖는 추정량을 의미한다. 이와 같이 최소제곱추정량이 최량선형불편추정량이 되는 것을 가우스-마코프(Gauss-Markov)의 정리라고 한다. 이를 그림으로 나타내면 다음과 같이 된다.

[그림 3.5] 가우스-마코프의 정리

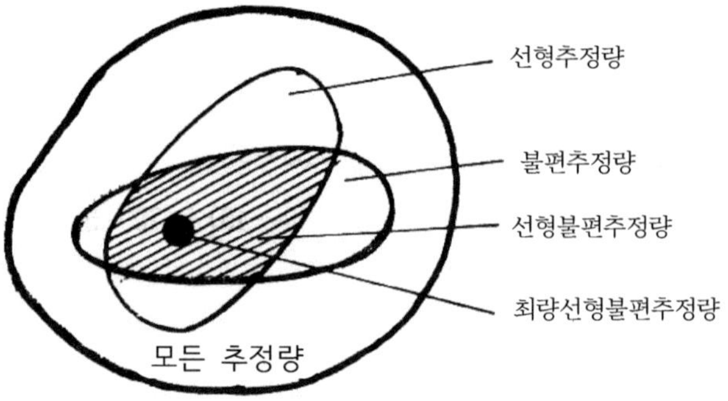

즉, 단순선형회귀모형에서 가우스-마코프의 정리란 β_0, β_1의 최소제곱추정량 b_0, b_1은 Y_j의 선형함수인 동시에 β_0, β_1의 불편추정량(선형불편추정량)이 되고, 또 이들의 분산은 다른 어떤 선형불편추정량의 분산보다 더 작다는 것을 의미한다.

단순성형회귀모형의 가정이 성립되는 경우에 b_0, b_1이 β_0, β_1의 최량선형불편추정량이 된다는 것은 다음과 같이 증명할 수 있다.

첫째, b_0, b_1은 다음과 같이 Y_j의 선형결합으로 나타난다.

(3.13a) $$b_1 = \frac{\Sigma(X_j - \overline{X})(Y_j - \overline{Y})}{\Sigma(X_j - \overline{X})^2} = \frac{\Sigma(X_j - \overline{X})Y_j}{\Sigma(X_j - \overline{X})^2} = \Sigma w_j Y_j$$

(3.13b) $$b_0 = \overline{Y} - b_1\overline{X} = \frac{1}{n}\Sigma Y_j - \overline{X}\,\Sigma w_j Y_j = \Sigma(\frac{1}{n} - w_j\overline{X})Y_j = \Sigma a_j Y_j$$

여기서, $$w_j = \frac{(X_j - \overline{X})}{\Sigma(X_j - \overline{X})^2},\ a_j = \Sigma(\frac{1}{n} - w_j\overline{X})$$

둘째, b_0, b_1은 β_0, β_1의 불편추정량이다.

먼저 b_1은 다음과 같이 나타낼 수 있다.

$$\begin{aligned} b_1 &= \Sigma w_j Y_j = \Sigma w_j(\beta_0 + \beta_1 X_j + \epsilon_j) \\ &= \beta_0 \Sigma w_j + \beta_1 \Sigma w_j X_j + \Sigma w_j \epsilon_j \end{aligned}$$

그런데, $\Sigma w_j = 0$, $\Sigma w_j X_j = \Sigma[\frac{(X_j - \overline{X})}{\Sigma(X_j - \overline{X})^2}]X_j = 1$이 되므로 이 식은 $b_1 = \beta_1 + \Sigma w_j \epsilon_j$ 와 같이 되고, 또 $E(\epsilon_j) = 0$, w_j는 상수이므로 양변에 기댓값을 취하면 다음과 같이 된다.

(3.14a) $$E(b_1) = E(\beta_1 + \Sigma w_j \epsilon_j) = \beta_1 + \Sigma w_j E(\epsilon_j) = \beta_1$$

즉, $E(b_1) = \beta_1$이 성립하므로 b_1은 β_1의 불편추정량이 된다.

또, b_0는 $b_0 = \overline{Y} - b_1 \overline{X}$ 에서

(3.14b) $$E(b_0) = E(\overline{Y}) - \overline{X}E(b_1) = \beta_0 + \beta_1 \overline{X} - \overline{X}\beta_1 = \beta_0$$

가 된다. 따라서 b_0는 β_0의 불편추정량이 된다.

셋째, b_0, b_1은 최소분산을 갖는다.

β_0, β_1의 임의의 다른 선형불편추정량을 $\hat{\beta}_0^*$, $\hat{\beta}_1^*$라고 하면 항상 다음이 성립된다. 자세한 증명과정은 [부록 3.3]을 참고할 수 있다.

(3.15) $$V(b_0) \leq V(\hat{\beta}_0^*), \quad V(b_1) \leq V(\hat{\beta}_1^*)$$

이 때 최소제곱법에 의하여 추정된 회귀직선 $\hat{Y}_j = b_0 + b_1 X_j$는 다음과 같은 특성을 지닌다.

첫째, 잔차의 합은 항상 0가 된다($\Sigma e_j = 0$).

둘째, 잔차들의 X_j에 대한 가중합은 0가 된다($\Sigma X_j e_j = 0$).

셋째, 잔차들의 $\hat{Y}_j$에 대한 가중합은 0가 된다 ($\Sigma \hat{Y}_j e_j = 0$).

넷째, 추정된 회귀직선은 항상 ($\overline{X}$, $\overline{Y}$)를 통과한다.

3.3 추정된 회귀식의 평가

3.3.1 오차분산의 추정값

오차분산(σ^2)에 대한 추정값은 관측값들이 추정된 회귀선을 중심으로 하여 어떻게 분포되어 있는가를 나타내어 주는 척도가 될 뿐만 아니라, 회귀모형의 신뢰구간추정 및

가설검정을 하기 위하여 필요하게 된다.

우리들은 단일모집단인 경우에는 제2장에서 모분산 σ^2의 불편추정량은 표본분산 $S^2 = \Sigma(Y_j - \overline{Y})^2/(n-1)$이 된다는 것을 알고 있다. 이 때 $\Sigma(Y_j - \overline{Y})^2$을 제곱합(sum of squares), 혹은 변동(variation)이라고 했다. 즉, 단일모집단에서의 표본분산은 관측값들의 평균에 대한 편차들의 제곱합을 자유도로 나눈 값이 된다.

그런데, 회귀모형에서 오차분산의 추정값은 관측값의 추정값에 대한 편차의 제곱합인 잔차제곱합(residual sum of squares, 혹은 error sum of squares : SSE)을 자유도로 나눈 값이 되며, 이를 잔차제곱평균(residual mean square, 혹은 error mean square : MSE)이라고 부른다. 이 때 추정값은 b_0, b_1에 의하여 결정되므로 제곱합의 자유도는 $n-2$가 된다. 즉, 잔차제곱합은 다음과 같이 나타낼 수 있다.

잔차제곱합

(3.16) $$SSE = \sum_{j=1}^{n}(Y_j - \hat{Y}_j)^2 = \sum_{j=1}^{n} e_j^2$$

또, σ^2의 추정값인 잔차제곱평균은 다음과 같이 된다.

잔차제곱평균

(3.17) $$MSE = \frac{SSE}{n-2} = \frac{\sum_{j=1}^{n}(Y_j - \hat{Y}_j)^2}{n-2} = \frac{\sum_{j=1}^{n} e_j^2}{n-2}$$

이 때 $E(MSE) = \sigma^2$, 즉 MSE는 σ^2의 불편추정량이 된다. 그리고 MSE의 평방근을 S_e로 나타내면 S_e를 추정값의 표준오차(standard error of estimates)라고 한다. 따라서 오차항이 정규분포를 따르는 경우 관측값들은 표본회귀직선을 중심으로 $\pm S_e$내에 약 68.3%, $\pm 2S_e$내에 약 95.4%가 포함하게 된다.

그러나 오차분산의 최우추정량은 $\widehat{\sigma^2} = \Sigma(Y_j - \hat{Y}_j)^2/n$이 된다(부록 3.5 참조).

3.3.2 결정계수

회귀분석을 할 때 우리들은 먼저 표본자료를 수집 혹은 관측하고, 이 자료를 이용하여 회귀선을 추정하게 된다. 이 때 추정된 회귀선은 표본자료들을 잘 적합(fitting)시키는 경우도 있고 그렇지 않은 경우도 있다. [그림 3.6]에서 보는 것처럼 <a>의 경우는 추정된 회귀선이 표본으로 관측된 점들을 잘 적합시키고 있지만 <b>의 경우는 그렇지 않다.

[그림 3.6] 추정된 회귀선들의 비교

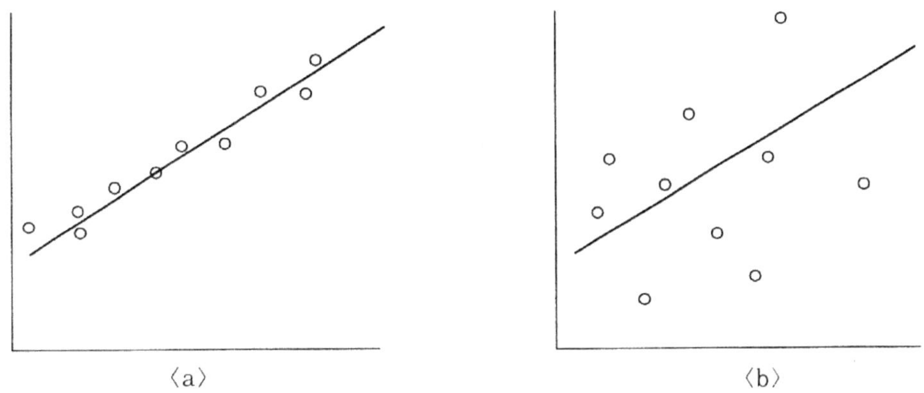

이와 같은 경우에 추정된 회귀선이 표본관측점들을 얼마나 잘 적합시키고 있는가를 나타낼 수 있는 척도로 제안된 계수가 바로 결정계수이다. 즉, 결정계수(coefficient of determination : R^2)란 추정된 회귀선이 관측값들을 얼마나 잘 설명하고 있는가를 나타내는 척도로서 다음과 같이 정의된다.

결정계수

(3.18) $$R^2 = 1 - \frac{\Sigma(Y_j - \hat{Y}_j)^2}{\Sigma(Y_j - \overline{Y})^2}$$

추정된 회귀선이 표본관측값들을 얼마나 잘 적합시키고 있는가를 나타낼 수 있는 척도로는 다음과 같은 잔차제곱합을 생각할 수 있다.

$$\Sigma e_j^2 = \Sigma(Y_j - \hat{Y}_j)^2$$

그러나 이 식은 절대적인 크기를 나타내므로 상대적인 크기로 나타내기 위하여 $\Sigma(Y_j - \overline{Y})^2$로 나누어 주면 다음과 같이 된다.

$$\frac{\Sigma(Y_j - \hat{Y}_j)^2}{\Sigma(Y_j - \overline{Y})^2}$$

여기서 $\Sigma(Y_j - \overline{Y})^2$은 다음과 같이 분해되므로(증명은 제4장 식 4.12 참고), 이 값은 항상 0과 1 사이의 값을 갖게 된다.

$$\Sigma(Y_j - \overline{Y}_j)^2 = \Sigma(Y_j - \hat{Y}_j)^2 + \Sigma(\hat{Y}_j - \overline{Y})^2$$

따라서 결정계수도 0과 1 사이의 값을 갖게 되고 만약 모든 j에 대하여 $Y_j = \hat{Y}_j$가 성립되면, 즉 추정된 회귀선들이 모든 관측값들을 통과하게 되면 $R^2 = 1$이 된다.

또 식 (3.18)은 다음과 같이 나타낼 수도 있다.

$$R^2 = 1 - \frac{\Sigma(Y_j - \hat{Y}_j)^2}{\Sigma(Y_j - \overline{Y})^2} = \frac{\Sigma(\hat{Y}_j - \overline{Y})^2}{\Sigma(Y_j - \overline{Y})^2} \tag{3.19}$$

추정된 회귀식과 R^2값들 간의 관계를 파악하기 위하여 몇 가지의 경우를 그림으로 나타내면 다음과 같다.

[그림 3.7] 추정된 회귀식과 R^2

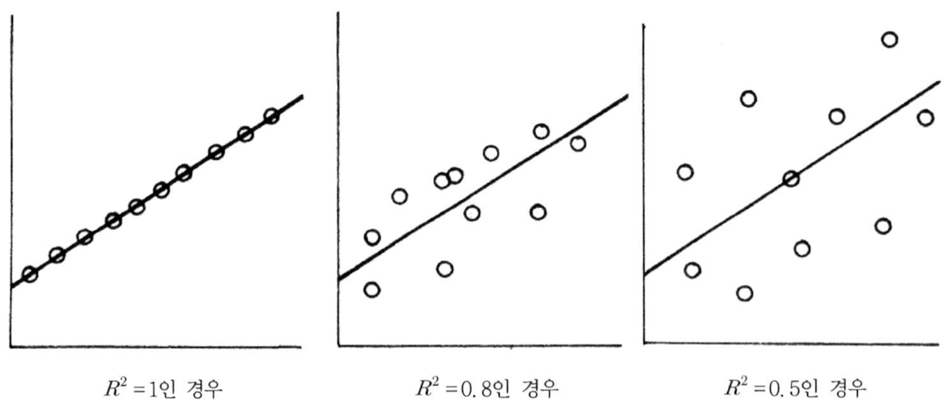

예제 3-4

앞의 예제에서 R^2는 $\Sigma(Y_j - \overline{Y})^2 = 600$, $\Sigma e_j^2 = 110$이므로 결정계수는 다음과 같이 계산할 수 있다.

$$R^2 = 1 - \frac{\Sigma e_j^2}{\Sigma(Y_j - \overline{Y})^2}$$

$$= \frac{490}{600} \doteq 0.82$$

<SAS 3.1> 예제 3.2 ~ 3.4를 SAS를 이용하여 분석하기 위한 SAS 프로그램 및 수행결과는 다음과 같다.

<ex3_1.SAS>

```
TITLE'SIMPLE REGRESSION';
 DATA exm;
     INPUT y x;              /* 변수이름의 지정*/
  CARDS;                     /* 자료의 입력*/
   30 30
   40 50
   30 40
   40 60
   60 70
 RUN;
 PROC PLOT; /* 산점도를 그려줌*/
  PLOT y*x;
 RUN;
 PROC REG; /*회귀분석을 실시*/
  MODEL y=x;
 RUN;
```

SIMPLE REGRESSION

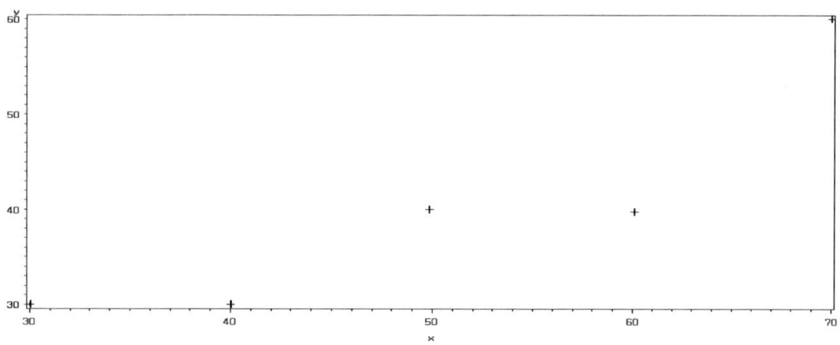

```
                          The REG Procedure

                         Analysis of Variance

Source               DF    Sum of Squares   Mean Square    F Value   Pr > F

Model                 1      490.00000       490.00000      13.36    0.0354
Error                 3      110.00000        36.66667
Corrected Total       4      600.00000

          Root MSE              6.05530    R-Square     0.8167
          Dependent Mean       40.00000    Adj R-Sq     0.7556

                         Parameter Estimates

                          Parameter        Standard
    Variable      DF      Estimate         Error          t Value     Pr > |t|

    Intercept      1      5.00000          9.94987        0.50        0.6499
    x              1      0.70000          0.19149        3.66        0.0354
```

3.4 몬테칼로 실험연구에 의한 최소제곱추정량의 특성분석(1)

3.4.1 몬테칼로 실험의 계획

몬테칼로(Monte Carlo) 실험연구는 컴퓨터로 특정 분포를 따르는 확률난수를 생성시켜서 만들어진 모의자료를 사용하여 추정량의 통계적 특성을 분석하는 방법이다. 단순회귀모형에 대한 최소제곱추정량의 특성을 몬테칼로 방법으로 분석하기 위해서는 먼저 모형의 가정이 성립되는 모의자료들을 생성하여, 최소제곱법으로 이들 자료들에 적합한 회귀식을 추정한다. 그리고 이러한 과정을 반복하여 구해지는 회귀계수들을 이용하여 최소제곱추정량 b_0, b_1의 특성을 분석하게 된다. 단순회귀분석에서 최소제곱법으로 추정된 추정량들의 특성을 분석하기 위한 몬테칼로 실험절차는 다음과 같다.

몬테칼로 실험의 절차

첫째, 이론적 모형을 다음과 같이 가정하고, 이 모형에 적합한 자료 (X_j, Y_j), $j=1, 2, \cdots, n$를 생성한다.

(3.20) $$Y_j = \beta_0 + \beta_1 X_j + \epsilon_j \qquad j=1, 2, \cdots, n$$

여기서 $\epsilon_j \sim IN(0, \sigma^2)$고, X_j는 확률변수가 아닌 고정된 상수이다.

둘째, 생성된 자료 $(X_j, Y_j, \ j=1,2, \cdots, n)$를 이용하여 최소제곱법으로 모회귀계수 β_0, β_1의 최소제곱추정값 b_0, b_1을 구한다.

셋째, 위의 과정을 r회 반복하여 얻어진 r개의 b_0, b_1에 대해 각각의 평균과 분산 등을 계산하여 이들의 특성을 분석한다.

이와 같은 몬테칼로 실험과정을 그림으로 나타내면 [부록 3.4]와 같다.

3.4.2 몬테칼로 실험결과

최소제곱추정량 b_0, b_1은 β_0, β_1의 불편추정량이 되는 것을 몬테칼로 실험방법으로 나타내 보기로 한다. [부록 3.5]에 수록된 SAS 프로그램을 이용하여 이와 같은 모의실험을 행하면 다음과 같이 된다.

첫째, 이론적 모형에 적합한 모의자료의 생성

모형 식 (3.20)에서 모수를 $\beta_0 = 10$, $\beta_1 = 10$, $\sigma^2 = 3$로 가정하고 관측값의 크기를 $n = 20$으로 하면 이론적 모형은 다음과 같이 된다.

$$(3.21) \qquad Y_j = 10 + 10X_j + \epsilon_j \qquad j = 1,2,\cdots,20 \qquad \epsilon_j \sim IN(0,3)$$

먼저 독립변수 X_j는 균등분포(uniform distribution) $U(0,100)$에서 20개를 생성시킨다. 그리고 확률오차항 ϵ_j는 평균이 0이고 분산이 3인 정규분포에서 20개를 생성시키고, Y_j는 식 (3.21)에서 생성된 X_j, ϵ_j를 이용하여 20개를 구할 수 있다.

이와 같은 과정을 10회 반복하여 구해진 모의자료는 <표 3.2>와 같이 된다. 이 때 독립변수 X_j는 고정된 상수이므로 처음에 구한 값을 계속하여 사용한다.

<표 3.2> 이론적 모형에 적합한 자료($\beta_0 = 10$, $\beta_1 = 10$, $\sigma^2 = 3$)의 생성

번호	모의자료 1			모의자료 2			…	모의자료 10		
	X_j	ϵ_j	Y_j	X_j	ϵ_j	Y_j	…	X_j	ϵ_j	Y_j
1	70	1.233	711.233	70	0.084	710.084	…	70	−0.536	709.463
2	91	2.709	922.70	91	0.115	920.115	…	91	0.713	920.713
3	23	−2.110	237.886	23	1.985	241.985	…	23	−2.131	237.868
4	8	−2.920	87.080	8	1.776	91.776	…	8	1.783	91.783
5	46	0.771	470.771	46	2.055	472.055	…	46	−0.352	469.647

6	47	0.529	480.529	47	−0.415	479.584	…	47	−2.315	477.684
7	6	−0.360	69.639	6	0.524	70.524	…	6	1.329	71.329
8	38	−2.450	387.545	38	−0.359	389.640	…	38	2.195	392.195
9	58	−3.340	586.657	58	0.024	590.024	…	58	−4.423	585.576
10	19	1.874	201.874	19	−0.372	199.627	…	19	0.167	200.167
11	35	−3.300	356.600	35	−1.844	358.155	…	35	2.898	362.898
12	22	−0.430	229.564	22	2.229	232.229	…	22	−1.759	228.240
13	98	0.398	990.398	98	0.498	990.498	…	98	−2.485	987.514
14	47	1.510	481.510	47	−1.468	478.531	…	47	−3.289	476.710
15	2	0.473	30.473	2	0.774	30.774	…	2	−2.083	27.916
16	68	1.227	691.227	68	−1.817	688.182	…	68	1.609	691.609
17	16	3.301	173.301	16	−1.768	168.231	…	16	2.184	172.184
18	49	−0.370	499.623	49	0.999	500.999	…	49	−0.774	499.225
19	45	0.328	460.328	45	−0.206	459.793	…	45	2.472	462.472
20	92	0.924	930.924	92	−1.115	928.884	…	92	2.531	932.531

둘째, 생성된 자료를 이용하여 β_0, β_1의 최소제곱추정값 b_0, b_1을 구한다.

이제 이와 같이 생성된 표본크기 $n=20$인 모의자료들로 구성된 10개의 표본들에 대하여 최소제곱법으로 회귀식을 추정하면 추정된 회귀계수들은 다음과 같이 된다.

<표 3.3> 최소제곱법에 의해 추정된 회귀계수

반 복	b_0	b_1
1	9.2374	10.0172
2	10.6076	9.9881
3	9.0060	10.0142
4	8.8857	10.0099
5	10.1818	10.0010
6	10.3317	10.0005
7	10.3286	10.0020
8	10.5490	9.9935
9	11.1163	9.9896
10	10.1187	9.9947

셋째, 최소제곱법으로 추정된 r개의 b_0, b_1에 대한 분석

이와 같이 추정된 10개의 회귀계수들의 평균을 구하면 <표 3.4>와 같이 된다. b_0의 범위는 8.886에서 11.116이 되고 평균은 10.036으로 거의 β_0=10에 근사된다. 또 b_1의

범위는 9.988에서 10.017이 되고 평균은 10.001로 β_1=10에 매우 근사된다.

이 실험에서 반복수를 $r=500$회로 하여 다시 실시하면 b_0, b_1의 평균은 더욱 10에 근사된다. 즉, 반복수를 크게 하면 최소제곱추정량 b_0와 b_1의 평균은 근사적으로 모수 β_0, β_1과 같게 되며, 이러한 통계적 특성을 우리들은 불편성이라고 한다.

<표 3.4> 최소제곱추정량들의 특성값

r=10인 경우				
	반복수	평 균	최소값	최대값
b_0	10	10.036	8.886	11.116
b_1	10	10.001	9.988	10.017
r=500인 경우				
	반복수	평 균	최소값	최대값
b_0	500	9.994	8.886	11.359
b_1	500	10.000	9.980	10.022

제3장 부록

부록 3.1 ; 〈정리 3.1〉

n개의 서로 독립인 변수 $X_1, X_2, \cdots, X_n$의 함수 $f(x_1, x_2, \cdots, x_n)$이 1, 2차 편미분이 존재하고, 2차 편미분행렬이

$$H = \begin{bmatrix} \frac{\partial^2 f}{\partial x_1^2} & \frac{\partial^2 f}{\partial x_1 x_2} & \cdots & \frac{\partial^2 f}{\partial x_1 x_n} \\ \vdots & \vdots & \ddots & \vdots \\ \frac{\partial^2 f}{\partial x_n x_1} & \frac{\partial^2 f}{\partial x_n x_2} & \cdots & \frac{\partial^2 f}{\partial x_n^2} \end{bmatrix}$$

와 같을 때 다음을 만족하는 점 $(x_1, x_2, \cdots, x_n)$에서 $f(x_1, x_2, \cdots, x_n)$는 최대 혹은 최소값을 갖는다.

$$\frac{\partial f}{\partial x_1} = \frac{\partial f}{\partial x_2} = \frac{\partial f}{\partial x_3} = \cdots = \frac{\partial f}{\partial x_n} = 0$$

이 때 만약 $f(x_1, x_2, \cdots, x_n)$은 H가 양정치(positive definite)행렬이면 최소값을 가지게 되고, H가 음정치(negative definite)행렬이면 최대값을 가지게 된다. 그런데, 식 (3.10)에서 Q는 서로 독립인 변수 β_0, β_1의 함수가 되므로 H는 다음과 같이 된다.

$$H = \begin{bmatrix} 2n & 2\Sigma X_j \\ 2\Sigma X_j & 2\Sigma X_j^2 \end{bmatrix}$$

따라서 <정리 3.2>에 의해서

$$\frac{\partial^2 f}{\partial \beta_0^2} = 2n > 0, \ |H| = 4n\Sigma X_j^2 - 4(\Sigma X_j)^2 = 4n\Sigma(X_j - \overline{X})^2 > 0$$

이 성립하므로 H는 양정치행렬이 된다.

부록 3.2 ; 〈정리 3.2〉

$n \times n$행렬 $A = a_{ij}$가 양정치행렬이기 위한 필요충분조건은 다음과 같다.

$$a_{11} > 0, \quad \begin{vmatrix} a_{11} & a_{12} \\ a_{21} & a_{22} \end{vmatrix} > 0, \quad \cdots, \quad \begin{vmatrix} a_{11} & a_{12} & \cdots & a_{1n} \\ a_{21} & a_{22} & \cdots & a_{2n} \\ \vdots & \vdots & \ddots & \vdots \\ a_{1n} & a_{2n} & \cdots & a_{nn} \end{vmatrix} > 0$$

부록 3.3 ; b_0와 b_1은 $\beta_{0,}\, \beta_1$의 선형불편추정량 중에서 최소분산을 가진다.

β_1의 가상적인 선형불편추정량을 b_1^*라고 하자. 그러면 $b_1^* = \Sigma_{j=1}^{n} k_j Y_j$로 나타낼 수 있고 $k_j = w_j + d_j$로 두면 (이 때 $w_j = (X_j - \overline{X})/\Sigma(X_j - \overline{X})^2$이고, d_j는 가상적인 상수이다.) b_1^*도 불편추정량이므로

$$\begin{aligned} E(b_1^*) &= E[\Sigma k_j(\beta_0 + \beta_1 X_j + \epsilon_j)] \\ &= \beta_0 \Sigma k_j + \beta_1 \Sigma k_j X_j + \Sigma k_j E(\epsilon_j) \\ &= \beta_1 \end{aligned}$$

와 같이 된다. 따라서 $\Sigma k_j = 0$, $\Sigma k_j X_j = 1$이 된다.

그러므로 $\Sigma k_j = \Sigma(w_j + d_j) = 0$에서 $\Sigma w_j = 0$이므로 $\Sigma d_j = 0$가 되고, 또 $\Sigma k_j X_j = \Sigma w_j X_j + \Sigma d_j X_j = 1$에서 $\Sigma w_j X_j = 1$이므로 $\Sigma d_j X_j = 0$이 된다. 그리고 b_1^*의 분산은 다음과 같다.

$$V(b_1^*) = V(\Sigma k_j Y_j) = \Sigma k_j^2 V(Y_j) = \Sigma k_j^2 \sigma^2$$

그런데, $\Sigma k_j^2 = \Sigma(w_j + d_j)^2 = \Sigma w_j^2 + \Sigma d_j^2 + 2\Sigma w_j d_j$에서 마지막 항은 0이 되므로 다음과 같이 된다.

$$V(b_1^*) = \sigma^2 \Sigma w_j^2 + \sigma^2 \Sigma d_j^2 = V(b_1) + \sigma^2 \Sigma d_j^2$$

따라서 $V(b_1) \leqq V(b_1^*)$가 되므로 b_1의 분산은 임의의 어떤 선형불편추정량의 분산보다 더 작다. 즉, 최소분산을 갖는다. b_0의 경우도 같은 방법으로 증명할 수 있다.

부록 3.4 최우추정법에 의한 단순회귀모형의 추정

최우추정법(method of maximum likelihood)을 사용하여 표본회귀함수를 추정하기 위해서는 먼저 회귀모형의 오차항이 정규분포를 따른다는 가정을 해야 한다.

오차항 ϵ_j가 평균 0, 분산 σ^2인 정규분포를 따르면, Y_j의 확률밀도함수는 다음과 같이 된다.

$$f(y_j) = \frac{1}{\sqrt{2\pi\sigma^2}} exp\left[- \frac{(y_j - \beta_0 - \beta_1 X_j)^2}{2\sigma^2} \right] \quad , -\infty < y_j < \infty$$

이 때 n개의 관측값들이 모집단회귀계수가 β_0, β_1인 회귀함수에서 추출되었을 확률, 즉 결합밀도함수는 다음과 같이 된다.

$$\begin{aligned} L(\beta_0, \beta_1) &= f(y_1)f(y_2)\cdots f(y_n) \\ &= \prod \frac{1}{(2\pi\sigma)^{1/2}} exp\left[- \frac{1}{2\sigma^2}(y_j - \beta_0 - \beta_1 X_j)^2 \right] \\ &= \frac{1}{(2\pi\sigma)^{n/2}} exp\left[- \frac{1}{2\sigma^2} \sum_{j=1}^{n} (y_j - \beta_0 - \beta_1 X_j)^2 \right] \end{aligned}$$

이 때 $L(\beta_0, \beta_1)$을 우도함수(likelihood function)라고 하며, β_0, β_1의 최우추정량(maximum likelihood estimator : MLE)은 이 우도함수를 최대로 하는 β_0, β_1의 추정량이다.

그런데, 우도함수 L을 최대로 하는 β_0, β_1은 역시 대수우도함수 $\ln L$을 최대로 해준다. 따라서 다음과 같은 대수우도함수(log-likelihood function)를 이용하여 β_0, β_1을 구할 수 있다.

$$\ln L = -\frac{n}{2} ln(2\pi\sigma^2) - \frac{1}{2\sigma^2} \sum_{j=1}^{n} (y_j - \beta_0 - \beta_1 X_j)^2$$

부록 <정리 3.1>을 이용하면, 이 대수우도함수를 최대로 하는 β_0, β_1은 다음을 만족하는 추정량이 된다.

$$\frac{\partial \ln L}{\partial \beta_0} = \frac{1}{\sigma^2} \sum_{j=1}^{n} (Y_j - \beta_0 - \beta_1 X_j) = 0$$

$$\frac{\partial \ln L}{\partial \beta_1} = \frac{1}{\sigma^2} \sum_{j=1}^{n} X_j (Y_j - \beta_0 - \beta_1 X_j) = 0$$

이 때 최우추정량을 b_0^*, b_1^*로 나타내고 이들을 다시 정리하면 다음과 같이 된다.

$$\Sigma(Y_j - b_0^* - b_1^* X_j) = 0$$

$$\Sigma X_j(Y_j - b_0^* - b_1^* X_j) = 0$$

그런데, 이 두 식은 식 (3.11a)와 (3.11b)의 최소제곱법의 정규방정식과 같음을 알 수 있다. 따라서 β_0, β_1의 최우추정량 b_0^*, b_1^*는 식 (3.12a), (3.12b)의 b_0, b_1과 동일하게 된다. 즉, 오차항이 정규분포를 따른다는 전제조건하에서의 회귀계수에 대한 최우추정량은 최소제곱추정량과 동일하다.

부록 3.5 ; 몬테칼로 실험과정

1. 모의 자료의 생성

독립변수의 생성

오차항의 생성

종속변수의 생성

2. 모형의 추정

최소제곱추정량의 계산

r회의 반복

3. 추정된 회귀계수의 분석

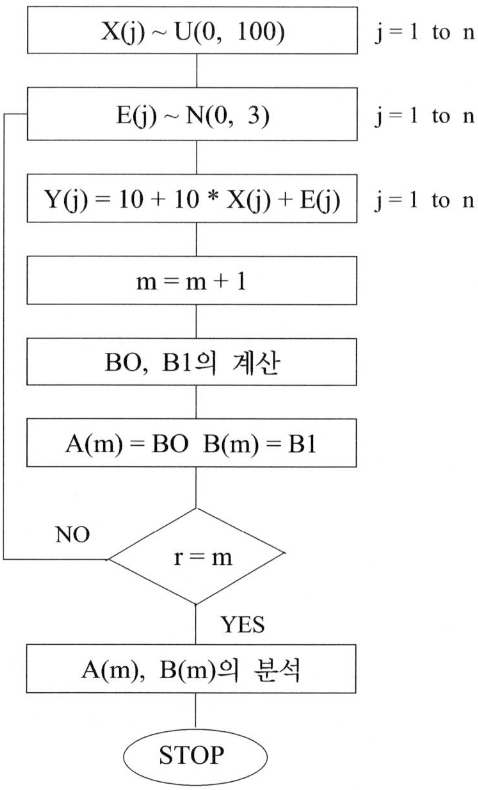

부록 3.6 ; 최소제곱추정량에 대한 몬테칼로 실험을 위한 SAS 프로그램

<SAS 프로그램: SIM3_1.SAS> : 표본크기 $n=20$, 반복횟수 $r=10$

```
/*Monte Carlo Simulation3_1*/
PROC IML;
    RESET NOLOG;
    N=20;
    R=10;
  Y=J(N,1,1);
  X=J(N,2,1);
  A=J(N,1,1);
  B=J(N,1,1);
  E=J(N,1,1);

  DO I= 1 TO N;
     X[I,2]=INT(RANUNI(0)*100)+1;
  END;

  FILE'SIMREG.OUT';
  DO J=1 TO R;
    DO I=1 TO N;
      E[I]=RANNOR(0)*SQRT(3);
    Y[I]=10 +10*X[I,2]+ E[I];
  END;
  PRINT X E Y;

  HBETA=INV(X`*X)*X`*Y;
  A=HBETA[1];
  B=HBETA[2];
  PUT A +2 B;
  END;
  CLOSEFILE'SIMREG.OUT';
  QUIT;

  DATA RST;
    INFILE'SIMREG.OUT';
   INPUT A B;
  RUN;
  PROC PRINT;
  RUN;
  PROC MEANS;
  VAR A B;
  RUN;
```

REGRESSION ANALYSIS EXERCISE

연습문제

3.1 다음에 대하여 간략히 기술하시오.

1) 단순선형회귀모형의 가정
2) 최소제곱법
3) 잔차제곱합
4) 결정계수
5) 최우법

3.2 S도시의 가구들 중에서 열가구를 표본으로 추출하여 월소득과 전력소비량을 조사하니 다음과 같았다.

가구번호	1	2	3	4	5	6	7	8	9	10	단위
소 득(X)	100	90	120	80	110	140	70	100	90	100	(만원)
전력소비량(Y)	40	38	44	36	42	50	34	42	38	36	(KW)

1) 이들 자료를 산점도로 나타내고, 그 결과를 설명하시오.
2) 최소제곱법을 사용하여 단순선형회귀모형을 추정하시오.
3) 추정된 회귀계수 b_0, b_1의 의미를 설명하시오.
4) 결정계수를 구하고, 그 의미를 설명하시오.
5) 잔차들의 합이 $0(\sum e_j = 0)$이 됨을 보이시오.
6) 잔차제곱평균(MSE)과 추정값의 표준오차(Se)를 구하고 그 의미를 설명하시오.

3.3 오차항이 식 (3.2)와 같은 가정이 성립하고 $\beta_0 = 100$, $\beta_1 = 0.5$, $\sigma = 9.8$이라고 한다.

1) $X = 100$, 200, 500일 때 Y의 분포를 그림으로 나타내시오.
2) $X = 200$일 때 Y의 값이 180.4와 219.6 사이에 있을 확률을 구하시오.

3.4 다음 물음에 답하시오.

1) 최소제곱법으로 회귀계수를 추정하려고 할 때 Y가 정규분포를 따른다는 가정이 필요한가. 그 이유는?

2) 잔차의 합 Σe_j는 항상 0이 된다. 그러면 오차의 합 $\Sigma \epsilon_j$도 0이 되는가. 그 이유는?

3) 최우법을 사용하여 오차분산을 유도하시오.

3.5 다음은 K대학의 2학년 학생들 중에서 랜덤하게 열 명을 추출하여 그들의 대학성적(Y), 고교내신성적(X), 수능성적(Z)을 조사한 것이다.

학 생	1	2	3	4	5	6	7	8	9	10
Y	80	90	70	90	95	75	65	70	80	85
X	70	85	65	90	90	70	70	65	75	75
Z	60	70	60	80	70	80	50	60	90	80

1) X에 대한 Y의 회귀식을 구하시오.

2) Z에 대한 Y의 회귀식을 구하시오.

3) 대학성적에 영향을 미치는 독립변수로 고교내신성적과 수능성적 중에서 어느 쪽을 선택하는 것이 더 바람직한가. 그 이유는?

3.6 3.2.2에서 기술된 최소제곱법에 의하여 추정된 회귀식의 다음과 같은 4가지 특성을 증명하시오.

1) 잔차의 합은 항상 0가 된다($\Sigma e_j = 0$).

2) 잔차들의 X_j에 대한 가중합은 0가 된다.

3) 잔차들의 $\widehat{Y}_j$에 대한 가중합은 0가 된다($\Sigma \widehat{Y}_j e_j = 0$).

4) 추정된 회귀직선은 항상 $(\overline{X}, \overline{Y})$를 통과한다.

3.7 회귀모형이 다음과 같이 나타나는 경우

$$Y_j = \beta_0 + \epsilon_j \qquad j = 1, 2, \cdots, n$$

1) 이 모형을 「그래프」로 나타내어 설명하시오.

2) 최소제곱법을 사용하여 β_0의 추정량을 유도하시오.

3) β_0의 최소제곱추정량 b_0는 불편추정량이 됨을 보이시오.

3.8 [몬테칼로 시뮬레이션]

다음의 순서에 따라서 「컴퓨터」를 이용하여 자료를 생성시키시오. 그리고 생성된 자료를 사용하여 회귀식을 추정하여 그 결과를 비교, 설명하시오.

1) 평균이 0이고 분산이 4인 정규분포를 따르는 확률난수 ϵ_j를 100개 생성하시오
2) $\beta_0 = 100$, $\beta_1 = 2.0$이고 $X = 1, 2, 3, \cdots, 100$일 때의 Y_j, $j=1, 2, 3, \cdots, 100$(즉, $Y_j = 100 + 2.0X_j + \epsilon_j$, $j = 1, 2, 3, \cdots, 100$)를 구하시오.
3) 구해진($X_j Y_j$, $j = 1, 2, \cdots, 100$) 자료를 사용하여 회귀계수 β_0, β_1을 최소제곱법으로 추정하시오.
4) 앞의 과정을 열 번 반복하여 추정된 열 개의 회귀계수들의 평균을 구하여 β_0와 β_1의 값과 비교하시오.

제 4 장 단순회귀모형의 추론

REGRESSION ANALYSIS

이 장에서는 모회귀계수 β_0, β_1에 대한 신뢰구간추정 및 가설검정방법과 단순회귀모형에서의 분산분석에 대하여 설명한다. β_0, β_1의 점추정량인 b_0, b_1의 표집분포와 이들 분포를 전제로 한 신뢰구간의 추정방법에 관하여 기술하고, 또 가설검정을 위한 검정통계량, 임계값 등을 서술한다. 이 장에서 설정되는 모든 모형은 제3장에서 서술된 오차항에 대한 가정이 성립되는 정규오차회귀모형(normal error regression model)을 가정한다.

4.1 회귀계수 β_1에 대한 추론

4.1.1 b_1의 표집분포

β_1에 대한 신뢰구간추정 및 가설검정을 하기 위해서는 β_1의 점추정량인 b_1의 표집분포가 전제되어져야 한다. 그런데, b_1은 (3.9a), (3.10a)에서

$$b_1 = \frac{\Sigma(X_j - \overline{X})(Y_j - \overline{Y})}{\Sigma(X_j - \overline{X})^2} = \Sigma w_j Y_j$$

와 같고, 또 b_1의 평균은 (3.11)에서 $E(b_1) = \beta_1$이며 b_1의 분산은 다음과 같이 된다. b_1의 분산은 $\sigma_{b_1}^2$ 혹은 $V(b_1)$으로 나타내기로 한다.

b_1의 분산

(4.1)
$$\begin{aligned} V(b_1) &= V(\Sigma w_j Y_j) = \Sigma w_j^2 V(Y_j) \\ &= \sigma^2 \Sigma w_j^2 \\ &= \frac{\sigma^2}{\Sigma(X_j - \overline{X})^2} \end{aligned}$$

그런데 b_1은 Y의 선형결합이고 Y_j는 식 (3.4)에 의하면 독립적으로 정규분포를 따르므로 부록의 <정리 4.1>에 의해서 b_1도 정규분포를 따른다(이 경우에 Y_j가 정규분포를 따르지 않을지라도 b_1의 표집분포는 중심극한정리에 의하여 표본의 크기 n이 크면 근사적으로 정규분포에 접근하게 된다).

따라서 b_1의 표집분포는 평균이 β_1이고 분산이 $\sigma^2/\Sigma(X_j - \overline{X})^2$인 정규분포를 따르게 된다. 즉, 다음과 같이 나타낼 수 있다.

b_1의 표집분포

(4.2)
$$b_1 \sim IN\left[\beta_1 \,,\, \frac{\sigma^2}{\Sigma(X_j - \overline{X})^2}\right]$$

그런데 b_1의 분산 $\sigma^2/\Sigma(X_j - \overline{X})^2$에서 σ^2은 미지의 모수이므로 σ^2의 불편추정량인 잔차제곱평균 MSE를 사용하면 다음과 같은 b_1의 표본분산 $S_{b_1}^2$을 구할 수 있다.

b_1의 표본분산

(4.3)
$$S_{b_1}^2 = \frac{MSE}{\Sigma(X_j - \overline{X})^2}$$

이 때 $S_{b_1}^2$은 $\sigma_{b_1}^2$의 불편추정량이 된다. 또 σ_{b_1}의 불편추정량은 $S_{b_1} = \sqrt{S_{b_1}^2}$이 된다.

따라서 b_1이 정규분포를 따르므로 b_1을 표준화 변환시킨 $(b_1 - \beta_1)/\sigma_{b_1}$은 표준정규분포를 따르게 되고, 또 여기서 $\sigma_{b_1}^2$대신에 $S_{b_1}^2$를 사용하면 다음과 같이 자유도(degree of freedom : df)가 n−2인 t−분포를 따르게 된다(증명은 부록 4.2를 참고).

(4.4) $$T=\frac{b_1-\beta_1}{S_{b_1}} \sim t-\text{분포}(df=n-2)$$

4.1.2 β_1에 대한 신뢰구간추정 및 가설검정

β_1에 대한 점추정량이 b_1이고, $(b_1-\beta_1)/S_{b_1}$이 $t-$분포를 따르게 되므로 β_1에 대한 신뢰구간은 $T-$통계량을 이용하여 다음과 같이 유도할 수 있다.

[그림 4.1]의 $t-$분포에서 빗금 친 부분의 확률을 수식으로 나타내면 다음과 같이 된다.

$$\Pr(-t_{\alpha/2}<T<t_{\alpha/2})=1-\alpha$$

[그림 4.1] $t-$분포에서의 확률구간

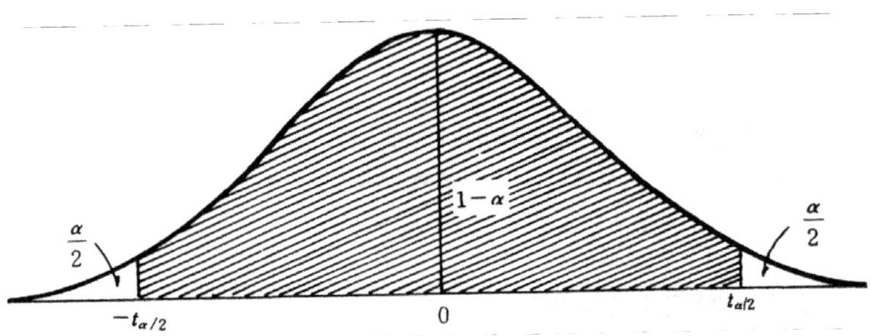

여기서 $T=(b_1-\beta_1)/S_{b_1}$를 대입하면 다음과 같이 된다.

$$\Pr\left(-t_{\alpha/2}<\frac{b_1-\beta_1}{S_{b_1}}<t_{\alpha/2}\right)=1-\alpha$$

또, 이 식을 다시 정리하면 다음과 같이 된다.

(4.5) $$\Pr(b_1-t_{\alpha/2}S_{b_1}<\beta_1<b_1+t_{\alpha/2}S_{b_1})=1-\alpha$$

우리들은 식 (4.5)에서 β_1은 $b_1-t_{\alpha/2}S_{b_1}$과 $b_1+t_{\alpha/2}S_{b_1}$구간 안에 있을 확률이 $1-\alpha$가 된다는 것을 알 수 있다. 그러므로 $100(1-\alpha)\%$ 신뢰수준으로 추정된 β_1의 신뢰구간은 다음과 같이 된다.

β_1의 100(1−α)%의 신뢰구간

(4.6) $$[b_1 - t_{\alpha/2}S_{b_1},\ b_1 + t_{\alpha/2}S_{b_1}],\ S_{b_1} = \sqrt{MSE/\sum(X_j - \overline{X})^2}$$

다음은 β_1에 대한 가설검정방법에 대하여 살펴본다. 신뢰구간추정에서와 마찬가지로, $(b_1 - \beta_1)/S_{b_1}$이 자유도 n−2인 t−분포를 따르므로 우리들은 T−통계량을 이용하여 β_1에 대한 가설검정을 할 수 있다.

이 때 귀무가설은 주로 $H_0 : \beta_1 = 0$를 사용한다. 왜냐하면, 만약 검정결과 $\beta_1 = 0$라는 귀무가설이 채택된다면 모회귀함수는 $E(Y_j) = \beta_0 + 0 \times X_j = \beta_0$와 같이 되고, 이 경우에는 X의 변화가 Y에 영향을 미치지 않게 되므로 X는 Y의 적절한 설명변수가 될 수 없다는 의미가 되기 때문이다. 즉, $H_0 : \beta_1 = 0$가 기각되어져야 추정된 회귀계수는 유의하게 된다. 이 때 귀무가설 $H_0 : \beta_1 = 0$에 대한 단측 및 양측검정절차는 다음과 같이 된다.

β_1에 대한 검정절차: 단측검정인 경우

$H_0 : \beta_1 = 0$

$H_1 : \beta_1 < 0$(혹은 $\beta_1 > 0$)

검정통계량 : $T = \dfrac{b_1 - \beta_1}{S_{b_1}} \sim t$−분포$(df = n-2)$

임 계 값 : $t_c = -t_{\alpha, n-2}$ (혹은 $t_{\alpha, n-2}$)

판 정 : 만약 $t_0 = \dfrac{b_1}{S_{b_1}} \le -t_{\alpha, n-2}$이면 (혹은 $t_0 = \dfrac{b_1}{S_{b_1}} \ge t_{\alpha, n-2}$면), H_0를 기각하고 H_1을 채택한다.

β_1에 대한 검정절차: 양측검정인 경우

$H_0 : \beta_1 = 0$

$H_1 : \beta_1 \ne 0$

검정통계량 : $T = \dfrac{b_1 - \beta_1}{S_{b_1}} \sim t$−분포$(df = n-2)$

임 계 값 : $t_c = t_{\alpha/2, n-2}$, 혹은 $-t_{\alpha/2, n-2}$

판 정 : 만약 $|t_0| = \left|\dfrac{b_1}{S_{b_1}}\right| \ge t_{\alpha/2, n-2}$이면 H_0를 기각하고 H_1을 채택한다.

예제 4-1

예제 3.1에서 β_1에 대한 95% 신뢰구간추정과 가설검정을 해 보면, 앞에서 추정된 회귀계수와 오차항의 분산은 다음과 같이 계산되었다.

$$b_1 = 0.7,\ MSE = S_e^2 = \frac{110}{3}$$

따라서 S_{b_1}은 다음과 같이 계산된다.

$$S_{b_1} = \sqrt{MSE/\Sigma(X_j - \overline{X})^2} = \sqrt{\frac{110/3}{1000}} \doteq 0.19$$

또 $n=5,\ \alpha=0.05$이므로 $t_{.05/2,5-2}=3.18$이 된다.

이제 식 (4.6)을 이용하면 다음과 같이 계산된다.

$$b_1 - t_{.025,3}S_{b_1} = 0.7 - 3.18 \times 0.19 \doteq 0.09$$

$$b_1 + t_{.025,3}S_{b_1} = 0.7 + 3.18 \times 0.19 \doteq 1.31$$

즉, 추정된 95% 신뢰구간은 (0.09 ~ 1.31)이 된다.
또, 유의수준 5%로 $H_0 : \beta_1 = 0$을 검정하면 다음과 같이 된다.

$H_0 : \beta_1 = 0$

$H_0 : \beta_1 > 0$

임계값 : $t_c = t_{.05,3} = 2.35$

판　정 : $t_0 = \dfrac{b_1}{S_{b_1}} = \dfrac{0.7}{\sqrt{11/300}} = 3.66$은 임계값 2.35보다 크므로 귀무가설은 기각된다.

즉, 유의수준 5%로 회귀계수는 유의하다.

지금까지 설명된 방법은 유의수준 α를 먼저 결정하고 여기에 대응하는 임계값을 구하여 검정하는 방법이며 이러한 검정방법을 전통적 검정방법이라고도 한다.

최근에 많이 사용하는 다른 한 방법은 표본관측 값에서 구해진 검정통계량의 값에 대응하는 $p-$값을 구하여 검정하는 방법이다. 이 때 $p-$값은 대립가설의 형태에 따라서 다음과 같이 달리 정의된다.

p-값에 의한 가설검정

	단측검정의 경우	양측검정의 경우
가 설	$H_0: \beta_1 = 0$ $H_1: \beta_1 < 0$ 혹은 $H_1: \beta_1 > 0$	$H_0: \beta_1 = 0$ $H_1: \beta_1 \neq 0$
p-값	p-값 $= \Pr(T \leq t_0)$, $t_0 = \dfrac{b_1}{S_{b_1}}$ 혹은 p-값 $= \Pr(T \geq t_0)$	p-값 $= 2 \times \Pr(T \geq \mid t_0 \mid)$, $t_0 = \dfrac{b_1}{S_{b_1}}$

이와 같이 계산된 p-값은 관측된 자료가 귀무가설이 진실이라는 사실을 지지해 주는 정도를 나타내는 척도가 된다. 즉, 관측된 자료에서 추정된 b_1에 대응하는 p-값이 크면 귀무가설이 진실일 가능성이 높고, p-값이 작으면 귀무가설이 진실일 가능성이 낮다는 의미가 된다.

따라서 우리들은 p-값이 작을 때는 귀무가설을 기각시킬 수 있고, 반대로 p-값이 클 때는 기각시킬 수 없게 된다. 만약 p-값을 구하여 전통적인 방법으로 검정을 한다면 p-값이 유의수준 α보다 작으면 유의수준 α로 H_0를 기각시킬 수 있게 된다. p-값과 α의 관계는 [그림 4.2]와 같다.

[그림 4.2] p-값과 α의 관계

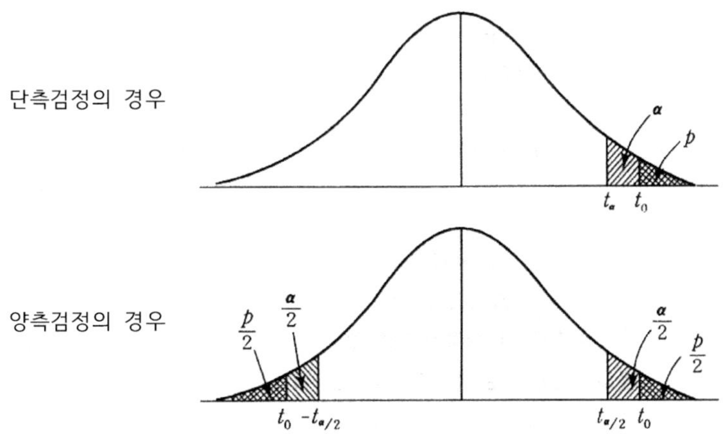

예제 4-2

앞의 설명예제에서 $p-$값을 사용한 검정을 하기 위하여 $p-$값을 구하면 다음과 같이 된다.

$$p-\text{값} = \Pr[T \geq t_0] = \Pr[T \geq 3.66] = 0.02$$

따라서 $p-$값 0.02로 H_0를 기각하고 H_1을 채택한다. 즉, 유의수준을 2%로 해도 귀무가설을 기각할 수 있게 된다. 이 경우에 만약 양측검정이라면 $p-$값은 $0.02 \times 2 = 0.04$가 된다.

이제 $p-$값을 구하여 검정하는 것이 전통적인 방법보다 더 유용함을 보일 수 있는 한 가지 예를 들어 보기로 한다. 30개의 자료를 이용하여 단순선형회귀모형을 추정한 결과가 다음과 같았다고 하자.

$$\hat{Y}_j = 100 + 0.6X_j \qquad S_{b_1} = 0.4$$

이 때 유의수준 5%로 $H_1 : \beta_1 > 0$에 대한 $H_0 : \beta_1 = 0$을 검정하는 경우를 생각하면, 임계값은 $t_c = t_{0.05, 30-2} = 1.70$이 되고 검정통계량의 값은 $t_0 = 0.6/0.4 = 1.5$가 된다. 따라서 유의수준 5%로 귀무가설 H_0를 기각할 수 없게 된다. 즉, 추정된 회귀식은 의미가 없다는 결론을 내리게 된다.

이 경우에 $p-$값을 구하여 검정을 하면 다음과 같이 된다. 먼저 $p-$값을 계산하면 다음과 같이 된다.

$$p-\text{값} = \Pr(T \geq 1.5) = 0.08$$

따라서 이 경우에 우리들은 $p-$값이 0.08으므로 $H_0 : \beta_1 = 0$를 기각시킬 수 있다. 여기서 '$p-$값이 0.08이므로' 라는 의미는 귀무가설을 기각시킬 수 있는 최소한의 유의수준이 0.08이 될 수 있다는 의미가 된다. 즉, 유의수준을 0.08 이상으로 하는 경우에는 귀무가설을 기각시킬 수 있게 된다. 그러므로 이 분석결과는 유의수준을 10%로 하는 경우에는 귀무가설을 기각시킬 수 있다는 해석이 가능하다. 물론 유의수준은 제1종 과오를 범할 확률을 나타내므로, 유의수준이 낮을수록 그 분석결과는 더 신뢰할 수 있고 일반적으로 0.01, 0.05 등을 많이 사용하지만 0.1 혹은 0.15 등도 사용할 수 있다.

4.2 회귀계수 β_0에 대한 추론

4.2.1 b_0의 표집분포

β_0에 대한 신뢰구간추정 및 가설검정을 하기 위해서는 먼저 β_0의 점추정량인 b_0의 표집분포가 알려져야만 한다.

그런데 식 (3.12b)에서 b_0는 $b_0 = \overline{Y} - b_1 \overline{X}$ 이고 또 식 (3.14b)에서 b_0의 평균은 $E(b_0) = \beta_0$가 됨을 이미 알고 있다. 이제 b_0의 분산 $\sigma^2_{b_0}$, 혹은 $V(b_0)$을 구해 보기로 한다.

b_0는 식 (3.13b)에서 $b_0 = \Sigma(\frac{1}{n} - w_j \overline{Y}) Y_j$로 나타낼 수 있으므로 이 식을 이용하면 다음과 같이 b_0의 분산을 유도할 수 있다.

$$
\begin{aligned}
(4.7) \qquad V(b_0) &= V[\Sigma(\frac{1}{n} - w_j \overline{X}) Y_j] \\
&= \Sigma(\frac{1}{n} - w_j \overline{X})^2 V(Y_j)) \\
&= \sigma^2 \Sigma(\frac{1}{n^2} - \frac{2}{n} w_j \overline{X} + w_j^2 \overline{X}^2) \\
&= \sigma^2 [\frac{1}{n} - \frac{2}{n} \overline{X} \Sigma w_j + \overline{X}^2 \Sigma w_j^2] \\
&= \sigma^2 \left(\frac{1}{n} + \frac{\overline{X}^2}{\Sigma(X_j - \overline{X})^2} \right)
\end{aligned}
$$

따라서 b_0는 Y_j의 선형결합이고, Y_j는 정규분포를 따르므로 b_0는 다음과 같은 정규분포를 따른다.

b_0의 표집분포

$$
(4.8) \qquad b_0 \sim IN\left[\beta_0, \left(\frac{1}{n} + \frac{\overline{X}^2}{\Sigma(X_j - \overline{X})^2}\right)\sigma^2\right]
$$

또, b_0의 분산 $\sigma^2_{b_0}$의 추정량($S^2_{b_0}$)은 b_1의 분산에서와 마찬가지로 σ^2 대신에 MSE를 사용하면 다음과 같이 된다.

b_0의 표본분산

(4.9) $$S_{b_0}^2 = \left(\frac{1}{n} + \frac{\overline{X}^2}{\Sigma(X_j - \overline{X})^2}\right) MSE$$

이 때 $S_{b_0}^2$은 $\sigma_{b_0}^2$의 불편추정량이 되고, $S_{b_0} = \sqrt{S_{b_0}^2}$는 σ_{b_0}의 불편추정량이 된다. 또 b_0가 정규분포를 따르므로 $(b_0 - \beta_0)/\sigma_{b_0}$는 표준정규분포를 따르게 되고, 또 $(b_0 - \beta_0)/S_{b_0}$는 자유도가 n−2인 t−분포를 따르게 된다. 즉, 다음이 성립된다.

(4.10) $$T = \frac{b_0 - \beta_0}{S_{b_0}} \sim t-\text{분포}(df = n-2)$$

4.2.2 β_0에 대한 신뢰구간추정 및 가설검정

β_0에 대한 점추정량이 b_0이고, $(b_0 - \beta_0)/S_{b_0}$가 자유도가 $n-2$인 t−분포를 따르게 되므로 β_0에 대한 신뢰구간추정은 β_1의 경우와 같은 방법으로 유도하면 다음과 같이 된다.

$$\Pr[b_0 - t_{\alpha/2, n-2} S_{b_0} < \beta_0 < b_0 + t_{\alpha/2, n-2} S_{b_0}] = 1 - \alpha$$

즉, 100(1−α)%의 신뢰수준으로 추정된 β_0의 신뢰구간은 다음과 같이 된다.

β_0에 대한 100(1−α)%의 신뢰구간

(4.11) $$[b_0 - t_{\alpha/2, n-2}\ S_{b_0},\ b_0 + t_{\alpha/2, n-2}\ S_{b_0}],$$

$$S_{b_0} = \sqrt{\left(\frac{1}{n} + \frac{\overline{X}^2}{\Sigma(X_j - \overline{X})^2}\right) MSE}$$

β_0에 대한 가설검정도 $(b_0 - \beta_0)/S_{b_0}$가 t−분포를 따르므로 T−통계량을 사용할 수 있다. 그런데, β_1의 가설검정에서는 귀무가설을 주로 $\beta_1 = 0$를 사용 하지만, β_0에 대해서는 검정결과 $\beta_0 = 0$가 채택되더라도 특별한 의미가 부여되지 않기 때문에 $\beta_0 = 0$를 귀무가설로 사용해야 할 의미는 없다. 이 때 β_0에 대한 검정절차는 다음과 같다.

β_0에 대한 가설검정 : 단측검정인 경우

$H_0 : \beta_0 = \beta_{00}$

$H_1 : \beta_0 < \beta_{00}$ (혹은 $\beta_0 > \beta_{00}$)

임계값 : $t_c = -t_{\alpha,\, n-2}$ (혹은 $t_{\alpha,\, n-2}$)

결 정 : $t_0 = \dfrac{b_0 - \beta_0}{S_{b_0}} < -t_{\alpha,\, n-2}$ (혹은 $t_0 > t_{\alpha,\, n-2}$)이면, 유의수준 α로 H_0를 기각한다. 즉, 회귀계수는 유의하다.

β_0에 대한 가설검정 : 양측검정인 경우

$H_0 : \beta_0 = \beta_{00}$

$H_1 : \beta_0 \neq \beta_{00}$

임계값 : $t_c = \pm t_{\alpha/2,\, n-2}$

결 정 : 만약 $|t_0| = \dfrac{b_0 - \beta_{00}}{S_{b_0}} > t_{\alpha/2, n-2}$이면, 유의수준 α로 H_0를 기각하고 H_1을 채택한다.

$p-$값을 사용한 검정방법은 β_1의 경우와 동일하다. 다만, t_0를 구할 때 귀무가설이 $H_0 : \beta_0 = \beta_{00}$ 이므로 $t_0 = (b_0 - \beta_{00})/S_{b_0}$가 된다.

다음의 예제에서 β_0에 대한 신뢰구간 추정 및 가설검정을 하는 과정을 보기로 한다.

예제 4-3

앞의 예제에서 β_0에 대한 95% 신뢰구간을 추정하면, 점추정값은 $b_0 = 5$이고, b_0의 표준편차는 다음과 같이 된다.

$$S_{b_0} = \sqrt{\left(\frac{1}{n} + \frac{\overline{X}^2}{\Sigma(X_j - \overline{X})^2}\right) MSE} = \sqrt{\left(\frac{1}{5} + \frac{50^2}{1000}\right) \times \frac{110}{3}} = 9.95$$

또 $t_{0.05/2,3} = 3.18$이 되므로 식 (4.10)에서 다음과 같이 된다.

$$b_0 - t_{0.025,3} S_{b_0} = 5 - 3.18 \times 9.95 = -26.6$$

$$b_0 + t_{0.025,3} S_{b_0} = 5 + 3.18 \times 9.95 = 36.6$$

즉, β_0에 대한 95% 신뢰구간은 (−26.6 ~ 36.6)이 된다.
또, $H_0 : \beta_0$=10에 대하여 유의수준 5%로 검정하면 다음과 같이 된다.
여기서는 양측검정을 한다.

$$H_0 : \beta_0 = 10$$

$$H_1 : \beta_0 \neq 10$$

$$\text{임계값} : t_c = \pm t_{0.025,3} = \pm 3.18$$

$$\text{판 정} : |t_0| = \frac{5-10}{9.95} = 0.50 < t_{0.025,3} = 3.18$$

이므로 유의수준 5%로 H_0를 기각할 수 없다.
이 경우에 p−값을 구하면 양측검정이므로 다음과 같이 된다.

$$p-\text{값} = 2 \times \Pr[T \geq t_0\ ] = 2 \times \Pr[T \geq 0.5\ ] = 0.65$$

따라서 p−값이 매우 크므로 귀무가설을 기각시킬 수 없다.

4.3 단순회귀모형에서의 분산분석

단순회귀분석에서의 분산분석(analysis of variance : ANOVA)은 총변동(total sum of squares : TSS)을 회귀선에 의하여 설명되는 변동과 설명되지 않는 변동으로 분할하여 모형의 적합성을 분석하는 방법이다.

4.3.1 총변동의 분할

관측값 Y_j의 변동은 앞에서 서술된 것처럼 $\Sigma(Y_j - \overline{Y})^2$, 즉 평균에 대한 잔차의 제곱합이 된다. 그런데 이 변동(여기서는 총변동, 혹은 총제곱합이라고 칭한다)은 다음과 같이 분할될 수 있다.

$$\begin{aligned}\Sigma(Y_j - \overline{Y})^2 &= \Sigma(Y_j - \widehat{Y}_j + \widehat{Y}_j - \overline{Y})^2 \\ &= \Sigma(Y_j - \widehat{Y}_j)^2 + \Sigma(\widehat{Y}_j - \overline{Y})^2 + 2\Sigma(Y_j - \widehat{Y}_j)(\widehat{Y}_j - \overline{Y})\end{aligned}$$

그런데, $\Sigma e_j = 0$, $\Sigma e_j \widehat{Y}_j = 0$가 되므로 마지막 항은 다음과 같이 된다.

$$2\Sigma(Y_j - \hat{Y}_j)(\hat{Y}_j - \overline{Y}) = 2(\Sigma e_j \hat{Y}_j - \overline{Y}\Sigma e_j) = 0$$

따라서 다음이 성립된다.

총변동의 분할

(4.12) $$\underset{(TSS)}{\Sigma(Y_j - \overline{Y})^2} = \underset{(SSE)}{\Sigma(Y_j - \hat{Y}_j)^2} + \underset{(SSR)}{\Sigma(\hat{Y}_j - \overline{Y})^2}$$

여기서

$\Sigma(Y_j - \hat{Y}_j)^2$: 회귀선에 의하여 설명되지 않는 변동으로 잔차제곱합 (residual sum of squares : SSE)

$\Sigma(\hat{Y}_j - \overline{Y})^2$: 회귀선에 의하여 설명되는 변동으로 회귀제곱합 (regression sum of squares : SSR)

혹은, $TSS = SSE + SSR$

이들 관계를 그림으로 나타내면 [그림 4.3]과 같이 된다.

[그림 4.3] 총변동의 분할

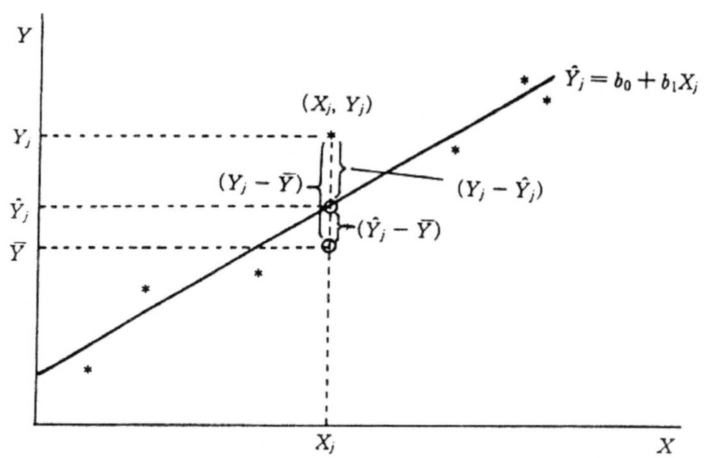

4.3.2 분산분석

단순회귀모형에서의 분산분석은 다음과 같은 가설을 검정하게 된다.

$$H_0 \ ; \ \beta_1 = 0$$
$$H_1 \ ; \ \beta_1 \neq 0$$

이 때 만약 귀무가설($H_0 : \beta_1 = 0$)이 기각되지 않으면 두 변수 간에 관련성이 존재하지 않는다는 의미가 된다. 이러한 가설을 검정하기 위한 검정통계량은 총제곱합에서 분할된 회귀제곱합과 잔차제곱합을 이용하여 유도된 다음과 같은 $F-$통계량을 사용하게 된다.

분산분석에서의 F-통계량

(4.13) $$F = \frac{MSR}{MSE} = \frac{SSR/1}{SSE/n-2}$$

이와 같은 F는 자유도가 (1, n-2)인 $F-$분포를 따르게 된다(증명은 부록 4.3 참조). 따라서 만약 $F \geqq F_c = F_{\alpha,(1,n-2)}$면 H_0는 기각된다. 즉, 회귀계수가 유의하므로 추정된 모형은 적합한 것으로 판단하게 된다.

일반적으로 이와 같은 분석을 할 때는 다음과 같은 분산분석표 (analysis of variance table)를 작성한다.

<표 4.1> 단순회귀모형에 대한 분산분석표

변동의 요인	제곱합	자유도	제곱평균	F
회 귀	SSR	1	MSR	MSR/MSE
잔 차	SSE	n-2	MSE	
총 합	TSS	n-1		

여기서 제곱합들은 다음과 같이 계산된다.

(4.14a) $$TSS = \Sigma(Y_j - \overline{Y})^2$$

(4.14b) $SSR = \Sigma(\hat{Y}_j - \overline{Y})^2 = \Sigma(b_0 + b_1X_j - b_0 - b_1\overline{X})^2 = b_1^2\Sigma(X_j - \overline{X})^2$

(4.14c) $SSE = \Sigma(Y_j - \hat{Y}_j)^2 = \Sigma e_j^2$ 혹은, $SSE = TSS - SSR$

그런데, 4.1절에서 대립가설 $\beta_1 \neq 0$에 대한 귀무가설 $\beta_1 = 0$의 검정은 T−통계량을 사용하여 검정할 수 있었다. 즉, 단순회귀에서는 분산분석을 통한 F−검정과 t−검정은 동일한 방법이 된다(그러나 중회귀에서는 분산분석에서 설정되는 귀무가설이 $H_0 : \beta_1 = \beta_2 = \cdots = \beta_k = 0$가 되므로 그렇지 않다).

즉, 4.1절에서 t−검정을 위한 검정통계량은 다음과 같았다.

$$T = \frac{b_1}{S_{b_1}} = \frac{b_1}{\sqrt{\dfrac{MSE}{\Sigma(X_j - \overline{X})^2}}}$$

따라서 F와 T는 다음의 관계가 성립된다.

$$\begin{aligned} F &= \frac{MSR}{MSE} = \frac{b_1^2\Sigma(X_j - \overline{X})^2}{MSE} \\ &= \frac{b_1^2}{MSE/\Sigma(X_j - \overline{X})^2} = \left(\frac{b_1}{\sqrt{\dfrac{MSE}{\Sigma(X_j - \overline{X})^2}}}\right)^2 = T^2 \end{aligned}$$

즉, 분자의 자유도가 1인 F−통계량은 T−통계량의 제곱과 같아진다. 이 경우 T−통계량은 양측검정에서 정의되는 검정통계량이다. 일반적으로 F−통계량과 T−통계량의 관계는 다음과 같다.

$$F_{\alpha,(1,n)} = T^2_{\alpha/2,n}$$

예제 4-4

앞의 설명예제에서 분산분석표를 작성하여 $H_0 : \beta_1 = 0$를 유의수준 5%로 검정해 보자. 먼저 제곱합을 구하면 다음과 같이 된다.

$$\begin{aligned} TSS &= \Sigma(Y_j - \overline{Y})^2 \\ &= (30-40)^2 + (40-40)^2 + (30-40)^2 + (40-40)^2 + (60-40)^2 = 600 \end{aligned}$$

$$SSR = \Sigma(\hat{Y}_j - \overline{Y})^2 = b_1^2 \Sigma(X_j - \overline{X})^2$$
$$= 0.7^2 \times 1000 = 490$$
$$SSE = \Sigma(Y_j - \hat{Y}_j)^2$$
$$= \Sigma e_j^2 = 4^2 + 0^2 + (-3)^2 + (-7)^2 + 6^2 = 110$$
(혹은, $SSE = TSS - SSR = 600 - 490 = 110$)

이 때 분산분석표는 다음과 같이 작성된다.

변동의 요인	제곱합	자유도	제곱평균	F
회 귀	490	1	490	13.36
잔 차	110	3	36.67	
총 합	600	4		

그런데 $\alpha = 0.05$, 자유도 (1,3)이므로 임계값은 $F_c = F_{0.05,\,(1,3)}$=10.13이 된다. 따라서 $F-$통계량의 값 F_0는 $F_0 > F_c$ 가 되므로 $H_0 : \beta_1 = 0$를 기각한다.

이 경우에 $p-$값을 구하면 $p-$값$= \Pr[F \geqq 13.36\ ] = 0.04$가 된다. 즉, 유의수준을 4%로 해도 귀무가설을 기각시킬 수 있게 된다. 앞의 4.1절에서의 $t-$검정과 비교를 해 보면 $t_0^2 = 3.66^2 = F_0$가 되고, 또 $p-$값도 $t-$검정에서 양측검정인 경우에는 0.04로 동일함을 알 수 있다.

4.4 예 측

일반적으로 예측(forecasting)이란 특정한 미래의 알려져 있지 않은 사상에 관한 진술을 말한다. 회귀분석에 의한 예측은 표본으로 관측된 자료를 사용하여 회귀식이 추정된 경우에, 이 추정된 회귀식을 이용하여 설명변수의 특정한 값에 대응하는 종속변수의 값을 예측하게 된다.

이와 같은 예측에는 설명변수의 특정값 X_0가 주어질 때 종속변수 Y_0의 평균 $E(Y_0)$를 예측하는 경우와 종속변수 Y_0의 개별관측 값을 예측하는 두 가지의 형태가 있을 수 있으나 여기서는 종속변수의 평균 $E(Y_0)$를 예측하는 경우만 다루기로 한다.

추정된 회귀식이 다음과 같다고 하자.

$$\hat{Y} = b_0 + b_1 X$$

그러면, $X = X_0$일 때의 Y_0의 기대값 $E(Y_0)$(혹은 μ_{Y_0})에 대한 점추정은 다음과 같이 된다.

$$\widehat{E(Y_0)} = \hat{Y}_0 = b_0 + b_1 X_0$$

이 때 $E(\hat{Y}_0) = \mu_{Y_0}$가 되므로 $\hat{Y}_0$는 μ_{Y_0}의 불편추정량이 된다.

또 $\hat{Y}_0$의 분산은 다음과 같이 된다.

$$\begin{aligned} V(\hat{Y}_0) &= V(b_0 + b_1 X_0) = V(\overline{Y} + b_1(X_0 - \overline{X})) \\ &= V(\overline{Y}) + (X_0 - \overline{X})^2 V(b_1) + 2(X_0 - \overline{X}) COV(\overline{Y}, b_1) \end{aligned}$$

여기서 $2(X_0 - \overline{X})\mathrm{COV}(\overline{Y}_0, b_1) = 0$이 되고(증명은 부록 4.5 참조), 또 $V(\overline{Y}) = \sigma^2/n$, $V(b_1) = \sigma^2/\Sigma(X_j - \overline{X})^2$이 되므로 위 식은 다음과 같이 된다.

(4.15)
$$\begin{aligned} V(\hat{Y}_0) &= \frac{\sigma^2}{n} + (X_0 - \overline{X})^2 \frac{\sigma^2}{\Sigma(X_j - \overline{X})^2} \\ &= \sigma^2\left(\frac{1}{n} + \frac{(X_0 - \overline{X})^2}{\Sigma(X_j - \overline{X})^2}\right) \end{aligned}$$

그러므로 $\hat{Y}_0$의 표집분포는 다음과 같이 된다.

$\hat{Y}_0$의 표집분포

(4.16)
$$\hat{Y}_0 \sim N\left[\mu_{Y_0},\ \sigma^2\left(\frac{1}{n} + \frac{(X_0 - \overline{X})^2}{\Sigma(X_j - \overline{X})^2}\right)\right]$$

따라서 $X = X_0$일 때 Y_0의 평균 μ_{Y_0}의 예측을 위한 신뢰구간추정은 다음과 같이 된다.

$X = X_0$일 때 μ_{Y_0}의 예측을 위한 $100(1-\alpha)\%$의 신뢰구간추정

(4.17) $$(\hat{Y}_0 - t_{\alpha/2, n-2} S_{\hat{Y}_0},\ \hat{Y}_0 + t_{\alpha/2, n-2} S_{\hat{Y}_0})$$

여기서, $$S_{\hat{Y}_0} = \sqrt{S_e^2\left[\frac{1}{n} + \frac{(X_0 - \overline{X})^2}{\Sigma(X_j - \overline{X})^2}\right]}$$

그런데 식 (4.17)에서 $X_0 = \overline{X}$일 때 $\hat{Y}_0$의 표준오차가 가장 작은 값을 가지게 되므로 신뢰구간이 가장 좁게 나타난다. 또 X_0가 $\overline{X}$로부터 멀리 떨어질수록 신뢰구간의 폭이 커지므로 예측의 정확성은 점차 낮아지게 된다.

이러한 관계를 그림으로 나타내면 신뢰구간의 상한값과 하한값이 다음과 같이 된다. 이 때 신뢰구간내의 영역을 μ_{Y_0}의 신뢰대(confidence belt)라고 한다.

[그림 4.4] μ_{Y_0}의 신뢰대

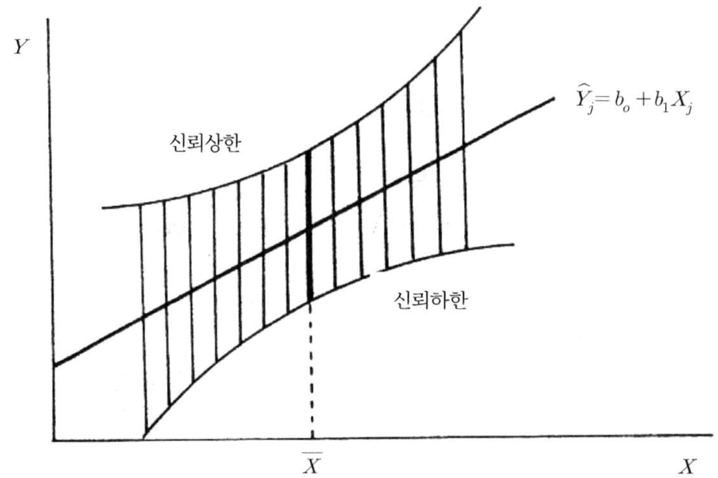

또 $X = X_0$가 주어질 때 Y_0의 평균 μ_{Y_0}에 대한 가설검정은 다음과 같이 할 수 있다.

Y_0의 평균 μ_{Y_0}에 대한 가설검정 : 단측검정인 경우

$$H_0:\ \mu_{Y_0} = \mu_0$$

$$H_1:\ \mu_{Y_0} < \mu_0 (\text{혹은 } \mu_{Y_0} > \mu_0)$$

임계값 : $t_c = -t_{\alpha,n-2}$(혹은 $t_{\alpha,n-2}$)

판 정 : 만약 $t_0 = \dfrac{\widehat{Y_0} - \mu_0}{S_{\widehat{Y_0}}}$가 $-t_{\alpha,n-2}$ 보다 작거나, $t_{\alpha,n-2}$보다 크면,

유의수준 α로 H_0를 기각하고 H_1을 채택한다.

Y_0의 평균 μ_{Y_0}에 대한 가설검정 : 양측검정인 경우

H_0 : $\mu_{Y_0} = \mu_0$

H_1 : $\mu_{Y_0} \neq \mu_0$

임계값 : $t_c = \pm t_{\alpha/2,n-2}$

판 정 : 만약 $|t_0| = \left|\dfrac{\widehat{Y_0} - \mu_0}{S_{\widehat{Y_0}}}\right|$가 $t_{\alpha/2,n-2}$보다 크면 유의수준

α로 H_0를 기각하고 H_1을 채택한다.

예제 4-5 단순회귀분석

앞의 설명예제에서 $X = 100$일 때의 Y의 평균에 대한 95% 신뢰구간예측을 하면 다음과 같이 된다.

먼저 $X = 100$일 때의 μ_{Y_0}의 점추정값은 앞에서 추정된 회귀식을 사용하면 $\hat{Y} = 5 + 0.7 \times 100 = 75$가 된다. 또 $X = 100$일 때의 $\hat{Y}$의 표준오차는 앞에서 $S_e^2 = 110/3$, $\Sigma(X_j - \overline{X})^2 = 1000$, $(100-50)^2 = 2500$ 이므로 $S_{\hat{Y}_0} = \sqrt{\dfrac{110}{3} \times (\dfrac{1}{5} + \dfrac{2500}{1000})} \doteq 9.95$가 된다.

따라서 예측값의 95% 신뢰구간은 다음과 같이 추정된다.

$$75 \mp 3.18 \times 9.95 = 75 \mp 31.64 = (43.36,\ 106.64)$$

또 $X = 100$일 때 Y의 평균이 90이라는 귀무가설을 검정하면,

H_0 : $\mu_{Y_0} = 90$

H_1 : $\mu_{Y_0} \neq 90$

임계값 : $t_c = \pm t_{\alpha/2,n-2} = \pm 3.18$

판 정 : $t_0 = \dfrac{75 - 90}{9.95} = -1.51 > -3.18$ 이므로 유의수준 5%로 H_0를 기각할 수 없다.

4.5 몬테칼로 실험연구에 의한 최소제곱추정량의 특성분석(2)

제3장에서 실행한 몬테칼로 실험을 연장해 보기로 한다. 즉 이론적 모형을 마찬가지로 다음과 같이 가정한다.

$$Y_j = 10 + 10X_j + \epsilon_j \qquad \epsilon_j \sim N(0,3)$$

제3장에서와 마찬가지로 이론적 모형에 부합되는 표본크기 $n = 20$인 모의자료를 500회 생성시켜서 최소제곱추정량 b_0, b_1의 평균과 분산 그리고 경험적 분포를 나타내면 다음과 같이 된다.

<표 4.2> 최소제곱추정량의 특성값

회수계수	N	평균	표준편차	최소값	최대값
b_0	500	9.997	0.562	8.855	10.048
b_1	500	10.001	0.015	8.975	10.085

이 때 b_0, b_1의 평균은 역시 $\beta_0 = 10$, $\beta_1 = 10$에 근사되고 또 b_0, b_1의 분포는 [그림 4.5]에서 보는 것처럼 거의 정규분포의 형태를 나타낸다.

[그림 4.5] b_0와 b_1의 경험적 분포

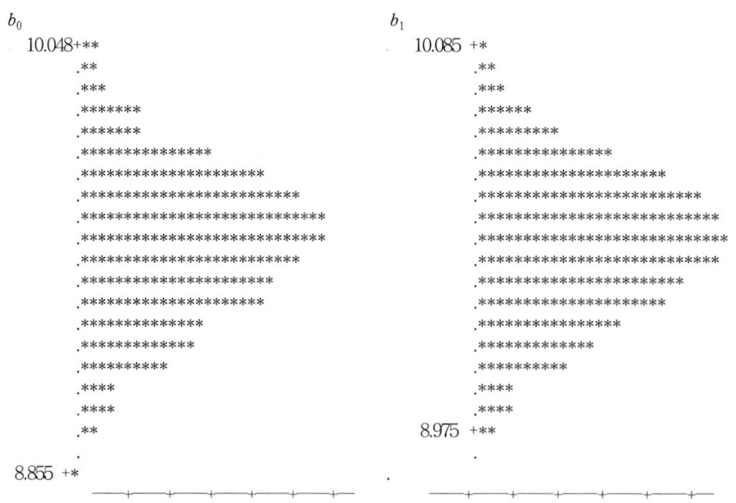

다음에는 오차항의 동분산 가정이 성립되지 않는 다음과 같은 모형에서 생성된 모의 자료를 사용했을 때의 결과를 검토해 보자.

$$Y_j = 10 + 10X_j + \epsilon_j$$

여기서 $\epsilon_j \sim N(0,3) \qquad j = 1, 2, \cdots, n/2$,

$\epsilon_j \sim N(0,10) \qquad j = n/2+1, n/2+2, \cdots, n$

이 경우에도 같은 방법으로 몬테칼로 실험을 하여 b_0, b_1의 평균과 분산을 구하면 다음과 같이 된다(이와 같은 실험연구를 위한 SAS 프로그램은 부록 4.6에 수록되어 있다).

<표 4.3> 오차항이 이분산을 갖는 경우 최소제곱추정량의 특성값

회수계수	N	평균	표준오차	최소값	최대값
b_0	500	10.003	1.832	6.775	13.128
b_1	500	10.005	0.218	8.855	12.024

즉, 오차항이 이분산을 갖는 경우에도 최소제곱법으로 추정된 회귀계수들의 평균은 역시 모회귀계수에 근사되지만 추정된 회귀계수의 표준오차는 훨씬 커지는 것을 볼 수 있다.

4.6 응용예제

4.6.1 물가와 통화량에 대한 회귀분석

물가의 변동을 설명하는 변수로 통화량을 선택하여 이들 간의 관련성을 분석해 보기로 하자. 경제학에서는 고전학파 혹은 통화주의자들은 통화량의 팽창이 총수요를 증가시킴으로써 물가의 변동을 야기 시킨다고 주장한다.

종속변수로 물가지수를 독립변수로 통화량을 사용하는 단순선형회귀모형은 다음과 같이 설정할 수 있다.

$$P_j = \beta_0 + \beta_1 M_j + \epsilon_j$$

여기서 P_j는 월별 소비자물가지수(2010년 = 100), M_j는 월별 통화량(단위 : 10억원

(M_1, 평잔))을 나타내며 ϵ_j는 확률오차항이다. 모형을 추정하기 위하여 사용할 자료는 1990년 1월부터 2011년 11월까지의 263개의 월별 자료이며 탐진의 홈페이지 자료실(http:// www.tamjin.co.kr)에 수록(pm.dat)되어 있다. 모형의 추정은 패키지 프로그램 SAS를 사용하며, 이 때 작성되는 SAS 프로그램은 <프로그램 4.1>과 같다.

<프로그램 4.1 : PRO4_1.SAS>

```
/* SIMPLE REGRESSION ANALYSIS */
DATA infla;
   INFILE 'H:pm.dat';
   INPUT t p m1;
   m = m1/1000;
RUN;
PROC REG SIMPLE;
   MODEL p = m;
   OUTPUT OUT = Lee P = pred R = resid;
RUN;
PROC PLOT DATA = Lee;
   PLOT resid * m;
RUN;
```

이 프로그램의 제2행에서 6행까지는 H에 수록된 자료파일 pm.dat를 불러들여서 변수 이름을 t p m1으로 지정하는 절차이고, 6행은 통화량의 단위를 10억원에서 1조원으로 바꾸어서 물가와 자리수가 비슷하게 했다.

프로그램의 제7행에서 10행까지는 종속변수를 p, 독립변수를 m으로 하는 단순회귀모형을 추정하는 절차이며, 여기서 선택사양 SIMPLE은 변수 p, m의 기술통계량들을 계산해 주며, OUTPUT문장은 Lee라는 자료명하에 예측값은 pred에 잔차는 resid에 수록하라는 명령어이다. 제10행에서 12행은 산점도를 그리는 절차이다. 이 프로그램을 실행시키면 <수행결과 4.1>과 같이 된다.

즉, 추정된 회귀식은 다음과 같이 된다.

$$\hat{P}_j = \underset{(93.88)}{47.030} + \underset{(63.82)}{0.1325} M_j \qquad R^2 = 0.94 \ , \ (\ \ ) : t-\text{값}$$

결정계수 R^2이 0.94로 아주 높기 때문에 물가지수의 추정값 $\hat{P}_j$는 관측값 P_j에 잘 적합되고, 통화량 한 단위의 변화가 물가지수에 미치는 영향의 크기를 나타내는 회귀계수 β_1의 추정값은 0.1325가 된다.

또 β_1=0, 즉 통화량은 물가에 전혀 영향을 미치지 않는다는 귀무가설을 검정하기 위한 검정통계량의 값은 63.82이며 이 값에 대한 유의확률은 0.0001보다 작으므로 유의수준을 1% 미만으로 해도 귀무가설을 기각시킬 수 있다.

결정계수가 거의 1에 가깝고 추정된 회귀계수는 매우 유의적이기 때문에 우리들은 이 회귀식을 채택하여 사용할 수 있다. 즉, 다른 조건이 일정하다면, 통화량을 1 단위(즉, 1조원) 증가시키면 물가지수는 0.1325단위가 증가하게 되는 것으로 분석할 수 있다. 만약 통화량이 500(조원)이 된다면, 다른 조건이 일정한 경우에 물가지수의 예측값은 $47.030 + 0.1325 \times 500 = 113.28$로 추정할 수 있다.

그런데, 우리들은 앞에서 최소제곱법으로 설정된 모형을 추정할 때 오차항에 대하여 몇 가지 가정을 전제로 하였다. 만약 이 가정들이 성립되지 않는다면 결정계수가 높고 추정된 계수들이 유의적일지라도 최소제곱추정량은 통계적으로 좋은 특성을 가지지 않기 때문에 추정된 회귀식은 채택할 수 없게 된다.

회귀모형의 가정을 검정하는 방법들은 제8, 9장에서 자세히 설명된다. <수행결과 4.1>의 마지막에 있는 독립변수에 대한 잔차의 산점도(resid*m 도표)에서 잔차들이 0을 중심으로 랜덤하게 나타나지 않으므로 오차항에 대한 가정에 약간의 문제가 있을 수 있는 것으로 짐작할 수 있다.

<수행결과 4.2>

```
                              The REG Procedure

                  Number of Observations Read          263
                  Number of Observations Used          263

                            Descriptive Statistics

                                          Uncorrected                      Standard
Variable          Sum          Mean          SS            Variance        Deviation

Intercept    263.00000       1.00000     263.00000              0                0
m                54434     206.97458      15304681          15413        124.14843
p                19584      74.46281       1533743      288.10745         16.97373


                            Analysis of Variance

                                         Sum of          Mean
      Source                  DF        Squares        Square    F Value    Pr > F

      Model                    1          70939         70939    4073.16    <.0001
      Error                  261     4545.60087      17.41610
      Corrected Total        262          75484
```

Root MSE	4.17326	R-Square	0.9398
Dependent Mean	74.46281	Adj R-Sq	0.9396
Coeff Var	5.60449		

Parameter Estimates

Variable	DF	Parameter Estimate	Standard Error	t Value	Pr > |t|
Intercept	1	47.03025	0.50098	93.88	<.0001
m	1	0.13254	0.00208	63.82	<.0001

resid*m 도표

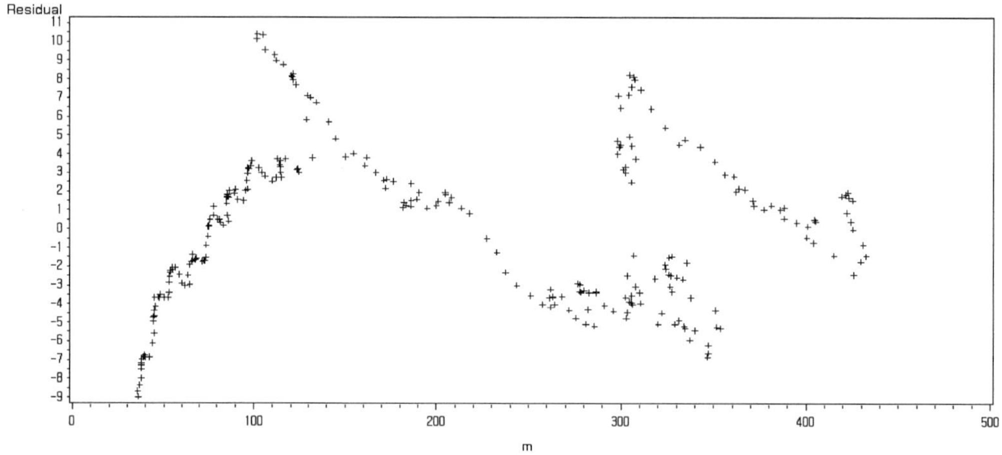

제4장 부록

REGRESSION ANALYSIS

부록 4.1 〈정리 4.1〉

$Y_1, Y_2, \cdots, Y_n$이 서로 독립적인 정규확률변수일 때, 이들의 선형결합 $a_1 Y_1 + a_2 Y_2 + \cdots + a_n Y_n$도 평균 $\Sigma a_j E(Y_j)$, 분산 $\Sigma a_j^2 V(Y_j)$인 정규분포를 따른다.

부록 4.2 $T=(b_1-\beta_1)/S_{b_1} \sim T-$분포$(df=n-2)$의 증명

$(b_1-\beta_1)/S_{b_1}$에서 분자, 분모에 σ_{b_1}으로 나누어 주면,

$$\frac{(b_1-\beta_1)/\sigma_{b_1}}{S_{b_1}/\sigma_{b_1}} = \frac{(b_1-\beta_1)/\sigma_{b_1}}{\sqrt{\dfrac{\Sigma(Y_j-\widehat{Y}_j)^2}{(n-2)\sigma^2}}}$$

와 같이 된다. 여기서 $(b_1-\beta_1)/\sigma_{b_1}=Z$, $\Sigma(Y_j-\widehat{Y}_j)/\sigma^2=\chi^2$이라고 하면 $Z \sim N(0,\ 1)$, $\chi^2 \sim \chi^2-$분포$(\mathrm{df}=\mathrm{n}-2)$가 된다. 따라서 제2장의 T-통계량의 정의에 의해서 $(b_1-\beta_1)/S_{b_1}$은 자유도가 $n-2$인 t-분포를 따른다.

부록 4.3 $F=\dfrac{MSR}{MSE} \sim F-$분포$(df=1,\ n-2)$의 증명

χ^2-통계량의 정의에 의하여 $SSR/\sigma^2=\Sigma(\widehat{Y}_j-\overline{Y})^2/\sigma^2$은 자유도가 1인 χ^2-분포를 따르고 $SSE/\sigma^2=\Sigma(Y_j-\widehat{Y}_j)^2/\sigma^2$은 자유도가 $n-2$인 χ^2-분포를 따른다. 또 부록 4.4의 <정리 4.2>에 의하여 SSR와 SSE은 통계적으로 독립이 된다. 따라서 $F-$통계량의 정의에 의해서 MSR/MSE는 다음과 같이 나타나므로 자유도 $(1,\ n-2)$인 $F-$분포를 따른다.

$$\frac{MSR}{MSE} = \frac{\dfrac{SSR}{\sigma^2}/1}{\dfrac{SSE}{\sigma^2}/n-2} = \frac{\chi_1^2/\ 1}{\chi_2^2/n-2} = F \sim F_{(1,n-2)}-\text{분포}$$

부록 4.4 〈정리 4.2〉 코크란의 정리(Cochran's theorem)

$Z_i(i=1,2,\cdots,m)$가 $N(0,\ 1)$을 따르고, 또 $\sum_{i=1}^{m} Z_i^2 = Q_1 + Q_2 + \cdots + Q_s$(단, $s \leqq m$)이고, Q_i의 자유도가 $m_i(i=1,2,\cdots,s)$일 때, 만약 $m = m_1 + m_2 + \cdots + m_s$일 때 $Q_1, Q_2, \cdots, Q_s$는 자유도 $m_1, m_2, \cdots, m_s$이고, 서로 독립인 확률변수가 된다.

부록 4.5 $COV(\overline{Y}, b_1) = 0$의 증명

확률변수 Y_i의 두개의 선형결합 $\Sigma A_i Y_i$와 $\Sigma B_i Y_i$에서 Y_i가 서로 독립이면 $COV(\Sigma A_i Y_i, \Sigma B_i Y_i) = \Sigma A_i B_i V(Y_i)$이 성립한다.

그런데 $\overline{Y} = \Sigma \frac{1}{n} Y_i,\ b_1 = \frac{\Sigma(X_i - \overline{X})Y_i}{\Sigma(X_i - \overline{X})^2}$로 나타낼 수 있으므로

$$\begin{aligned} COV(\overline{Y}, b_1) &= COV\left(\Sigma \frac{1}{n} Y_i,\ \frac{\Sigma(X_i - \overline{X})Y_i}{\Sigma(X_i - \overline{X})^2}\right) \\ &= \Sigma \frac{1}{n} \frac{(X_i - \overline{X})}{\Sigma} (X_i - \overline{X})^2 V(Y_i) \\ &= \frac{1}{n} \Sigma \frac{(X_i - \overline{X})}{\Sigma(X_i - \overline{X})^2} \sigma^2 \\ &= 0 \qquad (\because \Sigma(X_i - \overline{X}) = 0) \end{aligned}$$

와 같이 된다.

부록 4.6 오차항이 이분산을 갖는 모형에서 최소제곱추정량에 대한 몬테칼로 실험을 위한 SAS 프로그램

<SAS 프로그램: SIM4_1.SAS>: 표본크기 n=20, 반복회수 r=500

```
/*Monte Carlo Simulation4_1*/

PROC IML;
RESET NOLOG;
   N=20;
   R=500;
Y=J(N,1,1);
X=J(N,2,1);
A=J(N,1,1);
B=J(N,1,1);
E=J(N,1,1);

DO I = 1 TO N;
    X[I,2]=INT(RANUNI(0) * 100)+1;
END;

FILE'SIMREG.OUT';
DO J=1 TO R;
   DO I=1 TO N;
     IF I<=N/2 THEN E[I]=RANNOR(0);
   ELSE DO;
     E[I]=RANNOR(0)*SQRT(30);END;
   Y[I]=10 +10 * X[I,2]+E[I];
END;

HBETA=INV(X` * X) * X` * Y;
A=HBETA[1];
B=HBETA[2];
PUT A +2 B;
END;
CLOSEFILE'SIMREG.OUT';
QUIT;

DATA RST;
    INFILE'SIMREG.OUT';
    INPUT A B; RUN;
PROC MEANS;
    VAR A B; RUN;
PROC UNIVARIATE NORMAL PLOT;
    VAR A B; RUN;
```

REGRESSION ANALYSIS EXERCISE

연습문제

4.1 연습문제 3.2의 월 소득(X)과 전력소비량(Y)에 관한 자료에 대하여 다음 물음에 답하시오.

1) β_0와 β_1에 관한 95% 신뢰구간을 추정하시오.
2) $H_1 : \beta_1 \neq 0$에 대한 $H_0 : \beta_1 = 0$를 유의수준 5%로 검정하시오.
3) β_1의 95% 신뢰구간은 2)에서 구해지는 채택역과 같음을 보이고, 그 의미를 설명하시오.
4) $H_1 : \beta_1 > 0$에 대한 $H_0 : \beta_1 = 0$를 검정하기 위한 유의확률($p-$value)을 구하고, 결과를 설명하시오.
5) $H_0 : \beta_1 = 0$를 검정하기 위한 분산분석을 하고, 이 때 구해진 검정통계량 F_0는 2)에서 구해진 t_0의 제곱이 됨을 확인하시오.
6) 소득이 200만원인 가구의 평균전력소비량 $E(Y_0)$에 대한 점추정 및 95% 신뢰구간을 추정하시오.

4.2 아래의 회귀분석 결과에 대하여 다음 문항에 답하시오.

1) 추정된 회귀식과 결정계수를 나타내시오.
2) F값을 구하여, 분산분석의 결과를 설명하시오.
3) 회귀계수 β_1을 검정하기 위한 $t-$값을 구하고 검정결과를 기술하시오.
4) β_1에 대한 95% 신뢰구간을 추정하시오(단, $t_{0.025,8} = 2.306$).

The REG Procedure
Analysis of Variance

Source	DF	Sum of Squares	Mean Square	F Value	Pr > F
Model	1	4959.37500	4959.37500	( )	<.0001
Error	8	280.62500	35.07813		
Corrected Total	9	5240.00000			

Parameter Estimates

Variable	DF	Parameter Estimate	Standard Error	t Value	Pr > |t|	95% Confidence	Limits
Intercept	1	-27.125	4.081	-1.75	0.119	-16.537	2.287
x	1	0.718	0.060	(　　)	<.0001	(　　)	(　　)

4.3 다음과 같은 회귀분석 결과에 대하여 아래 문항에 답하시오.

1) 추정된 회귀식과 결정계수를 나타내시오.

2) β_0에 대한 95% 신뢰구간을 추정하시오(단, $t_{0.025,28} = 2.05$).

3) 분산분석의 결과를 설명하시오.

4) 유의수준 5%로 개별회귀계수 β_1에 대한 가설검정 및 결과를 기술하시오(양측검정).

5) 유의확률($p-$value)을 사용하여 β_1에 대한 가설검정 및 결과를 기술하시오(양측검정).

Analysis of Variance

Source	DF	Sum of Squares	Mean Square	F Value	Pr > F
Model	1	2576	2576	6.95	0.008
Error	28	10377	371		
Corrected Total	29	12953			

Parameter Estimates

Variable	DF	Parameter Estimate	Standard Error	t Value	Pr > |t|
Intercept	1	23.07	6.69	3.45	0.0018
x	1	0.29	0.11	2.64	0.008

4.4 $T-$통계량의 정의를 기술하고, $b_0 \sim IN\ [\beta_0, (\frac{1}{n} + \frac{(\overline{X})^2}{\Sigma(X_j - \overline{X})})\sigma^2]$일 때 $T = (b_0 - \beta_0)/s_{b_0}$는 자유도 $n-2$인 $t-$분포를 따르는 것을 증명하시오.

4.5 $F-$통계량의 정의를 기술하고, $SSE = \Sigma(Y_j - \widehat{Y}_j)^2$이고, $SSR = \Sigma(\widehat{Y}_j - \overline{Y})^2$ 일 때 $F = SSR/(SSE/n-2) = MSR/MSE$은 자유도 $(1, n-2)$인 $F-$분포를 따르는 것을 증명하시오.

4.6 분자의 자유도가 1인 $F-$통계량과 $T-$통계량의 관계는 $F_{\alpha,(1,n)} = T^2_{\alpha,(2,n)}$ 이 됨을 보이시오.

4.7 다음은 K대학 학생들 중에서 20명을 랜덤하게 추출하여 학생들의 학교성적(Y)과 IQ(X)를 조사한 것이다.

학생	1	2	3	4	5	6	7	8	9	10	11	12	13	14	15	16	17	18	19	20
Y	80	85	90	70	65	60	70	75	75	60	80	90	65	85	95	60	70	75	70	80
X	120	122	130	115	120	110	120	115	125	105	125	135	108	133	135	110	120	115	110	140

1) 최소제곱법을 사용하여 X에 대한 Y의 회귀식을 추정하시오.

2) 회귀계수 β_0, β_1에 대한 95% 신뢰구간 추정을 하시오.

3) $H_1 : \beta_1 \neq 0$에 대한 $H_0 : \beta_1 = 0$를 유의확률을 구하여 가설검정을 하시오.

4) 결정계수를 구하시오.

5) 추정된 회귀식을 종합적으로 평가하시오.

4.8 다음은 어느 회사의 연도별 상품판매액을 나타낸 자료이다. 독립변수로 시간변수 T를 사용하여 판매액(Y)에 대한 회귀분석을 다음과 같이 하시오.

(단위 : 1,000만원)

연도	2005	2006	2007	2008	2009	2010	2011	2012	2013	2014
T	1	2	3	4	5	6	7	8	9	10
Y	340	360	390	440	440	490	540	620	640	740

1) 모형을 $Y_j = \beta_0 + \beta_1 T_j + \epsilon_j$로 설정하여 회귀식을 추정하시오.

2) β_1에 대한 가설검정을 하시오.

3) 결정계수를 구하고, 결과를 설명하시오.

4) 이 회사의 2015년도의 평균판매액에 대한 점 예측 및 95% 신뢰구간 예측을 하시오.

4.9 [몬테칼로 시뮬레이션]

연습문제 3.7의 과정을 500회 실시하여 추정된 100개의 회귀계수 b_0, b_1의 평균과 분산을 구하여 $E(b_0)$, $E(b_1)$, $V(b_0)$, $V(b_1)$과 비교하시오. 그리고 이들이 정규분포를 따르는 가를 확인해 보시오.

제 5 장 회귀분석의 다른 논제들(I)

REGRESSION ANALYSIS

지금까지는 몇 가지 가정 하에 단순선형회귀모형을 설정하고, 또 관측된 표본자료를 이용하여 이들을 추정 및 가설 검정하는 절차들에 관하여 기술하였다. 이 장에서는 단순회귀분석과 연관된 몇 가지 다른 논제들을 다루게 된다.

5.1 상관분석

지금까지 우리들은 두 변수들 간에 존재하는 함수적 관계를 추정하여 이들 간의 관련성을 분석하는 회귀분석에 관하여 살펴보았다.

이 절에서는 이러한 관련성을 분석할 수 있는 다른 한 방법인 상관분석(correlation analysis)에 관하여 기술한다.

상관분석은 변수들 간에 존재하는 선형관련성의 정도를 측정하여 분석하는 방법이다. 이 때 선형관련성의 정도를 측정하는 척도로는 상관계수(correlation coefficient)를 사용한다.

[그림 5.1] 선형 및 곡선관련성

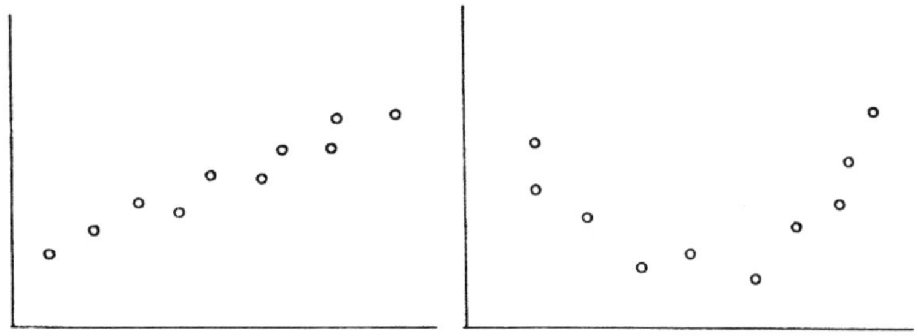

〈a〉 〈b〉

선형관련성, 즉 두 변수들 간의 선형관계를 이해하기 위하여 [그림 5.1]을 참고해 보자. [그림 5.1]의 <a>에서 두 변수 X, Y는 X의 값이 증가하면 Y의 값도 거의 비례적으로 증가하므로 두 변수 간에는 선형관련성이 아주 높다. 그러나 <b>에서는 두 변수들 간에 곡선관련성이 있지만, X의 값이 증가하여도 Y의 값은 비례적으로 증감되지는 않으므로 선형관련성이 거의 없음을 알 수 있다.

즉, 상관계수는 단지 두 변수들 간의 선형관계의 정도를 나타낼 뿐이지 선형관계가 아닌 관련성을 나타내지는 않는다.

이러한 상관계수에는 양적 변수들의 선형관련성을 측정하는 피어슨(K. Pearson)의 적률상관계수(product moment correlation coefficient), 질적변수들에 주로 적용되는 스피아맨(C. Spearman)의 순위상관계수(rank correlation coefficient), 그리고 세 변수 이상을 고려하는 편상관계수(partial correlation coefficient) 등이 있다.

5.1.1 상관계수

우리들은 이미 제2장 2절에서 두 변수들 간의 관련성의 정도를 나타내는 척도인 공분산에 관하여 설명한 바 있다. 즉, 두 확률변수 X, Y의 공분산은 $COV(X,Y)=E(X-\mu_X)(Y-\mu_Y)$와 같이 정의되고, 공분산이 0이면 두 변수들 간에 선형관련성이 없고 공분산의 절대 값이 클수록 관련성이 높다.

그런데 이와 같은 척도는 두 변수의 측정단위에 따라서 이 값이 달라지게 되고, 또 표본공분산의 경우에는 표본의 크기에 따라서 값이 달라지므로 상대적인 비교는 의미가 없게 된다.

따라서 공분산 $COV(X,Y)$를 각 변수의 표준편차 σ_X와 σ_Y로 표준화시킨 다음과 같이 정의되는 상관계수(혹은 적률상관계수)를 두 변수들 간의 상대적인 선형관련성의 크기를 나타내는 척도로 사용할 수 있다.

모집단 상관계수

(5.1) $$\rho_{XY}=\frac{COV(X,Y)}{\sqrt{V(X)V(Y)}}=\frac{\sigma_{XY}}{\sigma_X\sigma_Y}$$

만약 X와 Y가 독립이면 $COV(X,Y)=0$가 되므로 $\rho_{XY}=0$가 되고, 또 항상 $-1\le\rho_{XY}\le 1$가 된다. 그러나 $\rho_{XY}=0$일 경우에 항상 X, Y가 독립이 되는 것은 아니다.

이와 같은 사실은 [그림 5.2]의 <e>와 <f>에서 알 수 있다.

그런데 현실적으로 우리들이 상관분석을 하는 경우에는 표본으로 관측된 자료를 사용하게 되며, 이 경우에는 다음과 같이 정의되는 표본상관계수(sample correlation coefficient)를 사용할 수 있다.

표본상관계수

(5.2) $$r_{XY} = \frac{S_{XY}}{S_X S_Y} = \frac{\Sigma(X_j - \overline{X})(Y_j - \overline{Y})}{\sqrt{\Sigma(X_j - \overline{X})^2 \Sigma(Y_j - \overline{Y})^2}}$$

이 때 표본상관계수는 다음과 같은 성질을 갖는다.

표본상관계수의 성질

1. 표본상관계수 r_{XY}는 두 변수들 간의 선형관련성의 정도를 나타내는 척도가 된다.
2. 표본상관계수의 범위는 $-1 \le r_{XY} \le 1$이다.
3. 두 변수가 독립이면 $r_{XY} = 0$가 된다.
4. 표본상관계수의 값이 $r_{XY} = \pm 1$일 때 완전상관이라고 하고, 0보다 큰 경우에는 양의 상관, 0보다 작은 경우에는 음의상관이라고 한다.
5. 높은 상관관계를 갖는다고 해서 필수적으로 두 변수들 간에 인과관계를 가지는 것은 아니다.

즉, 상관계수는 두 변수들 간의 상대적인 선형관련성의 척도가 된다. 그러나 상관관계가 높다고 해서 항상 두 변수들 간에 인과관계가 존재하는 것은 아니다. 예를 들면 특정 지역의 연간 교통사고의 발생건수와 과일의 판매량에 대한 상관계수는 높은 값을 가질 수 있다. 그러나 이들 간에 인과관계가 있는 것은 아니다.

두 변수들 간의 관련성의 정도와 그에 대응하는 표본상관계수를 그래프로 나타내 보이면 [그림 5.2]와 같다.

[그림 5.2] 산점도와 표본상관계수

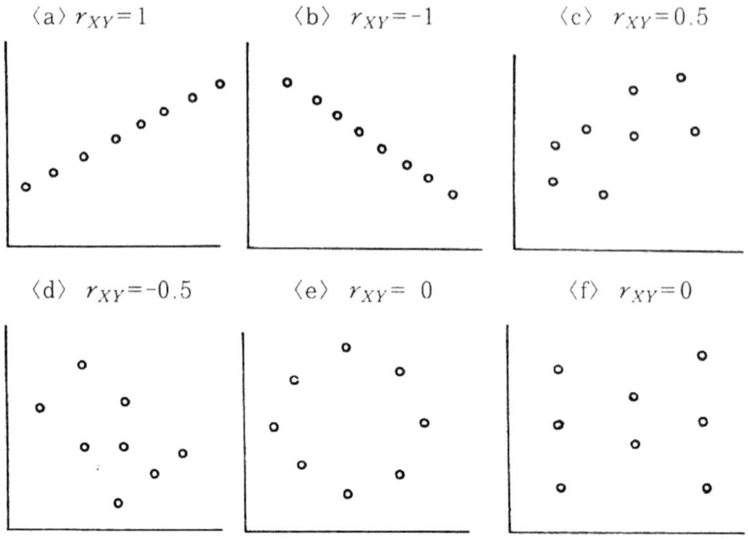

예제 5-1

설명예제 3.2의 소득(X)과 소비지출(Y)에 관한 표본자료를 이용하여 표본상관계수를 구해보자.

먼저 $\Sigma(X_j-\overline{X})^2$, $\Sigma(Y_j-\overline{Y})^2$ 그리고 $\Sigma(X_j-\overline{X})(Y_j-\overline{Y})$를 다음과 같이 구한다.

<표 5.1> 소득(X)과 소비지출(Y)에 관한 표본자료

가 구	소득(X)	지출(Y)	$(X_j-\overline{X})^2$	$(Y_j-\overline{Y})^2$	$(X_j-\overline{X})(Y_j-\overline{Y})$
1	30	30	400	100	200
2	50	40	0	0	0
3	40	30	100	100	100
4	60	40	100	0	0
5	70	60	400	400	400
합 계	250	200	1,000	600	700

따라서 표본상관계수는

$$r_{XY}=\frac{\Sigma(X_j-\overline{X})(Y_j-\overline{Y})}{\sqrt{\Sigma(X_j-\overline{X})^2\Sigma(Y_j-\overline{Y})^2}}=\frac{700}{\sqrt{1000*600}}\doteq 0.904$$

가 된다.

5.1.2 상관계수의 추론

두 확률변수 X, Y의 결합분포를 이변량 정규분포로 가정하면 다음과 같이 나타낼 수 있다.

$$\begin{bmatrix} X \\ Y \end{bmatrix} \sim N\left(\begin{bmatrix} \mu_X \\ \mu_Y \end{bmatrix}, \begin{bmatrix} \sigma_X^2 & \rho\sigma_X\sigma_Y \\ \rho\sigma_X\sigma_Y & \sigma_Y^2 \end{bmatrix}\right) \tag{5.3}$$

여기서 ρ는 X, Y의 상관계수이며 $\rho\sigma_X\sigma_Y = \sigma_{XY}$는 X, Y의 공분산을 나타낸다. 이때 모집단 상관계수 $\rho_{XY} = 0$, 즉 두 변수들 간에는 상관관계가 존재하지 않는다는 가설에 대한 검정은 다음과 같이 정의되는 T-통계량을 이용할 수 있다.

$$T = \frac{r_{XY}}{\sqrt{(1-r_{XY}^2)/(n-2)}} = \frac{r_{XY}\sqrt{n-2}}{\sqrt{1-r_{XY}^2}} \tag{5.4}$$

즉, 두 변수의 상관계수가 $\rho_{XY} = 0$인 정규모집단에서 크기 n인 표본을 추출하여 이들의 표본상관계수를 r_{XY}로 나타내면 식 (5.4)와 같이 정의되는 T는 자유도 $n-2$인 $t-$분포를 따르게 된다. 따라서 검정은 다음과 같이 할 수 있다.

상관계수에 대한 검정

$H_0 : \rho_{XY} = 0$

$H_1 : \rho_{XY} \neq 0$

검정통계량 : $T = \dfrac{r_{XY}\sqrt{n-2}}{\sqrt{1-r_{XY}^2}} \sim t-\text{분포}(df = n-2)$

임계값 : $t_c = \pm t_{\alpha/2,n-2}$

판 정 : 만약 $t_0 \geq t_{\alpha/2,n-2}$ 혹은 $t_0 \leq -t_{\alpha/2,n-2}$면 귀무가설을 기각 즉, 상관관계가 존재하는 것으로 판정

예제 5-2

[예제 5.1]에서 모집단 상관계수에 대한 검정을 해보자. 먼저 상관관계의 검정을 위하여 t-값을 구하면 다음과 같이 된다.

$$t_0 = \frac{r_{XY}\sqrt{n-2}}{\sqrt{1-r_{XY}^2}} = \frac{0.904 \times \sqrt{3}}{\sqrt{1-0.904^2}} \doteq 3.66.$$

따라서 유의수준 5%로 귀무가설을 기각한다. 즉, 상관관계가 존재하는 것으로 판정한다.

5.1.3 순위상관계수

관측된 자료들이 양적자료인 경우에는 앞에서 설명된 적률상관계수를 구하여 두 변수들 간의 상관관계를 계측할 수 있다. 그러나 관측된 자료들이 다만 순위만 의미가 있거나, 혹은 양적인 비교보다는 순위만을 비교하기를 원할 때는 다음과 같은 스피어만의 순위상관계수를 사용하여 상관분석을 할 수 있다.

스피어만의 순위상관계수

(5.7) $$r_s = 1 - \frac{6\Sigma d_j^2}{n(n^2-1)}$$

여기서 d_j는 순위의 차, n은 표본의 크기를 나타낸다. 즉, 순위상관계수는 관측된 순위들 간의 관련성의 정도를 나타내는 척도가 된다.

예제 5-3

다음 <표 5.2>는 K대학의 학생들 중에서 랜덤하게 5명을 추출하여 수학과 통계학 시험을 본 후 그들의 과목별 성적순위를 나타낸 것이다. 두 과목의 성적순위에 대한 상관계수를 구하여 보자. 순위상관계수를 구하기 위하여 먼저 각 학생별 순위차의 제곱합을 다음과 같이 구한다.

<표 5.2> 학생들의 수학 및 통계학의 성적순위

학 생	수학순위	통계학순위	순위차
A	1	2	−1
B	3	1	2
C	5	5	0
D	2	3	−1
E	4	4	0

$$\Sigma d_j^2 = 1+4+0+1+0=6$$

따라서 순위상관계수는 다음과 같이 구해진다.

$$r_s = 1 - \frac{6\Sigma d_j^2}{n(n^2-1)} = 1 - \frac{6\times 6}{5\times(25-1)} = 0.7$$

5.1.4 편상관계수

두 변수 X, Y간에 상관분석을 할 때 만약 이 두 변수가 제3의 변수인 Z와 높은 상관이 있는 경우에는 앞에서 기술된 상관계수는 적절한 척도가 되지 못할 수도 있다. 예를 들면 어느 도시에서의 비스켓의 판매량과 범죄 발생건수 간에 높은 상관이 있는 것으로 나타났다고 하자.

그러면 과연 비스켓의 판매량과 범죄 발생건수는 높은 상관이 있는가? 물론 그렇지 않을 것이다. 이 결과는 이 두 변수와 밀접한 관련성이 있는 도시 인구의 증가에 기인된 것일 것이다. 이 경우에 만약 인구라는 제3의 변수의 영향을 배제시킨다면, 즉 인구를 고정시키고 비스켓의 판매량과 범죄건수 간의 상관계수를 구한다면 거의 0에 가깝게 나타날 것이다. 이와 같이 다른 변수들의 영향을 배제시킨 두 변수들 간의 상관계수를 편상관계수라고 한다. 즉, 변수 Z의 영향을 배제시킨 X와 Y의 편상관계수 $r_{XY/Z}$는 다음과 같이 정의된다.

편상관계수

(5.8)
$$r_{XY/Z} = \frac{r_{XY} - r_{XZ}r_{YZ}}{\sqrt{(1-r_{XZ}^2)(1-r_{YZ}^2)}}$$

여기서 r_{XY}는 X와 Y간의 상관계수, r_{XZ}는 X와 Z간의 상관계수, 그리고 r_{YZ}는 Y와 Z간의 상관계수를 나타낸다.

예제 5-4

어느 해수욕장에서 하루 동안 팔린 따뜻한 커피의 양을 X, 방문객수를 Y라고 하자. 한 달 간의 관측결과를 가지고 이들 간의 표본상관계수를 구하니 $r_{XY}=-0.30$로 나타났다. 그런데 커피의 판매량과 방문객의 수는 양의 상관관계가 나타나야 하는데 이상하다라는 생각을 할 수 있다.

이러한 결과는 따뜻한 커피의 판매량과 방문객의 수는 둘 다 해수욕장의 기온과 밀접한 관련이 있다는 것을 고려하지 않았기 때문이다.

따라서 우리들은 기온을 고정시킨 후의 이들 간의 편상관계수를 구해야 한다. 이 때 기온을 Z로 나타내면 X와 Z, 그리고 Y와 Z의 상관계수가 각각 $r_{XZ}=-0.7$, $r_{YZ}=0.8$로 구해졌다면 편상관계수는 다음과 같이 구해진다.

$$r_{XY/Z}=\frac{r_{XY}-r_{XZ}r_{YZ}}{\sqrt{(1-r_{XZ}^2)(1-r_{YZ}^2)}}=\frac{-0.30-(-0.7)\times 0.8}{\sqrt{(1-(-0.7)^2)(1-0.8^2)}}=0.61$$

이 결과는 우리가 예상한 바와 같이 커피의 판매량은 방문객의 수와 양의 상관이 있음을 보여 준다.

5.1.5 상관분석과 회귀분석

단순선형회귀분석과 상관분석은 두 변수들 간의 선형 관련성을 분석한다는 점에서 서로 유사한 방법이긴 하지만, 앞에서도 언급한 바와 같이 회귀분석은 관측된 자료에서부터 두 변수에 대한 함수식을 추정하여 분석하지만 상관분석은 관련성의 정도만을 측정하여 분석하게 된다.

또한 회귀분석에서는 두 변수 중에서 종속변수만 확률변수로 취급하지만 상관분석에서는 두 변수 모두가 확률변수가 되기 때문에 검정을 위하여 전제되는 표집분포는 두 변량 결합정규분포가 되므로 통계적 추론과정이 다소 복잡해지게 된다.

이와 같은 분석목적 및 방법의 차이가 있음에도 불구하고 두 분석에 있어서 다음과 같은 유기적인 관련성이 있다.

첫째, 표본상관계수 r_{XY}와 표본회귀계수 b_1간에는 다음과 같은 관계가 있다.

$$(5.9)\qquad \begin{aligned} r_{XY} &= \frac{S_{(xy)}}{\sqrt{S_{(xx)}S_{(yy)}}} \\ &= \frac{S_{(xy)}\sqrt{S_{(xx)}}}{\sqrt{S_{(xx)}S_{(yy)}}\sqrt{S_{(xx)}}} \\ &= \frac{S_{(xy)}\sqrt{S_{(xx)}}}{S_{(xx)}\sqrt{S_{(yy)}}} \\ &= b_1\frac{S_X}{S_Y} \end{aligned}$$

여기서, $S_{(xy)} = \Sigma(X_j - \overline{X})(Y_j - \overline{Y})$, $S_{(xx)} = \Sigma(X_j - \overline{X})^2$, $S_{(yy)} = \Sigma(Y_j - \overline{Y})^2$를, 그리고 S_X는 X의 표준편차를, S_Y는 Y의 표준편차를 나타낸다.

식 (5.9)에서 우리들은 S_X와 S_Y가 양수이므로 표본상관계수 r_{XY}와 표본회귀계수 b_1은 항상 동일 부호를 갖게 된다는 것을 알 수 있고, 또 어느 하나의 값이 0이면 다른 값도 0이 됨을 알 수 있다.

둘째, 표본상관계수 r_{XY}와 결정계수 R^2에는 다음과 같은 관계가 성립된다.

$$(5.10)\qquad \begin{aligned} R^2 &= \frac{\Sigma(\hat{Y}_j - \overline{Y})^2}{\Sigma(Y_j - \overline{Y})^2} \quad (\text{여기서 } \hat{Y}_j - \overline{Y} = b_1(X_j - \overline{X})\text{이므로}) \\ &= \frac{b_1^2\, S_{(xx)}}{S_{(yy)}} \\ &= \frac{(S_{(xy)})^2}{S_{(xx)}S_{(yy)}} = r_{XY}^2 \end{aligned}$$

즉, 결정계수는 표본상관계수의 제곱과 같아진다.

5.2 원점을 지나는 회귀

단순선형회귀모형을 설정하여 두 변수들 간의 함수적 관련성을 분석하는 경우에 우리들은 가끔 독립변수의 값이 0인 경우에는 반드시 종속변수의 값도 0가 되어야 하는 경우를 접하게 된다. 예를 들면 독립변수(X)가 어떤 제품의 판매량을, 종속변수(Y)가 수입을 나타내는 변수들인 경우에 $X=0$이면 즉, 판매량이 없으면 수입이 없으므로 당연히 $Y=0$가 되어야 한다. 그러므로 이 경우에는 절편 $\beta_0=0$가 되고 또 이들을 그래프로 나타내면 회귀직선은 원점 $(0, 0)$을 지나게 된다.

우리들은 이러한 회귀분석을 원점을 지나는 회귀(regression through the origin)라고 한다. 원점을 지나는 회귀모형은 다음과 같이 나타낼 수 있다.

(5.11) $$Y_j=\beta_1 X_j+\epsilon_j$$

이 때 오차항에 대한 가정은 마찬가지로 $\epsilon_j \sim IN(0, \sigma^2)$이고, 모집단회귀식은 $E(Y_j)=\beta_1 X_j$와 같이 된다. 그러므로 β_1의 최소제곱추정량은 다음을 최소로 하는 b_1이 된다.

(5.12) $$Q=\Sigma(Y_j-b_1 X_j)^2$$

정규방정식은 $\partial Q/\partial b_1=0$에서

(5.13) $$\Sigma X_j(Y_j-b_1 X_j)=0$$

와 같이 된다.

따라서 b_1은 다음과 같이 유도된다.

(5.14) $$b_1=\frac{\Sigma X_j Y_j}{\Sigma X_j^2}$$

그러므로 추정된 회귀식은

(5.15) $$\hat{Y}_j=b_1 X_j$$

이 되고, 또 회귀잔차 e_j는 다음과 같이 된다.

$$e_j = Y_j - \hat{Y}_j = Y_j - b_1 X_j \tag{5.16}$$

그리고 오차분산 σ^2의 불편추정량 MSE는 다음과 같다. 여기서 제곱합을 $n-1$으로 나누어 주는 이유는 추정해야 할 모수의 개수가 한 개 뿐이기 때문에 자유도가 $n-1$이 되기 때문이다.

$$MSE = \frac{\Sigma(Y_j - \hat{Y}_j)^2}{n-1} \tag{5.17}$$

그런데, 원점을 지나는 회귀에서는 잔차의 합 $\Sigma e_j = \Sigma(Y_j - \hat{Y}_j)$가 항상 0이 되지는 않는다.

예제 5-5

어느 창고 회사에서는 물품반입량(X)과 작업비용(Y) 간의 관련성을 분석하기 위하여 12개의 창고에 대해서 이들을 조사한 결과 <표 5.3>과 같았다. 그런데 반입량이 전혀 없는 경우에는 비용이 전혀 들지 않으므로 원점을 지나는 회귀를 사용해야 한다. 식 (5.14)를 적용하기 위하여 다음과 같은 계산을 한다.

<표 5.3> 물품반입량(X)과 작업비용(Y)에 관한 자료

창고 j	(1) X_j	(2) Y_j	(3) X_jY_j	(4) X_j^2	(5) $\hat{Y}_j$	(6) e_j	(7) e_j^2
1	20	110	2200	400	94.620	15.3801	236.55
2	190	920	174800	36100	898.889	21.1111	445.68
3	120	560	67200	14400	567.719	−7.7193	59.59
4	50	250	12500	2500	236.550	13.4503	180.91
5	120	580	69600	14400	567.719	12.2807	150.82
6	100	480	48000	10000	473.099	6.9006	47.62
7	30	140	4200	900	141.930	−1.9298	3.72
8	159	730	109500	22500	709.649	20.3509	414.16
9	80	380	30400	6400	378.480	1.5204	2.31
10	150	670	100500	22500	709.649	−39.6491	1572.05
11	180	830	149400	32400	851.579	−21.5790	465.65
12	160	760	121600	25600	756.959	3.0409	9.95
합 계			889900	188100		23.1578	3588.30

그러므로 회귀계수 b_1은 다음과 같이 계산된다.

$$b_1 = \frac{\Sigma X_j Y_j}{\Sigma X_j^2} = \frac{889900}{188100} = 4.731$$

따라서 추정된 회귀식은 $\hat{Y} = 4.731X$이 되고, 추정된 값은 표의 5열에 잔차는 6열에서와 같이 계산된다.

또 잔차제곱평균(MSE)과 b_1의 표준오차(S_{b_1})를 구하면 다음과 같이 된다.

$$MSE = \frac{\Sigma e_j^2}{n-1} = \frac{3588.30}{11} = 326.209$$

$$S_{b_1}^2 = \frac{MSE}{\Sigma X_j^2} = \frac{326.209}{188100} = 0.001734, \quad S_{b_1} = 0.042$$

회귀계수에 대한 95% 신뢰구간추정은 자유도가 11일 때 $t_{0.025} = 2.201$ 이므로 다음과 같이 된다.

$$b_1 \mp t_{\alpha/2} S_{b_1} = 4.731 \mp 2.201 \times 0.042$$

즉, β_1에 대한 95% 신뢰구간은 4.639에서 4.823 사이로 추정된다.

5.3 두 회귀선의 기울기의 비교

우리들은 기초통계학에서 두 개의 모집단 평균은 동일하다라는 귀무가설을 검정하는 방법을 공부한 바 있다. 마찬가지로 회귀분석에서도 '두 개의 모집단 회귀직선은 동일하다'라는 가설검정에 대하여(이와 오, 2003 참고), 혹은 '두 회귀직선의 기울기가 동일한가'에 관심을 가질 수 있다. 여기에서는 두 회귀직선의 기울기의 동일성 검정에 관하여 기술한다. 예를 들면 도시지역과 농촌지역에서의 소비성향에 차이가 있는가, 즉 소득이 한 단위 증가할 때 지출이 증가하는 양에 차이가 있는가를 분석하고자 하는 경우에는 두 회귀선의 기울기가 같은가를 검정할 수 있다.

두 모집단에서의 회귀모형을 각각 다음과 같이 나타내자.

(5.18a) 모집단 1: $Y_{1j} = \beta_{10} + \beta_{11} X_{1j} + \epsilon_{1j} \qquad \epsilon_{1j} \sim N(0, \sigma^2)$

(5.18b) 모집단 2: $Y_{2j} = \beta_{20} + \beta_{21} X_{2j} + \epsilon_{2j} \qquad \epsilon_{2j} \sim N(0, \sigma^2)$

이 경우에 두 모형의 기울기가 동일한가를 검정하기 위한 가설은 다음과 같이 된다.

$$H_0 : \ \beta_{11} = \beta_{21}$$
$$H_1 : \ \beta_{11} \neq \beta_{21}$$

이러한 가설의 검정은 아래와 같은 $T-$통계량을 이용할 수 있다.

$$T = \frac{(b_{11} - b_{21}) - E(b_{11} - b_{21})}{\sqrt{\hat{V}(b_{11} - b_{21})}} = \frac{b_{11} - b_{21}}{S_{b_{11} - b_{21}}}$$

$$\hat{V}(b_{11} - b_{21}) = \hat{V}(b_{11}) + \hat{V}(b_{21})$$
$$= \frac{\hat{\sigma}^2}{\Sigma(X_{1j} - \overline{X}_1)^2} + \frac{\hat{\sigma}^2}{\Sigma(X_{2j} - \overline{X}_2)^2}$$

$$\hat{\sigma}^2 = \frac{SSE(f)}{df(f)} = \frac{SSE(1) + SSE(2)}{n_1 + n_2 - 4}$$

이 때 T는 자유도 $n_1 + n_2 - 4$ 인 $t-$분포를 따른다. 즉, 유의수준을 α로 할 때 임계값은 $t_c = \pm t_{\alpha/2, n_1 + n_2 - 4}$가 된다.

예제 5-6

A, B 두 도시에서 가구당 소득(X)과 전력소비량(Y) 간의 관련성을 분석하기 위하여 두 지역에서 랜덤하게 10가구씩을 추출하여 조사한 결과가 다음과 같았다. 이 자료를 사용하여 두 지역에서 소득(X)에 대한 전력소비량(Y)의 회귀식에서 기울기는 동일한가를 검정해 보자.

먼저 두 도시에서의 소득과 전력소비량 간의 관련성을 직관적으로 파악하기 위하여 산점도를 그리면 [그림 5.3]과 같이 된다.

[그림 5.3] 소득과 전력소비량 간의 산점도

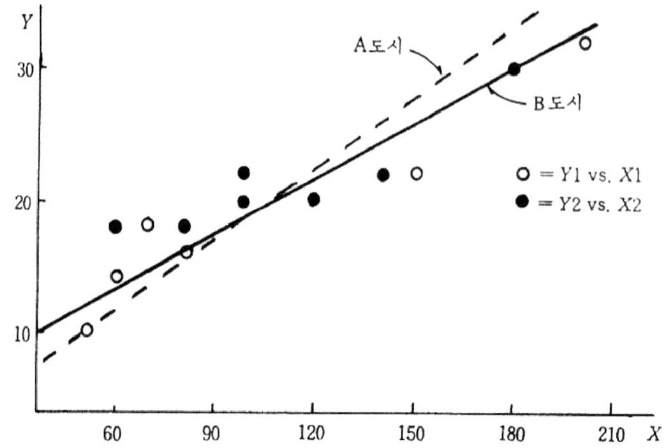

<표 5.4> 가구당 소득(X)과 전력소비량(Y)에 관한 자료

A도시			B도시		
가구	소득(X_1)	전력소비량(Y_1)	가구	소득(X_2)	전력소비량(Y_2)
1	50	10	1	100	20
2	80	16	2	120	20
3	100	20	3	80	18
4	60	15	4	60	15
5	70	18	5	140	22
6	120	20	6	60	18
7	150	22	7	120	20
8	200	32	8	180	30
9	80	16	9	100	22
10	60	14	10	140	25

이 자료를 이용하여 각 도시별로 회귀식과 잔차제곱합을 구하면 다음과 같이 된다.

A 도시 : 추정된 회귀식 $\hat{Y}_{1j} = 6.74 + 0.119X_{1j}$

잔차제곱합 $SSE(1) = \Sigma(Y_{1j} - \hat{Y}_{1j})^2 = 28.95$

B 도시 : 추정된 회귀식 $\hat{Y}_{2j} = 10.00 + 0.100X_{2j}$

잔차제곱합 $SSE(2) = \Sigma(Y_{2j} - \hat{Y}_{2j})^2 = 26.0$

$$SSE(f) = SSE(1) + SSE(2) = 28.95 + 26.0 = 54.95$$

$$df(f) = n_1 + n_2 - 4 = 16$$

즉, 두 지역에서 추정된 회귀식의 기울기는 각각 $b_{11}=0.119$, $b_{21}=0.100$이고, 또 $b_{11,}\, b_{21}$의 분산의 추정량은 다음과 같이 계산된다.

$$\hat{V}(b_{11})=\frac{SSE(f)/df(f)}{\Sigma(X_{1j}-\overline{X}_1)^2}=\frac{54.95/16}{20210}=0.00017$$

$$\hat{V}(b_{21})=\frac{SSE(f)/df(f)}{\Sigma(X_{2j}-\overline{X}_2)^2}=\frac{54.95/16}{13000}=0.00026$$

$$\hat{V}(b_{11}-b_{21})=\hat{V}(b_{11})+\hat{V}(b_{21})=0.00043$$

따라서 검정통계량의 값 t_0는 다음과 같이 된다.

$$t_0=\frac{0.119-0.100}{\sqrt{0.00043}}=0.92$$

따라서 유의수준을 10%로 할 때 임계값이 $t_c=\pm t_{0.05,16}=\pm 1.75$이므로 귀무가설은 기각되지 않는다. 즉, 유의수준 10%로 두 도시에서의 기울기가 동일하다는 가설을 기각시킬 수 없다.

REGRESSION ANALYSIS EXERCISE

연습문제

5.1 연습문제 3.2의 소득(X)과 전력소비량(Y) 자료에서 이들간의 상관분석을 다음과 같이 하시오.

1) 표본상관계수 r_{xy}를 구하시오.

2) 유의수준 5%로 이들 간의 상관관계를 검정하시오.

3) 표본상관계수의 제곱이 연습문제 3.2에서 구해진 결정계수와 같음을 확인하시오.

5.2 연습문제 3.5의 대학성적(Y), 고교내신성적(X), 수능성적(Z) 자료에서 대학성적은 고교내신성적과 수능성적 중 어느 쪽과 더 관련성이 깊은가.

5.3 다음은 K대학교 학생들 중에서 열명을 랜덤하게 추출하여 이들의 키의 순위와 몸무게의 순위를 나타낸 자료이다. 이들 순위간의 상관관계를 구하시오.

학 생	A	B	C	D	E	F	G	H	I	J
키의 순위	1	2	3	4	5	6	7	8	9	10
몸무게의 순위	3	2	4	1	5	7	6	9	8	10

5.4 단순선형회귀분석을 하는 경우 독립변수에 오차가 포함될 때 통상최소제곱법으로 회귀계수를 추정하면 어떠한 문제들이 야기되는가?

5.5 다음을 증명하시오.

1) 표본상관계수 r_{xy}와 표본회귀계수 b_1간에는 $r_{XY}S_Y = b_1 S_X$가 성립된다. 여기서 S_x는 X의 표준편차, S_y는 Y의 표준편차이다.

2) 결정계수 R^2는 표본상관계수 r_{xy}의 제곱이 된다.

3) X, Y의 순위상관계수 $r_s = 1 - 6\sum d_j^2 / n(n^2-1)$은 X, Y의 순위에 대한 적률상관계수가 됨을 보이시오.

5.6 K자동차 회사에서는 새로 개발된 신형자동차와 기존자동차의 단위거리당 기름소모량을 비교하기 위하여 모의실험을 하였다. 그 결과는 다음과 같았다. 여기서 X는 주행속도를, Y_1은 기존자동차의 단위거리 당 기름소모량을, Y_2는 신형자동차의 기름소모량을 나타낸다.

X	10	20	30	40	50	60	70	80	90	100
Y_1	5	7	8	10	12	14	16	18	19	22
Y_2	6	8	9	12	13	15	16	18	19	20

1) 이들의 관계를 직관적으로 파악하기 위하여 산포도를 나타내시오.

2) 두 자동차에 대하여 각각 회귀식을 추정하시오.

3) 두 회귀직선의 기울기가 동일한지를 유의수준 5%로 검정하시오.

4) 분석결과를 간략히 서술하시오.

참 고 문 헌

김철응(1992), "고급미니탭", 서울, 자유아카데미

박성현(1987), "회귀분석", 서울, 대영사

성내경(1991), "SAS/STAT 회귀분석", 서울, 자유아카데미

성내경(1992), "SAS/IML 행렬계산", 서울, 자유아카데미

오광우, 이우리(1995), "시계열 예측방법과 응용", 자유아카데미

이종원(1994), "계량경제학", 서울, 박영사

Draper, N. R., and H. Smith(1981), *Applied Regression Analysis*, New York, John Wiey & Suns

Gunst, R. F., and R. L. Mason(1980), *Regression Analysis and It's Application*, New York, Marcel Dekker.

Judge, G., W. Griffiths, R. Hill, H. Lutkepohl, and T. Lee(1988), *Introduction to the Theory and Practice of Econometrics*, 2nd ed. New York, John Wiley & Suns

Maddala, G. S.(1992), *Introduction to Econometrics*, 2nd ed., New York, Macmillian Publishing Company

Mahmoud, E., C. Rice, V. E. McGee, and C. Beaumont (1986), Mainframe Multipurpose Forecasting Software : A Survey, *Journal of Forecasting*, vol. 5, pp.127−137

Montgomery,D. C., and E. A. Peck(2006), *Introduction to Linear Regression Analysis*, 4th Edition, New York, John Wiey & Suns

Neter,J., W. Wasserman, and M. H. Kutner(1989), *Applied Linear Regression Models*, 2nd ed., Boston, Irwin, Inc

Weisberg, S.(1985), *Applied Linear Regression*, 2nd ed., New York, John Wiley & Suns

Part 2

REGRESSION ANALYSIS

독립변수가 2개 이상인 회귀모형의 분석

두 개 이상의 독립변수들이 포함되는 회귀모형을 중회귀모형이라고 한다는 것은 제2장에서 설명한 바 있다.

이 편에서는 중회귀모형의 설정, 모형의 모수추정 및 가설검정, 그리고 모형의 설정과 추정을 위한 가정들을 진단하는 방법과 가정이 성립하지 않을 때의 해결방안 등에 관하여 기술한다.

중회귀에서의 이론적 근거는 단순회귀에서의 경우와 거의 같다. 그러나 중회귀에서는 독립변수의 수가 많으므로 표기가 복잡하고 추정을 위한 계산이 복잡해진다. 따라서 행렬을 사용하여 표기하는 것이 편리하고 또 통계패키지 프로그램의 사용이 필수적이다.

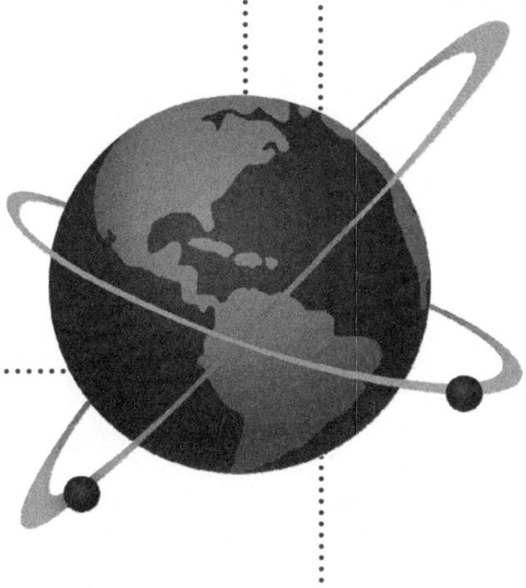

제6장 중회귀모형의 설정과 추론
제7장 행렬을 사용한 중회귀분석

제 6 장 중회귀모형의 설정과 추론

REGRESSION ANALYSIS

6.1 중회귀모형의 설정과 추정

6.1.1 중회귀모형의 설정

일반적으로 종속변수에 영향을 미치는 변수들은 여러 개가 있는 경우가 많다. 예를 들면, 어떤 상품의 판매량에 영향을 미치는 변수들은 상품의 가격, 소비자의 소득수준, 경쟁상품의 가격 등이 포함 될 수 있고, 또 소비지출에 영향을 미치는 변수들은 소득, 저축, 자녀수 등이 될 수 있다. 이와 같이 회귀모형을 설정할 때 독립변수가 2개 이상 포함되는 모형을 중회귀모형이라고 한다.

K개의 독립변수를 $X_1, X_2, \cdots, X_k$라고 하고 종속변수를 Y라고 하면 모집단 중회귀모형은 다음과 같이 나타낼 수 있다.

모집단 중회귀모형

$$Y_j = \beta_0 + \beta_1 X_{1j} + \beta_2 X_{2j} + \cdots + \beta_k X_{kj} + \epsilon_j \quad j = 1, 2, \cdots, n \tag{6.1}$$

이 때 오차항 ϵ_j는 Y의 측정오차와 함수관계의 설정오차 등을 반영하며, 또 제3장의 단순선회귀모형에서와 마찬가지로 다음과 같은 가정을 한다.

모형에 대한 가정

(1) 오차항의 평균은 0이다. 즉, 모든 j에 대하여 $E(\epsilon_j) = 0$

(2) 오차항들은 동분산을 갖는다. 즉, 모든 j에 대하여 $V(\epsilon_j) = \sigma^2$

(3) 오차항들은 서로 독립이다. 즉, $COV(\epsilon_i \epsilon_j)=0$ (단, $i \neq j$)

(4) X_{ij}는 확률변수가 아니다. 즉, $E(\epsilon_j X_{ij})=X_{ij}\,E(\epsilon_j)=0$

(5) 오차항들은 정규분포를 따른다.

(6) 독립변수들 $(X_1,\, X_2,\, \cdots,\, X_k)$은 선형종속이 아니다.

이 때 가정 (1)~(4)는 회귀계수 $\beta_0, \beta_1, \beta_2, \cdots, \beta_k$의 최소제곱추정량이 최량선형불편추정량이 되기 위해서 필요하고, 가정 (5)는 회귀계수들에 대한 신뢰구간추정 및 가설검정을 하기 위해서 필요하다. 그리고 가정 (6)은 중회귀모형에서만 필요한 가정으로 독립변수들 간에는 완전한 선형관계가 성립되지는 않는다는 가정이며 제10장 1절에서 상세히 설명하기로 한다.

이와 같은 가정을 하면 $X_1, X_2, \cdots, X_k$가 주어질 때 Y의 평균인 모집단 회귀함수는 다음과 같이 된다.

모집단회귀함수

(6.2) $$E[Y_j | X_{1j}, X_{2j}, \cdots, X_{kj}] = \beta_0 + \beta_1 X_{1j} + \beta_2 X_{2j} + \cdots + \beta_k X_{kj}$$

또, Y_j의 분산은 다음과 같이 된다.

(6.3) $$V[Y_j | X_{1j}, X_{2j}, \cdots, X_{kj}] = \sigma^2$$

따라서 Y_j의 분포는 다음과 같이 된다.

Y_j의 분포

(6.4) $$Y_j \sim IN[\beta_0 + \beta_1 X_{1j} + \cdots + \beta_k X_{kj},\, \sigma^2]$$

그리고 오차 ϵ_j는 다음과 같이 나타낼 수 있다.

$$\epsilon_j = Y_j - E(Y_j)$$

우리들은 표본으로 관측된 자료를 이용하여 이와 같은 중회귀함수를 추정해야 한다. 이 때 추정된 회귀함수인 표본회귀함수는 다음과 같이 나타내기로 한다.

표본회귀함수

(6.5) $$\widehat{E(Y_j)} = \hat{Y}_j = b_0 + b_1X_{1j} + b_2X_{2j} + \cdots + b_kX_{kj}$$

그러면 표본회귀모형은 다음과 같이 나타낼 수 있다.

표본회귀모형

(6.6) $$Y_j = b_0 + b_1X_{1j} + b_2X_{2j} + \cdots + b_kX_{kj} + e_j$$

이 때 잔차 e_j는 다음과 같이 된다.

(6.7) $$e_j = Y_j - \hat{Y}_j = Y_j - (b_0 + b_1X_{1j} + b_2X_{2j} + \cdots + b_kX_{kj})$$

6.1.2 최소제곱법에 의한 추정

제3장에서 서술된 것처럼 최소제곱법이란 잔차의 제곱합을 최소로 하는 표본회귀계수 $b_0, b_1, b_2, \cdots, b_k$를 구하는 방법이다.

그런데 독립변수가 많은 경우에는 수식의 표현이 매우 복잡하게 되므로 여기에서는 편의상 독립변수가 두 개인 중회귀모형을 고려하기로 한다. 그러면 추정된 회귀식과 잔차는 다음과 같이 된다.

(6.8) $$\hat{Y}_j = b_0 + b_1X_{1j} + b_2X_{2j}$$

(6.9) $$e_j = Y_j - \hat{Y}_j = Y_j - b_0 - b_1X_{1j} - b_2X_{2j}$$

따라서 잔차의 제곱합을 Q로 나타내면 다음과 같이 된다.

(6.10) $$Q = \sum_{j=1}^{n} e_j^2 = \sum_{j=1}^{n} (Y_j - b_0 - b_1X_{1j} - b_2X_{2j})^2$$

이 Q를 최소로 하는 b_0, b_1, b_2가 $\beta_0, \beta_1, \beta_2$의 최소제곱추정량이 된다. Q를 최소로 하는 회귀계수들을 구하기 위하여 Q를 b_0, b_1, b_2에 대하여 편미분하여 0으로 두면 다음과 같이 된다.

$$\frac{\partial Q}{\partial b_0}=0 \rightarrow \sum_{j=1}^{n} 2(Y_j - b_0 - b_1X_{1j} - b_2X_{2j})(-1)=0$$

$$\frac{\partial Q}{\partial b_1}=0 \rightarrow \sum_{j=1}^{n} 2(Y_j - b_0 - b_1X_{1j} - b_2X_{2j})(-X_{1j})=0$$

$$\frac{\partial Q}{\partial b_2}=0 \rightarrow \sum_{j=1}^{n} 2(Y_j - b_0 - b_1X_{1j} - b_2X_{2j})(-X_{2j})=0$$

따라서 이 식들을 정리하면 다음과 같은 정규방정식을 얻을 수 있다.

독립변수가 2개인 중회귀모형의 정규방정식

(6.11) $$\Sigma Y_j = nb_0 + b_1\Sigma X_{1j} + b_2\Sigma X_{2j}$$

(6.12) $$\Sigma X_{1j}Y_j = b_0\Sigma X_{1j} + b_1\Sigma {X_{1j}}^2 + b_2\Sigma X_{1j}X_{2j}$$

(6.13) $$\Sigma X_{2j}Y_j = b_0\Sigma X_{2j} + b_1\Sigma X_{1j}X_{2j} + b_2\Sigma {X_{2j}}^2$$

이 때 Y_j, X_{1j}, X_{2j} $(j=1, 2, \cdots, n)$는 관측값들이고, 미지수는 b_0, b_1, b_2이다.

그러므로 이 정규방정식에서부터 우리들은 b_0, b_1, b_2를 구할 수 있다. 먼저 식 (6.11)에서 양변을 n으로 나누면 다음과 같이 된다.

(6.14) $$\overline{Y} = b_0 + b_1\overline{X}_1 + b_2\overline{X}_2$$

또 (6.14)식에서 구해진 b_0를 식 (6.12), (6.13)에 대입하여 정리하면 다음과 같이 된다.

(6.15) $$\sum_{i=1}^{n} x_{1j}y_j = b_1\sum_{i=1}^{n} x_{1j}^2 + b_2\sum_{i=1}^{n} x_{1j}x_{2j}$$

(6.16) $$\sum_{i=1}^{n} x_{2j}y_j = b_1\sum_{i=1}^{n} x_{1j}x_{2j} + b_2\sum_{i=1}^{n} x_{2j}^2$$

여기서, $x_{1j} = X_{1j} - \overline{X}_1$, $x_{2j} = X_{2j} - \overline{X}_2$, $y_j = Y_j - \overline{Y}$

따라서 식 (6.14), (6.15), (6.16)에서

독립변수가 2개인 중회귀모형에서의 회귀계수의 추정

$$b_1 = \frac{\Sigma x_{2j}^2 \Sigma x_{1j} y_j - \Sigma x_{1j} x_{2j} \Sigma x_{2j} y_j}{\Sigma x_{1j}^2 \Sigma x_{2j}^2 - (x_{1j} x_{2j})^2}$$

$$b_2 = \frac{\Sigma x_{1j}^2 \Sigma x_{2j} y_j - \Sigma x_{1j} x_{2j} \Sigma x_{1j} y_j}{\Sigma x_{1j}^2 \Sigma x_{2j}^2 - (\Sigma x_{1j} x_{2j})^2}$$

$$b_0 = \overline{Y} - b_1 \overline{X}_1 - b_2 \overline{X}_2$$

와 같이 된다. 그러나 n이 어느 정도 이상 큰 경우에 이러한 계산과정은 매우 복잡하므로 통계 패키지프로그램의 사용이 불가피하다.

예제 6-1

다음은 어느 회사의 직원들 중에서 다섯 명을 랜덤하게 추출하여 그들의 월급(Y), 교육년한(X_1), 그리고 근무경력(X_2)을 조사한 것이다. 이 자료를 사용하여 중회귀함수를 추정해 보자.

직원들의 월급(Y), 교육년한(X_1), 근무경력(X_2)에 관한 자료

Y	X_1	X_2	$y=(Y-\overline{Y})$	$x_1=(X_1-\overline{X_1})$	$x_2=(X_2-\overline{X_2})$
30	6	10	0	−2	0
20	6	8	−10	−2	−2
36	10	11	6	−2	1
24	6	9	−6	−2	−1
40	12	12	10	4	2

먼저 각각의 평균을 구하면 $\overline{Y}=30$, $\overline{X}_1=8$, $\overline{X}_2=10$이 된다.

또, $\Sigma y_j^2=272$, $\Sigma x_{1j}^2=32$, $\Sigma x_{2j}^2=10$

$\Sigma x_{1j} y_j=82$, $\Sigma x_{2j} y_j=52$, $\Sigma x_{1j} x_{2j}=16$

가 되므로 b_0, b_1, b_2는 다음과 같이 된다.

$$b_1 = \frac{\Sigma x_{2j}^2 \Sigma x_{1j} y_j - \Sigma x_{1j} x_{2j} \Sigma x_{2j} y_j}{\Sigma x_{1j}^2 \Sigma x_{2j}^2 - (x_{1j} x_{2j})^2} = \frac{10 \times 82 - 16 \times 52}{32 \times 10 - 16^2} = 0.125$$

$$b_2 = \frac{\Sigma x_{1j}^2 \Sigma x_{2j} y_j - \Sigma x_{1j} x_{2j} \Sigma x_{1j} y_j}{\Sigma x_{1j}^2 \Sigma x_{2j}^2 - (\Sigma x_{1j} x_{2j})^2} = \frac{32 \times 52 - 16 \times 82}{32 \times 10 - 16^2} = 5.0$$

$$b_0 = \overline{Y} - b_1 \overline{X}_1 - b_2 \overline{X}_2 = 30 - 0.125 \times 8 - 5.0 \times 10 = -21.0$$

즉, 추정된 회귀식은 다음과 같이 된다.

$$\hat{Y} = -21.0 + 0.125 X_1 + 5.0 X_2$$

6.1.3 최소제곱추정량의 특성

모집단 회귀계수 $\beta_0, \beta_1, \cdots, \beta_k$의 최소제곱추정량 $b_0, b_1, \cdots, b_k$는 모형의 가정이 성립될 때 단순회귀에서와 마찬가지로 최량선형 불편추정량(BLUE)이 된다. 독립변수가 여러 개인 경우에는 표기가 매우 복잡하므로 여기서도 2개인 경우에 이들의 평균, 분산, 공분산 등을 알아보기로 한다. 또, 이들의 유도과정이나 증명도 매우 복잡하므로 생략하고 대신에 뒤에서 행렬을 사용해서 증명을 하도록 한다.

첫째, b_0, b_1, b_2의 기대값은 $\beta_0, \beta_1, \beta_2$이다. 즉, $b_i (i = 0, 1, 2)$는 β_i의 불편추정량이다.

$$E(b_0) = \beta_0, \; E(b_1) = \beta_1, \; E(b_2) = \beta_2$$

둘째, b_0, b_1, b_2의 분산 및 공분산은 다음과 같다.

$$V(b_1) = \frac{\sigma^2}{\Sigma x_{1j}^2 (1 - r_{12}^2)}, \quad V(b_2) = \frac{\sigma^2}{\Sigma x_{2j}^2 (1 - r_{12}^2)}$$

$$V(b_0) = \frac{\sigma^2}{n} + \overline{X}_1 V(b_1) - 2 \overline{X}_1 \overline{X}_2 COV(b_1, b_2) + \overline{X}_2 V(b_2)$$

$$COV(b_1, b_2) = \frac{-\sigma^2 r_{12}^2}{\Sigma x_{1j} x_{2j} (1 - r_{12}^2)}$$

$$COV(b_0, b_1) = -[\overline{X}_1 V(b_1) + \overline{X}_2 COV(b_1, b_2)]$$

$$COV(b_0, b_2) = -[\overline{X}_2 V(b_2) + \overline{X}_1 COV(b_1, b_2)]$$

여기서 $x_{1j}=X_{1j}-\overline{X_1}$, $x_{2j}=X_{2j}-\overline{X_2}$, 그리고 r_{12}는 X_1과 X_2의 상관계수를 나타낸다. 우리들은 b_1, b_2의 분산은 r_{12}의 값에 의존되고 특히 상관계수가 1에 가까우면 분산은 매우 커지므로 추정량 b_1, b_2의 유효성은 매우 낮아지게 됨을 알 수 있다. 이러한 문제들은 다중공선성의 문제에서 다시 다루기로 한다.

6.2 추정된 회귀함수의 평가

추정된 회귀함수가 관측값들을 얼마나 잘 적합시키고 있는가를 나타내는 척도는 이미 제3장에서 서술된 오차분산의 추정량인 잔차제곱평균(MSE)과 결정계수(R^2)가 있다. 오차분산 σ^2의 추정량인 잔차제곱평균은 제3장에서 설명된 것처럼 회귀선을 중심으로 관측값들이 어떻게 분포되어져 있는가를 나타내며, 잔차제곱합(SSE)을 자유도로 나눈 값으로 다음과 같이 정의된다.

잔차제곱평균

(6.17)
$$MSE=\frac{SSE}{n-k-1}=\frac{1}{n-k-1}\Sigma(Y_j-\hat{Y}_j)^2$$
$$=\frac{1}{n-k-1}\Sigma(Y_j-b_0-b_1X_{1j}-b_2X_{2j}-\cdots-b_kX_{kj})^2$$
$$=\frac{1}{n-k-1}\Sigma e_j^2$$

이 때 자유도가 $n-k-1$이 되는 것은 추정해야 할 모수의 수가 $k+1$개이기 때문이다. 결정계수는 제3장에서 설명된 것처럼 추정된 표본회귀함수가 관측값들을 얼마나 잘 설명하고(혹은 적합시키고) 있는가를 나타내는 척도로써 다음과 같다.

결정계수

(6.18)
$$R^2=1-\frac{\Sigma(Y_j-\hat{Y}_j)^2}{\Sigma(Y_j-\overline{Y})^2}=1-\frac{SSE}{TSS}=\frac{SSR}{TSS}$$

즉, 결정계수는 총변동에 대한 회귀변동의 비율로 표시된다. 그런데, 중회귀분석에서는 R^2를 추정된 표본회귀함수의 적합성을 판정하는 기준으로 사용하는 경우에 다소간의 문제가 있다. 왜냐 하면 일반적으로 독립변수의 수가 증가하면 Σe_j^2은 작아지게 되고, 따라서 R^2는 커지게 되기 때문이다. 즉, 새로운 독립변수가 추가되면 항상 R^2가 높아지기 때문에 경우에 따라서는 적절한 기준이 되지 않을 수도 있다. 이러한 문제점을 보완하기 위하여 제안된 척도가 수정결정계수(adjusted R^2;AR^2)이다. 즉, 수정결정계수는 회귀변동과 총변동을 각각 그들의 자유도로 수정한 다음과 같은 비율이다.

(6.19)
$$AR^2 = 1 - \frac{\Sigma(Y_j - \hat{Y}_j)^2/n-k-1}{\Sigma(Y_j - \overline{Y})^2/n-1}$$

혹은,
$$AR^2 = 1-(1-R^2)\frac{n-1}{n-k-1}$$
$$= \frac{(n-1)R^2-k}{n-k-1}$$

예제 6-2

[예제 6.1]의 자료를 이용하여 잔차제곱평균 MSE와 결정계수 R^2 및 수정결정계수 AR^2를 구해보자. 먼저 추정된 표본회귀함수를 사용하여 $\hat{Y}_j$와 $e_j = Y_j - \hat{Y}_j$를 구하면 다음과 같이 된다.

직원들의 월급(Y), 교육년한(X_1), 근무경력(X_2)에 관한 자료

Y_j	X_{1j}	X_2	$\hat{Y}_j$	e_j
30	6	10	$-21.0 + 0.125 \times 6 + 5.0 \times 10 = 29.75$	0.25
20	6	8	$-21.0 + 0.125 \times 6 + 5.0 \times 8 = 19.75$	0.25
36	10	11	$-21.0 + 0.125 \times 10 + 5.0 \times 11 = 35.25$	0.75
24	6	9	$-21.0 + 0.125 \times 6 + 5.0 \times 9 = 24.75$	−0.75
40	12	12	$-21.0 + 0.125 \times 12 + 5.0 \times 12 = 40.5$	−0.50

따라서 다음과 같이 계산된다.

$$MSE = \frac{1}{n-k-1}\Sigma e_j^2$$

$$= \frac{1}{5-2-1}[0.25^2+0.25^2+0.75^2+(-0.75)^2+(-0.5)^2] = 0.75$$

$$R^2 = 1 - \frac{\Sigma e_j^2}{\Sigma(Y_j - \overline{Y})^2} = 1 - \frac{1.5}{272} = 0.994$$

$$AR^2 = 1 - \frac{SSE/n-k-1}{TSS/n-1} = 1 - \frac{1.5/2}{272/4} = 0.989$$

[예제 6.1-2]를 분석하기 위한 SAS 프로그램과 수행결과는 다음과 같이 된다.

<ex6_1.SAS>

```
DATA ex6_1;
    INPUT y x1 x2 ;
CARDS;
  30 6 10
  20 6 8
  36 10 11
  24 6 9
  40 12 12
RUN;
PROC REG simple;
    MODEL y=x1 x2;
RUN;
```

<수행결과 6.1>

```
                          The REG Procedure

                        Descriptive Statistics

                                        Uncorrected                 Standard
Variable          Sum          Mean              SS     Variance   Deviation
Intercept     5.00000       1.00000         5.00000            0           0
x1           40.00000       8.00000       352.00000      8.00000     2.82843
x2           50.00000      10.00000       510.00000      2.50000     1.58114
y           150.00000      30.00000      4772.00000     68.00000     8.24621
```

Analysis of Variance

Source	DF	Sum of Squares	Mean Square	F Value	Pr > F
Model	2	270.50000	135.25000	180.33	0.0055
Error	2	1.50000	0.75000		
Corrected Total	4	272.00000			

Root MSE	0.86603	R-Square	0.9945
Dependent Mean	30.00000	Adj R-Sq	0.9890
Coeff Var	2.88675		

Parameter Estimates

Variable	DF	Parameter Estimate	Standard Error	t Value	Pr > |t|
Intercept	1	-21.00000	3.89230	-5.40	0.0327
x1	1	0.12500	0.34233	0.37	0.7500
x2	1	5.00000	0.61237	8.16	0.0147

6.3 회귀계수에 대한 추론

6.3.1 회귀계수 β_i에 대한 신뢰구간 추정

우리들은 앞에서 모수에 대한 신뢰구간추정을 하기 위해서는 점추정량의 표본분포가 전개되어야 한다는 것을 공부한 바 있다. β_i에 대한 신뢰구간을 추정하기 위해서는 β_i의 점추정량인 b_i의 표집분포를 알아야 한다. 그런데 6.2절에서 Y_j의 선형결합으로 나타났으므로 만약 Y_j가 정규분포를 따른다면 b_i도 정규분포를 따른다. 따라서 b_i의 분포는 다음과 같이 된다.

b_i의 표본분포

(6.20) $$b_i \sim N(\beta_i,\ \sigma_{b_i}^2)$$

그러므로 b_i를 표준화시킨 $Z=(b_i-\beta_i)/\sigma_{b_i}$는 표준정규분포를 따르게 된다. 하지만 일반적으로 σ_{b_i}는 오차분산 σ^2가 알려져 있지 않기 때문에 구할 수 없다. 이 경우에 σ_{b_i}의 추정량인 S_{b_i}를 σ_{b_i}대신 사용하는 다음과 같은 통계량 T는 $t-$분포를 따르게 된다.

(6.21) $T=(b_i-\beta_i)/S_{bi} \sim t-$분포 $(df=n-k-1)$

그러므로 β_i의 신뢰구간추정을 위해서 $t-$분포를 사용할 수 있다. 중회귀모형에서 β_i의 $100(1-\alpha)\%$ 신뢰구간은 단순회귀모형에서와 마찬가지로 다음과 같이 된다.

β_i의 100(1−α)%의 신뢰구간

(6.22) $b_i \mp t_{\alpha/2, n-k-1}\ S_{b_i}$

그런데 b_i의 분산 $\sigma^2_{b_i}$는 중회귀모형에서는 매우 복잡하게 나타나므로 여기서는 독립변수가 두 개인 중회귀모형의 경우만을 고려해 보기로 한다.

6.2절의 $V(b_0), V(b_1), V(b_2)$에서 $r_{12}=\sum x_{1j}/\sum x^2_{1j}\sum x^2_{2j}$을 대입하면 $b_i(i=0, 1, 2)$의 분산은 다음과 같이 된다.

(6.23a) $$V(b_1)=\frac{\sigma^2\Sigma x^2_{2j}}{\Sigma x^2_{1j}\Sigma x^2_{2j}-(\Sigma x_{1j}\Sigma x_{2j})^2}$$

(6.23b) $$V(b_2)=\frac{\sigma^2\Sigma x^2_{1j}}{\Sigma x^2_{1j}\Sigma x^2_{2j}-(\Sigma x_{1j}\Sigma x_{2j})^2}$$

(6.23c) $$V(b_0)=\sigma^2[\frac{1}{n}+\frac{\overline{X}^2_1\Sigma x^2_{2j}+\overline{X}^2_2\Sigma x^2_{1j}-2\overline{X}_1\overline{X}_2\Sigma x_{1j}x_{2j}}{\Sigma x^2_{1j}\Sigma x^2_{2j}-(\Sigma x_{1j}x_{2j})^2}]$$

여기서, $x_{1j}=X_{1j}-\overline{X_1}$, $x_{2j}=X_{2j}-\overline{X_2}$

따라서 S_{b_i}는 σ^2대신 σ^2의 추정량인 S^2_e을 사용하면 되므로 다음과 같이 된다.

독립변수가 2개인 중회귀모형에서의 b_i의 표준오차

(6.24a) $S_{b_1}=\sqrt{S^2_e\Sigma x^2_{2j}/[\Sigma x^2_{1j}\Sigma x^2_{2j}-(\Sigma x_{1j}x_{2j})^2]}$

(6.24b) $S_{b_2}=\sqrt{S^2_e\Sigma x^2_{1j}/[\Sigma x^2_{1j}\Sigma x^2_{2j}-(\Sigma x_{1j}x_{2j})^2]}$

(6.24c)
$$S_{b_0} = \sqrt{S_e^2\left[\frac{1}{n}+\frac{\overline{X}_1^2\Sigma x_{2j}^2+\overline{X}_2^2\Sigma x_{1j}^2-2\overline{X}_1\overline{X}_2\Sigma x_{1j}x_{2j}}{\Sigma x_{1j}^2\Sigma x_{2j}^2-(\Sigma x_{1j}x_{2j})^2}\right]}$$

예제 6-3 중회귀분석

[예제 6-1]의 월급(Y), 교육년한(X_1), 근무년한(X_2)에 관한 표본 자료를 이용하여 회귀모형의 계수에 대한 95% 신뢰구간추정을 해 보자. 앞에서 우리들이 추정한 회귀식은 다음과 같았다.

$$\hat{Y}_j = -21.0 + 0.125X_1 + 5.0X_2$$

이 때 추정된 값들은 β_i의 점추정값이고 신뢰구간 추정값을 구하기 위해서는 먼저 S_{b_i}를 구해야 한다. 그런데 설명예제 6.2에서 $S_e^2 = 0.75$이므로 $S_{b_i}^2$는 식 (6.24a, b, c)를 이용하여 다음과 같이 구할 수 있다.

$$S_{b_1}^2 = \frac{S_e^2\Sigma x_{2j}^2}{\Sigma x_{1j}^2\Sigma x_{2j}^2-(\Sigma x_{1j}\Sigma x_{2j})^2} = \frac{0.75\times 10}{32\times 10-16^2} = 0.1172$$

$$S_{b_2}^2 = \frac{S_e^2\Sigma x_{1j}^2}{\Sigma x_{1j}^2\Sigma x_{2j}^2-(\Sigma x_{1j}\Sigma x_{2j})^2} = \frac{0.75\times 32}{32\times 10-16^2} = 0.375$$

$$S_{b_0}^2 = S_e^2\ [\frac{1}{n}+\frac{\overline{X}_1^2\Sigma x_{2j}^2+\overline{X}_2^2\Sigma x_{1j}^2-2\overline{X}_1\overline{X}_2\Sigma x_{1j}x_{2j}}{\Sigma x_{1j}^2\Sigma x_{2j}^2-(\Sigma x_{1j}x_{2j})^2}]$$

$$= 0.75\times[\frac{1}{5}+\frac{64\times 10+100\times 32-2\times 8\times 10\times 16}{32\times 10-16^2}] = 15.15$$

따라서 95% 신뢰구간은 다음과 같이 된다.

β_1의 신뢰구간 : $b_1 \mp t_{0.025,2}S_{b_1} = -0.125 \mp 4.30\times\sqrt{0.1172}$

$= 0.125 \mp 1.472 = (-1.347 \sim 1.597)$

β_2의 신뢰구간 : $b_2 \mp t_{0.025,2}S_{b_2} = 5.0 \mp 4.30\times\sqrt{0.375}$

$= 5.0 \mp 2.633 = (2.367 \sim 7.633)$

β_0의 신뢰구간 : $b_0 \mp t_{0.025,2}S_{b_0} = -21.0 \mp 4.30\times\sqrt{15.15}$

$= -21.0 \mp 16.737$

$= (-37.737 \sim -4.263)$

[제6장의 SAS 6.1의 수행결과를 참고]

6.3.2 회귀계수 β_i에 대한 검정

회귀계수 β_i의 점추정량인 b_i는 평균이 β_i이고 분산이 $\sigma^2_{b_i}$인 정규분포를 따르고, 따라서 $T=(b_i-\beta_i)/S_{b_i}$는 자유도 $n-k-1$인 $t-$분포를 따른다. 따라서 $t-$분포를 이용하여 가설검정을 할 수 있고, 이 때 설정되는 가설과 검정과정은 다음과 같다(제4장에서 기술된 것처럼 분자의 자유도가 1인 $F-$통계량과 $T-$통계량과의 관계는 $F=T^2$이 된다. 따라서 이 경우에도 $F-$검정을 사용해도 마찬가지이다).

회귀계수 β_i에 대한 가설검정 절차

$H_0 : \beta_i = 0$

$H_1 : \beta_i \neq 0$(혹은 $\beta_i > 0$, 혹은 $\beta_i < 0$)

검정통계량 : $T=\dfrac{b_i-\beta_i}{S_{b_i}}$

임 계 값 : $t_c = \pm t_{\alpha/2, n-k-1}$(혹은 $t_{\alpha, n-k-1}$, 혹은 $-t_{\alpha, n-k-1}$)

판 정 : 만약 $|t_0| > t_{\alpha/2, n-k-1}$면, H_0 기각

(혹은, 만약 $t_0 > t_{\alpha, n-k-1}$면, H_0 기각)

(혹은, 만약 $t_0 < -t_{\alpha, n-k-1}$면, H_0 기각)

여기서 t_0는 검정통계량 T가 가지는 값, 즉 표본회귀함수에서 구해지는 값이다. 또 귀무가설을 $\beta_i = 0$로 설정하는 것은 단순회귀에서도 설명된 것처럼 만약 이 가설이 기각되면 i-번째 독립변수 X_i는 의미가 있고, 그렇지 않으면 X_i는 의미가 없는 것으로 판정할 수 있기 때문이다.

검정통계량의 값 t_0를 계산하기 위한 S_{b_i}의 값은 식 (6.24a, b, c)를 이용하여 구할 수 있고 그렇지 않으면 7장의 행렬 $(X'X)^{-1}$를 이용한 식 (7.19)를 사용하여 구할 수 있다.

예제 6-4

[예제 6.1]의 모형에서 회귀계수 β_i 에 대한 가설검정을 해보자. 앞에서 표본회귀식은 $\widehat{Y_j} = -21.0 + 0.125X_1 + 5.0X_2$로 추정되었고, 잔차제곱평균 $MSE = 0.75$, 그리고 b_1, b_2, b_0의 분산의 추정값은 각각 0.1172, 0.375, 15.15로 구해졌다.

따라서 유의수준 10%로 각 계수들에 대한 검정은 다음과 같이 할 수 있다.

- β_1에 대한 검정

  가 설 : $H_0 : \beta_1 = 0$, $H_1 : \beta_1 \neq 0$

  임계값 : $t_c = \pm t_{0.05,2} = \pm 2.92$

  검정통계량의 값 : $t_0 = \dfrac{b_1 - \beta_1}{S_{b_1}} = \dfrac{0.125 - 0}{\sqrt{0.1172}} = 0.37$ (유의확률 : $P-$값$= 0.75$)

  판 정 : $t_0 > -2.92$이므로, 유의수준 10%로 H_0를 기각할 수 없다.

- β_2에 대한 검정

  가 설 : $H_0 : \beta_2 = 0$, $H_1 : \beta_2 \neq 0$

  임계값 : $t_c = \pm t_{0.05,2} = \pm 2.92$

  검정통계량의 값 : $t_0 = \dfrac{b_2 - \beta_2}{S_{b_2}} = \dfrac{5.0 - 0}{\sqrt{0.375}} = 8.16$ (유의확률 : $P-$값$= 0.015$)

  판 정 : $t_0 > 2.92$이므로, 유의수준 10%로 H_0를 기각한다.

- β_0에 대한 검정

  가 설 : $H_0 : \beta_0 = 0$, $H_1 : \beta_0 \neq 0$

  임계값 : $t_c = \pm t_{0.05,2} = \pm 2.92$

  검정통계량의 값 : $t_0 = \dfrac{b_0 - \beta_0}{S_{b_0}} = \dfrac{-21.0 - 0}{\sqrt{15.15}} = -5.40$ (유의확률 : $P-$값$= 0.033$)

  판 정 : $t_0 < -2.92$이므로, 유의수준 10%로 H_0를 기각한다.

검정결과는 유의수준 10%로 β_2와 β_0는 유의하지만 β_1은 유의하지 않다. 즉, 독립변수 X_1은 종속변수 Y에 유의한 영향을 미치지 못하고 있다. 혹은 유의확률이 각각 0.75, 0.015, 그리고 0.033이므로 β_2와 β_1는 유의하지만 β_1는 유의하지 않다.

즉, β_1은 유의수준을 70%로 할지라도 H_0를 기각시킬 수 없다는 의미가 된다.
따라서 이 경우에는 X_1은 독립변수로서 타당하지 않으므로 제외시키는 것이 바람직하다.
[제6장의 SAS 6.1의 수행결과를 참고].

6.4 예 측

6.4.1 종속변수의 기대값에 대한 추정

관측된 자료를 이용하여 중회귀함수가 추정되면 추정된 함수식을 이용하여 독립변수들의 값이 주어질 때의 예측값인 종속변수의 기댓값에 대한 추정을 할 수 있다.

여기서는 독립변수가 2개인 경우만을 고려하고 일반적인 경우는 7장에서 행렬을 사용하여 설명하기로 한다.

즉, 독립변수들의 값이 $X_1 = X_{10}$,$X_2 = X_{20}$로 주어질 때 Y_0의 기대값은

(6.25) $$E(Y_0) = \beta_0 + \beta_1 X_{10} + \beta_2 X_{20}$$

와 같이 되고, $E(Y_0)$의 추정량은 다음과 같이 된다.

(6.26) $$\widehat{E(Y_0)} = \widehat{Y_0} = b_0 + b_1 X_{10} + b_2 X_{20}$$

이 때 $\hat{Y}_0$는 평균이 $E(Y_0) = \mu_{Y_0}$이고 분산이 $V(\hat{Y}_0) = \sigma^2_{\hat{Y}_0}$인 정규분포를 따르게 되므로 $E(Y_0)$의 $100(1-\alpha)\%$ 신뢰구간은 다음과 같이 된다.

$E(Y_0)$의 100(1−α)%의 신뢰구간

(6.27) $$\hat{Y}_0 \mp t_{\alpha/2, n-k-1} S_{\hat{Y}_0}, \quad S_{\hat{Y}_0} = \sqrt{\hat{V}(\hat{Y}_0)}$$

그런데 식 (6.27)에서 $\hat{Y}_0$의 분산의 추정량 $\hat{V}(\hat{Y}_0)$는 다음과 같다.

$$\hat{V}(\hat{Y}_0) = \frac{\hat{\sigma}^2}{n} + (X_{10} - \overline{X})^2 \hat{V}(b_1)$$
$$+ 2(X_{10} - \overline{X}_1)(X_{20} - \overline{X}_2)\widehat{COV}(b_1, b_2) + (X_{20} - \overline{X}_2)\hat{V}(b_2)$$

예제 6-5

[예제 6.1]에서 추정된 회귀식을 이용하여 $X_1=10,\ X_2=10$일 때의 Y의 평균을 추정해 보자. 먼저 μ_{Y_0}의 점추정 값은 다음과 같이 된다.

$$\hat{Y}_0 = -21.0 + 0.125 \times 10 + 5.0 \times 10 = 30.25$$

또, $\hat{Y}_0$의 분산의 추정값은 $S_e^2 = 0.75,\ S_{b_1}^2 = 0.1172$이므로 다음과 같이 계산된다.

$$\hat{V}(\hat{Y}_0) = \frac{0.75}{5} + (10-8)^2 \times 0.1172 = 0.619$$

따라서 95% 신뢰구간은 다음과 같이 된다[제6장의 SAS6.2의 수행결과를 참고 바람].

$$\hat{Y}_0 \mp t_{0.05/2,2}\ S_{\hat{Y}_0} = 30.25 \mp 4.30 \times \sqrt{0.619} = 30.25 \mp 3.38 = (26.87 \sim 33.63)$$

6.4.2 종속변수의 기대값에 대한 검정

종속변수의 기댓값 $E(Y)$가 특정한 값을 갖는다라는 가설에 대한 검정방법에 대하여 서술한다. 추정의 경우와 마찬가지로 독립변수가 2개인 경우만 고려한다. 독립변수의 값이 $X_1 = X_{10},\ X_2 = X_{20}$ 일 때 종속변수 Y_0의 기대값 $E(Y_0)$에 대한 추정량 $\hat{Y}_0 (= b_0 + b_1 X_{10} + b_2 X_{20})$의 분포를 이용하면 다음과 같이 할 수 있다.

$E(Y_0)$에 대한 가설검정

$H_0 : E(Y_0) = c$

$H_1 : E(Y_0) \neq c$ (혹은 $E(Y_0) > c$, 혹은 $E(Y_0) < c$)

검정통계량 ; $T = \dfrac{\hat{Y}_0 - c}{S_{\hat{Y}_0}},\ S_{\hat{Y}_0} = \sqrt{\hat{V}(\hat{Y}_0)}$

임계값 : $t_c = \pm t_{\alpha/2, n-k-1}$

(혹은 $t_{\alpha, n-k-1}$, 혹은 $-t_{\alpha, n-k-1}$)

판 정 : 만약 $|t_0| > t_{\alpha/2, n-k-1}$면 H_0기각

(혹은, 만약 $t_0 > t_{\alpha, n-k-1}$면 H_0기각)

(혹은, 만약 $t_0 < -t_{\alpha, n-k-1}$면 H_0기각)

예제 6-6

[예제 6.1]에서 추정된 회귀함수를 이용하여 $X_1 = 10$, $X_2 = 10$일 때 $E(Y_0) = 10$이라는 가설을 검정하면 다음과 같다.

먼저 [예제 6.5]에서 $\hat{V}(\hat{Y}_0) = 0.619$이고 $\hat{Y}_0 = 30.25$가 된다.

대립가설은 $E(Y_0) > 10$로 하고 유의수준은 5%로 한다.

가 설 : $H_0 : E(Y_0) = 10$

$H_1 : E(Y_0) > 10$

임계값 : $t_c = t_{0.05,2} = 2.92$

검정통계량의 값 : $t_0 = \dfrac{\hat{Y}_0 - 10}{S_{\hat{Y}_0}}$

$= \dfrac{30.25 - 10}{\sqrt{0.619}} = 81.3$ ($P-$값$= 0.00$)

판 정 : 유의수준 5%로 귀무가설을 기각하고 대립가설을 채택한다.

6.5 분산분석과 부분가설 검정

6.5.1 분산분석

단순회귀분석에서는 분산분석에서 사용하는 $F-$검정이나 개별회귀계수에 대한 $T-$검정은 동일하므로 분산분석이 별다른 역할을 하지 못했다. 그러나 중회귀분석에서는 분산분석이 모형의 적합성을 판단하는 유용한 기준이 된다.

제4장에서 설명된 것처럼 분산분석은 총변동(TSS)을 회귀선에 의하여 설명되지 않는 변동인 잔차변동(SSE)과 회귀선에 의하여 설명되는 변동인 회귀변동(SSR)으로 분할하여 유도되는 다음과 같은 $F-$통계량을 이용하여 모형의 적합성을 검정하는 방법이다.

(6.28)
$$F = \frac{SSR/k}{SSE/n-k-1} = \frac{MSR}{MSE} \sim F-\text{분포}(df = k,\ n-k-1)$$

여기서 $SSR = \Sigma(\hat{Y}_j - \overline{Y})^2$, $SSE = \Sigma(Y_j - \hat{Y}_j)^2$이다.

그런데 $R^2 = SSR/TSS$이므로 SSR과 SSE는 다음과 같이 나타낼 수도 있다.

(6.29) $$SSR = R^2\Sigma(Y_j - \overline{Y})^2,\ SSE = (1 - R^2)\Sigma(Y_j - \overline{Y})^2$$

따라서 F-통계량은 R^2와 다음의 관계가 성립된다.

(6.30) $$F = \frac{R^2\Sigma(Y_j - \overline{Y})^2/k}{(1 - R^2)\Sigma(Y_j - \overline{Y})^2/n - k - 1} = \frac{R^2}{1 - R^2} \cdot \frac{n - k - 1}{k}$$

이와 같은 분산분석에서 설정되는 가설은 다음과 같다.

$$H_0 : \beta_1 = \beta_2 = \cdots = \beta_k = 0$$

H_1: 최소한 하나의 i에 대하여 $\beta_i \neq 0$

검정통계량은 식 (6.30)와 같고 또 분산분석표는 다음과 같이 된다.

<표 6.1> 중회귀분석에서의 분산분석표

변동의 요인	제곱합	자유도	평균제곱	F
회 귀	SSR	k	MSR	MSR / MSE
잔 차	SSE	$n-k-1$	MSE	
총 합	TSS	$n-1$		

그리고 검정을 위한 임계값은 F가 자유도 $(k, n-k-1)$인 F-분포를 따르므로 $F_c = F_{\alpha(k, n-k-1)}$이 된다.

예제 6-7

앞의 예제에서 $H_0 : \beta_1 = \beta_2 = 0$를 유의수준 5%로 검정해 보자.

[예제 6.2]에서 $SSE = \Sigma e_j^2 = 1.5$, $TSS = \Sigma(Y_j - \overline{Y})^2 = 272$였으므로 $SSR = TSS - SSE = 272 - 1.5 = 270.5$가 된다.

따라서 분산분석표는 다음과 같이 된다.

변동의 요인	제곱합	자유도	평균제곱	F
회 귀	270.5	2	135.25	180.3
잔 차	1.5	2	0.75	
총 합	272.0	4		

이 때 설정되는 가설과 임계값은 다음과 같다.

$H_0 : \beta_1 = \beta_2 = 0$

$H_1 : \beta_1 \neq 0$, 혹은 $\beta_2 \neq 0$, 혹은 $\beta_1 \neq 0$이고 $\beta_2 \neq 0$

임계값 : $Fc = F_{0.05,(2,2)} = 19.0$

따라서 $F_0 = 180.3 > F_c = 19$이므로 유의수준 5%로 귀무가설은 기각된다. 즉, β_1과 β_2가 동시에 0가 되지는 않는다.

[SAS 6.2의 수행결과를 참고 바람].

6.5.2 부분가설검정

분산분석은 모든 회귀계수들에 대한 가설검정 방법이고 부분가설검정은 일부 회귀계수들에 대한 가설검정 방법이다.

일반적으로 모형 속에 새로운 변수를 추가시키면 회귀제곱합 SSR은 커지고 반면에 잔차제곱합 SSE는 작아진다. 이 때 모형 속에 어떤 새로운 변수를 포함시켰을 때 증가되는 회귀제곱합을 우리들은 추가제곱합(extra sum of squares : ESS)이라고 부르며, 이 추가제곱합이 오차분산의 추정량인 잔차제곱합 SSE에 비하여 유의하게 클 때는 새로운 변수를 모형에 포함시키는 것이 바람직한 것으로 판정할 수 있다. 즉, 부분가설 검정은 기존의 모형 속에 새로운 독립변수들을 포함시킬 것인가를 결정하는 검정방법으로 사용할 수 있다.

지금까지 사용한 다음과 같은 중회귀모형을 고려해 보자.

(6.31) $$Y_j = \beta_0 + \beta_1 X_{1j} + \cdots + \beta_r X_{rj} + \beta_{r+1} X_{r+1\,j} + \cdots + \beta_k X_{kj} + \varepsilon_{1j}$$

이와 같은 모형을 완전모형이라고 하고 k개의 독립변수 중에서 r개의 독립변수들만 포함하는 다음과 같은 모형을 축소모형이라고 하자.

(6.32) $$Y_j = \beta_0 + \beta_1 X_{1j} + \beta_2 X_{2j} + \cdots + \beta_r X_{rj} + \varepsilon_{2j}$$

그러면 부분가설검정에서 설정되는 가설은 다음과 같다.

H_0 : 축소모형이 적합하다.

H_1 : 완전모형이 적합하다.

이러한 가설을 검정하기 위한 검정통계량을 보이기 위하여 먼저 축소모형 및 완전모형에서의 회귀제곱합을 다음과 같이 정의한다.

완전모형에서의 회귀제곱합 : $SSR(F)$

(6.33) $$\begin{aligned} SSR(F) &= \sum_{j=1}^{n} (\widehat{Y}_j - \overline{Y})^2 = \sum \widehat{Y}_j^{\,2} - n(\overline{Y})^2 \\ &= \sum (b_0 + b_1 X_{1j} + b_2 X_{2j} + \cdots + b_k X_{kj})(Y_j - e_j) - n(\overline{Y})^2 \\ &= b_0 \Sigma Y_j + b_1 \Sigma X_{1j} Y_j + b_2 \Sigma X_{2j} Y_j + \cdots + b_k \Sigma X_{kj} Y_j - n(\overline{Y})^2 \end{aligned}$$

축소모형에서의 회귀제곱합 : $SSR(R)$

(6.34) $$\begin{aligned} SSR(R) &= \sum_{j=1}^{n} (\widehat{Y}_j - \overline{Y})^2 = \sum \widehat{Y}_j^{\,2} - n(\overline{Y})^2 \\ &= b_0 \Sigma Y_j + b_1 \Sigma X_{1j} Y_j + b_2 \Sigma X_{2j} Y_j + \cdots + b_r \Sigma X_{rj} Y_j - n(\overline{Y})^2 \end{aligned}$$

또, 모형 속에 어떤 새로운 변수를 포함시켰을 때 증가되는 회귀제곱합, 혹은 감소되는 잔차제곱합인 추가제곱합(ESS)은 다음과 같이 정의된다.

추가제곱합 : ESS

(6.35) $$ESS = SSR(F) - SSR(R)$$

여기서, $SSR(F)$의 자유도($df(F)$)는 k, $SSR(R)$의 자유도($df(R)$)는 r, 그리고 ESS의 자유도($df(E)$)는 $k-r$이 된다.

이 때 부분가설검정을 위한 통계량은 다음과 같이 정의 된다.

부분가설검정을 위한 통계량

(6.36) $$F = \frac{SSR(F) - SSR(R)}{df(F) - df(R)} / \frac{SSE(F)}{n-k-1} = \frac{ESS/(k-r)}{MSE}$$

여기서 F는 자유도 $k-r$, $n-k-1$인 F-분포를 따른다. 그러므로 평균추가제곱합($ESS/(k-r)$)이 평균제곱잔차 MSE보다 유의적으로 크면 즉, 검정통계량 F의 값 F_0가 임계값 $F_c = F_{\alpha,(k-r,n-k-1)}$ 보다 크면 귀무가설이 기각된다.

귀무가설이 기각된다는 것은 완전모형이 축소모형보다 더 적합하다는 판단 할 수 있는 것이다. 이와 같은 검정을 부분 F-검정(partial F test)이라고 한다.

그런데, 단순회귀에서는 이러한 검정방법은 분산분석과 동일하다. 즉, 다음과 같은 단순회귀모형에서

$$Y_j = \beta_0 + \beta_1 X_j + \epsilon_j$$

가설을 다음과 같이 설정하면,

$$H_0 \ : \text{축소모형}(Y_j = \beta_0 + \epsilon_j) \qquad \text{즉, } \beta_1 = 0$$
$$H_1 \ : \text{완전모형}(Y_j = \beta_0 + \beta_1 X_j + \epsilon_j) \quad \text{즉, } \beta_1 \neq 0$$

추가제곱합 ESS는 다음과 같이 된다.

$$ESS = SSR(F) - SSR(R) = \Sigma(\hat{Y}_j - \overline{Y})^2 = SSR$$

따라서 $F-$통계량은 다음과 같이 제4장의 분산분석에서의 통계량과 같아진다.

$$F=\frac{ESS/1}{MSE}=\frac{MSR}{MSE}$$

예제 6-8

다음은 K대학의 2학년 학생들 중에서 10명을 추출하여 이들의 대학 성적(Y), 수능성적(X_1), 고교내신성적(X_2), 본고사성적(X_3)을 조사한 자료이다.

<표 6.2> 학생들의 대학성적, 수능성적, 고교내신성적, 본고사성적에 관한 자료

학생	1	2	3	4	5	6	7	8	9	10
Y	60	75	93	90	60	78	93	84	66	78
X_1	73	80	82	84	72	84	89	92	80	80
X_2	75	88	92	80	75	82	92	90	70	78
X_3	87	84	98	93	90	72	84	93	69	75

대학성적 Y를 설명하는 모형을 추정하고자 할 때 독립변수로써 X_1만을 사용하는 축소모형과 X_1, X_2, X_3를 사용하는 완전모형에 대한 부분가설검정을 해 보자.
이 때 가설은

$$H_0 \ : \ Y_j=\beta_0+\beta_1X_{1j}+\epsilon_{2j} \quad \text{즉, } \beta_2=\beta_3=0(\text{축소모형})$$
$$H_1 \ : \ Y_j=\beta_0+\beta_1X_{1j}+\beta_2X_{2j}+\beta_3X_{3j}+\epsilon_j \quad (\text{완전모형})$$

먼저 완전모형을 추정하여 회귀제곱합 $SSR(F)$와 잔차제곱합 $SSE(F)$를 구하면 다음과 같이 된다.

추정된 회귀함수 : $\hat{Y}=-72.9+1.11X_1+0.552X_2+0.175X_3$

회귀제곱합 : $SSR(F)=\Sigma(\hat{Y}_j-\overline{Y})^2=1076.53\,(df=3)$

잔차제곱합 : $SSE(F)=\Sigma(Y_j-\hat{Y}_j)^2=353.57 \ \ (df=6)$

또, 축소모형을 추정하여 회귀제곱합 $SSR(R)$을 구하면 다음과 같이 된다.

추정된 회귀함수 : $\hat{Y}=-53.4+1.61X_1$

회귀제곱합 : $SSR(R)=\Sigma(\hat{Y}_j-\overline{Y})^2=899.47\,(df=1)$

따라서 부분 F-검정을 위한 F-통계량은 다음과 같이 계산된다.

$$\begin{aligned} F_0 &= \frac{SSR(F)-SSR(R)}{df(F)-df(R)} \Big/ \frac{SSE(F)}{n-k-1} \\ &= \frac{1076.53-899.47}{3-1} \Big/ \frac{353.57}{6} \\ &= \frac{177.06}{2} / 58.93 = 1.50 \end{aligned}$$

와 같이 되고, 임계값은 유의수준 5%이고 자유도 (2,6)일 때 $F_c = F_{0.05(2,6)} = 5.14$이므로 H_0를 기각할 수 없다. 따라서 축소모형이 완전모형보다 더 잘 적합하다고 할 수 있다.

[<SAS 6.2>의 수행결과를 참고].

6.5.3 제1종 제곱합과 제2종 제곱합

추가제곱합을 이용한 부분 $F-$검정을 할 경우에 다음과 같은 두 가지 방법이 있을 수 있다. 예를 들어서 설명하기로 하자.

방법 1 : 가설 $H_0 : Y_j = \beta_0 + \epsilon_j$ 즉, $\beta_1 = 0$ (축소모형)

$H_1 : Y_j = \beta_0 + \beta_1 X_{1j} + \epsilon_j$ (완전모형)

가설 $H_0 : Y_j = \beta_0 + \beta_1 X_{1j} + \epsilon_j$ 즉, $\beta_2 = 0$ (축소모형)

$H_1 : Y_j = \beta_0 + \beta_1 X_{1j} + \beta_2 X_{2j} + \epsilon_j$ (완전모형)

이러한 가설에 대한 부분 F-검정에서 구해지는 추가제곱합을 우리들은 제1종 제곱합(type 1 sum of squares : $SS1$), 또는 순차제곱합(sequential sum of squares)이라고 부르고, 또 이러한 검정형태를 제1종 부분 $F-$검정(type 1 partial $F-$test)이라고 한다. 이 방법에서는 모형 속에 독립변수를 순차적으로 한개씩 포함시키면서 모형의 적합성을 검정할 수 있게 된다.

따라서 독립변수들이 모형에 추가되는 순서에 따라서 각기 다른 결과를 나타낸다. 이 때 독립변수들에 대한 제1종 제곱합들을 합하면 회귀제곱(SSR)이 되며, 상수항(β_0)에 대한 제1종의 제곱합은 $n(\overline{Y})^2$으로 정의된다.

방법 2 : 가설 $H_0 : Y_j = \beta_0 + \beta_2 X_{2j} + \epsilon_j$ 즉, $\beta_1 = 0$ (축소모형)

$H_1 : Y_j = \beta_0 + \beta_1 X_{1j} + \beta_2 X_{2j} + \epsilon_j$ (완전모형)

가설 $H_0 : Y_j = \beta_0 + \beta_1 X_{1j} + \epsilon_j$ 즉, $\beta_2 = 0$ (축소모형)

$H_1 : Y_j = \beta_0 + \beta_1 X_{1j} + \beta_2 X_{2j} + \epsilon_j$ (완전모형)

순차적으로 독립변수를 추가시키는 축소모형과 완전모형을 고려하는 것이 아니고, 완전모형에서 특정한 독립변수를 제거한 축소모형을 고려하는 가설을 설정하는 방법으로 이 경우의 부분 $F-$검정에 대한 추가 제곱합을 제2종 제곱합(type II sum of squares : SS2) 또는 부분 제곱합(partial sum of squares)이라고 한다. 또 이러한 검정형태를 제2종 부분 F-검정(type 2 partial $F-$test)이라고 한다.

이 때 만약 X_i가 제거된 변수라면 X_i에 대한 제2종 부분 $F-$검정통계량의 값은 $H_0 : \beta_i = 0$에 대한 검정통계량 T값의 제곱과 같아진다. 이것은 앞에서 개별회귀계수의 $T-$검정은 $F_{\alpha,(1.m)} = T^2_{\alpha/2,m}$ 이므로 $F-$검정을 사용할 수 있다는 것과 동일한 의미다.

그런데, 제2종 부분 $F-$검정에서는 각 단계에서 완전모형이 같기 때문에 검정통계량의 분모에 사용되는 잔차제곱평균은 항상 일정하지만 제1종 부분 $F-$검정에서는 각 단계에서 완전모형이 달라지므로 잔차제곱평균은 달라진다.

예제 6-9

[예제 6.8]에서 제1종 제곱합과 제2종 제곱합을 구하고 또 부분가설검정을 해 보기로 하자. 먼저 제1종 제곱합을 구하여 제1종 부분 $F-$검정을 해 보자.

첫째 : 독립변수 X_1에 대한 제1종 부분 $F-$검정

가설 $H_0 : Y_j = \beta_0 + \epsilon_j$ 즉, $\beta_1 = 0$ (축소모형)

$H_1 : Y_j = \beta_0 + \beta_1 X_{1j} + \epsilon_j$ (완전모형)

제1종 제곱합 : $SS1 = SSR(F) - SSR(R) = \Sigma(\hat{Y}_j - \overline{Y})^2 = 899.47$

검정통계량 : $F_0 = \dfrac{SS1/1}{MSE} = \dfrac{899.47}{530.63/8} = 13.56$

따라서 자유도(1,8)이고 $F_0 = 13.56$에 대응하는 유의확률이 0.006이므로 유의수준 1%로 귀무가설을 기각한다.

둘째 : 독립변수 X_2에 대한 제1종 부분 F−검정

가설 $H_0: Y_j = \beta_0 + \beta_1 X_{1j} + \epsilon_j$ 즉, $\beta_2 = 0$ (축소모형)

$H_1: Y_j = \beta_0 + \beta_1 X_{1j} + \beta_2 X_{2j} + \epsilon_j$ (완전모형)

제1종 제곱합 : $SS1 = SSR(F) - SSR(R) = 160.70$

검정통계량 : $F_0 = \dfrac{SS1/1}{MSE} = \dfrac{160.7}{369.93/7} = 3.05$

따라서 $F_0 = 3.05(df = 1,7)$에 대응하는 유의확률이 0.125이므로 유의수준 10%로 귀무가설을 기각할 수 없다. 그러나 유의수준을 15%로 하는 경우에는 기각시킬 수 있다.

셋째 : 독립변수 X_3에 대한 제1종 부분 F−검정

가설 $H_0: Y_j = \beta_0 + \beta_1 X_{1j} + \beta_2 X_{2j} + \epsilon_j$ 즉, $\beta_3 = 0$ (축소모형)

$H_1: Y_j = \beta_0 + \beta_1 X_{1j} + \beta_2 X_{2j} + \beta_3 X_{3j} + \epsilon_j$ (완전모형)

제1종 제곱합 : $SS1 = SSR(F) - SSR(R) = 16.35$

검정통계량 : $F_0 = \dfrac{SS1/1}{MSE} = \dfrac{16.35}{353.57/6} = 0.28$

따라서 $F_0 = 0.28(df = 1,6)$에 대응하는 유의확률이 0.617이므로 귀무가설을 기각할 수 없다. 또 제2종 제곱합과 제2종 부분 F−검정은 앞에서는 설명된 것처럼 개별회귀계수에 대한 T−검정과 동일하다. 따라서 여기서는 3개의 독립변수가 모두 포함되는 완전모형에서 X_2에 대한 제2종 부분 F−검정만 해 보기로 한다.

가설 $H_0: Y_j = \beta_0 + \beta_1 X_{1j} + \beta_3 X_{3j} + \epsilon_j$ 즉, $\beta_2 = 0$ (축소모형)

$H_1: Y_j = \beta_0 + \beta_1 X_{1j} + \beta_2 X_{2j} + \beta_3 X_{3j} + \epsilon_j$ (완전모형)

제2종 제곱합 : $SS2 = SSR(F) - SSR(R) = 58.78$

검정통계량 : $F_0 = \dfrac{SS2/1}{MSE} = \dfrac{58.78}{353.57/6} = 1.0$

따라서 자유도 (1,6)일 때 $F_0 = 1.0$에 대응하는 유의확률은 0.357이므로 귀무가설을 기각할 수 없다. 물론 $H_0: \beta_2 = 0$에 대한 T−검정 통계량의 값도 $T_0 = \sqrt{F_0} = 1.0$이 된다.

[예제 6.8 ~ 9]을 SAS를 이용하여 분석하면 다음과 같이 된다.

<ex6_2.SAS>

```
DATA ex6_2;
  INFILE'k:ex6_2.dat';
  INPUT y x1 x2 x3;
RUN;
PROC REG;
  MODEL y=x1 x2 x3;
   test1:TEST x2=0,x3=0;
  MODEL y=x1 x2 x3/ss1 ss2;
RUN;
```

```
                         Model: MODEL1

                    Analysis of Variance
 Source                 DF       SS           MS        F Value    Pr > F
Model                    3   1076.52720   358.84240      6.09      0.0298
Error                    6    353.57280    58.92880
Corrected Total          9   1430.10000

              Test test1 Results for Dependent Variable y
            Source          DF        MS        F Value    Pr > F
            Numerator        2     88.52761       1.50     0.2958
            Denominator      6     58.92880

                         Model: MODEL2

                      Analysis of Variance
Source                  DF       SS           MS     F Value    Pr > F
Model                    3   1076.52720   358.84240     6.09     0.0298
Error                    6    353.57280    58.92880
Corrected Total          9   1430.10000

                      Parameter Estimates
                Parameter     Standard
Variable   DF   Estimate       Error    t Value   Pr > |t|    Type I SS    Type II SS
Intercept   1   -72.85477    39.67884    -1.84     0.1160        60373     198.66696
x1          1     1.10837     0.60955     1.82     0.1189    899.47199     194.84122
x2          1     0.55183     0.55254     1.00     0.3565    160.70072      58.77853
x3          1     0.17457     0.33137     0.53     0.6172     16.35449      16.35449
```

6.6 중회귀분석 응용예제

6.6.1 중회귀모형을 이용한 한국의 수출량 분석

수출량에 영향을 미치는 독립변수로는 이와 김(1994)이 유도한 모형에서 사용된 대미

환율(EXR), 노동생산성지수(PLA), 미일에 대한 상대물가지수(UJK), 미일의 가중평균소득(UJI) 등을 선택한다. 따라서 설정된 모형은 다음과 같다.

$$\text{EXP}_t = \beta_0 + \beta_1 EXR_t + \beta_2 PLA_t + \beta_3 UJK_t + \beta_4 UJI_t + \epsilon_t \quad (t = 1, 2, ..., n)$$

분석을 위해 사용된 자료는 1980년 1월부터 1993년 2월까지의 월별 자료로써 총 158개이며 <도서출판 탐진 홈페이지>에 수록되어 있다.

각 변수들은 다음과 같이 산정되었다.

수출량(EXP) : 수출금액($) / 수출가격지수
환율 (EXR) : 대미 명목환율
상대물가지수(UJK) :미국 및 일본에 대한 상대도매물가지수(1990년 기준)
미일의 소득(UJI) : 미국 및 일본의 가중평균소득(1990년 불변가격)
노동생산성지수(PLA) : 상용근로자 노동생산성지수(1990년 기준)

그런데 수출량과 노동생산성지수는 계절성을 갖는 자료로 판명이 되어 센서스 국법으로 계절조정을 해서 사용한다[자세한 내용은 이와 김(1994)을 참조할 수 있다]. 앞에서 설정한 회귀모형을 SAS를 사용하여 추정하고자 할 때는 다음과 같은 SAS프로그램이 필요하다.

<프로그램 6.1 : PRO6_1.SAS>

```
TITLE' MULTIPLE REGRESSION 1 ';
DATA export;
    INFILE'k:eps.dat';
    INPUT t exp pex exr pla ujk uji;
RUN;
PROC REG SIMPLE CORR;
    MODEL exp=exr pla uji ujk/SS1 SS2;
    PLOT R.*P.;
RUN;
```

이 프로그램에서 선택사양(options)으로 사용된 명령문들은 다음과 같은 역할을 한다.

SIMPLE : 합, 평균, 분산 등과 같은 기술통계량을 출력한다.
CORR : 변수들 간의 피어선의 적율상관계수 행렬을 출력한다.
SS1, SS2 : 순차제곱합(Type I SS)과 부분제곱합(Type II SS)을 출력한다.

이 프로그램을 실행시키면 <수행결과 7.1>과 같은 결과를 얻게 된다.

먼저 종속변수(EXP)와 독립변수들 간의 상관분석 결과를 보면 노동생산성지수(PLA)와 미일의 소득(UJI)은 높은 양의 상관이, 상대물가지수(UJK)와 환율(ECR)은 음의 상관이 있는 것으로 나타난다.

또 독립변수들 간에는 PLA와 UJI가 상관계수가 0.906으로 다소 높게 계측되고 있으나 그 외에는 대체로 낮은 관련성을 보이고 있다.

앞에서 설정된 모형의 추정결과는 다음과 같이 나타낼 수 있다.

$$\mathrm{EXP}_t = 3654.73 - \underset{(-8.26)}{2.61}EXR_t + \underset{(10.04)}{28.16}PLA_t + \underset{(13.54)}{54.00}\,UJK_t - \underset{(-11.07)}{49.40}\,UJI_t$$

$$R^2 = 0.970,\ (\ )\ :\ t\text{-값}$$

추정된 결과를 보면, 결정계수는 0.97로 매우 높으므로 추정된 회귀식은 관찰값들을 잘 설명하고 있다. 즉 추정된 회귀식이 EXP의 변동을 97%를 설명해 준다. 그리고 개별 회귀계수들에 대한 $t-$값은 모두 아주 크므로 모든 계수들이 매우 유의적이다. 즉 유의수준 1% 미만에서 개별회귀계수들이 0이라는 귀무가설은 기각된다. 또 <수행결과 7.1>에서 종속변수의 추정값 $\widehat{\mathrm{EXP}}$에 대한 잔차의 산점도를 살펴보면 잔차들은 대체로 0를 중심으로 랜덤하게 분포되고 있다. 잔차에 대한 분석은 제8, 9장에서 다시 상술하기로 한다.

따라서 추정된 회귀식을 사용하여 독립변수들인 EXR, PLA, UJK, UJI와 종속변수인 EXP간의 관련성을 분석할 수 있다. 즉, 환율(EXR), 노동생산지수(PLA), 상대물가지수(UJK), 그리고 미일의 소득(UJI)의 한 단위의 변화가 수출량(EXP)에 미치는 영향의 크기는 각각 −2.61, 28.16, 54.00, −49.40 단위가 되는 것으로 분석할 수 있다. 또, 특정 시점에서의 독립변수들의 값들이 주어지면 종속변수인 수출량에 대한 예측값을 추정할 수 있다.

<수행결과 6.1>

```
                              Descriptive Statistics
Variables    Sum         Mean        Uncorrected SS      Variance        Std Deviation
INTERCEP   158            1              158                 0               0
EXR      119285.8     754.97341      90984358.5       5902.86871        76.8301
PLA       12845.15     81.298417      1099425.4753      351.179012       18.7397
UJI       16012.3     101.34367      1646073.01        148.584386       12.1895
UJK       17788.7     112.58670      2011210.01         53.7504591       7.33147
EXP      613785.83    3884.720      2712281144.3     2088501.80       1445.16

                              Correlation
CORR       EXR         PLA          UJI          UJK          EXP
EXR      1.0000     -0.0202      -0.0600      -0.3816      -0.0779
PLA     -0.0202      1.0000       0.9065      -0.6736       0.9499
UJI     -0.0600      0.9065       1.0000      -0.6056       0.9468
UJK     -0.3816     -0.6736      -0.6056       1.0000      -0.7196
EXP     -0.0779      0.9499       0.9468      -0.7196       1.0000

                         Analysis of Variance
                       Sum of           Mean
   Source      DF     Squares          Square       F Value   Prob>F
   Model        4   317892909.87   79473227.467    1215.713    0.0001
   Error      153    10001872.978   65371.71881
   C Total    157   327894782.84

       Root MSE      255.67894     R-square      0.9695
       Dep Mean     3884.72044     Adj R-sq      0.9687
       C.V.            6.58166

                         Parameter Estimates
                    Parameter        Standard     T for H0:
Variable    DF      Estimate           Error      Parameter=0    Prob > |T|
INTERCEP     1    3654.730972    803.33536564         4.549        0.0001
EXR          1      -2.611241      0.31618021        -8.259        0.0001
PLA          1      28.175890      2.80644382        10.040        0.0001
UJI          1      54.003448      3.98817374        13.541        0.0001
UJK          1     -49.403306      4.46067399       -11.075        0.0001
```

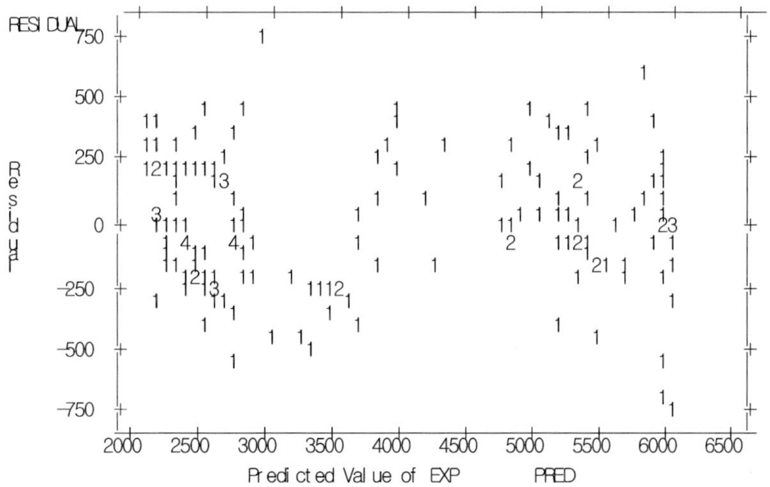

6.6.2 중회귀모형을 이용한 한국의 도매물가지수의 분석

도매물가지수(wholesale price index : WPI)는 국내시장에서 형성되는 모든 상품가격(생산자 판매가격, 혹은 수입업자 판매가격)의 변화상황을 반영하는 지수이며 주로 임금, 수입물가, 환율 등에 의하여 영향을 받는다.

여기에서는 도매물가지수를 설명하는 독립변수로 전기의 환율(EXR), 전기의 비농림어업임금(WNL), 전기의 원자재 수입물가지수(PIL), 국민총생산(GNP), 그리고 전기의 도매물가지수(WPL) 등을 선택하고 모형의 추정은 SAS를 사용한다. 따라서 설정된 모형은 다음과 같다.

$$WPI_t = \beta_0 + \beta_1 WNL_t + \beta_2 EXR_t + \beta_3 GNP_t + \beta_4 \Pi L_t + \beta_5 WPL_t + \epsilon_t$$

모형의 추정을 위해 사용된 자료들 중에서 도매물가지수와 원자재 수입물가지수는 1985년을 기준년도로 한 자료이며, 원자재 수입물가지수와 환율을 제외한 자료들은 X-11, ARIMA방법에 의하여 계절조정된 계열들이다. 이 자료들은 <도서출판 탐진 홈페이지>에 수록되어 있다.

이러한 모형의 추정을 위해서는 다음과 같은 SAS프로그램이 작성되어야 한다.

<프로그램 6.2 : PRO6_2.SAS>

```
TITLE' MULTIPLE REGRESSION';
DATA econy;
    INFILE'k:econy.dat';
    INPUT x1-x9;
    x10=LAG(x8);
    LABEL x5='WNL' x6='EXR' x7='GNP' x8='WPI' x9='PIL' x10='WPL';
RUN;
PROC REG CORR;
    VAR x5-x10;
    MODEL x8=x5 x6 x7 x9 x10/ SS1 SS2;
RUN;
PROC REG;
    MODEL x8=x6 x9 x10/SS1 SS2;
    PLOT R.*P.;
RUN;
```

이 프로그램의 수행결과에서 우선 상관분석의 결과를 보면, 도매물가지수 WPI는 다른 독립변수들과 대부분 높은 상관관계를 나타내고 있고, 또 독립변수들 간에는 GNP와 WNL간에 높은 상관이 존재함을 알 수 있다. 이와 같이 독립변수들 간의 높은 상관이 존재하는 경우를 다중공선성이라고 하며 제9장에서 자세히 설명된다.

앞에서 설정된 모형의 추정결과를 <수행결과 6.2>에서 보면 독립변수 X5와 X7의 추정된 회귀계수에 대한 유의확률($p-$value)은 0.89, 0.80으로 매우 크게 나타나므로 이 계수들은 유의적이 아니다.

즉, 이와 같은 추정결과는 두 독립변수에 대한 회귀계수들이 0라는 귀무가설을 기각시킬 수 없게 된다.

따라서 두 변수를 독립변수에서 제외시키고 다시 모형을 추정하면 다음과 같이 된다.

$$\widehat{WPI}_t = -7.287 + 0.0132EXR_t + 0.1875\Pi L_t + 0.7740\,WPL_t$$

(2.80) (7.34) (18.54)

R^2=0.998 ( ) : $t-$값

추정된 모형은 결정계수가 0.998로 매우 높고, 또 추정된 계수들도 유의수준 1%미만에서 모두 유의적이다($p-$값 < 0.01).

모형속에 포함된 3개의 독립변수들 간에 상관관계가 지나치게 높지 않고, 또 종속변수의 추정값에 대한 잔차 그림에서도 잔차들은 0를 중심으로 어느 정도 랜덤하게 분포되어져 있으므로 모형에 대한 가정이 성립되는 것으로 판단할 수 있다. 따라서 우리들은 전기의 환율(EXR), 전기의 원자재 수입물가지수(PIL), 그리고 전기의 도매물가지수(WPL)가 도매물가지수(WPI)에 영향을 미치며 또 이들의 한 단위의 변화는 각각 도매물가지수를 0.0132, 0.18, 75, 0.7740 단위를 변화시키는 영향을 미치는 것으로 분석할 수 있다. 그러나 이러한 분석은 통계학적인 측면에서의 모형의 선택 및 해석일 뿐이고, 경제학적인 측면에서의 모형의 선택 및 해석은 달라질 수도 있다.

<수행결과 6.2>

Correlation

CORR	X5	X6	X7	X9	X10	X8	
X5	1.0000	0.8355	0.9913	0.6958	0.8840	0.8748	WKL
X6	0.8355	1.0000	0.7936	0.6700	0.9348	0.9223	EXR
X7	0.9913	0.7936	1.0000	0.6213	0.8271	0.8157	GNP
X9	0.6958	0.6700	0.6213	1.0000	0.8606	0.8860	PIL
X10	0.8840	0.9348	0.8271	0.8606	1.0000	0.9971	WPL
X8	0.8748	0.9223	0.8157	0.8860	0.9971	1.0000	WPI

Parameter Estimates

Variable	DF	Parameter Estimate	Standard Error	T for H0: Parameter=0	Prob > |T|	Variable Label
INTERCEP	1	-7.570287	2.11756356	-3.575	0.0008	Intercept
X5	1	-0.000003859	0.00002744	-0.141	0.8888	WNL
X6	1	0.013927	0.00497217	2.801	0.0074	EXR
X7	1	0.000069419	0.00027668	0.251	0.8030	GNP
X9	1	0.195683	0.02792055	7.009	0.0001	PIL
X10	1	0.758998	0.05421866	13.999	0.0001	WPL

Analysis of Variance

Source	DF	SS	MS	F Value	Prob>F
Model	3	30380.96243	10126.98748	6867.448	0.0001
Error	48	70.78254	1.47464		
C Total	51	30451.74498			

Root MSE	1.21435	R-square	0.9977
Adj R-sq	0.9975	C.V.	1.50148

Parameter Estimates

Variable	DF	Parameter Estimate	Standard Error	T for H0: Parameter=0	Prob > |T|	Variable Label
INTERCEP	1	-7.287031	2.05562775	-3.545	0.0009	Intercept
X6	1	0.013231	0.00473419	2.795	0.0074	EXR
X9	1	0.187476	0.02555845	7.335	0.0001	PIL
X10	1	0.773973	0.04174428	18.541	0.0001	WPL

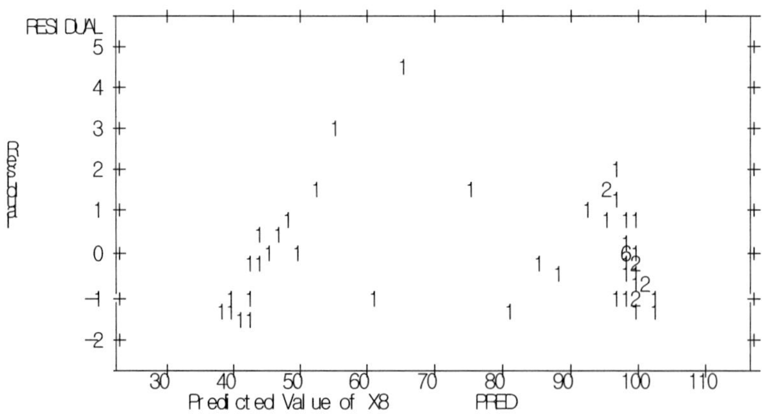

REGRESSION ANALYSIS EXERCISE

연습문제

6.1 다음과 같은 중회귀모형에서

$$Y_j = \beta_0 + \beta_1 X_{1j} + \beta_2 X_{2j} + \epsilon_j, \quad j = 1, 2, \ \ldots, \ n$$

1) $\beta_0, \beta_1, \beta_2$의 최소제곱추정량 b_0, b_1, b_2를 유도하시오.

2) 최소제곱추정량 b_0, b_1, b_2가 최량선형불편추정량이 되기 위해서는 어떠한 가정이 필요한가?

6.2 회귀모형 $Y_j = \beta_0 + \beta_1 X_{1j} + \beta_2 X_{2j} + \beta_3 X_{3j} + \epsilon_j, \quad j = 1, 2, \ \ldots, \ n$ 을 관측된 자료에 적합시키고자 한다. 이 때 만약 $\beta_2 = 4$가 알려져 있는 경우에 최소제곱법으로 이 모형을 추정하려면 어떻게 해야 하는가?

6.3 다음과 같은 중회귀모형에 대하여

$$Y_j = \beta_1 X_{1j} + \beta_2 X_{2j} + \epsilon_j, \quad j = 1, 2, \ \ldots, \ n$$

1) β_1, β_2의 최소제곱추정량을 유도하시오.

2) 오차항 ϵ_j가 독립적으로 정규분포를 따르고, 모든 j에 대하여 $E(\epsilon_j) = 0, V(\epsilon_j) = \sigma^2$인 경우에 β_1, β_2의 최우추정량을 유도하고 최소제곱추정량과 비교하시오.

6.4 다음은 우리나라의 1990년부터 2003년까지의 자동차사고건수(Y), 자동차등록대수(X_1), 총인구(X_2)에 관한 자료이다. 이 자료를 이용하여 자동차사고건수를 설명하는 회귀모형을 통계패키지프로그램을 사용하여 추정하고 그 결과를 설명하시오.

연 도	1990	1991	1992	1993	1994	1995	1996	1997	1998	1999	2000	2001	2002	2003
자동차사고건수 (Y)(천건)	120	123	141	170	134	147	154	176	225	256	255	266	257	261
자동차등록대수 (X_1)(천대)	528	572	647	785	948	113	1309	1611	2035	2660	3395	4248	5231	6274
총인구(X_2) (십만명)	381	387	393	399	404	408	412	416	420	425	429	433	437	441

6.5 [문제 6.4]에서 자동차사고건수(Y)를 설명하는 독립변수를 총인구(X_2)만 사용하여 회귀식을 추정하여 두 변수를 다 사용하여 추정된 6.4의 결과와 비교해보시오.

6.6 다음은 1996년부터 2010년까지의 분기별 자료를 이용하여 추정된 회귀방정식이다. 괄호안의 값은 각 회귀계수에 대한 표준오차(S_{b_i})를 나타내고, 회귀제곱합 SSR은 112.5, 잔차제곱합은 19.5이다.

$$\hat{Y}_t = \underset{(1.10)}{2.20} + \underset{(0.08)}{0.105}\, X_{1t} + \underset{(1.75)}{3.50}\, X_{2t} + \underset{(0.10)}{0.24}\, X_{3t} \qquad t = 1, 2, ..., 60$$

1) 유의수준 10%로 각 회귀계수들에 대한 가설검정을 행하시오.
2) 가설을 H_0 : $\beta_i = 0$, H_1 : $\beta_i > 0$ $i = 1,2,3$으로 설정할 때 추정된 각 회귀계수들에 대한 유의확률($p-$값)을 구하고, 결과를 설명하시오.
3) 결정계수 R^2와 수정결정계수 AR^2을 구하고, 결과를 설명하시오.

6.7 다음은 K대학의 통계학과 졸업생들 중에서 랜덤하게 10명을 추출하여 그들의 월급(Y), 근무년한(X_1), 대학성적(X_2), 직급(X_3)을 조사한 자료이다.

번호	1	2	3	4	5	6	7	8	9	10
Y	100	150	90	160	120	120	130	180	140	160
X_1	3	8	2	8	4	3	4	10	5	9
X_2	80	85	90	95	90	80	80	90	90	85
X_3	1	2	1	3	1	2	2	3	2	3

월급을 결정하는 모형을 다음과 같이 설정한다.

$$Y_j = \beta_0 + \beta_1 X_{1j} + \beta_2 X_{2j} + \beta_3 X_{3j} + \epsilon_j \qquad \epsilon_j \sim IN(0, \sigma^2)$$

1) 모형을 추정하시오.
2) 모형의 적합성을 판단하기 위한 분산분석을 하고, 결과를 설명하시오.
3) 독립변수로서 X_1과 X_3만을 사용하는 축소모형과 세 변수를 모두 사용하는 완전모형에 대한 부분가설검정을 하시오.
4) 각 독립변수들에 대한 제1종 제곱합을 구하여 제1종 부분 $F-$검정을 행하시오.
5) 각 독립변수들에 대한 제2종 부분 $F-$검정을 행하시오. 또 이 결과는 개별회귀계수에 대한 $t-$검정과 동일함을 확인하시오.

6.8 어떤 공정에서 생산되는 제품의 강도(Y)는 온도(X_1)와 압력(X_2)에 어떠한 영향을 받는가를 분석하기 위하여 다음과 같은 자료들이 관측되었다.

관측번호	1	2	3	4	5	6	7	8	9	10
제품의 강도(Y)	80	90	85	125	140	175	95	75	65	60
공정온도 (X_1)	180	190	210	220	215	250	200	190	185	160
공정압력 (X_2)	58	60	60	63	62	65	61	58	57	60

1) 독립변수를 X_1, X_2로 하는 중회귀모형을 추정하시오.
2) 추정된 회귀계수 b_1, b_2의 의미를 설명하시오.
3) 잔차제곱평균(MSE)과 결정계수(R^2)를 구하고 결과를 설명하시오.
4) 개별회귀계수에 대한 95% 신뢰구간을 추정하시오.
5) 유의수준 5%로 모회귀계수 β_1, β_2가 0와 유의적으로 다른 지를 검정하시오.
6) 공정온도를 300, 공정압력을 70으로 했을 때의 제품의 평균강도에 대한 점예측 및 95% 신뢰구간 예측값을 구하시오.

제 7 장 행렬을 사용한 중회귀분석

REGRESSION ANALYSIS

7.1 행렬의 기초

7.1.1 행렬의 정의

행렬(matrix)이란 행과 열로 나열된 원소들의 직사각형 배열을 말한다. 예를 들면,

$$\boldsymbol{A}=\begin{bmatrix}1\,2\,3\\4\,5\,6\\7\,8\,9\end{bmatrix},\quad \boldsymbol{B}=\begin{bmatrix}1\,2\,3\\4\,5\,6\end{bmatrix},\quad \boldsymbol{C}=\begin{bmatrix}1\\-2\\3\end{bmatrix}$$

은 모두 행렬이며, 또 이들 행렬 A, B, C는 각각 3×3, 2×3, 3×1차원(dimension)을 갖는다고 말한다.

일반적으로 행렬 $\boldsymbol{A}$는 다음과 같이 나타낸다.

$$A=\begin{bmatrix}a_{11} & a_{12} & \cdots & a_{1n}\\ a_{21} & a_{22} & \cdots & a_{2n}\\ \vdots & \vdots & & \vdots\\ a_{m1} & a_{m2} & \cdots & a_{mn}\end{bmatrix}$$

이 때 행렬 $\boldsymbol{A}$는 $\boldsymbol{A}=(a_{ij}),\ (i=1,2,\ \cdots,\ m,\ i=1,2,\ \cdots,n)$로 표시할 수 있고, a_{ij}는 행렬 $\boldsymbol{A}$의 $i-$번째 행과 $j-$번째 열의 원소(element)를 의미한다.

정방행렬

행과 열의 수가 동일한 행렬, 즉 $\boldsymbol{A}_{mm}$을 m차 정방행렬(square matrix)이라고 한다.

다음과 같은 행렬들은 3차 및 2차 정방행렬이다.

$$\begin{bmatrix} 1 & 2 & 3 \\ 4 & 5 & 6 \\ 7 & 8 & 9 \end{bmatrix} \qquad \begin{bmatrix} 1 & 2 \\ 4 & 5 \end{bmatrix}$$

대칭행렬

정방행렬 $\boldsymbol{A}=\{a_{ij}\}$에서 모든 i, j에 대하여 $a_{ij} = a_{ji}$가 성립될 때 $\boldsymbol{A}$를 대칭행렬(square matrix)이라고 한다. 즉, 대칭행렬은 대각원소를 중심으로 상하 대칭인 원소들을 갖는 행렬이다. 다음과 같은 행렬들은 대칭행렬들이다.

$$\begin{bmatrix} 1 & 2 & 3 \\ 2 & 5 & 6 \\ 3 & 6 & 9 \end{bmatrix} \qquad \begin{bmatrix} 1 & 2 \\ 2 & 5 \end{bmatrix}$$

전치행렬

행렬 $\boldsymbol{A}$의 행과 열을 바꾸어 놓은 행렬을 전치행렬(transpose matrix)이라고 하고 $\boldsymbol{A}'$ 혹은 $\boldsymbol{A}^T$라고 표기한다. 즉, 행렬 $\boldsymbol{A}=\{a_{ij}\}$일 때, 전치행렬 $\boldsymbol{A}'=\{a_{ji}\}$이다. 따라서 행렬 $\boldsymbol{A}$의 차원이 $m \times n$이면, $\boldsymbol{A}'$은 차원이 $n \times m$이 된다.

예를 들면, 행렬 $\boldsymbol{A}$가 $\boldsymbol{A}_{3\times 2} = \begin{bmatrix} 1 & 4 \\ 2 & 5 \\ 3 & 6 \end{bmatrix}$일 때, 행렬 $\boldsymbol{A}$의 전치행렬은 $\boldsymbol{A}'_{2\times 3} = \begin{bmatrix} 1 & 2 & 3 \\ 4 & 5 & 6 \end{bmatrix}$와 같이 된다.

단위행렬

정방행렬에서 대각원소를 제외한 모든 원소들이 0인 행렬을 대각행렬(diagonal matrix)이라고 하고, 특히 대각원소가 모두 1인 대각행렬을 단위행렬(unit matrix)이라 한다. 단위행렬은 I 혹은 I_n으로 표시한다. 따라서 3차 단위행렬은 다음과 같이 나타낸다.

$$I_3 = \begin{bmatrix} 1 & 0 & 0 \\ 0 & 1 & 0 \\ 0 & 0 & 1 \end{bmatrix}$$

벡타

하나의 열만 가진 행렬을 벡타(vector), 혹은 열벡타라고 하고, 하나의 행만 가진 행렬을 행벡타라고 한다. 일반적으로 행벡타는 열벡타의 전치로 나타낸다.

$$\underline{a} = \begin{bmatrix} 1 \\ 2 \\ 3 \end{bmatrix} \qquad \underline{a}' = [1\ 2\ 3]$$

<정리 1.1>

행렬 $\boldsymbol{A}$, $\boldsymbol{B}$, $\boldsymbol{C}$가 동일한 차원을 가질 때 다음이 성립된다.

<1> $\boldsymbol{A}+\boldsymbol{B}=\boldsymbol{B}+\boldsymbol{A}$ <2> $(\boldsymbol{A}+\boldsymbol{B})+\boldsymbol{C}=\boldsymbol{A}+(\boldsymbol{B}+\boldsymbol{C})$

<3> $(\boldsymbol{A}')' = \boldsymbol{A}$ <4> $(\boldsymbol{A}+\boldsymbol{B})' = \boldsymbol{A}'+\boldsymbol{B}'$

7.1.2 행렬의 연산

행렬의 합과 차

행렬의 합과 차는 두 행렬의 차원이 동일할 때 가능하다. 즉, 동일한 차원을 갖는 두 행렬 A와 B의 합과 차는 다음과 같이 계산된다.

$$\boldsymbol{A}+\boldsymbol{B} = \{a_{ij}+b_{ij}\} \quad \text{혹은} \quad \boldsymbol{A}-\boldsymbol{B} = \{a_{ij}-b_{ij}\}$$

예를 들면,

$$\boldsymbol{A}_{3\times 2} = \begin{bmatrix} 1 & 4 \\ 2 & 5 \\ 3 & 6 \end{bmatrix}, \quad \boldsymbol{B}_{3\times 2} = \begin{bmatrix} 1 & 2 \\ 3 & 4 \\ 5 & 4 \end{bmatrix}$$

일 때,

$$\boldsymbol{A}+\boldsymbol{B} = \begin{bmatrix} 1+1 & 4+2 \\ 2+3 & 5+3 \\ 3+5 & 6+4 \end{bmatrix} = \begin{bmatrix} 2 & 6 \\ 5 & 8 \\ 8 & 10 \end{bmatrix}$$

$$\boldsymbol{A}-\boldsymbol{B} = \begin{bmatrix} 1-1 & 4-2 \\ 2-3 & 5-3 \\ 3-5 & 6-4 \end{bmatrix} = \begin{bmatrix} 0 & 2 \\ -1 & 2 \\ -2 & 2 \end{bmatrix}$$

가 된다.

행렬의 곱

두 행렬간의 곱은 앞 행렬의 뒤 차원과 뒤 행렬의 앞 차원이 동일할 때 가능하다. 즉, 차원이 $m\times k$인 행렬 $\boldsymbol{A}=\{a_{ij}\}$와 차원이 $k\times n$인 행렬 $\boldsymbol{B}=\{b_{ij}\}$가 주어질 때 두 행렬의 곱은 $\boldsymbol{AB}=\boldsymbol{C}$가 되고, 이 때 행렬 $\boldsymbol{C}$의 원소들은 다음과 같이 되고 차원은 $m\times n$이 된다.

$$c_{ij} = \sum_{h=1}^{k} a_{ih} b_{hj} \ , \quad i=1,2,\cdots,m, \ j=1,2,\cdots,n$$

따라서 행렬 $\boldsymbol{A}, \boldsymbol{B}$의 곱 $\boldsymbol{AB}$가 성립한다고 해서 $\boldsymbol{BA}$가 성립하는 것은 아니며 또한 성립한다고 해도 $\boldsymbol{AB}$와 $\boldsymbol{BA}$는 같은 행렬이 되는 것은 아니다.

예를 들면 행렬 $\boldsymbol{A}, \boldsymbol{B}$가 다음과 같을 때,

$$\boldsymbol{A}_{2\times 3} = \begin{bmatrix} 1 & 0 & 4 \\ 1 & 2 & 5 \end{bmatrix}, \quad \boldsymbol{B}_{3\times 2} = \begin{bmatrix} 1 & 1 \\ 1 & 2 \\ 0 & 3 \end{bmatrix}$$

두 행렬의 곱은 다음과 같이 된다.

$$\boldsymbol{AB} = \begin{bmatrix} 1\times 1+0\times 1+4\times 0 & 1\times 1+0\times 2+4\times 3 \\ 1\times 1+2\times 1+5\times 0 & 1\times 1+2\times 2+5\times 3 \end{bmatrix} = \begin{bmatrix} 1 & 13 \\ 3 & 20 \end{bmatrix}$$

$$\boldsymbol{BA} = \begin{bmatrix} 1\times 1+1\times 1 & 1\times 0+1\times 2 & 1\times 4+1\times 5 \\ 1\times 1+2\times 1 & 1\times 0+2\times 2 & 1\times 4+2\times 5 \\ 0\times 1+3\times 1 & 0\times 0+3\times 2 & 0\times 4+3\times 5 \end{bmatrix} = \begin{bmatrix} 2 & 2 & 9 \\ 3 & 4 & 14 \\ 3 & 6 & 15 \end{bmatrix}$$

<정리 1.2>

곱이 가능한 행렬 $\boldsymbol{A}$, $\boldsymbol{B}$, $\boldsymbol{C}$에 대하여 다음이 성립된다.

<1> $\boldsymbol{A}(\boldsymbol{BC})=(\boldsymbol{AB})\boldsymbol{C}$ <2> $(\boldsymbol{A}+\boldsymbol{B})\boldsymbol{C}=(\boldsymbol{AC})+(\boldsymbol{AC})$

<3> $(\boldsymbol{AB})' = \boldsymbol{B}'\boldsymbol{A}$ <4> $(\boldsymbol{ABC})' = \boldsymbol{C}'\boldsymbol{B}'\boldsymbol{A}'$

7.1.3 행렬식

정방행렬 $\boldsymbol{A}=\{a_{ij}\}$의 행렬식(determinant)은 $|\boldsymbol{A}|$로 나타내며 행렬식의 계산방법은 다음과 같다.

$$|\boldsymbol{A}| = \sum_{j=1}^{m} a_{ij}\, c_{ij}\ , \quad i=1,2\cdots,m$$

여기서 c_{ij}는 아래와 같이 정의되는 여인자(cofactor) 이며, $|\boldsymbol{A}_{ij}|$는 $i-$번째 행과 $j-$번째 열을 제외한 $(m-1)\times(m-1)$ 차원 행렬의 소행렬식이다.

$$c_{ij} = (-1)^{i+j} |A_{ij}|$$

예를 들어 3×3인 행렬$\boldsymbol{A}$의 행렬식을 1행을 기준으로 전개하여 구하면 다음과 같다.

$$\begin{aligned}|\boldsymbol{A}| &= \sum_{j=1}^{3} a_{1j} c_{1j} = a_{11} c_{11} + a_{12} c_{12} + a_{13} c_{13} \\ &= a_{11}(-1)^{1+1} |\boldsymbol{A}_{11}| + a_{12}(-1)^{1+2} |\boldsymbol{A}_{12}| + a_{13}(-1)^{1+3} |\boldsymbol{A}_{13}| \\ &= a_{11} |\boldsymbol{A}_{11}| - a_{12} |\boldsymbol{A}_{12}| + a_{13} |\boldsymbol{A}_{13}| \\ &= a_{11} \begin{vmatrix} a_{22} & a_{23} \\ a_{32} & a_{33} \end{vmatrix} - a_{12} \begin{vmatrix} a_{21} & a_{23} \\ a_{31} & a_{33} \end{vmatrix} + a_{13} \begin{vmatrix} a_{21} & a_{22} \\ a_{31} & a_{32} \end{vmatrix} \\ &= a_{11}a_{22}a_{33} - a_{11}a_{23}a_{32} - a_{12}a_{21}a_{33} + a_{12}a_{23}a_{31} + a_{13}a_{21}a_{32} - a_{13}a_{22}a_{31}\end{aligned}$$

<정리 1.3>

차원이 n인 정방행렬 A, B와 임의의 상수 c에 대하여 다음이 성립한다.

<1> $|\boldsymbol{A}| = |\boldsymbol{A}'|$ <2> $|\boldsymbol{A}\boldsymbol{B}| = |\boldsymbol{A}||\boldsymbol{B}|$ <3> $|c\boldsymbol{A}| = c^n|\boldsymbol{A}|$

<4> 정방행렬의 모든 원소들이 0이면 $|\boldsymbol{A}| = 0$이다.

<5> 어느 한 행(또는 열)이 다른 행(또는 열)들의 선형결합이 될 때 $|\boldsymbol{A}| = 0$이 된다.

7.1.4 특수한 행렬

역행렬

행렬 $\boldsymbol{A}$가 정방행렬이고 $|\boldsymbol{A}| \neq 0$인 경우에 $\boldsymbol{A}\boldsymbol{A}^{-1} = \boldsymbol{A}^{-1}\boldsymbol{A} = \boldsymbol{I}$ 가 성립하는 경우에 $\boldsymbol{A}^{-1}$를 행렬 $\boldsymbol{A}$의 역행렬(inverse matrix)이라 한다. 행렬 $\boldsymbol{A}$의 역행열 $\boldsymbol{A}^{-1}$는 행렬식과 여인자를 이용하여 다음과 같이 계산된다.

$$\boldsymbol{A}^{-1} = \frac{1}{|\boldsymbol{A}|} \begin{bmatrix} \boldsymbol{A}_{11} & \boldsymbol{A}_{21} & \cdots & \boldsymbol{A}_{n1} \\ \boldsymbol{A}_{12} & \boldsymbol{A}_{22} & \cdots & \boldsymbol{A}_{n2} \\ \boldsymbol{A}_{1n} & \boldsymbol{A}_{2n} & \cdots & \boldsymbol{A}_{nn} \end{bmatrix}$$

정방행렬의 행렬식이 0일 때 그 정방행렬을 비정칙(singular)행렬이라고 하고 0가 아닌 경우에는 정칙(nonsingular)행렬이라고 한다. 따라서 정칙행렬만이 역행렬을 갖는다.

예를 들어, 행렬 $\boldsymbol{A} = \begin{bmatrix} 2 & 5 \\ 3 & 9 \end{bmatrix}$의 역행렬을 구하면 $|\boldsymbol{A}| = \begin{vmatrix} 2 & 5 \\ 3 & 9 \end{vmatrix} = 18 - 15 = 3$이므로 다음과

같이 된다.

$$A^{-1} = \frac{1}{3}\begin{bmatrix} 9 & -5 \\ -3 & 2 \end{bmatrix}$$

직교행렬

행렬 A의 전치행렬과 역행렬 A^{-1}가 같은 경우, 즉 $A' = A^{-1}$가 성립하는 경우에 행렬 A를 직교행렬(orthogonal matrix)이라 한다. 행렬 A가 직교행렬인 경우에 $|A|$은 1 또는 −1이 된다.

멱등행렬

행렬 A가 정방행렬이고 $A^2 = A$가 성립될 경우에 행렬 A를 멱등행렬(idempotent matrix)이라고 한다. 행렬 A가 멱등행렬일 때 $I-A$도 멱등행렬이 된다.

<정리 1.4>

행렬 A, B, C가 정방행렬이고 역행렬이 존재하는 경우에 다음이 성립된다.

<1> $(A^{-1})' = (A')^{-1}$ <2> $(A^{-1})^{-1} = A$ <3> $(AB)^{-1} = B^{-1}A^{-1}$

<4> $(ABC)^{-1} = C^{-1}B^{-1}A^{-1}$ <5> $|A^{-1}| = 1/|A|$

7.1.5 행렬의 몇 가지 특성

트레이스

정방행렬 $A = \{a_{ij}\}$에서 대각선상의 원소들의 합을 트레이스(trace)라고 하고 $tr(A)$라고 표현한다. 즉, $tr(A) = \sum_{i=1}^{n} a_{ii}$이다. 다음과 같은 행렬의 트레이스는 $tr(A) = 1+2+3=6$이다.

$$A_{3\times 3} = \begin{bmatrix} 1 & 2 & 4 \\ 2 & 2 & 4 \\ 1 & 3 & 3 \end{bmatrix}$$

선형독립과 행렬의 계수

하나의 벡타를 다른 벡타들의 선형결합으로 나타낼 수 있을 때, 우리들은 이와 같은 열벡타들을 선형종속관계를 갖는다고 말한다.

즉, 모두가 다 0는 아닌 c개의 상수 $a_1, a_2, \cdots, a_c$에 대하여 다음이 성립할 때 c개의 열벡타 $\underline{x}_1$, $\underline{x}_2$, …, $\underline{x}_c$들은 선형종속(linearly dependant)이라고 한다.

$$a_1\underline{x}_1 + a_2\underline{x}_2 + \cdots + a_c\underline{x}_c = \underline{0}$$

또 모든 $a_i = 0$인 경우에만 성립할 때 c개의 열벡타들은 선형독립(linearly independent)이라고 한다.

$$a_1\underline{C}_1 + a_2\underline{C}_2 + \cdots + a_c\underline{C}_c = \underline{0}$$

예를 들어 다음과 같은 열벡타들은 $2\underline{x}_1 - \underline{x}_2 = \underline{x}_3$가 성립되므로 선형종속이다.

$$\underline{x}_1 = \begin{bmatrix}1\\2\\0\end{bmatrix}, \quad \underline{x}_2 = \begin{bmatrix}1\\5\\1\end{bmatrix}, \quad \underline{x}_3 = \begin{bmatrix}1\\-1\\-1\end{bmatrix}$$

선형독립인 행 또는 열의 최대 개수를 행렬의 계수(rank)라고 하고 행렬 $\boldsymbol{A}$의 계수는 $r(\boldsymbol{A})$로 표기한다. 만약 $n \times n$행렬 $\boldsymbol{A}$의 계수가 $r(\boldsymbol{A}) = n$이면 행렬 $\boldsymbol{A}$는 정칙행렬이 되고 역행렬이 존재하게 된다. 그러나 $r(\boldsymbol{A}) < n$이면 비정칙행렬이 되고 역행렬은 존재하지 않게 된다.

다음과 같은 행렬 $\boldsymbol{A}$, $\boldsymbol{B}$의 계수는 각각 $r(\boldsymbol{A}) = 3$, $r(\boldsymbol{B}) = 2$ 이다.

$$\boldsymbol{A} = \begin{bmatrix}1&2&4\\2&2&4\\1&3&3\end{bmatrix}, \quad \boldsymbol{B} = \begin{bmatrix}1&1&1\\2&5&-1\\0&1&-1\end{bmatrix}$$

이차형식과 양정치행렬

임의의 대칭행렬 $\boldsymbol{A}$에 대하여 $\underline{x}'A\underline{x}$를 행렬 $\boldsymbol{A}$의 이차형식(quadratic forms)이라고 한다. 예를 들어 차수가 2인 대칭행렬 $\boldsymbol{A}$의 이차형식은 다음과 같이 된다.

$$\underline{x}'A\underline{x} = [x_1\ x_2]\begin{bmatrix}a_{11}&a_{12}\\a_{12}&a_{22}\end{bmatrix}\begin{bmatrix}x_1\\x_2\end{bmatrix} = a_{11}x_1^2 + a_{22}x_2^2 + 2a_{12}x_1x_2$$

일반적으로 n차 대칭행렬 $\boldsymbol{A}$의 이차형식 $\underline{x}'\boldsymbol{A}\underline{x}$는 다음과 같이 표시된다.

$$\underline{x}'A\underline{x} = \sum_{i=1}^{n} a_{ii}x_i^2 + 2\sum_{i=1}^{n}\sum_{j=i+1}^{n} a_{ij}x_ix_j$$

이 때 $\underline{x} \neq \underline{0}$인 모든 $\underline{x}$에 대하여 $\underline{x}'\boldsymbol{A}\underline{x} > 0$이 성립되면 행렬 $\boldsymbol{A}$를 양정치행렬(positive definite matrix)이라고 하고, 또 $\underline{x} \neq \underline{0}$인 모든 $\underline{x}$에 대하여 $\underline{x}'A\underline{x} \geq 0$이 성립되는 경우에 행렬 $\boldsymbol{A}$를 양반정치행렬(positive semidefinite matrix)이라고 한다.

다음과 같은 행렬 $\boldsymbol{A}$의 이차형식은 $\underline{x}'A\underline{x} = x_1^2 - x_2^2 > 0$가 되므로 양정치행렬이 되고, 행렬 $\boldsymbol{B}$의 이차형식은 $\underline{x}'\boldsymbol{B}\underline{x} = (x_1 + x_2)^2 \geq 0$가 되므로 양반정치행렬이 된다.

$$\boldsymbol{A} = \begin{bmatrix} 1\,0 \\ 0\,1 \end{bmatrix}, \quad \boldsymbol{B} = \begin{bmatrix} 1\,1 \\ 1\,1 \end{bmatrix}$$

7.2 중회귀모형의 설정과 추정

7.2.1 중회귀모형의 설정

독립변수가 2개 이상인 중회귀분석에서는 행렬을 사용하여 나타내면 매우 편리하고, 간편해진다. 중회귀모형 (6.1)을 행렬로 표현하기 위하여 $n \times 1$인 종속변수벡타를 $\underline{y}$, $n \times (k+1)$인 독립변수행렬을 X, $(k+1) \times 1$인 회귀계수벡타를 $\underline{\beta}$, $n \times 1$인 오차벡타를 $\underline{\epsilon}$으로 나타내면 다음과 같이 된다.

(7.1)
$$\underline{y} = X\underline{\beta} + \underline{\epsilon}$$

$$\underline{y} = \begin{bmatrix} Y_1 \\ Y_2 \\ \vdots \\ Y_n \end{bmatrix} \quad X = \begin{bmatrix} 1 & X_{11} \cdots & X_{k1} \\ 1 & X_{12} \cdots & X_{k2} \\ \vdots & \vdots & \vdots \\ 1 & X_{1n} \cdots & X_{kn} \end{bmatrix} \quad \underline{\beta} = \begin{bmatrix} \beta_0 \\ \beta_1 \\ \vdots \\ \beta_k \end{bmatrix} \quad \underline{\epsilon} = \begin{bmatrix} \epsilon_1 \\ \epsilon_2 \\ \vdots \\ \epsilon_n \end{bmatrix}$$

이 때 모형에 대한 가정은 다음과 같이 된다.

i) $\underline{\epsilon} \sim \mathrm{N}(\underline{0}, \mathrm{I}\sigma^2)$

ii) $r(X) = k+1 \;\; (n \geq k+1)$

iii) X는 확률변수 행렬이 아님

여기서 가정 i)은 모형 (6.1)의 가정 (1), (2), (3), (5)를 나타내고(부록 7.1 참고), 가정 ii)는 모형 (6.1)의 가정 (6)을 나타낸다. 그리고 오차벡타는 $\underline{\epsilon} = \underline{y} - X\underline{\beta}$로 표현할 수 있다.

또 $\underline{y}$의 평균벡타와 분산-공분산 행렬(variance covariance matrix)은 다음과 같이 된다.

(7.2) $$E(\underline{y}) = E(X\underline{\beta} + \underline{\epsilon}) = X\underline{\beta}$$

(7.3) $$\begin{aligned} V(\underline{y}) &= V(X\underline{\beta} + \underline{\epsilon}) \\ &= V(\underline{\epsilon}) \\ &= \mathrm{I}\sigma^2 \end{aligned}$$

또, 표본회귀함수 (6.5)와 표본회귀모형 (6.6)은 다음과 같이 된다.

(7.4) $$\hat{\underline{y}} = X\underline{b}$$

(7.5) $$\underline{y} = X\underline{b} + \underline{e}$$

$$\hat{\underline{y}} = \begin{bmatrix} \hat{Y}_1 \\ \hat{Y}_2 \\ \vdots \\ \hat{Y}_n \end{bmatrix} \quad \underline{b} = \begin{bmatrix} b_0 \\ b_1 \\ \vdots \\ b_k \end{bmatrix} \quad \underline{e} = \begin{bmatrix} e_1 \\ e_2 \\ \vdots \\ e_n \end{bmatrix}$$

따라서 잔차벡타는 다음과 같이 나타낼 수 있다.

(7.6) $$\begin{aligned} \underline{e} &= \underline{y} - \hat{\underline{y}} \\ &= \underline{y} - X\underline{b} \end{aligned}$$

7.2.2 중회귀모형의 추정

식 (6.10)의 잔차제곱합 Q를 행렬로 나타내면 $\underline{e} = \underline{y} - X\underline{b}$ 이므로 다음과 같이 나타낼 수 있다.

(7.7) $$\begin{aligned} Q &= \sum_{j=1}^{n} e_j^2 = \underline{e}'\,\underline{e} \\ &= (\underline{y} - X\underline{b})'(\underline{y} - X\underline{b}) \\ &= \underline{y}'\,\underline{y} - \underline{b}'\,X'\,\underline{y} - \underline{y}'\,X\,\underline{b} + \underline{b}'X'X\underline{b} \\ &= \underline{y}'\underline{y} - 2\underline{b}'X'\underline{y} + \underline{b}'X'X\underline{b}\,[\because \underline{b}'X'\underline{y} = (\underline{y}'X\,\underline{b})'] \end{aligned}$$

여기서 $\underline{b}$에 관하여 편미분하여 0로 두면 다음과 같이 된다.

$$\frac{\partial Q}{\partial \underline{b}} = -2X'\underline{y} + 2X'X\underline{b} = \underline{0}$$

따라서 정규방정식은 다음과 같이 된다.

(7.8) $$X'\underline{y} = X'X\underline{b}$$

독립변수가 2개인 경우, 즉 $k=2$인 경우에 행렬로 나타낸 정규방정식 (7.8)을 다시 나타내면 다음과 같이 된다.

$$\text{좌변} : X'\underline{y} = \begin{bmatrix} 1 & 1 & \cdots & 1 \\ X_{11} & X_{12} & \cdots & X_{1n} \\ X_{21} & X_{22} & \cdots & X_{2n} \end{bmatrix} \begin{bmatrix} Y_1 \\ Y_2 \\ \vdots \\ Y_n \end{bmatrix} = \begin{bmatrix} \Sigma Y_j \\ \Sigma X_{1j} Y_j \\ \Sigma X_{2j} Y_j \end{bmatrix}$$

$$\text{우변} : X'X\underline{b} = \begin{bmatrix} 1 & 1 & \cdots & 1 \\ X_{11} & X_{12} & \cdots & X_{1n} \\ X_{21} & X_{22} & \cdots & X_{2n} \end{bmatrix} \begin{bmatrix} 1 & X_{11} & X_{21} \\ 1 & X_{12} & X_{22} \\ \vdots & \vdots & \vdots \\ 1 & X_{1n} & X_{2n} \end{bmatrix} \begin{bmatrix} b_0 \\ b_1 \\ b_2 \end{bmatrix}$$

$$= \begin{bmatrix} nb_0 + b_1 \Sigma X_{1j} + b_2 \Sigma X_{2j} \\ b_0 \Sigma X_{1j} + b_1 \Sigma X_{1j}^2 + b_2 \Sigma X_{1j} X_{2j} \\ b_0 \Sigma X_{2j} + b_1 \Sigma X_{1j} X_{2j} + b_2 \Sigma X_{2j}^2 \end{bmatrix}$$

이 식은 식 (6.11),(6.12),(6.13)의 정규방정식과 같음을 알 수 있다. 또 식 (7.8)에서 $\underline{\beta}$의 최소제곱추정량 $\underline{b}$는 $(X'X)^{-1}$이 존재할 때 다음과 같이 간단히 나타낼 수 있다.

(7.9) $$\underline{b} = (X'X)^{-1}X'\underline{y}$$

여기서는 이 추정량 벡타의 평균과 분산-공분산 행렬을 구해보기로 한다.

첫째, $\underline{b}$의 기대값은 $\underline{\beta}$, 즉 불편추정량이 된다.

(7.10) $$\begin{aligned} E(\underline{b}) &= E[(X'X)^{-1}X'\underline{y}] \quad (\because X\text{는 확률변수행렬이 아니므로}) \\ &= (X'X)^{-1}X'E(\underline{y}) \quad (\because E(\underline{y}) = X\beta) \\ &= (X'X)^{-1}X'X\underline{\beta} \\ &= \underline{\beta} \end{aligned}$$

둘째, $\underline{b}$의 분산-공분산행렬은 다음과 같다.

(7.11)
$$\begin{aligned} V(\underline{b}) &= V[(X'X)^{-1}X'\underline{y}] \\ &= (X'X)^{-1}X'V(\underline{y})X(X'X)^{-1} \quad (\text{부록 7.2 참고}) \\ &= (X'X)^{-1}X'X(X'X)^{-1}\sigma^2 \quad (\because V(\underline{y}) = I\sigma^2) \\ &= (X'X)^{-1}\sigma^2 \end{aligned}$$

$\underline{b}$의 분산-공분산행렬을 좀 더 자세히 이해하기 위하여 다시 나타내면 다음과 같이 된다.

(7.12)
$$\begin{aligned} V(\underline{b}) &= V\begin{bmatrix} b_0 \\ b_1 \\ b_2 \\ \vdots \\ b_k \end{bmatrix} \\ &= \begin{bmatrix} V(b_0) & COV(b_0\ b_1) \cdots & COV(b_0\ b_k) \\ COV(b_1\ b_0) & V(b_1) \quad \cdots & COV(b_1\ b_k) \\ \vdots & \vdots \quad \cdots & \vdots \\ \vdots & \vdots \quad \cdots & \vdots \\ COV(b_k\ b_0) & COV(b_k\ b_1) \cdots & V(b_k) \end{bmatrix} \\ &= (X'X)^{-1}\sigma^2 \end{aligned}$$

즉, $\underline{b}$의 분산-공분행렬은 대각요소가 b_i $(i = 0, 1, 2, \cdots, n)$들의 분산이고 비대각요소들은 b_i와 b_j(단, $i \neq j$)의 공분산이 되는 대칭행렬임을 알 수 있다. 단순회귀의 경우 이와 같은 분산-공분산 행렬이 어떻게 나타나는지를 보자.

$$\begin{aligned} V(\underline{b}) &= \begin{bmatrix} V(b_0) & COV(b_0\, b_1) \\ COV(b_0\, b_1) & V(b_1) \end{bmatrix} = (X'X)^{-1}\sigma^2 \\ &= \begin{bmatrix} n & \Sigma X_j \\ \Sigma X_j & \Sigma X_j^2 \end{bmatrix}^{-1} \sigma^2 \\ &= \frac{1}{n\Sigma X_j^2 - (\Sigma X_j)^2} \begin{bmatrix} \Sigma X_j^2 & -\Sigma X_j \\ -\Sigma X_j & n \end{bmatrix} \sigma^2 \end{aligned}$$

즉, $$V(b_0) = \frac{\Sigma X_j^2}{n\Sigma X_j^2 - (\Sigma X_j)^2}\sigma^2 = \left(\frac{1}{n} + \frac{\overline{X}^2}{\Sigma(X_j - \overline{X})^2}\right)$$

$$V(b_1) = \frac{n}{n\Sigma X_j^2 - (\Sigma X_j)^2}\sigma^2 = \frac{\sigma^2}{\Sigma(X_j - \overline{X})^2}$$

$$COV(b_0\ b_1) = \frac{-\Sigma X_j}{n\Sigma X_j^2 - (\Sigma X_j)^2}\sigma^2 = \frac{-\overline{X}}{\Sigma(X_j - \overline{X})^2}\sigma^2$$

와 같이 된다. 물론 이 결과는 제3장에서 유도한 결과와 동일하다.

또, 오차분산 σ^2의 추정량인 잔차제곱평균 MSE는 $\hat{\underline{y}} = X\underline{b}$이므로 다음과 같이 나타낼 수 있다.

(7.13) $$MSE = \frac{SSE}{n-k-1} = \frac{1}{n-k-1}\Sigma(Y_j - \hat{Y}_j)^2$$

$$= \frac{1}{n-k-1}(\underline{y} - \hat{\underline{y}})'(\underline{y} - \hat{\underline{y}})$$

$$= \frac{1}{n-k-1}(\underline{y}'\underline{y} - 2\underline{b}'X'\underline{y} + \underline{b}'X'X\underline{b}) \quad (\because \underline{b}' = \underline{y}'X(X'X)^{-1})$$

$$= \frac{1}{n-k-1}(\underline{y}'\underline{y} - \underline{b}'X'\underline{y})$$

또, 결정계수 R^2는

(7.14) $$TSS = \Sigma(Y_j - \overline{Y})^2 = \Sigma Y_j^2 - n(\overline{Y})^2 = \underline{y}'\underline{y} - n(\overline{Y})^2$$

(7.15) $$SSE = \Sigma(Y_j - \hat{Y}_j)^2 = \underline{y}'\underline{y} - \underline{b}'X'\underline{y}$$

이 되므로 다음과 같이 나타낼 수 있다.

(7.16) $$R^2 = \frac{SSR}{TSS} = \frac{\underline{b}'X'\underline{y} - n(\overline{Y})^2}{\underline{y}'\underline{y} - n(\overline{Y})^2}$$

[예제 6.1]을 행렬을 사용해서 $\underline{b}' = [b_0\ b_1\ b_2]$을 구하면 $\underline{y}$와 X는 다음과 같다.

$$\underline{y} = \begin{bmatrix} 30 \\ 20 \\ 36 \\ 24 \\ 40 \end{bmatrix} \qquad X = \begin{bmatrix} 1 & 6 & 10 \\ 1 & 6 & 8 \\ 1 & 10 & 11 \\ 1 & 6 & 9 \\ 1 & 12 & 12 \end{bmatrix}$$

따라서 $\underline{b} = (X'X)^{-1}X'\underline{y}$에서 먼저 $(X'X)^{-1}$를 구하면

$$\begin{aligned} X'X &= \begin{bmatrix} 1 & 1 & 1 & 1 & 1 \\ 6 & 6 & 10 & 6 & 12 \\ 10 & 8 & 11 & 9 & 12 \end{bmatrix} \begin{bmatrix} 1 & 6 & 10 \\ 1 & 6 & 8 \\ 1 & 10 & 11 \\ 1 & 6 & 9 \\ 1 & 12 & 12 \end{bmatrix} \\ &= \begin{bmatrix} 5 & 40 & 50 \\ 40 & 352 & 416 \\ 50 & 416 & 510 \end{bmatrix} \end{aligned}$$

$$\begin{aligned} (X'X)^{-1} &= \begin{bmatrix} 5 & 40 & 50 \\ 40 & 352 & 416 \\ 50 & 416 & 510 \end{bmatrix}^{-1} \\ &= \begin{bmatrix} 20.2 & 1.25 & -3.0 \\ 1.25 & 0.15625 & -0.25 \\ -3.0 & -0.25 & 0.50 \end{bmatrix} \end{aligned}$$

와 같이 되고, $X'\underline{y}$를 구하면

$$X'\underline{y} = \begin{bmatrix} 1 & 1 & 1 & 1 & 1 \\ 6 & 6 & 10 & 6 & 12 \\ 10 & 8 & 11 & 9 & 12 \end{bmatrix} \begin{bmatrix} 30 \\ 20 \\ 36 \\ 24 \\ 40 \end{bmatrix} = \begin{bmatrix} 150 \\ 1284 \\ 1552 \end{bmatrix}$$

가 된다.

따라서 $\underline{b}$는 다음과 같이 계산된다.

$$\begin{aligned} \underline{b} &= (X'X)^{-1}X'\underline{y} \\ &= \begin{bmatrix} 20.2 & 1.25 & -3.0 \\ 1.25 & 0.15625 & -0.25 \\ -3.0 & -0.25 & 0.50 \end{bmatrix} \begin{bmatrix} 150 \\ 1284 \\ 1552 \end{bmatrix} \\ &= \begin{bmatrix} -21.0 \\ 0.125 \\ 5.0 \end{bmatrix} \end{aligned}$$

<SAS 7.1> [예제 6.1~2]를 분석하기 위한 SAS 프로그램과 수행결과는 다음과 같이 된다.

<ex7_1.SAS>

```
DATA ex6_1;
     INPUT y x1 x2 ;
   CARDS;
   30 6 10
   20 6 8
   36 10 11
   24 6 9
   40 12 12
RUN;
PROC REG simple;
     MODEL y=x1 x2/I XPX;
RUN;
```

<수행결과 7.1>

```
                          The REG Procedure
                        Descriptive Statistics
                                          Uncorrected                       Standard
Variable           Sum           Mean              SS        Variance      Deviation
Intercept      5.00000        1.00000         5.00000               0              0
x1            40.00000        8.00000       352.00000         8.00000        2.82843
x2            50.00000       10.00000       510.00000         2.50000        1.58114
y            150.00000       30.00000      4772.00000        68.00000        8.24621

                    Model Crossproducts X'X X'Y Y'Y
 Variable         Intercept               x1               x2                y
 Intercept                5               40               50              150
 x1                      40              352              416             1284
 x2                      50              416              510             1552
 y                      150             1284             1552             4772

               X'X Inverse, Parameter Estimates, and SSE
 Variable         Intercept               x1               x2                y
 Intercept             20.2             1.25               -3              -21
 x1                    1.25          0.15625            -0.25            0.125
 x2                      -3            -0.25              0.5                5
 y                      -21            0.125                5              1.5

                       Analysis of Variance
                                Sum of           Mean
 Source               DF       Squares         Square     F Value     Pr > F
   Model               2     270.50000      135.25000      180.33     0.0055
   Error               2       1.50000        0.75000
   Corrected Total     4     272.00000
```

Root MSE	0.86603	R-Square	0.9945
Dependent Mean	30.00000	Adj R-Sq	0.9890
Coeff Var	2.88675		

Parameter Estimates

Variable	DF	Parameter Estimate	Standard Error	t Value	Pr > |t|
Intercept	1	-21.00000	3.89230	-5.40	0.0327
x1	1	0.12500	0.34233	0.37	0.7500
x2	1	5.00000	0.61237	8.16	0.0147

7.3 회귀계수에 대한 추론

중회귀모형에서 회귀계수의 최소제곱추정량은 $\underline{b}=(X'X)^{-1}X'\underline{y}=A\underline{y}$로 나타낼 수 있으므로 $\underline{b}$는 $\underline{y}$의 선형결합이 되고, $\underline{y}$가 정규분포를 따를 때 $\underline{b}$도 정규분포를 따른다. 따라서 $\underline{b}$의 표집분포는 다음과 같이 된다.

(7.17) $$\underline{b} \sim N[\underline{\beta}\ ,(X'X)^{-1}\sigma^2]$$

여기서 $\underline{b}$의 분산-공분산 행렬을 다음과 같이 나타내면,

(7.18) $$V(\underline{b})=(X'X)^{-1}\sigma^2=\begin{bmatrix} C_{00} & C_{01} & \cdots & C_{0k} \\ C_{10} & C_{11} & \cdots & C_{1k} \\ \vdots & \vdots & \cdots & \vdots \\ C_{k0} & C_{k1} & \cdots & C_{kk} \end{bmatrix}\sigma^2$$

b_i의 분산은 $V(b_i)=\sigma_{b_i}^2=C_{ii}\sigma^2,\ i=0,1,2,\ \cdots,k$와 같이 나타낼 수 있다. 즉, b_i의 분산은 행렬 $(X'X)^{-1}$의 $i-$번째 대각요소인 C_{ii}와 오차분산 σ^2의 곱이 된다. 그러므로 b_i의 분산 $\sigma_{b_i}^2$의 추정량은 다음과 같이 나타낼 수 있다.

(7.19) $$S_{b_i}^2=C_{ii}S_e^2 \qquad i=0,1,2,\ \cdots,k$$

따라서, β_i의 $100(1-\alpha)\%$의 신뢰구간은 다음과 같이 된다.

β_i의 $100(1-\alpha)\%$ 신뢰구간

(7.20) $$b_i \mp t_{\alpha/2, n-k-1}\ S_{b_i} \qquad S_{b_i} = \sqrt{C_{ii}S_e^2}$$

또, 회귀계수 β_i에 대한 가설검정은 다음과 같이 이울어 진다.

회귀계수 β_i에 대한 가설검정 절차

$H_0 : \beta_i = 0$

$H_1 : \beta_i \neq 0$(혹은 $\beta_i > 0$,혹은 $\beta_i < 0$)

검정통계량 : $T = \dfrac{b_i - \beta_i}{S_{b_i}}$

임계값 : $t_c = \pm t_{\alpha/2, n-k-1}$ (혹은 $t_{\alpha, n-k-1}$, 혹은 $-t_{\alpha, n-k-1}$)

판 정 : 만약 $|t_0| > t_{\alpha/2, n-k-1}$면, H_0 기각

(혹은, 만약 $t_0 > t_{\alpha, n-k-1}$면, H_0 기각)

(혹은, 만약 $t_0 < -t_{\alpha, n-k-1}$면, H_0 기각)

예제 7-1

[예제 6-1]의 월급(Y), 교육년한(X_1), 근무년한(X_2)에 관한 표본 자료를 이용하여 회귀모형의 계수에 대한 95% 신뢰구간추정을 해보자. 앞에서 우리들이 추정한 회귀식은 다음과 같았다.

$$\hat{Y}_j = -21.0 + 0.125X_1 + 5.0X_2$$

이 때 추정된 값들은 β_i의 점추정값이고 신뢰구간 추정값을 구하기 위해서는 먼저 S_{b_i}를 구해야 한다. 그런데 [예제 6-2]에서 $S_e^2 = 0.75$이므로 $S_{b_i}^2$는 행렬 $(X'X)^{-1}$를 이용하여 구하면 앞에서

$$(X'X)^{-1} = \begin{bmatrix} 20.2 & 1.25 & -3.0 \\ 1.25 & 0.15625 & -0.25 \\ -3.0 & -0.25 & 0.5 \end{bmatrix}$$

이므로 b_i의 분산의 추정값은 다음과 같이 구할 수 있다.

$$S_{b_0}^2 = C_{00}S_e^2 = 20.2 \times 0.75 = 15.15$$

$$S_{b_1}^2 = C_{11}S_e^2 = 0.15625 \times 0.75 = 0.1172$$

$$S_{b_2}^2 = C_{22}S_e^2 = 0.5 \times 0.75 = 0.375$$

따라서 추정 및 가설검정을 할 때 $(X'X)^{-1}$가 구해진 경우에는 이와 같은 계산과정이 훨씬 간편함을 알 수 있다.

7.4 예 측

7.4.1 종속변수의 기대값에 대한 추정

관측된 자료를 이용하여 중회귀함수가 추정되면 추정된 함수식을 이용하여 독립변수들의 값이 주어질 때 종속변수의 평균에 대한 추정을 할 수 있다.

여기서는 독립변수가 2개인 경우만을 고려하고 일반적인 경우는 7장에서 행렬을 사용하여 설명하기로 한다.

즉, 독립변수들의 값이 $X_1 = X_{10}$, $X_2 = X_{20}$, $\cdots$, $X_k = X_{k0}$로 주어질 때 Y_0의 기대값 $E(Y_0)$는 행렬로 나타내면

(7.21) $$E(Y_0) = \underline{x}_0{}'\underline{\beta}, \quad \underline{x}_0{}' = [1, X_{10}, X_{20}, \ldots, X_{k0}]$$

와 같이 되고, $E(Y_0)$의 추정량은 다음과 같이 된다.

(7.22) $$\widehat{E(Y_0)} = \widehat{Y}_0 = b_0 + b_1X_{10} + b_2X_{20} + \cdots + b_kX_{k0}$$

와 같이 되고 또 $E(Y_0)$의 추정량 $\widehat{Y}_0$는 다음과 같이 된다.

(7.23) $$\widehat{Y}_0 = \underline{x}_0{}'\underline{b}$$

이 때 $\widehat{Y}_0$의 분산은 $V(\underline{b}) = (X'X)^{-1}\sigma^2$이므로 다음과 같이 유도된다.

(7.24) $$V(\widehat{Y}_0) = V(\underline{x}_0{}'\underline{b}) = \underline{x}_0{}'(X'X)^{-1}\underline{x}_0\ \sigma^2$$

따라서 $\hat{V}(\hat{Y}_0) = \underline{x}_0'(X'X)^{-1}\underline{x}_0\ S_e^2$이 되고 $E(Y_0) = \mu_{Y_0}$의 $100(1-\alpha)\%$의 신뢰구간은 다음과 같이 된다.

$E(Y_0)$의 $100(1-\alpha)\%$신뢰구간

(7.25) $$\hat{Y}_0 \mp t_{\alpha/2, n-k-1}\sqrt{\underline{x}_0'(X'X)^{-1}\underline{x}_0\ S_e^2}$$

예제 7-2

[예제 7-1]에서 추정된 회귀식을 이용하여 $X_1 = 10$, $X_2 = 10$일 때의 Y의 평균을 추정해 보자. 먼저 μ_{Y_0}의 점추정값은 다음과 같이 된다.

$$\hat{Y}_0 = -21.0 + 0.125 \times 10 + 5.0 \times 10 = 30.25$$

신뢰구간추정을 위해서는 $\hat{V}(\hat{Y}_0)$를 구해야 한다. $\underline{x}' = [1,10,10]$이고 $(X'X)^{-1}$와 S_e^2은 앞에서 구해진 값들을 이용하면 $\hat{V}(\hat{Y}_0)$는 다음과 같이 계산된다.

$$\begin{aligned}\hat{V}(\hat{Y}_0) &= \underline{x}_0'(X'X)^{-1}\underline{x}_0 S_e^2 \\ &= [1\ 10\ 10]\begin{bmatrix} 20.2 & 1.25 & -3.0 \\ 1.25 & 0.15625 & -0.25 \\ -3.0 & -0.25 & 0.5 \end{bmatrix}\begin{bmatrix} 1 \\ 10 \\ 10 \end{bmatrix} \times 0.75 \\ &= 0.825 \times 0.75 = 0.619\end{aligned}$$

따라서 95% 신뢰구간은 다음과 같이 된다[제6장의 SAS 6.2의 수행결과를 참고 바람].

$$\begin{aligned}&\hat{Y}_0 \mp t_{0.05/2,2}\sqrt{\underline{x}_0'(X'X)^{-1}\underline{x}_0\ S_e^2} \\ &= 30.25 \mp 4.30 \times \sqrt{0.619} \\ &= 30.25 \mp 3.38 = (26.87 \sim 33.63)\end{aligned}$$

7.4.2 종속변수의 기대값에 대한 검정

종속변수의 기댓값 $E(Y)$가 특정한 값을 갖는다라고 하는 가설에 대한 검정방법에 대하여 서술한다. 독립변수 $X_i = X_{i0}$, $i = 1, 2, .., k$ 일 때 종속변수 Y_0의 기대값 $E(Y_0)$에 대한 추정량 $\hat{Y}_0 (= b_0 + b_1X_{10} + b_2X_{20} + \cdots + b_kX_{k0})$의 분포를 이용하면 다음과 같이 할 수 있다.

$E(Y_0)$에 대한 가설검정

$H_0 : E(Y_0) = c$

$H_1 : E(Y_0) \neq c$(혹은 $E(Y_0) > c$, 혹은 $E(Y_0) < c$)

검정통계량 : $T = \dfrac{\hat{Y}_0 - c}{S_{\hat{Y}_0}}$, $S_{\hat{Y}_0} = \sqrt{\hat{V}(\hat{Y}_0)}$

임계값 : $t_c = \pm t_{\alpha/2, n-k-1}$ (혹은 $t_{\alpha, n-k-1}$, 혹은 $-t_{\alpha, n-k-1}$)

판　정 : 만약 $|t_0| > t_{\alpha/2, n-k-1}$면 H_0기각

(혹은, 만약 $t_0 > t_{\alpha, n-k-1}$면 H_0기각)

(혹은, 만약 $t_0 < -t_{\alpha, n-k-1}$면 H_0기각)

여기서 t_0는 검정통계량 T가 가지는 값이며 $\hat{Y}_0$의 분산의 추정량 $\hat{V}(\hat{Y}_0)$는 식 (7.24)에서 $\underline{x}_0'(X'X)^{-1}\underline{x}_0 S_e^2$가 된다.

예제 7-3

[예제 6-1]에서 추정된 회귀함수를 이용하여 $X_1 = 10$, $X_2 = 10$일 때 $E(Y_0) = 10$이라는 가설을 검정하면 다음과 같다.
먼저 [예제 7-2]에서 $\hat{V}(\hat{Y}) = 0.619$이고, $\hat{Y}_0 = 30.25$가 된다. 대립가설은 $E(Y_0) > 10$로 하고 유의수준은 5%로 한다.

가　설 : $H_0 : E(Y_0) = 10$

$H_1 : E(Y_0) > 10$

임계값 : $t_c = t_{0.05, 2} = 2.92$

검정통계량의 값 : $t_0 = \dfrac{\hat{Y}_0 - 10}{S_{\hat{Y}_0}} = \dfrac{30.25 - 10}{\sqrt{0.619}} = 81.3$($P-$값 $= 0.00$)

판　정 : 유의수준 5%로 귀무가설을 기각하고 대립가설을 채택한다.
혹은, $p-$값이 0.01보다 작으므로 유의수준 1%로 귀무가설을 기각하고 대립가설을 채택한다.

제7장 부록

REGRESSION ANALYSIS

〈부록 7.1〉

확률변수 X_1, X_2의 평균, 분산, 공분산이 각각 다음과 같을 때,

$$E(X_1)=\mu_1,\ E(X_2)=\mu_2,\ V(X_1)=\sigma_1^2,\ V(X_2)=\sigma_2^2,\ COV(X_1,X_2)=\sigma_{12}$$

$\underline{x}'=[X_1\ X_2]$의 기대값과 분산-공분산행렬은 다음과 같이 된다.

$$E(\underline{x})=\begin{bmatrix}\mu_1\\ \mu_2\end{bmatrix}=\underline{\mu}\quad V(\underline{x})=\begin{bmatrix}V(X_1) & COV(X_1X_2)\\ \mathrm{COV}(X_1X_2) & \mathrm{V}(X_2)\end{bmatrix}=\begin{bmatrix}\sigma_1^2 & \sigma_{12}\\ \sigma_{12} & \sigma_2^2\end{bmatrix}$$

따라서 $E(\underline{\epsilon})=\underline{0}$는 $E(\epsilon_i)=0\ (i=1,2,\ ...,\ n)$로 나타낼 수 있고, 또 $V(\underline{\epsilon})=I\sigma^2$은 다음과 같이 나타낼 수 있다.

$$V(\underline{\epsilon})=\begin{bmatrix}V(\epsilon_1) & COV(\epsilon_1\ \epsilon_2) & \cdots & COV(\epsilon_1\ \epsilon_n)\\ COV(\epsilon_1\ \epsilon_2) & V(\epsilon_2) & \cdots & COV(\epsilon_2\ \epsilon_n)\\ \vdots & \vdots & \cdots & \vdots\\ \vdots & \vdots & \cdots & \vdots\\ COV(\epsilon_1\ b_n) & COV(\epsilon_2\ \epsilon_n) & \cdots & V(\epsilon_n)\end{bmatrix}$$

$$=\begin{bmatrix}\sigma^2 & 0 & 0 & \cdots & 0\\ 0 & \sigma^2 & 0 & \cdots & 0\\ 0 & 0 & \sigma^2 & \cdots & 0\\ \vdots & \vdots & \vdots & \cdots & \vdots\\ 0 & 0 & 0 & \cdots & \sigma^2\end{bmatrix}=I\sigma^2$$

즉, $V(\epsilon_i)=\sigma^2\quad(i=1,2,\ ...,\ n)$, $COV(\epsilon_i\epsilon_j)=0\ \ (i\neq j)$를 의미한다.

〈부록 7.2〉

확률변수벡타 $\underline{x}$의 선형변환을 $\underline{y}=A\underline{x}$로 나타내면 $\underline{y}$의 기대값과 분산-공분산행렬은 다음과 같이 된다.

$$E(\underline{y})=AE(\underline{x})=A\underline{\mu},\ V(\underline{y})=V(A\underline{x})=AV(\underline{x})A'$$

따라서 $\underline{b}$의 분산-공분산 행렬은 다음과 같이 된다.

$$V(\underline{b})=V[(X'X)^{-1}X'\underline{y}]=(X'X)^{-1}X'V(\underline{y})X(X'X)^{-1}=(X'X)^{-1}\sigma^2$$

REGRESSION ANALYSIS EXERCISE

연습문제

7.1 확률변수 X_1, X_2 의 평균, 분산 및 공분산을 μ_1, μ_2, σ_1^2, σ_2^2, σ_{12}로 나타낼 때, 다음과 같은 X_1, X_2의 선형함수 Y_1, Y_2에 대하여 다음에 답하시오.

$$Y_1 = X_1 + X_2$$
$$Y_2 = X_1 - X_2$$

1) 행렬을 사용하여 이들을 나타내시오.

2) 확률벡타 $\underline{y}' = [Y_1, \ Y_2]$의 기대값을 구하시오.

3) 확률벡타 $\underline{y}'$의 분산-공분산행렬을 구하시오.

7.2 다음과 같은 연립방정식에서

$$4X_1 + 7X_2 = 25$$
$$2X_1 + 2X_2 = 12$$

1) 이 방정식을 행렬을 사용하여 나타내시오.

2) 행렬을 사용하여 X_1과 X_2의 해를 구하시오.

7.3 확률변수 Y_1, Y_2, Y_3의 다음과 같은 함수에 대하여

$$W_1 = Y_1 + Y_2 + Y_3$$
$$W_2 = Y_1 - Y_2$$
$$W_3 = Y_1 - Y_2 - Y_3$$

1) 행렬을 사용하여 이들을 나타내시오.

2) 확률벡타 $\underline{w}$의 기대값을 구하시오.

3) $\underline{w}$의 분산-공분산행렬을 구하시오.

7.4 연습문제 6.8의 자료에 대하여 다음을 구하시오.

1) $(X'X)^{-1}$와 $X'\underline{y}$를 구하시오.

2) 행렬을 사용하여 회귀계수 벡타 $\underline{b}$를 구하시오.

7.5 중선형회귀분석에서 회귀변동을 SSR, 잔차변동을 SSE로 나타내면 $F=(SSR/k)/(SSE/n-k-1)$는 자유도 k, $n-k-1$인 F-분포를 따르는 것을 보이시오.

7.6 다음과 같은 회귀모형을 X행렬과 $\underline{\beta}$로 나타내시오.

1) $Y_t=\beta_0+\beta_1X_{1t}+\beta_2X_{2t}+\beta_3X_{3t}+\epsilon_t,\ t=1,2,3,4$

2) $Y_t=\beta_1X_{1t}+\beta_2X_{2t}+\beta_3X_{2t}^2+\epsilon_t,\ t=1,2,3,4$

3) $Y_t=\beta_0+\beta_1X_{1t}+\beta_2\mathrm{Ln}\,X_{2t}+\epsilon_t,\ t=1,2,3,4$

참 고 문 헌

박성현(1987), "회귀분석", 서울, 대영사.

성내경(1991), "SAS/STAT 회귀분석", 서울, 자유아카데미.

성내경(1992), "SAS/IML 행렬계산", 서울, 자유아카데미.

오광우, 이우리(1995), "시계열 예측방법과 응용", 자유아카데미.

이우리, 오광우(2003), "회귀분석", 자유아카데미.

이종원(1994), "계량경제학", 서울, 박영사.

Draper, N. R., and H. Smith(1981), *Applied Regression Analysis*, New York, John Wiley & Suns.

Gunst, R. F., and R. L. Mason(1980), *Regression Analysis and It's Application*, New York, Marcel Dekker.

Johnston, J.(1972), *Econometric Methods*, New York, McGraw-Hill.

Judge, G., W. Griffiths, R. Hill, H. Lutkepohl, and T. Lee(19 85), *The Theory and Practice of Econometrics*, 2nd ed. New York, John Wiley & Suns.

Judge, G., W. Griffiths, R. Hill, H. Lutkepohl, and T. Lee(19 88), *Introduction to the Theory and Practice of Econometrics*, 2nd ed. New York, John Wiley & Suns.

Montgomery,D. C., and E. A. Peck(1982), *Introduction to Linear Regression Analysis*, New York, John Wiley & Suns.

Montgomery,D. C., and E. A. Peck(2006), *Introduction to Linear Regression Analysis*, 4th Edition, New York, John Wiley & Suns.

Neter,J., W. Wasserman, and M. H. Kutner(1989), *Applied Linear Regression Models*, 2nd ed., Boston, Irwin, Inc.

Pindyck, R., and D. Rubinfeld(1981), *Econometric Models and Economic Forecasts*, New York, MacGraw-Hill.

Weisberg, S.(1985), *Applied Linear Regression*, 2nd ed., New York, John Wiey & Suns.

Part 3

REGRESSION ANALYSIS

회귀진단 및 모형의 확정

관측된 자료를 분석하기 위하여 회귀이론을 적용하고자 할 때는 가끔 이론과 실제적 응용 간에는 상당한 괴리가 발생한다. 즉, 회귀이론은 몇 가지의 기본적인 가정을 전제조건으로 하지만 우리들이 분석하고자 하는 대부분의 자료들은 이러한 가정을 충족시키지 못한다.

또한 적합된 모형은 변수들 간의 전반적인 관련성을 나타내는 것이 아니라 단지 표본으로 관측된 자료들만을 설명하는, 보편성이 없는 관련성을 나타낼 수도 있다.

이러한 이론과 응용 간의 괴리를 해소시킬 수 있는 방법은 보다 작은 전제조건하에서 추정을 할 수 있는 로버스트(robust) 방법과 최초의 모형화 과정에서 가정들을 점검할 수 있는 회귀진단 방법이 될 수 있다(Cook & Weisberg,1982, pp.1~2).

제3편에서는 여러 종류의 회귀진단 방법과 진단결과 문제가 있는 경우의 해결방안에 관하여 기술하고 또한 최적 모형의 확립을 위한 모형선택의 방법에 관하여 기술한다.

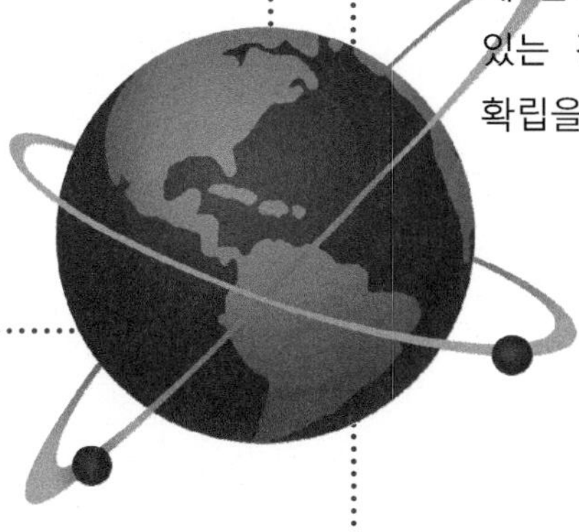

제 8 장 회귀진단 및 해결방안(I)
(비선형성과 비정규성 문제)

제 9 장 회귀진단 및 해결방안(II)
(자기상관과 이분산 문제)

제10장 회귀진단과 해결방안(III)
(다중공선성과 특이값 및
영향력이 큰 관측값 문제)

제11장 회귀모형의 평가와 확정

제 8 장 회귀진단 및 해결방안(I) - 비선형성과 비정규성 문제

REGRESSION ANALYSIS

단순선형회귀모형 (3.1)에서 오차항 $\epsilon_j(j=1,2,\cdots,n)$는 평균이 0이고 분산이 σ^2인 독립정규확률변수로 가정했다. 즉, 이와 같은 가정이 성립되지 않는 경우에는 최소제곱법으로 추정된 회귀계수는 좋은 통계적 특성을 갖지 못하게 된다. 따라서 이러한 경우에는 다른 추정방법을 사용하던지 그렇지 않으면 자료를 적절히 조정 혹은 변형하여 추정해야 한다. 그런데, 오차항 ϵ_j는 미지의 확률변수이기 때문에 관측이 가능한 잔차 e_j를 사용하여 이러한 가정들을 진단할 수 있게 된다. 먼저 회귀잔차의 여러 가지 특성에 관하여 알아본 후 가정에 대한 진단방법과 진단결과 가정이 성립되지 않는 경우의 해결방법들에 관하여 살펴본다.

8.1 잔차분석

잔차(residual) e_j는 앞에서 기술된 것처럼 관측값과 추정값 간의 차이로 정의된다.

잔차

$$e_j = Y_j - \widehat{Y}_j \ , \quad j=1,2,3,\cdots,n$$

따라서 잔차는 관측된 오차, 즉 오차의 추정값으로 간주될 수 있다. 만약 추정된 모형이 적절하다면 관측된 잔차는 오차의 특성을 잘 반영해야 할 것이다.

이와 같은 발상이 모형의 적합성을 평가하는 유용한 수단인 잔차분석(residual analysis)의 기본적인 배경이다.

혹은, 행렬로 나타내면

$$\begin{aligned} \underline{e} &= \underline{y} - \hat{\underline{y}} = \underline{y} - X\underline{b} \\ &= \underline{y} - X(X'X)^{-1}X'\underline{y} \\ &= (I - H)\underline{y} \end{aligned}$$

여기서 행렬 $H=(h_{ij})\quad i,j=1,2,3,\cdots,n$은 $H=X(X'X)^{-1}X'$으로 해트 행렬(hat matrix)이라고 하며, 단순회귀인 경우에는 다음과 같이 된다.

$$h_{ij} = \frac{1}{n} + \frac{(X_i - \overline{X})(X_j - \overline{X})}{\sum (X_j - \overline{X})^2}$$

이 때 회귀잔차 e_j의 평균, 분산 및 공분산은 오차항 ϵ_j에 대한 가정이 성립되는 경우에 다음과 같이 된다(증명은 부록 8.1 참조).

(8.1) $$E(e_j)=0,\ V(e_j)=\sigma^2(1-h_{jj}),\ \ \mathrm{COV}(e_i,e_j)=-\sigma^2 h_{ij}$$

즉, 모형의 오차항 ϵ_j가 $IN[0,\sigma^2]$을 따를지라도 잔차 e_j는 $N[0,\ \sigma^2(1-h_{jj})]$를 따르게 된다. 따라서 ϵ_j의 분산이 j에 관계없이 항상 σ^2을 가질지라도 e_j의 분산은 서로 다른 분산을 갖게 되고, 또 ϵ_i와 ϵ_j가 서로 독립일지라도 e_i와 $e_j(i \neq j)$는 독립이 되지 않는다. 물론, n이 클 때는 h_{ij}가 0에 접근하게 되므로 이러한 문제는 없어진다. 잔차의 이러한 특성을 보완하기 위해서는 다음과 같이 조정된 잔차(scaled residual)를 사용할 수 있다.

첫째, 표준화잔차

잔차 e_j를 표준화시킨 $e_j/(\sigma\sqrt{1-h_{jj}})$는 표준정규분포 N(0,1)를 따른다. 그러나 이러한 변환은 일반적으로 σ를 모르기 때문에 사용할 수 없다.

여기서 σ대신 추정량인 S_e를 사용하는 다음과 같은 잔차 t_j를 표준화 잔차(studentized residual), 혹은 내부표준화잔차(internal studentized residual)라고 한다.

(8.2) $$t_j = \frac{e_j}{S_e\sqrt{1-h_{jj}}},\quad S_e = \sqrt{\sum e_j^2/n-k-1}$$

둘째, 표준화제외잔차

표준화제외잔차(studentized deleted residual, R-student)는 한 관측값을 제외시킨 후에 구해진 추정값의 표준오차 $S_{e(j)}$를 이용하여 구해지는 표준화잔차로서 외부표준화잔차(externally studentized residual)라고 부르기도 한다.

이 때 표준화제외잔차 $t_{(j)}$는 자유도 $n-k-2$인 t-분포를 따르게 된다.

(8.3) $$t_{(j)} = \frac{e_j}{S_{e(j)}\sqrt{1-h_{jj}}}, \quad j=1,2,\cdots,n$$

여기서 $S^2_{e(j)}$은 j-번째 관측값을 제외한 나머지 자료들을 사용하여 추정된 회귀모형의 잔차제곱평균을 나타내며 다음과 같이 정의된다.

(8.4) $$S^2_{e(j)} = \frac{(n-k-1)S_e^2 - e_j^2/(1-h_{jj})}{n-k-1}$$

$$= S_e^2\left(\frac{n-k-1-t_j^2}{n-k-2}\right), \quad j=1,2,\cdots,n,$$

따라서 $t_{(j)}$는 다음과 같이 나타낼 수도 있다.

(8.5) $$t_{(j)} = t_j\left(\frac{n-k-2}{n-k-1-t_j^2}\right)^{1/2}, \quad j=1,2,\cdots,n$$

이와 같이 조정된 잔차들은 주로 특이값의 발견을 위해 사용되어지고 있다(Cook & Weisberg, 1982, pp.18~20 참고).

셋째, 프레스잔차와 표준화 프레스잔차

특이값을 발견하는데 사용될 수 있는 유용한 잔차로 다음과 같이 정의되는 프레스잔차(PRESS residuals : d_j)가 있다.

$$d_j = Y_j - \hat{Y}_{j(j)}$$

여기서 $\hat{Y}_{j(j)}$는 j-번째 관측값을 제외시키고 회귀함수를 추정했을 때의 j-번째 관측값에 대한 예측값을 나타낸다. 만약 j-번째 관측값이 특별이 큰 값이라면 통상적인 잔차 $e_j = Y_j - \hat{Y}_j$는 $\hat{Y}_j$가 j-번째 관측값을 포함하여 추정된 값이기 때문에 역시 큰 값으로 추정되고 따라서 e_j는 큰 값을 가지지 않는다. 그러나 d_j는 $\hat{Y}_{j(j)}$가 j-번째 관측값을 제외하고 추정되었기 때문에 큰 값으로 추정된다.

프레스잔차는 H행렬의 대각요소인 h_{jj}를 사용하여 다음과 같이 구할 수 있다(증명은 Montgomery et. all(2006), 562-546 참조).

$$d_j = \frac{e_j}{1-h_{jj}}$$

또, 프레스잔차의 분산은 $V(d_j) = \sigma^2/(1-h_{jj})$와 같이 되므로 표준화 프레스잔차(standardized PRESS residuals: sd_j)는 다음과 같이 된다.

$$sd_j = \frac{d_j}{\sqrt{Var(d_j)}} = \frac{e_j/(1-h_{jj})}{\sqrt{\sigma^2(1-h_{jj})}} = \frac{e_j}{\sqrt{\sigma^2(1-h_{jj})}}$$

여기서 만약 σ^2을 추정하기 위하여 S_e^2을 사용하면 (8.2)식과 같은 표준화 잔차가 된다.

예제 8-1

다음과 같은 가상적인 자료에 대하여 각 잔차들을 구해 보자.

<표 8.1> 회귀진단에 사용된 가상적 자료(1)

번 호	X_j	Y_j	$(X_j-\overline{X})^2$	$(X_j-\overline{X})(Y_j-\overline{Y})$
1	1	2	4	4
2	2	3	1	1
3	3	5	0	0
4	4	8	1	4
5	5	2	4	-4
합 계	15	20	10	5

먼저 회기식을 추정하며 $\hat{Y}_j = 2.5 + 0.5X_j$가 되므로 $\hat{Y}_j$, e_j 및 조정된 잔차들은 다음과 같이 계산된다.

번 호	$\hat{Y}_j$	e_j	h_{jj}	t_j	$t_{(j)}$	d_j
1	3.0	−1.0	0.6	−0.56	−0.49	−2.57
2	3.5	−0.5	0.3	−0.21	−0.18	−0.71
3	4.0	1.0	0.2	0.40	0.34	1.25
4	4.5	3.5	0.3	1.49	2.42	5.0
5	5.0	−3.0	0.6	−1.69	−6.71	−7.5

조정된 잔차를 구하기 위하여 먼저 $h_{jj}(=\frac{1}{n}+\frac{(X_j-\overline{X})^2}{\sum(X_j-\overline{X})^2})$는

$$h_{11}=\frac{1}{5}+\frac{(1-3)^2}{10}=0.6 \qquad h_{22}=\frac{1}{5}+\frac{(2-3)^2}{10}=0.3$$

$$h_{33}=\frac{1}{5}+\frac{(3-3)^2}{10}=0.2 \qquad h_{44}=\frac{1}{5}+\frac{(4-3)^2}{10}=0.3$$

$$h_{55}=\frac{1}{5}+\frac{(5-3)^2}{10}=0.6$$

와 같이 되고, $S_e^2=7.83$이므로 표준화잔차 t_j와 표준화제외잔차 $t_{(j)}$는 다음과 같이 계산된다.

$$t_j=\frac{e_j}{S_e\sqrt{1-h_{jj}}} \qquad t_{(j)}=t_j(\frac{n-3}{n-2-t_j^2})^{1/2}$$

$$t_1=\frac{-1.0}{\sqrt{7.83\times0.4}}=-0.56 \qquad t_{(1)}=-0.56\times(\frac{2}{3-0.56^2})^{1/2}=-0.49$$

$$t_2=\frac{-0.5}{\sqrt{7.83\times0.7}}=-0.21 \qquad t_{(2)}=-0.21\times(\frac{2}{3-0.21^2})^{1/2}=-0.18$$

$$t_3=\frac{1.0}{\sqrt{7.83\times0.8}}=0.40 \qquad t_{(3)}=0.40\times(\frac{2}{3-0.40^2})^{1/2}=0.34$$

$$t_4=\frac{3.5}{\sqrt{7.83\times0.7}}=1.49 \qquad t_{(4)}=1.49\times(\frac{2}{3-1.49^2})^{1/2}=2.42$$

$$t_5=\frac{-3.0}{\sqrt{7.84\times0.4}}=-1.69 \qquad t_{(5)}=-1.69\times(\frac{2}{3-1.69^2})^{1/2}=-6.71$$

<SAS 8.1> 이 예제를 SAS를 사용하여 분석하면 다음과 같다.

<ex8_1.SAS>

```
DATA SAS8_1;
  INPUT x y;
CARDS;
```

```
DATA SAS8_1;
  INPUT x y;
CARDS;
 1 2
 2 3
 3 5
 4 8
 5 2
RUN;
PROC REG;
MODEL y=x;
  OUTPUT OUT=out PREDICTED=p RESIDUAL=resid H=h STUDENT=sresid RSTUDENT=tresid;
RUN;
PROC PRINT DATA=out;
  VAR y p resid h sresid tresid;
RUN;
```

Obs	y	p	resid	h	sresid	tresid
1	2	3.0	-1.0	0.6	-0.56493	-0.48795
2	3	3.5	-0.5	0.3	-0.21352	-0.17568
3	5	4.0	1.0	0.2	0.39947	0.33520
4	8	4.5	3.5	0.3	1.49467	2.41523
5	2	5.0	-3.0	0.6	-1.69480	-6.70820

여기서 fitted Y는 $\hat{Y}_j$, resid는 e_j, sresid는 t_j, tresid는 $t_{(j)}$를 나타낸다. 이 때 $t_{(5)}$의 절대값은 아주 큰 값이 되기 때문에 특이값으로 간주된다. 특이값에 대해서는 뒤에서 다시 자세히 설명된다.

우리들은 이와 같은 잔차의 분석을 통하여 다음과 같은 사항들을 진단할 수 있다.

가) 회귀함수의 선형성

나) 오차항의 독립성

다) 오차항의 동분산성

라) 오차항의 정규성

마) 특이값 및 영향력이 큰 관측값의 평가

8.2 회귀함수의 비선형성

8.2.1 서 론

관측된 자료에 선형회귀함수가 적합한가, 혹은 비선형회귀함수를 적합시켜야 할 것인가는 설명변수와 종속변수에 대한 산점도를 그려보거나 설명변수(혹은 추정된 종속변수)에 대한 잔차 e_j의 그림을 그려봄으로써 간단히 파악할 수 있다.

이를 설명하기 위하여 선형회귀함수가 적합한 경우와 그렇지 않는 경우의 가상적인 자료에 대하여 산점도와 잔차그림을 다음과 같이 나타내어 보자.

[그림 8.1] 가상적 자료(1)에 대한 산점도 및 잔차그림

a) 선형회귀함수가 적합한 경우

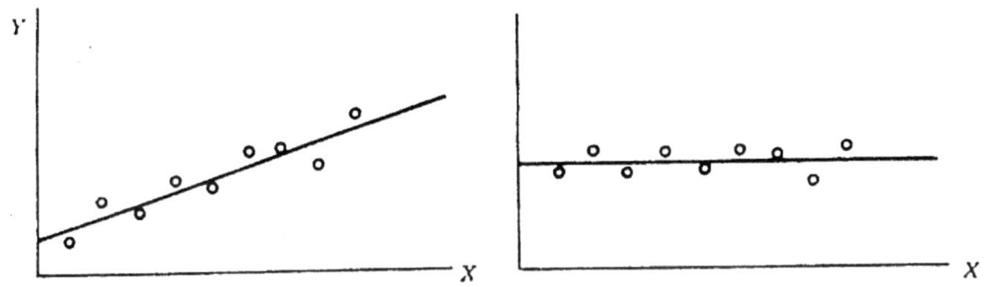

b) 비선형회귀함수가 적합한 경우

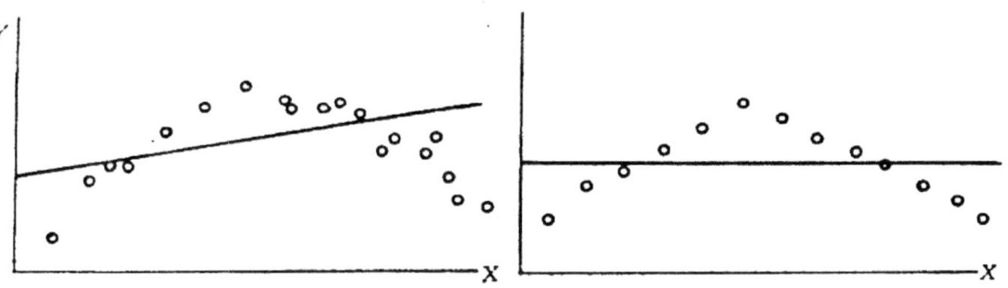

그림 a)에서 잔차 e_j는 0를 중심으로 랜덤하게 분포되어 있으므로 선형회귀함수가 적합한 것으로 판단되지만, 그림 b)에서의 잔차 e_j는 곡선형태를 나타내므로 이 자료에는 이차회귀함수가 더 적합할 것으로 판단할 수 있다.

선형으로 나타나지 않는 다른 함수형태는 뒤에서 다시 설명된다.

예제 8-2

다음과 같은 가상적인 자료에 대하여 선형회귀함수가 적합한지를 검토해 보자.

<표 8.2> 회귀진단에 사용된 가상적 자료(2)

번 호	Y_j	X_j	$\hat{Y}_j$	e_j
1	6.0	80	16.6	−10.6
2	67.0	220	77.5	−10.5
3	53.0	140	42.7	10.3
4	40.0	120	34.0	6.0
5	65.5	180	60.1	5.4
6	21.5	100	25.3	−3.8
7	66.0	200	68.8	−2.8
8	57.5	160	51.4	6.1

먼저 이들 자료들을 이용하여 표본회귀식과 잔차제곱평균을 구하면

$$\hat{Y}_j = -18.2 + 0.435X_j, \qquad MSE = 75.6$$

와 같이 되고, 또 추정식을 사용하여 $\hat{Y}_j$와 잔차 e_j를 구하여 산점도와 잔차그림을 나타내면 다음과 같이 된다.

[그림 8.2] 가상적 자료(2)에 대한 산점도와 잔차그림

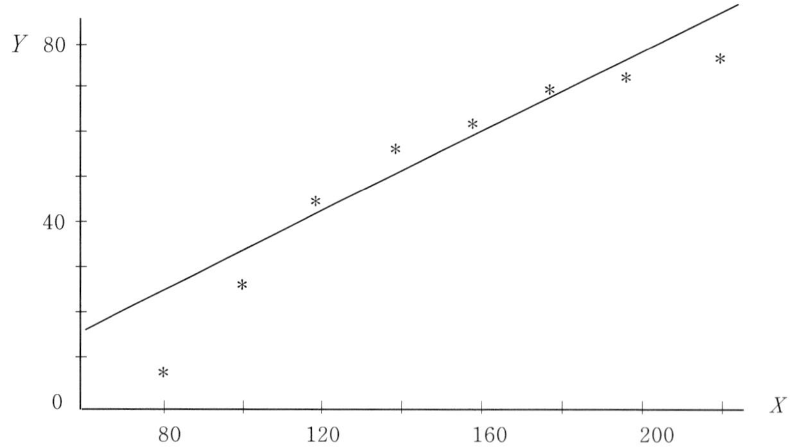

<산점도>

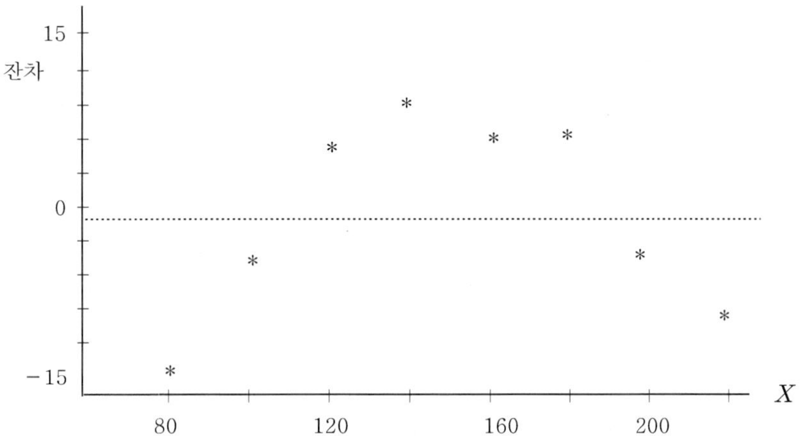

<잔차그림>

이러한 분석을 통하여 우리들은 이 자료에 적합한 모형은 선형회귀함수보다는 이차회귀함수가 더 잘 적합할 것으로 판단할 수 있다.

<SAS 8.2> 이 예제를 SAS를 이용하여 분석하면 다음과 같이 된다.

<ex8_2.SAS>

```
DATA ex8_2;
  INPUT x y;
CARDS;
 6 80
 67 22
 53 140
 40 120
 65.5 180
 21.5 100
 66 200
 57.5 160
RUN;
PROC REG
  MODEL y=x;
   OUTPUT OUT=out PREDICTED=p RESIDUAL=resid ;
RUN;
PROC PLOT DATA=out;
  PLOT y*x/VPOS=20 HPOS=60;
  PLOT resid*x/VREF=0 VPOS=20 HPOS=60;
RUN;
```

Parameter Estimates

Variable	DF	Parameter Estimate	Standard Error	t Value	Pr > |t|
Intercept	1	-18.16071	10.51849	-1.73	0.1350
x	1	0.43482	0.06706	6.48	0.0006

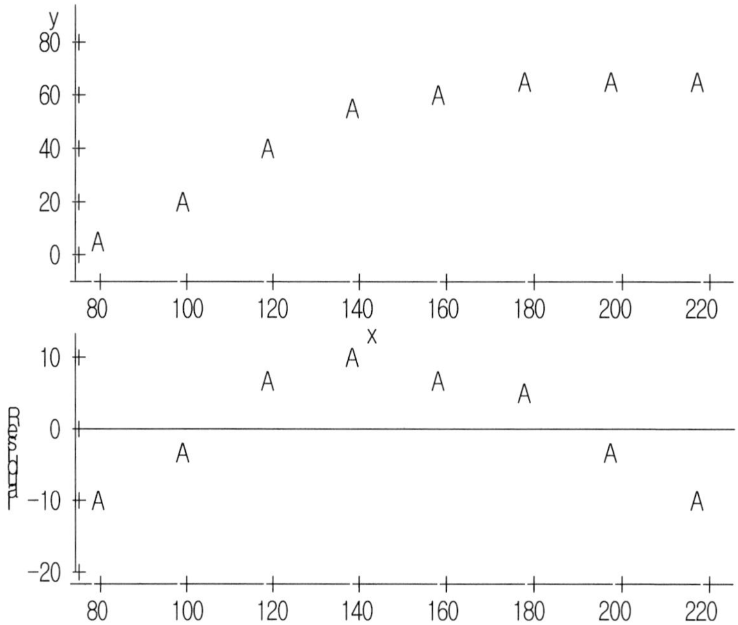

8.2.2 모형의 변환과 추정

회귀분석을 할 때 우리들은 일반적으로 X와 Y간에 선형관련성의 가정을 전제로 하게 된다. 그러나 선형성의 가정이 때로는 적절하지 않을 때가 있으며, 이러한 비선형성은 앞에서 설명된 것처럼 산점도, 잔차그림(혹은 적합결여검정 : 부록 8-1 참조) 등에 의하여 진단될 수 있다. 진단결과 선형모형이 적합하지 않는 경우에는 비선형모형을 설정해야 한다, 그런데 이와 같은 비선형모형에 대해서는 기존의 통상최소제곱법을 사용하여 회귀함수를 추정할 수 없다(비선형모형의 추정에 대해서는 14장 5절 참조). 그러나 아래에서 설명되는 비선형모형들은 적절한 변환을 통하여 선형모형으로 나타낼 수 있다. 즉, 선형모형으로 변환이 가능한 비선형모형은 설정된 비선형모형을 선형모형으로 변환시킨 후 통상최소제곱법을 사용하여 회귀함수를 추정할 수 있다.

1) $Y_j = \beta_0 + \beta_1 \ln X_j + \epsilon_j$(혹은, $Y_j = \beta_0 + \beta_1 \sqrt{X_j} + \epsilon_j$, 혹은 $Y_j = \beta_0 + \beta_1 \frac{1}{X_j} + \epsilon_j$) 인 경우

이 모형은 [그림 8.3]의 (가) 혹은 (나)와 같이 나타나고, $\ln X_j = X_j^{'}$(혹은 $\sqrt{X_j} = X_j^{'}$, 혹은 $1/X_j = X_j^{'}$)로 나타내면 선형모형이 될 수 있다. 즉, 변형된 모형은 다음과 같다.

$$Y_j = \beta_0 + \beta_1 X_j^{'} + \epsilon_j$$

따라서 Y_j 와 $X_j^{'}$ 간의 관련성은 선형이 되므로 최소제곱법을 사용하여 선형회귀함수를 추정할 수 있다. 이 때 추정된 회귀식은 다음과 같이 된다.

$$\hat{Y}_j = b_0 + b_1 X_j^{'}, \quad X_j^{'} = \ln X_j \ (\text{혹은 } X_j^{'} = \sqrt{X_j}, \text{ 혹은 } X'_j = 1/X_j)$$

[그림 8.3] 비선형함수의 그림(1)

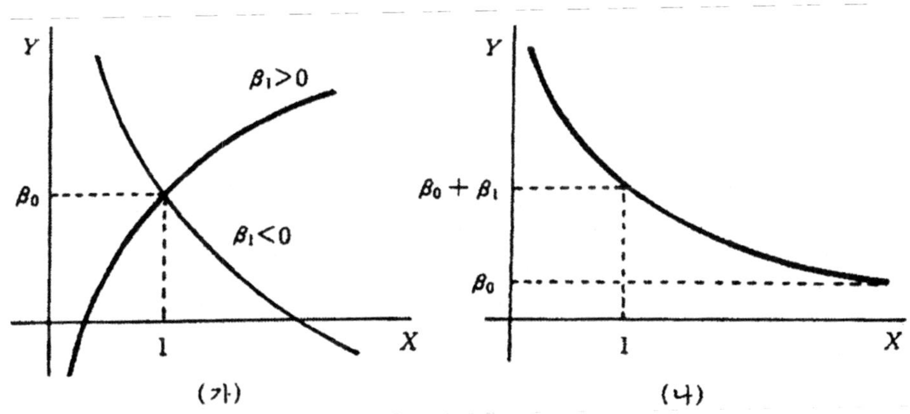

2) $Y_j = \beta_0 e^{\beta_1 X_j} \epsilon_j$인 경우

이와 같은 비선형모형들은 대수변환을 통하여 선형모형으로 나타낼 수 있다. 그런데, 이러한 변환에서는 오차항도 대수변환이 되므로 변환된 오차항이 독립성, 동분산 등의 가정이 성립되어야 한다.

모형의 회귀식은 [그림 8.4]의 (가)와 같이 나타나며, 또 이 모형의 양변에 자연대수를 취하면 다음과 같다.

$$\ln Y_j = \ln \beta_0 + \beta_1 X_j + \ln \epsilon_j$$

혹은, 다음 식과 같이 X_j와 Y_j'에 대한 선형모형으로 나타난다.

$$Y_j' = \beta_0' + \beta_1 X_j + \epsilon'_j$$

$$Y_j' = \ln Y_j \ , \ \beta'_0 = \ln\beta_0, \ \ \epsilon'_j = \ln\epsilon_j$$

따라서 X_j와 $\ln Y_j$를 사용하여 최소제곱법으로 b_0', b_1을 구할 수 있다. 이 때 $b_0 = e^{b'_0}$가 되므로 추정된 회귀식은 다음과 같이 된다.

$$\hat{Y}_j = b_0 e^{b_1 X_j} \quad \text{혹은,} \ \widehat{\ln Y_j} = \ln b_0 + b_1 X_j$$

3) $Y_j = \beta_0 X_j^{\beta_1} \epsilon_j$ 인 경우

이 모형의 회귀식은 [그림 8.4]의 (나)와 같고, 또 이 식의 양변에 자연대수를 취하면 다음과 같이 선형모형으로 나타낼 수 있다.

$$\ln Y_j = \ln\beta_0 + \beta_1 \ln X_j + \ln\epsilon_j$$

$$\text{혹은,} \ Y_j' = \beta'_0 + \beta_1 X_j + \epsilon'_j$$

$$Y_j' = \ln Y_j, \quad X_j' = \ln X_j, \quad \beta_0' = \ln\beta_0, \quad \epsilon_0' = \ln\epsilon_j$$

따라서 변환된 자료 $\ln Y_j$ 와 $\ln X_j$를 이용하여 $\beta_0{}'$와 β_1의 최소제곱추정량 b_0'와 b_1을 구할 수 있다. 이 때 $b_0 = e^{b_0'}$가 되므로 추정된 회귀식은 다음과 같이 된다.

$$\hat{Y}_j = b_0 X_j^{b_1} \quad \text{혹은,} \quad \widehat{\ln Y_j} = \ln b_0 + b_1 \ln X_j$$

[그림 8.4] 비선형함수의 그림(2)

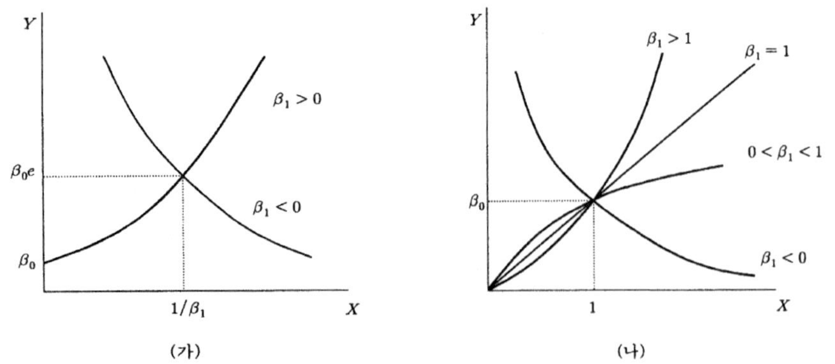

예제 8-3

다음과 같은 가상적 자료를 가지고 회귀분석을 할 때 어떠한 모형이 가장 잘 적합되는지를 분석해 보자.

<표 8.3> 비선형회귀모형이 적합한 가상적 자료

번 호	X	Y	$\ln Y$
1	2	10	2.30259
2	4	13	2.56495
3	5	15	2.70805
4	4	11	2.39790
5	7	30	3.40120
6	3	12	2.48491
7	6	20	2.99573
8	2	11	2.39790
9	5	13	2.56495
10	7	32	3.46574

먼저 이들 간의 관련성을 파악하기 위하여 산점도를 그려보면 [그림 8.5]와 같이 된다. 이 산점도에서 관측점들은 [그림 8.5]의 가), 즉 모형 $Y_j = \beta_0 e^{\beta_1 X_j} \epsilon_j$이 적합할 것으로 판단할 수 있다.

따라서 다음과 같은 변환을 통하여 선형회귀모형으로 변환시킬 수 있다.

$$Y_j' = \beta_0' + \beta_1 X_j + \epsilon_j'$$

$$Y_j' = \ln Y_j, \quad \beta_0' = \ln \beta_0, \quad \epsilon_j' = \ln \epsilon_j$$

그러므로 X_j와 Y_j'자료를 사용하여 다음과 같이 β_1과 β_0'의 추정값을 구할 수 있다.

$$b_1 = \frac{\Sigma(X_j - \overline{X})(Y_j' - \overline{Y'})}{\Sigma(X_j - \overline{X})^2} = 0.208$$

$$b_0' = \overline{Y'} - b_1 \overline{X} = 1.793$$

따라서 추정된 회귀식은 다음과 같이 된다.

$$\widehat{\ln Y_j} = 1.793 + 0.208 X_j$$

혹은, $b_0 = e^{b'_0} = e^{1.793} = 6.007$이므로 다음과 같이 나타낼 수 있다.

$$\hat{Y}_j = 6.007 e^{0.208 X_j}$$

이 때 결정계수는 $R^2 = 0.833$이 된다.

[그림 8.5] 가상적 자료에 대한 산점도

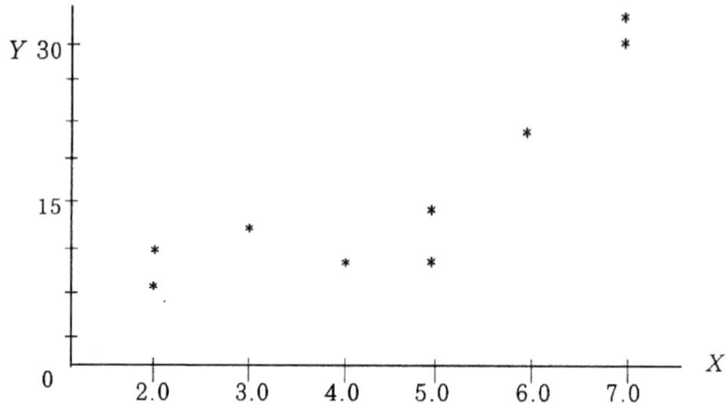

그런데 만약 이 자료에 바로 선형회귀모형을 적합시키면 회귀식은 다음과 같이 추정되고, 이 때의 결정계수는 0.762가 된다.

$$\hat{Y}_j = -0.489 + 3.820X_j, \qquad R^2 = 0.762$$

따라서 이 자료에는 비선형회귀식이 더 잘 적합됨을 알 수 있다.
추정된 두 회귀식을 앞의 산점도에 그려보면 우리들은 직관적으로 직선회귀식보다는 곡선회귀식이 더 잘 적합되고 있음을 볼 수 있다.

<SAS 8.3> 이 예제를 SAS를 이용하여 분석하면 다음과 같이 된다.

<ex8_3.SAS>

```
DATA SAS8_3;
INFILE'a:Ex8_3.dat';
 INPUT x y; ly=LOG(y);
RUN;
PROC REG;
 MODEL y=x; MODEL ly=x;
RUN;
PROC PLOT;
  PLOT y*x/VPOS=20 HPOS=60;
  PLOT ly*x/VPOS=20 HPOS=60;
RUN;
```

```
< Dependent Variable: y>         Analysis of Variance
     Source                DF        SS              MS          F Value     Pr > F
     Model                  1    444.99180       444.99180        25.59      0.0010
     Error                  8    139.10820        17.38852
     Corrected Total        9    584.10000
```

```
                    Root MSE              4.16995    R-Square      0.7618
                    Dependent Mean       16.70000    Adj R-Sq      0.7321

                              Parameter Estimates
                            Parameter        Standard
     Variable       DF       Estimate           Error     t Value    Pr > |t|
     Intercept       1       -0.48852         3.64468       -0.13      0.8967
     x               1        3.81967         0.75506        5.06      0.0010

< Dependent Variable: ly>     Analysis of Variance
     Source                DF          SS              MS        F Value     Pr > F
     Model                  1       1.31683         1.31683       39.92      0.0002
     Error                  8       0.26388         0.03298
     Corrected Total        9       1.58071

                    Root MSE              0.18162    R-Square      0.8331
                    Dependent Mean        2.72839    Adj R-Sq      0.8122

                              Parameter Estimates
                            Parameter        Standard
     Variable       DF       Estimate           Error     t Value    Pr > |t|
     Intercept       1        1.79336         0.15874       11.30      <.0001
     x               1        0.20779         0.03289        6.32      0.0002
```

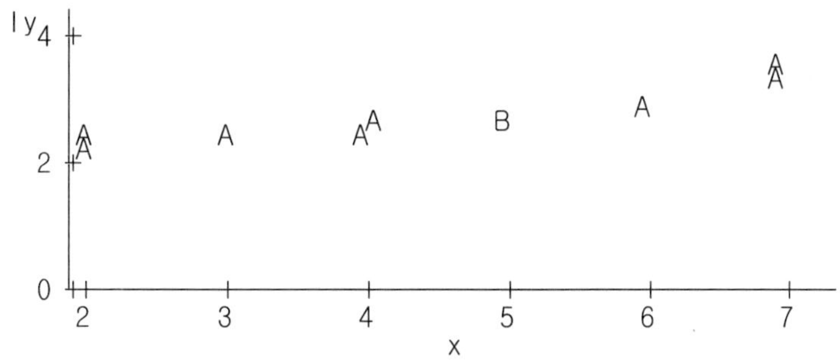

8.3 오차항의 비정규성

8.3.1 서 론

오차항에 대한 정규성가정은 회귀모형의 추정 및 검정의 기본이 되기 때문에 정규성가정이 성립되지 않는 경우에는 추정 및 검정에 의미가 없어지게 된다. 즉 앞에서 설명된 것처럼, 추정된 회귀계수 b_i는 관측값 Y_i의 선형결합으로 나타남으로 관측값(혹은 오차항)이 정규분포를 따를 때 b_i도 정규분포를 따르게 된다. 또 회귀모형의 추론에서 b_i가 정규분포를 따르는 경우에 t-검정, F-검정 등이 성립된다.

그러나 표본이 아주 큰 경우에는 중심극한정리가 성립됨으로 오차항이 정규분포를 따르지 않을 때도 b_i는 정규분포에 근사하게 됨으로 모형의 추론에 별다른 문제가 없게 된다.

이와 같은 오차항에 대한 정규성 가정의 검정방법에는 χ^2–통계량, W–통계량 등과 같은 검정통계량에 의한 방법과 잔차들의 히스토그램을 그려보거나 정규확률그림(normal probability plot)을 이용하는 방법들이 있다.

8.3.2 오차항에 대한 정규성 가정의 검정

1) 정규확률그림

정규확률그림을 이용하여 오차항의 정규성을 진단하는 방법은 잔차의 순서통계량을 그래프로 나타내어서 판정하는 방법이며 이 때 정규확률그림은 다음과 같이 작성된다.

서로 독립된 n개의 관측값 Y_1, Y_2, $Y_3, \cdots$, Y_n을 정규분포 $N(\mu,\ \sigma^2)$에서 추출된 확률표본으로 가정하고, 또 Y_i에 대응하는 순서통계량을$Y_{(i)}$, 즉 $Y_{(1)} \le Y_{(2)} \le \cdots \le Y_{(n-1)} \le Y_{(n)}$이라 하면 $Y_{(i)}$의 표준화된 변량 $(Y_{(i)} - \mu)/\sigma$는 $N(0,1)$에서 추출된 순서통계량이 된다.

이 때 $Y_{(i)}$의 표준화된 순서통계량의 기대값을 m_i라고 하면 이들 간에는 다음과 같은 관계가 성립된다.

(8.6) $$E(Y_{(i)}) = \mu + \sigma m_i$$

따라서 $Y_{(i)}$가 정규분포 $N(\mu,\ \sigma^2)$을 따른다면 좌표상에 m_i, $Y_{(i)}$를 나타내면 직선으로 나타나게 된다. 그러므로 관측된 $Y_{(i)}$와 m_i를 좌표상에 나타내었을 때 거의 직선으로 나타나면 $Y_{(i)}$는 정규분포를 따른다고 판단할 수 있게 된다. 여기서 표준정규순서통계량의 기대값 m_i의 값은 정확히 구해질 수는 없고, 다만 다음과 같은 Blom(1958)의 근사공식을 사용하여 구할 수 있다.

(8.7) $$m_i = \Phi^{-1}\left(\frac{i-3/8}{n+1/4}\right)$$

여기서 $\Phi^{-1}()$는 역누적 표준정규분포함수, 즉 $m_i = \Phi^{-1}(p)$는 $p = \Phi(m_i) = \int_{-\infty}^{m_i} f(z)dz$

를 나타낸다. 그런데 정규확률그림은 소표본에 있어서는 그 유용성이 명확치 않고 또 특이값이 존재할 때는 적용상의 문제가 있다[Weisberg(1985)와 Atkinson (1981) 참조].

2) 정규성 검정통계량

정규성검정을 위한 통계량에는 의도(skewness), 첨도(kurtosis), 혹은 χ^2-통계량에 의한 적합도검정 등의 방법을 사용할 수 있으나 이들 중에서 가장 종합적이고 유용한 통계량은 샤피로-윌크(Shapiro and Wilk, 1965)에 의하여 제안된 W-통계량이다.

이 통계량은 정규확률그림에서와 같이 m_i를 표준정규순서통계량의 기대값이라고 하고, v_{ij}를 공분산이라고 하면 다음과 같이 정의된다.

W-통계량

$$W = \frac{(\Sigma a_i Y_i)^2}{\Sigma(Y_i - \overline{Y})^2} = \frac{(\underline{m}' V^{-1} \underline{Y})^2 / (\underline{m}' V^{-2} \underline{m})}{\Sigma(Y_i - \overline{Y})^2} \tag{8.8}$$

여기서 $\underline{m}' = (m_1, m_2, \cdots, m_n)$, $V = (v_{ij})$는 분산-공분산행렬을 나타내고, $\underline{a} = (a_1, a_2, \cdots, a_n)' = (\underline{m}' V^{-1}) / (\underline{m}' V^{-2} \underline{m})^{1/2}$은 Shapiro-Wilk(1965, p.603)에서 주어지는 계수이다. 즉, W-통계량은 정규확률그림에서 나타나는 회귀직선의 기울기의 제곱과 잔차제곱평균의 동일성에 의존되며 0와 1사이의 값을 갖는다. 이 W-통계량과 거의 동일한 특성을 갖고 있으나 이해하기 쉽고 계산이 단순하기 때문에 가장 널리 이용되고 있는 정규성 검정통계량으로는 다음과 같은 R_p통계량이 있다.

$$R_p = \frac{\Sigma Y_i m_i}{\sqrt{\Sigma(Y_i - \overline{Y})^2 \Sigma m_i^2}} \tag{8.9}$$

즉, R_p-통계량은 정규확률그림에서 Y_i와 m_i간의 선형관계의 크기를 나타내는 상관계수가 된다. 따라서 Y_i가 정규분포를 따르면 R_p는 1이 되고 거의 정규분포에 가까우면 1에 거의 가까운 값을 가질 것이다. 이 때 검정을 위해 설정되는 가설은 다음과 같이 된다.

H_0 : 관찰값은 정규분포를 따른다.

H_1 : 관찰값은 정규분포를 따르지 않는다.

만약 구해진 R_p의 값이 임계값보다 더 작으면 귀무가설은 기각하고 대립가설을 채택하게 된다. 즉, 관찰값은 정규분포를 따르지 않는 것으로 판정하게 된다. 정규성검정을 위한 R_p통계량의 임계값은 다음 표와 같다.

<표 8.4> R_p통계량의 임계값

표본의 크기	유의수준		
n	$\alpha = 0.10$	$\alpha = 0.05$	$\alpha = 0.01$
5	0.903	0.880	0.832
10	0.935	0.918	0.880
15	0.951	0.938	0.911
20	0.960	0.950	0.929
25	0.966	0.958	0.941
30	0.971	0.964	0.949
40	0.977	0.972	0.960
50	0.981	0.976	0.966
60	0.984	0.980	0.971
75	0.987	0.984	0.976
100	0.989	0.986	0.981
200	0.994	0.993	0.990

예제 8-4

관측된 잔차가 다음과 같을 때 m_i를 구하여 정규확률그림과 R_p의 값을 구하여 정규성검정을 해보자.

먼저 잔차의 순서통계량 $e_{(i)}$에 대응하는 p_i와 m_i를 구하면 <표 8.5>와 같이 된다.

<표 8.5> R_p값의 계산

i	$e_{(i)}$	$p_i = \dfrac{i-3/8}{n+1/4}$	m_i
1	−1.28	0.625/10.25	−1.548
2	−1.18	1.625/10.25	−0.999
3	−0.50	2.625/10.25	−0.653
4	−0.48	3.625/10.25	−0.374

5	−0.28	4.625/10.25	−0.122
6	0.54	5.625/10.25	0.122
7	0.62	6.625/10.25	0.374
8	0.68	7.625/10.25	0.653
9	1.06	8.625/10.25	0.999
10	1.50	9.625/10.25	1.548

이 결과를 그래프로 나타내면 [그림 8.6]과 같이 된다.

[그림 8.6] 잔차에 대한 정규확률그림

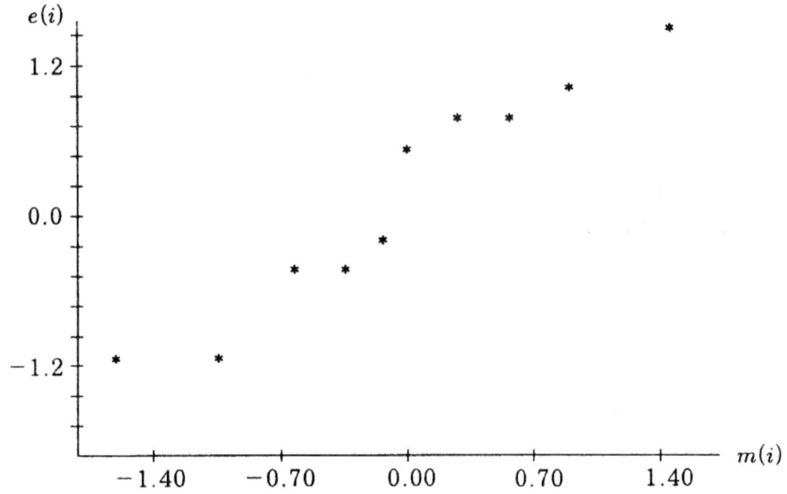

이 정규확률그림에서 우리들은 관측점들이 거의 일직선상에 나타남으로 오차항은 정규분포를 따른다고 판정할 수 있게 된다.

이 때 만약 한 두개의 관측값들이 직선 위에 많이 벗어나 있는 경우에 우리들은 이 값들을 특이값으로 간주할 수 있다. 특이값에 대해서는 다음 절에서 상술하게 된다. 또, R_p를 구하면

$$R_p = \frac{\Sigma Y_i m_i}{\sqrt{\Sigma(Y_i - \overline{Y})^2 \Sigma m_i^2}} = 0.984$$

가 된다. 따라서 $R_p = 0.984$는 $n = 10$이고 유의수준이 10%일 때의 임계값 0.935보다 크므로 유의수준을 10%로 해도 귀무가설은 기각되지 않는다. 즉 잔차들은 정규분포를 따른다고 판정할 수 있다.

<SAS 8.4> 이 예제를 SAS를 사용하여 정규성 검정을 하면 다음과 같이 된다.

<ex8_4.SAS>

```
DATA ex8_4;
   INPUT e @@;
 CARDS;
 -1.28 -1.18 -0.50 -0.48 -0.28
  0.54  0.62 0.68  1.06 1.50
 RUN;
 PROC UNIVARIATE PLOT NORMAL;
   VAR e;
 RUN;
```

```
                           UNIVARIATE 프로시저

                                 적률
         N                          10    가중합                      10
         평균                     0.068    관측치 합                 0.68
         표준 편차           0.94606554    분산                   0.89504
         왜도                -0.0603482    첨도                -1.2353797
         제곱합                  8.1016    수정 제곱합            8.05536
         변동계수            1391.27285    표준 오차 평균      0.29917219

                              정규성 검정
       검정                  ---통계량---       ------p값------

       Shapiro-Wilk          W      0.940656    Pr < W      0.5603
       Kolmogorov-Smirnov    D      0.191078    Pr > D     >0.1500


         줄기 잎              #   상자그림                     정규 확률도
           1 5                1      |       1.75+                          *++++
           1 1                1      |           |                      *++++
           0 567              3   +-----+        |                 *  *++*++
           0                      *--+--*   0.25+                ++++
          -0 3                1   |     |        |          *++*++*
          -0 55               2   +-----+        |       ++++
          -1 32               2      |      -1.25+   +*+++ *
           ----+----+----+----+                  +----+----+----+----+----+----+----+----+----+
                                                     -2        -1         0        +1        +2
```

8.3.3 해결방안

오차항에 대한 정규성가정이 성립되지 않는 경우에는 특이값을 제외하거나(응용예제 8.4.1 참고) 변수변환 등의 방법을 사용하여 정규성가정을 충족시키는 방법을 사용할 수 있다. 다른 방법으로는 정규오차를 가정하지 않고 추정하는 로버스트 회귀방법이 있다.

로버스트 추정방법에는 최우추정법을 일반화시킨 M-추정량, 순서통계량에 기초된 L-추정량, 두 표본간의 이동에 대한 순위검정에서부터 도출되는 R-추정량 등이 있다.

이러한 로버스트 추정방법은 오차항이 정규분포를 따르지 않고 정규분포보다 꼬리가 더 길거나 두터운 분포를 따를 때 특히 유효한 추정방법이 될 수 있고, 또 기초된 분포가 정규분포를 따를 때도 최소제곱법에 비하여 90~95%의 유효성을 가지는 것으로 평가되고 있으며, 이들 중에 특히 M-추정량은 상대적으로 더 유효성이 높은 추정방법으로 평가 되고 있다. 추정방법에 관심이 있는 독자들은 Hampel et al.(1986), Montgomery & Peck(1982) 등을 참조할 수 있다.

8.4 응용예제

8.4.1 정규성 가정이 성립되지 않은 자료에 대한 분석

다음은 컴퓨터로 생성된 자료이다. X_j는 균등분포 $U(0,100)$에서 생성되었고, Y_j는 다음과 같이 계산되었다. 여기서 ϵ_j는 정규분포 $N(0,3)$에서 생성된 확률난수이다. 다만, Y의 16번째 자료의 경우는 임의로 결정하였다.

$$Y_j = 10 + 0.5X_j + \epsilon_j,\ \ j = 1,\ 2,\ \cdots, 30$$

번호	X	Y	번호	X	Y	번호	X	Y
1	55	39.202	11	57	40.633	21	18	20.061
2	42	28.844	12	59	38.610	22	52	35.975
3	87	54.752	13	53	37.218	23	32	25.421
4	45	34.030	14	40	31.611	24	96	55.710
5	23	20.600	15	100	60.277	25	11	14.585
6	4	15.988	16	1	118.40	26	44	32.018
7	44	31.691	17	91	55.102	27	12	18.320
8	13	16.630	18	69	42.995	28	23	24.070
9	26	23.670	19	66	40.171	29	68	49.322
10	10	10.495	20	43	32.525	30	34	21.395

먼저 이 자료를 그래프로 나타내면 다음 그림과 같이 된다. 여기서 우리들은 16번째 자료 즉, (1, 118.40)는 다른 자료들과 동떨어져 있음을 알 수 있다. 이와 같은 자료를 특이값이라고 한다(제10장 참조).

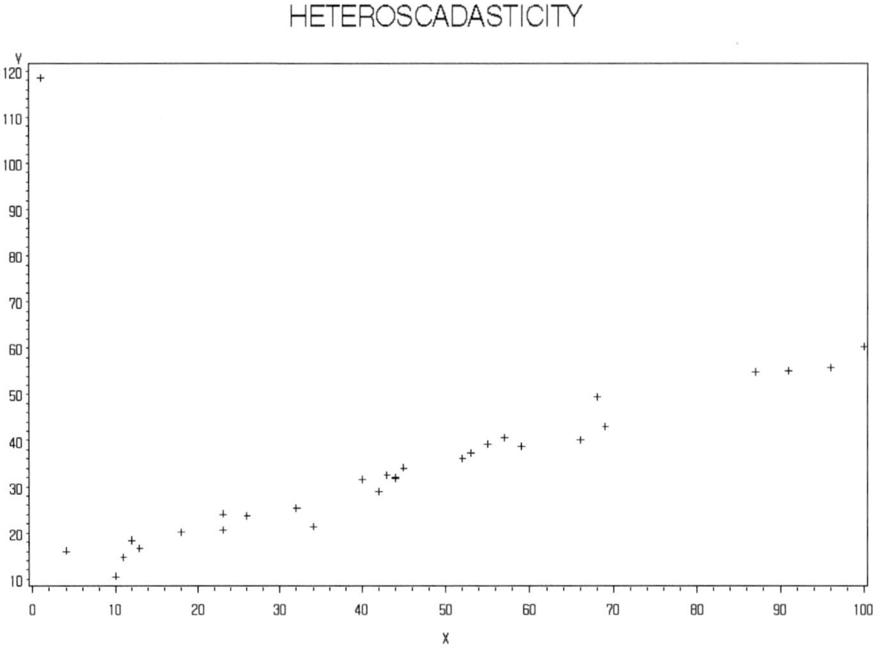

이 자료를 이용하여 단순선형회귀함수를 추정함수를 추정하면 <회귀분석 결과(1)>과 같이 된다.

즉, 분산분석 결과 $p-$값이 0.035로 0.05보다 작으므로 유의수준 5%로 귀무가설을 기각시킨다. 따라서 추정된 회귀식은 적합하다고 할 수 있다. 또한 추정된 회귀식에서 개별 회귀계수들에 대한 $p-$값도 0.0018, 0.0351로 둘 다 0.05보다 작으므로 유의수준 5%에서 유의하다. 따라서 추정된 회귀계수들은 모두 의미 있는 값들이다. 그러나 오차항에 대한 정규성 검정을 위한 W 통계량의 값은 0.467이고 이에 대응하는 유의확률은 0.0001 보다 작고 또 정규확률그림에서도 잔차들이 직선으로 나타나지 않는다. 즉, 오차항에 대한 정규성 가정이 성립되지 않는다.

<회귀분석 결과(1)>

Analysis of Variance

Source	DF	Sum of Squares	Mean Square	F Value	Pr > F
Model	1	1817.65646	1817.65646	4.90	0.0351
Error	28	10376	370.57799		
Corrected Total	29	12194			

Root MSE	19.25040	R-Square	0.1491	Adj R-Sq	0.1187

Parameter Estimates

Variable	DF	Parameter Estimate	Standard Error	t Value	Pr > |t|
Intercept	1	23.06925	6.69043	3.45	0.0018
X	1	0.28698	0.12958	2.21	0.0351

```
      왜도              4.6327878       첨도                23.7480403
   Shapiro-Wilk      W             0.466872      Pr  <  W< 0.0001

                                  정규 확률도
       95 +                                                *
          |
          |
          |
          |
          |                                                  ++++
          |                                              ++++++
          |                                          +++++
          |                                      +++++
          |                                 +++++++++** * * *
          |                         ****************
      -15 +      *      * * * +++++
          +----+----+----+----+----+----+----+----+----+----+
         -2         -1         0        +1         +2
```

이제 이 자료에서 16번째 자료를 제외한 29개의 자료를 사용하여 다시 모형을 추정하면 <회귀분석 결과(2)>와 같이 나타난다.

이 결과는 분산분석에서도 유의확률이 훨씬 작게 나타나고, 개별회귀계수에 대한 유의확률도 매우 낮게 나타난다. 그리고 정규성 검정결과에서도 W 통계량의 값이 0.974로 나타나고 이에 대응하는 유의확률도 0.668로 유의수준을 10%로 해도 정규성 가정을 기각시킬 수 없다. 즉, 정규성 가정이 성립한다.

<회귀분석 결과(2)>

Analysis of Variance

Source	DF	Sum of Squares	Mean Square	F Value	Pr > F
Model	1	4967.21228	4967.21228	908.47	<.0001
Error	27	147.62710	5.46767		
Corrected Total	28	5114.83937			

Root MSE	2.33830	R-Square	0.9711	Adj R-Sq	0.9701

Parameter Estimates

Variable	DF	Parameter Estimate	Standard Error	t Value	Pr > |t|
Intercept	1	10.28422	0.86476	11.89	<.0001
X	1	0.49634	0.01647	30.14	<.0001

```
왜도          -0.345957    첨도                1.1150764
Shapiro-Wilk    W     0.973873       Pr < W     0.6684

                          정규 확률도
  5.5 +                                        * ++++
      |                                     ++++
      |                                  ++++
      |                              +*+**
      |                           **+**
      |                       +****
      |                   ******
      |                *****+
      |             *****+
      |          ++++
      |       ++++ *
 -5.5 +++++ *
      |
      +----+----+----+----+----+----+----+----+----+----+
          -2        -1         0        +1        +2
```

이와 같은 분석을 위해서는 다음과 같은 SAS 프로그램이 필요하다.

<프로그램 8.1: PRO8_1.SAS>

```
DATA nor;
  INFILE'a:nor.dat';
  INPUT X Y;
RUN;
PROC REG SIMPLE;
   MODEL Y=X;
   OUTPUT OUT=TWO PREDICTED=P RESIDUAL=R;
RUN;
PROC GPLOT DATA=TWO;
    PLOT Y*X; PLOT R*X;
RUN;
PROC UNIVARIATE  DATA=TWO PLOT NORMAL;
    VAR R;
RUN;
```

8.4.2 은행의 예금유치액과 지점크기에 대한 선형회귀분석

다음은 K은행의 지점들 중에서 10개의 지점들을 표본으로 추출하여 조사한 지점의 크기와 예금유치액에 관한 자료들이다. 이들의 관계를 선형회귀함수로 추정하는 것이 타당한지를 검정해 보자.

<표 8.6> 지점의 크기(X)와 예금유치액(Y)에 관한 자료

지 점	X	Y
1	20	300
2	30	400
3	20	250
4	60	600
5	40	450
6	30	300
7	40	350
8	50	550
9	60	700
10	50	600

먼저 이들 간의 산점도를 그래프로 나타내면 다음과 같다. 따라서 예금유치액과 지점의 크기는 선형관계가 있는 것으로 판단하고 단순선형회귀모형을 추정하면 된다.

<지점의 크기와 예금유치액에 관한 산점도>

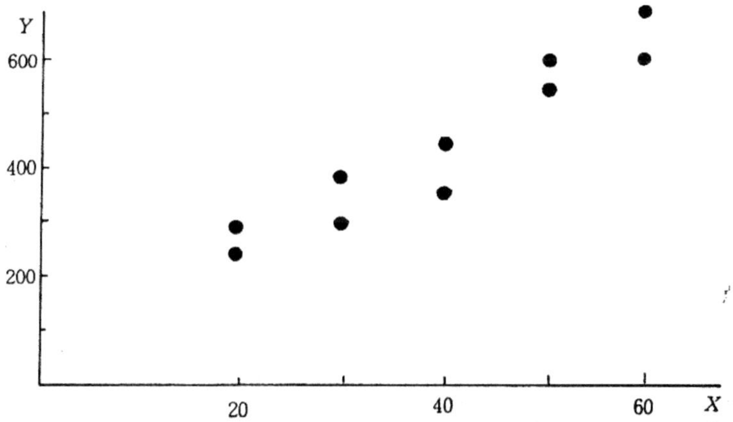

이 자료를 이용하여 선형회귀식을 추정하면 다음과 같다.

$$\hat{Y} = 60.0 + 9.75X$$

또 추정된 회귀직선이 유의한가를 검정하기 위하여 분산분석표를 작성하면 다음과 같이 된다.

<지점의 크기와 예금유치액에 관한 분산분석표>

변동요인	자유도	제곱합	제곱평균	F
회 귀	1	190125	190125	61.2
잔 차	8	24875	3109	
총 합	9	215000		

따라서 $F_0 = 61.2 \ > F_c = F_{0.01,(1,8)} = 11.3$이므로 유의수준 1%로 회귀변동은 유의한 것으로 판단된다.

다음은 이들의 회귀관계를 선형으로 나타내는 것이 타당한가를 적합결여검정(부록 8.1 참조)을 통하여 분석해 보자. 먼저 표본자료를 다시 정리하면 다음과 같다.

번 호	X_i	Y_{i1}	Y_{i2}	$\overline{Y}_{i\cdot}$	$\hat{Y}_i$
1	20	300	250	275	255.0
2	30	400	300	350	352.5
3	40	450	350	400	450.0
4	50	550	600	575	547.5
5	60	600	700	650	645.0

이 때 가설은 다음과 같다.

$$H_0: \ E(Y_{ij}) = \beta_0 + \beta_1 X_i$$
$$H_0: \ E(Y_{ij}) = \beta_0 + \beta_1 X_i$$

분산분석표를 작성하기 위하여 SS_{PE}, SS_{LF}를 구하면

$$\begin{aligned} SS_{PE} &= \sum_{i=1}^{k}\sum_{j=1}^{n_i}(Y_{ij} - \overline{Y}_i)^2 \\ &= (300-275)^2 + (250-275)^2 + \ldots + (700-650)^2 \\ &= 17500 \end{aligned}$$
$$SS_{LF} = SS_R - SS_{PE} = 24875 - 17500 = 7375$$

와 같이 된다. 따라서 적합결여검정을 위한 분산분석표는 다음과 같이 작성된다.

<적합결여검정을 위한 분산분석표>

변동요인	자유도	제곱합	제곱평균	F
회 귀	1	190125	190125	
잔 차	8	24875	3109	
적합결여	3	7375	2458	0.70
순 오 차	5	17500	3500	
총 합	9	215000		

따라서 유의수준을 5%로 할 때, $F_0 = 0.7 < F_c = F_{0.05,(3,5)} = 5.41$이 되므로 H_0를 기각시킬 수 없다. 즉, 귀무가설 $H_0: \ E(Y_{ij}) = \beta_0 + \beta_1 X_i$를 기각시킬 수 없으므로 두 변수간의 선형회귀분석은 적절한 것으로 판단할 수 있다.

SAS에서는 회귀분석 명령어인 REG에서는 적합결여검정을 바로 실행할 수 없게 되어 있고, RSREG(반응표면분석) 명령어에서 실행하거나, GLM(일반선형모형)을 사용하여 다음과 같이 적합결여검정을 행할 수 있다.

먼저 SORT 문을 사용하여 회귀변수 x를 기준으로 하여 <ex8_3>의 자료를 순서화한다. 다음으로 x의 작은 값부터 번호를 부여하되 동일 값에 대해서는 같은 번호를 부여하여 lackfit에 저장한다. 이렇게 자료를 재정리하여 x와 lackfit에 대하여 일반선형모형 분석을 하면 적합결여제곱합과 순오차제곱합을 구할 수 있다.

이와 같은 분석을 위해서는 다음과 같은 SAS 프로그램이 필요하다.

<프로그램 8.2: PRO8_2.SAS>

```
DATA lf;
  INFILE'a:lf.dat';
  INPUT x y;
 RUN;
 PROC SORT DATA=lf OUT=lee;
  BY x; RUN;
 DATA new;
  SET lee;
  RETAIN xx lackfit;
  IF _N_=1 THEN DO; lackfit=1;xx=x;END;
    ELSE IF x=xx THEN xx=x;
      ELSE DO;lackfit=lackfit+1;xx=x; END;
 PROC GLM DATA=new;
  CLASS lackfit;
  MODEL y=x lackfit;
 RUN;
```

〈부록 8.1〉 적합결여검정

적합결여검정은 $F-$통계량을 사용하여 종속변수와 독립변수들 간의 선형관련성을 검정하는 절차이다. 중회귀의 경우는 다소 복잡하므로 단순회귀의 경우만 기술하기로 한다.

즉, 적합결여검정(lack of fit test)이란 독립변수 X와 종속변수 Y간의 선형관계를 가정하여 식 (3.1)과 같은 단순선형회귀모형을 적합시키는 것이 타당한 것인가를 검정하는 방법이다. 그런데, 이 검정에서는 앞에서 서술된 모형에 대한 가정들이 모두 성립되어야 하며 또 독립변수의 각 수준에 대응하는 종속변수는 반복 관측이 있어야 한다.

즉, 자료들은 다음과 같이 나타낼 수 있다.

$$(X_i, Y_{ij}),\ i=1, 2, 3, \cdots, k, \qquad j=1, 2, 3, \cdots, n_i$$

이 때 총자료의 수를 n, X_i에 대응하는 Y의 평균을 $\overline{Y}_{i.}$ 라고 하면 이들은 다음과 같이 나타낼 수 있다.

$$n=\sum_{i=1}^{k} n_i\ ,\ \overline{Y}_{i.}=\sum_{j=1}^{n_i} Y_{ij}/n$$

추정된 회귀식을 $\hat{Y}_i = b_0 + b_1 X_i$ $(i=1, 2, \cdots, k)$라고 하면 잔차제곱합(SSE)은 다음과 같이 순오차제곱합(pure error sum of sqares: SS_{PE})과 적합결여제곱합(lack of fit sum of squares: SS_{LF})으로 분해할 수 있다.

$$\begin{aligned} SSR &= \Sigma\Sigma(Y_{ij}-\hat{Y}_i)^2 = \Sigma\Sigma(Y_{ij}-\overline{Y}_{i.}+\overline{Y}_{i.}-\hat{Y}_i)^2 \\ &= \Sigma\Sigma(Y_{ij}-\overline{Y}_{i.})^2 + \Sigma\Sigma(\overline{Y}_{i.}-\hat{Y}_i)^2 \\ &= SS_{PE}+SS_{LF} \end{aligned}$$

$$SS_{PE}=\sum_{i=1}^{k}\sum_{j=1}^{n_i}(Y_{ij}-\overline{Y}_{i.})^2$$

$$SS_{LF}=\sum_{i}^{k}\sum_{j}^{n_i}(\overline{Y}_{i.}-\hat{Y}_i)^2=\sum_{i=1}^{k} n_i(\overline{Y}_{i.}-\hat{Y}_i)^2$$

이 때 적합결여검정은 다음과 같이 정의되는 $F-$통계량을 이용하여 선형관련성을 검정하게 된다(자세한 내용은 Neter et al.,1989, pp. 131~140 참조).

적합결여검정을 위한 통계량

$$F = \frac{SS_{LF}/k-2}{SS_{PE}/n-k} = \frac{MS_{LF}}{MS_{PE}} \sim \ F_{\alpha,(k-2,n-k)} \text{-분포}$$

여기서 MS_{LF}(lack of fit mean square)는 적합결여제곱평균, MS_{PE}(pure error mean square)는 순오차제곱평균을 나타낸다.

이 경우에 설정되는 가설과 F-통계량을 구하기 위한 분산분석표는 다음과 같다.

$$H_0:\ E(Y_{ij}) = \beta_0 + \beta_1 X_i$$

$$H_0:\ E(Y_{ij}) \neq \beta_0 + \beta_1 X_i$$

<적합결여검정을 위한 분산분석표>

변동요인	자유도	제곱합	제곱평균	F
모형	1	SSRG	MSRG	
잔차	n−2	SSR	MSR	
적합결여	k−2	SSLF	MSLF	MSLF/MSPE
순오차	n−k	SSPE	MSPE	
총합	n−1	TSS		

이 때 만약 $F_0 = \frac{MS_{LF}}{MS_{PE}} > F_c = F_{\alpha,(k-2,n-k)}$면 귀무가설을 기각하고 대립가설을 채택한다. 즉, 선형회귀함수는 적합하지 않는 것으로 판단하게 된다.

REGRESSION ANALYSIS EXERCISE

연습문제

8.1 회귀분석에서 회귀진단의 중요성에 관하여 간략히 기술하시오.

8.2 통상최소제곱법으로 선형회귀모형을 추정할 때 오차항에 대한 가정을 기술하고, 또 그러한 가정이 성립되지 않을 때에는 어떠한 문제들이 발생하는가를 기술하시오.

8.3 다음은 어떤 제품의 감도(Y)와 가열온도(X)간의 관련성을 분석하기 위하여 각 온도에서 2회 반복 관측한 자료이다.

번호	1	2	3	4	5	6	7	8	9	10
X	100	100	200	200	500	500	800	800	1000	1000
Y	60	65	70	70	80	90	90	95	80	85

1) 단순선형관계를 가정하고 최소제곱법으로 회귀식을 추정하시오.
2) 산점도와 잔차그림을 통하여 선형함수의 가정이 적합한지를 판단하시오.
3) 적합결여검정방법을 이용하여 선형함수의 타당성을 검정하시오.
4) 선형회귀식이 적합하지 않다면, 더 적합한 회귀식을 추정하시오.

8.4 다음은 S도시의 중소기업체들 중에서 10개를 랜덤으로 추출하여 생산직 근로자수(Y)와 관리직 근로자수(X)들을 조사한 자료이다.

회사	1	2	3	4	5	6	7	8	9	10
X	10	10	15	15	20	25	30	30	40	50
Y	30	35	40	50	50	80	60	100	60	120

1) 생산직과 관리직 근로자수들 간의 관련성을 단순선형관계가 있는 것으로 가정하여 최소제곱법으로 단순선형회귀모형을 추정하시오.
2) 잔차와 조정된 잔차를 구하시오.

8.5 연습문제 8.4의 자료를 이용하여 단순회귀분석을 했을 때 오차항의 정규성검정을 다음과 같이 하시오.

1) 잔차의 순서통계량 $e_{(i)}$와 $e_{(i)}$에 대응하는 표준정규순서통계량의 기대값 m_i를 구하여, 정규확률그림을 그리시오.

2) 정규성 검정통계량 R_p^2을 구하고, 그 결과를 설명하시오.

8.6 (몬테칼로 시뮬레이션)

다음의 순서에 따라서 오차항이 균등분포를 따르는 경우에 통상최소제곱량(OLS)들의 특성을 비교, 연구하시오.

1) 다음과 같은 오차항 ϵ_j, $j = 1, 2, \cdots, 50$를 생성시키시오.

$$\epsilon_j \sim UNI[-\sqrt{12}, \sqrt{12}], \quad j = 1, 2, \cdots, 50$$

2) $\beta_0 = 10$, $\beta_1 = 1$이고 $X = 11, 12, \cdots, 60$로 하여 다음과 같은 Y_j를 생성하시오.

$$Y_j = 10 + X_j + \epsilon_j, \quad j=1, 2, \cdots, 50$$

3) 생성된 자료 (X_j, Y_j) $j=1, 2, \cdots, 50$을 이용하여 회귀계수 b_0, b_1을 구하시오.

4) 위의 과정을 500회 반복해서 b_0, b_1의 평균과 분산을 구하고 그 결과를 설명하시오.

제 9 장 회귀진단 및 해결방안(II) - 자기상관과 이분산 문제

REGRESSION ANALYSIS

9.1 자기상관

9.1.1 서 론

우리들은 앞에서 단순선형회귀모형의 오차항은 평균이 0이고 분산이 σ^2인 정규분포를 따르는 서로 독립인 확률변수(uncorrelated random variable)로 가정했다.

그러나 경제 혹은 경영부문의 시계열자료를 분석하는 경우에는 오차항에 대한 독립성가정이 적절하지 않는 경우가 가끔 발생하게 된다. 이 때 서로 다른 시차의 오차항들이 서로 상관될 때 우리들은 자기상관 혹은 계열상관(autocorrelated or serially correlated)이 된다고 말한다. 시계열자료의 분석에서 자기상관된 오차항이 발생하는 주된 이유는 모형 속에 포함되어야 할 중요한 독립변수들이 누락되었기 때문이며, 이 경우에는 누락변수의 효과가 오차항에 포함되기 때문에 양의 자기상관이 나타나는 경향이 있다.

그런데, 오차항이 자기상관이 존재하는 경우에 통상최소제곱법을 사용하여 회귀모형을 추정하는 경우에는 다음과 같은 문제들이 발생할 수 있다.

〈자기상관이 존재하는 경우에 통상최소제곱법에 의한 추정의 문제점〉

가) 추정된 회귀계수는 불편추정량은 되지만 최소분산을 가지지 않으므로 유효추정량이 될 수 없다.

나) 오차의 분산 σ^2의 추정량인 MSE는 매우 과소 추정될 수 있다. 따라서 회귀계수의 표준오차 S_{b_1}(혹은 S_{b_0})도 과소 추정될 수 있다.

다) $t-$분포나 $F-$분포를 사용하는 신뢰구간추정이나 가설검정은 더 이상 적용될 수 없다.

이러한 문제를 직관적으로 설명하기 위하여 오차항들 간에 자기상관이 존재하는 자료들을 생성해서 이들의 특성을 살펴보자.

먼저, 다음과 같은 일차자기상관된 오차를 갖는 단순선형회귀모형을 고려해 보자.

$$(9.1) \qquad Y_t = 1.0 + 0.5X_t + \epsilon_t, \qquad \epsilon_t = \epsilon_{t-1} + u_t$$

여기서 u_t는 평균 0, 분산 1인 독립정규확률변수로 가정한다. 그러면 ϵ_t 와 ϵ_{t-1}은 양의 자기상관관계를 갖게 된다. 이러한 자료들을 생성하기 위하여 먼저 표준정규분포를 따르는 10개의 u_t를 생성하여 자기상관된 오차항 ϵ_t를 다음과 같이 구한다. 이 때 초기값 $\epsilon_0 = 2$로 가정한다.

$$\epsilon_1 = \epsilon_0 + u_1 = 2.0 + 0.6 = 2.6$$
$$\epsilon_2 = \epsilon_1 + u_2 = 2.6 - 0.8 = 1.8$$
$$\vdots$$
$$\epsilon_{10} = \epsilon_9 + u_{10} = -1.4 - 0.3 = -1.7$$

이와 같은 ϵ_t와 $X_t (t = 1, 2, \cdots, 10)$를 이용하여 Y_t를 구하면 <표 9.1>과 같이 된다.

<표 9.1> 자기상관된 자료

t	u_t	ϵ_t	X_t	Y_t
0	–	2.0	–	–
1	0.6	2.6	1	1+.5* 1 + 2.6 = 4.1
2	−0.8	1.8	2	1+.5* 2 + 1.8 = 3.8
3	0.6	2.4	3	1+.5* 3 + 2.4 = 4.9
4	0.1	2.5	4	1+.5* 4 + 2.5 = 5.5
5	−2.1	0.4	5	1+.5* 5 + 0.4 = 3.9
6	−1.8	−1.4	6	1+.5* 6 − 1.4 = 2.6
7	0.2	−1.2	7	1+.5* 7 − 1.2 = 3.3
8	−0.4	−1.6	8	1+.5* 8 − 1.6 = 3.4
9	0.2	−1.4	9	1+.5* 9 − 1.4 = 4.1
10	−0.3	−1.7	10	1+.5*10 − 1.7 = 4.3

이렇게 구해진 오차항 ϵ_t를 그림으로 나타내면 [그림 9.1]과 같다. 이 때 이들은 시간에 대하여 랜덤하게 분포되지 않음을 볼 수 있으며 실제로 ϵ_t와 ϵ_{t-1}의 상관계수는

0.873이 된다.

이와 같이 자기상관을 갖는 자료를 사용하여 회귀식을 추정하면 어떠한 결과가 나타나는지를 살펴보자.

[그림 9.1] 양의 자기상관을 갖는 오차항

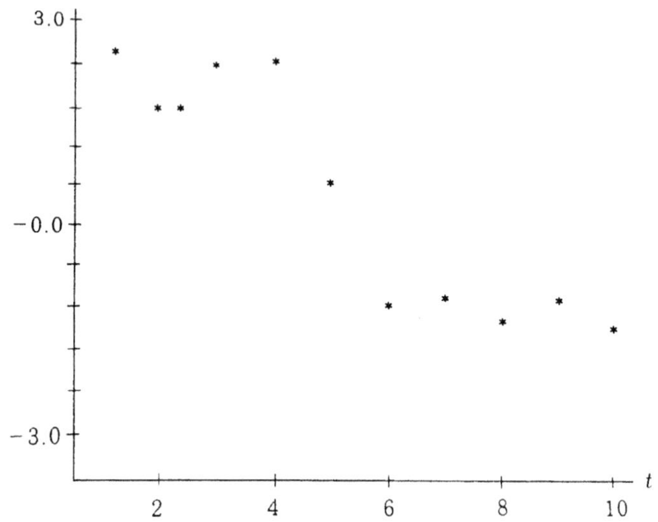

먼저 최소제곱법을 사용하여 회귀식을 추정하면 $\hat{Y} = 4.37 - 0.069X$가 되고, 또 식 (9.1)에서 이들의 모집단회귀식은 $E(Y) = 5 + 0.5X$가 된다. 여기서 관측된 Y값(즉, 자기상관을 갖는 자료)과 추정된 회귀식 및 모집단회귀식을 함께 나타내면 [그림 9.2]와 같이 된다. 우리들은 모집단회귀식에 대한 Y값들의 변동은 아주 크지만, 추정된 회귀식에 대한 Y값들의 변동은 크지 않음을 볼 수 있다. 즉, 앞에서 설명된 것처럼 오차항이 자기상관을 갖는 경우에 통상최소제곱법을 사용하면 오차항의 분산은 과소추정될 수 있게 된다.

[그림 9.2] 오차항이 양의 자기상관을 갖는 경우의 모회귀식과 추정된 회귀식

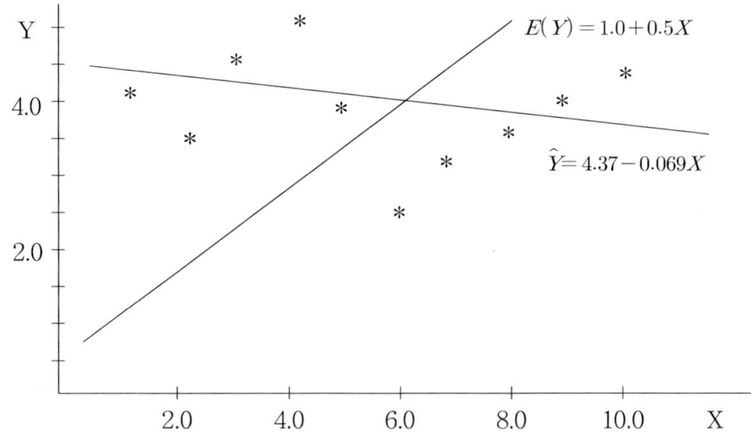

9.1.2 자기상관의 검정

오차항에 자기상관이 존재하는 경우의 특성을 파악하기 위하여 다음과 같은 오차항들 간에 일차자기상관이 존재하는 일차자기회귀오차모형(first-order autoregressive error model)을 고려해 보자.

$$(9.2) \qquad Y_t = \beta_0 + \beta_1 X_t + \epsilon_t, \qquad \epsilon_t = \rho\epsilon_{t-1} + u_t$$

여기서 ρ는 자기상관모수(autocorrelation parameter)로서 $|\rho| < 1$이고, u_t는 새로운 오차항으로 $u_t \sim IN(0, \sigma_u^2)$로 가정한다.

오차항의 특성을 이해하기 위하여 식 (9.2)의 ϵ_t를 다시 나타내면 다음과 같다.

$$\begin{aligned} \epsilon_t &= \rho(\rho\epsilon_{t-2} + u_{t-1}) + u_t \\ &= \rho^2(\rho\epsilon_{t-3} + u_{t-2}) + \rho u_{t-1} + u_t \\ &\quad \vdots \\ &= u_t + \rho u_{t-1} + \rho^2 u_{t-2} + \cdots \end{aligned}$$

$$\text{즉,} \quad \epsilon_t = \sum_{s=0}^{\infty} \rho^s u_{t-s}$$

따라서 일차자기회귀오차모형의 오차항 ϵ_t의 평균과 분산은 다음과 같다.

$$
\begin{aligned}
E(\epsilon_t) &= E(\sum_{s=0}^{\infty}\rho^s u_{t-s}) = \sum_{s=0}^{\infty}\rho^s E(u_{t-s}) = 0 \\
V(\epsilon_t) &= E(\epsilon_t^2) - E^2(\epsilon_t) \\
&= E(u_t^2) + \rho^2 E(u_{t-1}^2) + \rho^4 E(u_{t-2}^2) + \cdots \\
&= \sigma_u^2 (1 + \rho^2 + \rho^4 + \cdots) \\
&= \frac{\sigma_u^2}{1-\rho^2} = \sigma^2
\end{aligned}
$$

또, ϵ_t 와 ϵ_{t-1}의 공분산은 다음과 같다.

$$
\begin{aligned}
\mathrm{COV}(\epsilon_t \epsilon_{t-1}) &= E(\epsilon_t \epsilon_{t-1}) - E(\epsilon_t)E(\epsilon_{t-1}) \\
&= E(\epsilon_t \epsilon_{t-1}) \\
&= E[(u_t + \rho u_{t-1} + \rho^2 u_{t-2} + \cdots)(u_{t-1} + \rho u_{t-2} + \rho^2 u_{t-3} + \cdots)] \\
&= \rho E(u_{t-1}^2) + \rho^3 E(u_{t-2}^2) + \cdots \\
&= \rho \times \frac{\sigma_u^2}{1-\rho^2} = \rho\sigma^2
\end{aligned}
$$

이 때 만약 시차가 k인 경우에는 $COV(\epsilon_t, \epsilon_{t-k}) = \rho^{|k|}\sigma^2$가 된다.

그러므로 ϵ_t 와 ϵ_{t-1}의 자기상관계수는 다음과 같다.

$$
\rho_{t,t-1} = \frac{COV(\epsilon_t, \epsilon_{t-1})}{\sigma_t \ \sigma_{t-1}} = \frac{\rho\sigma^2}{\sigma^2} = \rho
$$

즉, ϵ_t 와 ϵ_{t-1}간에 자기상관이 존재하는 경우에 ϵ_t는 평균이 0이고, 분산도 $\sigma^2 = \sigma_u^2/(1-\rho)$로 일정하게 되지만 공분산은 $\rho\sigma^2$으로 0가 되지 않는다. 따라서 오차항에 대한 가정이 성립되지 않으므로 통상최소제곱추정량은 좋은 통계적 특성을 갖지 못하게 된다.

그러면, 이와 같은 일차자기상관오차는 어떻게 검정할 수 있겠는가? 여러 가지 방법이 있으나 가장 널리 사용되는 방법은 더빈과 와트슨(Durbin and Watson,1951)의 D-통계량을 이용하는 방법이다. 식 (9.2)와 같은 일차자기회귀모형에 대한 더빈-와트슨 검정법은 자기상관모수 ρ가 0인가를 검정하게 된다. 만약 $\rho = 0$이면 $\epsilon_t = u_t$가 되므로 오차항은 서로 독립이 된다. 이 때 사용되는 검정통계량 D는 다음과 같다.

더빈과 와트슨의 D-통계량

(9.3) $$D=\frac{\sum_{t=2}^{n}(e_t-e_{t-1})^2}{\sum_{t=1}^{n}e_t^2}$$

여기서 n은 관측값의 수를 나타내고, e_t는 최소제곱법에 의해서 추정된 잔차, 즉 $e_t=Y_t-\hat{Y}_t$를 나타낸다.

더빈과 와트슨은 검정통계량 D의 임계값으로 상한값 d_u와 하한값 d_l을 사용하는 다음과 같은 검정절차를 제안했다.

더빈-와트슨의 양의 자기상관 판정기준

$$H_0:\rho=0$$
$$H_1:\rho>0$$

검정통계량 : $D=\sum_{t=2}^{n}(e_t-e_{t-1})^2/\sum_{t=1}^{n}e_t^2$

임계값 : $d_l,\ d_u$

판 정 : 만약 $D>d_u$면, H_0를 채택, 즉 자기상관이 존재하지 않는 것으로 판정
만약 $D<d_l$면, H_1을 채택, 즉 양의 자기상관이 존재하는 것으로 판정
만약 $d_l\leq D\leq d_u$면, 판정을 보류

이 때 임계값 $d_l,\ d_u$는 자유도와 독립변수의 수에 의하여 결정되며 더빈과 와트슨에 의하여 만들어진 표가 <부표 1: 표 5>에 주어져 있다.

D값은 항상 $0\leq D\leq 4$와 같이 되고, 만약 $D=2$인 경우는 $\hat{\rho}=0$가 된다(부록 8.2 참조).

일반적으로 양의 자기상관이 주로 발생하지만 경우에 따라서는 음의 자기상관이 발생할 수도 있다. 이 경우의 검정절차는 다음과 같다.

더빈-와트슨의 음의 자기상관 판정기준

$$H_0 : \rho = 0$$

$$H_1 : \rho < 0$$

검정통계량 : $D = \sum_{t=2}^{n}(e_t - e_{t-1})^2 / \sum_{t=1}^{n} e_t^2$

임계값 : $4 - d_l$, $4 - d_u$

판　정 : 만약 $D < 4 - d_u$ 면, H_0를 채택, 즉 자기상관이 존재하지 않는 것으로 판정
만약 $D > 4 - d_l$ 면, H_1을 채택, 즉 음의 자기상관이 존재하는 것으로 판정
만약 $4 - d_u \leq D \leq 4 - d_l$ 면, 판정을 보류

이와 같은 검정방법을 그림으로 나타내면 다음과 같이 된다.

<더빈-와트슨 검정의 구간별 판정>

```
   양의 자기상관    판정보류     독립      독립    판정보류     음의 자기상관
I--------------I----------I---------I-------I----------I--------------I
0             d_l        d_u        2     4-d_u      4-d_l            4
```

자기상관에 대한 더빈-와트슨 검정방법은 오차항의 일차자기상관만 검정할 수 있고, 또 표본의 크기가 어느 정도 이상 많아야 할 뿐만 아니라 검정결과 판정보류의 영역이 나타나는 단점을 가지고 있으나 최근까지 가장 많이 사용되는 방법이다. 그런데 종속변수의 시차변수가 설명변수로 사용되는 모형에서는 D-통계량은 사용될 수 없고 다음과 같은 더빈의 h-통계량을 사용할 수 있다(Maddala,1992, pp.248~250 참조).

(9.4)
$$h = \hat{\rho}\sqrt{\frac{n}{1 - n\hat{V}(b^*)}}$$

여기서 b^*는 추정된 시차변수의 회귀계수이다. 또 이차 이상의 계열상관에 대한 검정방법은 Breusch(1978)와 Godfley(1978)가 제안한 LM(lagrange multiplier)검정, 혹은 Box-Pierce-Ljung(1978) 검정방법을 이용할 수 있다.

예제 9-1

다음과 같은 가상적인 자료에서 X와 Y간에 단순선형회귀모형을 적합시킬 때, 이 모형의 오차항에 자기상관이 존재하는지를 검정해 보자.

<표 9.2> 가상적 자료와 자기상관검정

t	Y_t	X_t	$\hat{Y}_t$	e_t	$e_t - e_{t-1}$	$(e_t - e_{t-1})^2$	e_t^2
1	49.89	1	48.37	1.52	*	*	2.3104
2	49.01	2	48.74	0.27	−1.25	1.5625	0.0729
3	49.01	3	49.12	−0.11	−0.38	0.1444	0.0121
4	48.74	4	49.49	−0.75	−0.64	0.4096	0.5625
5	48.47	5	49.87	−1.40	−0.65	0.4225	1.9600
6	48.66	6	50.24	−1.58	−0.18	0.0324	2.4964
7	49.80	7	50.62	−0.82	0.76	0.5776	0.6724
8	51.35	8	50.99	0.36	1.18	1.3924	0.1296
9	51.55	9	51.37	0.18	−0.18	0.0324	0.0324
10	51.98	10	51.74	0.24	0.06	0.0036	0.0576
11	52.05	11	52.12	−0.07	−0.31	0.0961	0.0049
12	54.67	12	52.49	2.18	2.25	5.0625	4.7524
13	54.22	13	52.87	1.35	−0.83	0.6889	1.8225
14	53.27	14	53.24	0.03	−1.32	1.7424	0.0009
15	52.61	15	53.62	−1.01	−1.04	1.0816	1.0201
16	54.49	16	53.99	0.50	1.51	2.2801	0.2500
17	55.05	17	54.37	0.68	0.18	0.0324	0.4624
18	55.27	18	54.74	0.53	−0.15	0.0225	0.2809
19	54.13	19	55.12	−0.99	−1.52	2.3104	0.9801
20	54.41	20	55.49	−1.08	−0.09	0.0081	1.1664
합						17.8492	19.0401

먼저 최소제곱법으로 회귀식을 추정하면 $\hat{Y} = 48.0 + 0.375X$가 되고 추정된 회귀식을 이용하여 $\hat{Y}$와 잔차를 구하면 <표 9.2>와 같이 된다. 잔차의 특성을 파악하기 위하여 시간에 대한 잔차그림을 나타내면 [그림 9.3]와 같이 나타난다. 여기서 우리들은 잔차들의 분포가 랜덤하지 않음을 알 수 있다.

[그림 9.3] 가상적자료 분석에서의 잔차그림

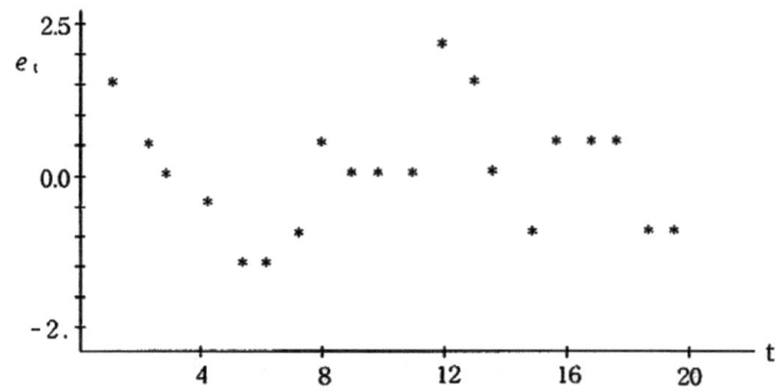

오차항의 자기상관을 검정하기 위하여 더빈-와트슨의 D-통계량을 구하면 다음과 같이 된다.

$$D = \frac{\sum_{t=2}^{20}(e_t - e_{t-1})^2}{\sum_{t=1}^{20} e_t^2} = \frac{17.849}{19.040} = 0.94$$

<부표 1: 표 5>에서 n=20이고 독립변수가 한 개인 경우에 임계값은 유의수준 5%에서 $d_l = 1.20$, $d_u = 1.41$가 된다. 따라서 귀무가설($H_0 : \rho = 0$)은 기각되고 대립가설($H_1 : \rho > 0$)은 채택된다. 즉, 유의수준 5%로 오차항은 양의 자기상관이 존재하는 것으로 결론을 내린다.

<SAS 9.1> 이 예제를 SAS를 이용하여 분석하면 다음과 같이 된다.

<ex9_1.SAS>

```
DATA ex9_1;
  INFILE'k:ex9_1.dat';
  INPUT y x;
 RUN;
 PROC REG; MODEL y=x/DW;
 RUN;
```

```
                         The REG Procedure

                        Analysis of Variance
                                 Sum of           Mean
Source              DF          Squares         Square    F Value    Pr > F

Model                1         93.49313       93.49313      88.39    <.0001
```

```
Error                  18       19.04013       1.05778
Corrected Total        19      112.53326

               Root MSE               1.02849    R-Square      0.8308
               Dependent Mean        51.93150    Adj R-Sq      0.8214
               Coeff Var              1.98047

                           Parameter Estimates
                         Parameter       Standard
Variable       DF        Estimate          Error    t Value    Pr > |t|
Intercept       1        47.99447        0.47776     100.46      <.0001
x               1         0.37495        0.03988       9.40      <.0001

                    Durbin-Watson D                   0.937
                    Number of Observations               20
                    1st Order Autocorrelation         0.440
```

9.1.3 해결방안

자기상관에 대한 검정결과 오차항에 자기상관이 존재하는 것으로 판정이 되는 경우에는 다음과 같은 대처방안들을 고려할 수 있다.

첫째 방법은 앞에서 설명된 것처럼 오차항에 자기상관이 발생하는 주된 이유는 설명변수의 누락에 기인되므로 누락된 변수를 찾아서 모형 속에 포함시키는 방법이다. 그러나 실제적인 응용에서는 그러한 변수들을 찾아내기는 쉽지 않다.

둘째 방법은 변수들의 변환을 통하여 새로운 모형을 설정하는 방법이다. 즉, 식 (9.2)의 일차자기회귀모형에서 종속변수를 변환시키면 다음과 같이 나타낼 수 있다.

$$\begin{aligned} Y_t' &= Y_t - \rho Y_{t-1} \\ &= (\beta_0 + \beta_1 X_t + \epsilon_t) - \rho(\beta_0 + \beta_1 X_{t-1} + \epsilon_{t-1}) \\ &= \beta_0(1-\rho) + \beta_1(X_t - \rho X_{t-1}) + (\epsilon_t - \rho\epsilon_{t-1}) \end{aligned}$$

여기서 $X_t' = X_t - \rho X_{t-1}$, $u_t = \epsilon_t - \rho\epsilon_{t-1}$, $\beta_0' = \beta_0(1-\rho)$로 나타내면 이 모형은 다음과 같이 된다.

$$Y_t' = \beta_o' + \beta_1 X_t' + u_t \tag{9.5}$$

이 때 오차항 u_t는 독립오차항이므로, 이 변형된 모형은 오차항의 가정이 성립되는 모형이 된다. 따라서 최소제곱법으로 β'_0와 β_1을 추정할 수 있게 되고, 이렇게 추정된 계수들은 좋은 통계적 특성을 지니게 된다. 그러나 변형된 모형을 추정하기 위해서는 $Y_t{}'$와 $X_t{}'$가 구해져야 하고, 또 이들이 구해지기 위해서는 ρ값이 주어져야 하지만 일반적으로 이 값은 알려져 있지 않다. 따라서 이 모형을 추정하기 위해서는 ρ가 추정되어야 하는데, 이 ρ를 추정하는 방법으로는 Cochrane-Orcutt(1949), Hildreth-Lu(1960) 등이 제안한 방법들이 있다. 여기에서는 일반적으로 많이 사용되고 있는 코크란–오커트의 방법을 간략히 설명한다.

코크란–오커트의 추정절차

단계 1: 원 모형에서 최소제곱잔차 e_t를 구하여 $\epsilon_t = \rho\epsilon_{t-1} + u_t$에서 $\hat{\rho}$를 다음과 같이 구한다.

$$\hat{\rho} = \frac{\sum e_t e_{t-1}}{\sum e_t^2}$$

단계 2: 추정된 $\hat{\rho}$를 이용하여 다음과 같이 자료를 변환시킨 후, 이 자료를 이용하여 최소제곱법으로 다시 식 (9.5)를 추정한다.

$$Y_t{}' = Y_t - \hat{\rho}\, Y_{t-1},\ \ X_t{}' = X_t - \hat{\rho} X_{t-1}$$

단계 3: 재추정된 결과를 가지고 자기상관검정을 하여 만약 자기상관이 존재하는 것으로 판단이 되면 다시 단계 1로 가서 반복을 하고, 자기상관이 존재하지 않는 것으로 판단되면 종결한다.

다른 방법으로는 최우추정법, 비선형 최소제곱법 등을 사용하여 모형 (9.2)의 일차자기회귀오차모형을 추정하는 방법이 있다. 이와 같은 추정은 SAS/ETS를 활용할 수 있다.

예제 9-2

[예제 9.1]에서 추정된 회귀식은 결정계수도 높고, 회귀계수도 유의했지만 더빈-와트슨의 D-통계량의 값은 0.94로 오차항에 자기상관이 존재하는 것으로 판정되었다. 따라서 SAS/ETS를 이용하여 최우법으로 다시 추정해 보자(ex9_2.SAS).

추정결과를 다시 나타내면 다음과 같다.

$$\hat{Y}_j = 48.414 + 0.337X_j, \qquad R^2 = 0.87 \quad D = 1.63$$

이 경우에는 $D = 1.63$이 되므로 귀무가설 $H_0:\ \rho = 0$는 기각되지 않는다. 즉, 변형된 변수들로 설정된 모형에서는 오차항에 대한 독립성 가정이 성립된다.

<ex9_2.SAS>

```
DATA ex9_1;
INFILE'a:ex9_1.dat';
 INPUT y x;
RUN;
PROC REG; MODEL y=x/DW;
RUN;
PROC AUTOREG; MODEL y=x/NLAG=1 METHOD=ML;
RUN;
```

```
                        The AUTOREG Procedure

                   Ordinary Least Squares Estimates
      SSE                   19.0401286    DFE                      18
      MSE                      1.05778    Root MSE            1.02849
      SBC                   61.7653361    AIC              59.7738716
      Regress R-Square          0.8308    Total R-Square       0.8308
      Durbin-Watson             0.9375
                                          Standard                 Approx
    Variable       DF      Estimate       Error     t Value     Pr > |t|
    Intercept       1       47.9945       0.4778     100.46      <.0001
    x               1        0.3750       0.0399       9.40      <.0001

                   Maximum Likelihood Estimates
      SSE                   14.24522      DFE                      17
      MSE                    0.83795      Root MSE            0.91540
      SBC                 59.2949251      AIC              56.3077283
      Regress R-Square        0.6137      Total R-Square       0.8734
      Durbin-Watson           1.6342
                                          Standard                 Approx
    Variable       DF      Estimate       Error     t Value     Pr > |t|
    Intercept       1       48.4143       0.7983      60.65      <.0001
    x               1        0.3371       0.0649       5.19      <.0001
```

9.2 이분산

9.2.1 이분산이란

앞에서 설정된 선형회귀모형에서 오차항의 분산은 항상 일정한 것으로 가정했다. 즉, j-번째 오차항의 분산 $V(\epsilon_j)$는 j에 관계없이 항상 일정한 분산 σ^2을 갖는다는 동분산(homoskedasticity)가정을 했다. 이 때 오차항의 분산이 일정한 상수값을 갖지 않을 때 우리들은 이분산(heteroskedasticity)을 갖는다고 말한다. 만약 오차항이 이분산을 갖는 경우에 통상최소제곱법을 사용하여 모형을 추정하면 추정량들은 다음과 같은 결과가 초래된다(자세한 내용은 Maddala, 1992, pp.209~211 참조).

첫째, 최소제곱추정량은 여전히 불편추정량이 되지만, 유효추정량은 되지 않는다.
둘째, 분산의 추정량은 편의추정량이 되고 따라서 가설검정은 의미가 없게 된다.

오차항이 이분산이 갖는 경우에 발생하는 문제들을 다음의 예제를 통하여 살펴보도록 하자.

예제 9-3

다음의 자료는 어느 도시에서 표본으로 추출된 20가구에 대한 소비지출(Y)과 소득(X)에 관한 것이다. 이 자료를 회귀분석할 때 발생되는 문제들에 관하여 살펴보자. 먼저, 이 자료를 이용하여 통상최소제곱법으로 이들 간의 회귀식을 추정하면 다음과 같이 된다.

$$\hat{Y}_t = \underset{(1.20)}{25.41} + \underset{(35.53)}{0.899}X_t \qquad R^2 = 0.986,\ S_e^2 = 39.42$$

여기서 괄호 속의 값은 t-값을 나타낸다. 추정된 회귀식을 이용하여 Y의 추정값과 잔차를 구하면 위 <표 9.3>의 4, 5열과 같이 된다.

<표 9.3> 소비지출 및 소득에 관한 자료

가구번호	Y_t	X_t	$\hat{Y}_t$	e_t	가구번호	Y_t	X_t	$\hat{Y}_t$	e_t
1	597	669	627.06	−30.0598	11	240	243	243.95	−3.9474
2	936	969	896.86	39.1428	12	993	1035	956.21	36.7874
3	954	1098	1012.87	−58.8701	13	1005	1140	1050.64	−45.6417
4	363	363	351.87	11.1336	14	393	423	405.83	−12.8259

5	1221	1269	1166.65	54.3455	15	444	492	467.88	−23.8793
6	183	186	192.69	−9.6859	16	648	723	675.62	−27.6233
7	1158	1341	1231.41	−73.4060	17	879	903	837.50	41.4982
8	765	783	729.58	35.4172	18	750	849	788.94	−38.9382
9	309	309	303.30	5.6971	19	537	546	516.44	20.5572
10	1164	1206	1110.00	54.0029	20	594	603	567.70	26.2957

여기서 우리들은 잔차의 절대값들은 X값에 거의 비례하고 있음을 알 수 있으며, 이것은 오차분산이 상수가 아니고 X값에 따라서 변화된다는 것을 시사해 주는 것이다. 이러한 잔차의 패턴을 그림으로 보기 위하여 이를 그래프로 나타내면 다음과 같이 된다.

[그림 9.4]에서 우리들은 좀 더 명확히 이분산의 문제가 존재한다는 것을 볼 수 있다.

[그림 9.4] 선형회귀모형의 잔차그림

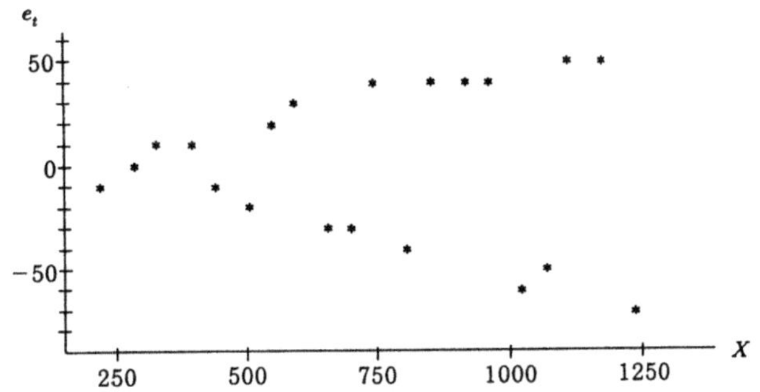

이분산의 문제는 변수들을 대수변환시킨 대수선형모형을 추정함으로써 해결될 수도 있다. 그래서 변수 X, Y를 $\ln X$, $\ln Y$로 변환시켜서 다시 회귀식을 추정하면 다음과 같이 된다.

$$\widehat{\ln Y_t} = 0.225 + 0.956 \ln X_t$$

[그림 9.5] 대수선형모형의 잔차그림

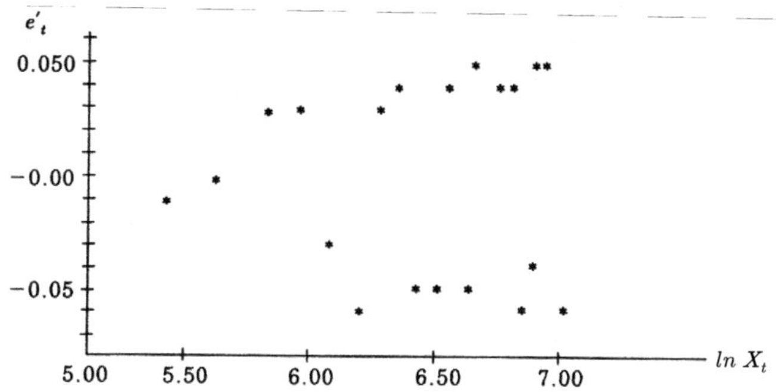

이와 같이 추정된 대수선형모형에서 구해진 잔차를 그래프로 나타내면 [그림 9.5]와 같이 된다. 이 그림에서 우리들은 X가 증가해도 변형된 회귀식의 잔차는 거의 변화가 없음을 알 수 있다. 즉, 변형된 모형에서는 이분산의 문제가 심각하지는 않다고 할 수 있다. 이분산에 대한 검정 및 해결방안에 관해서는 다음 절에서 상세하게 기술된다.

<SAS 9.3> 이 예제를 SAS를 이용하여 분석하면 다음과 같이 된다.

<ex9_3.SAS>

```
DATA ex9_3;
INFILE'k:ex9_3.dat';
 INPUT y x;
 ly=LOG(y); lx=LOG(x);
RUN;
PROC REG;
 MODEL y=x; MODEL ly=lx;
  OUTPUT OUT=out RESIDUAL=resid;
RUN;
PROC PLOT DATA=out;
 PLOT lresid*lx/VREF=0 VPOS=20 HPOS=50;
RUN;
```

```
                     Dependent Variable: y

          Root MSE     39.41686          R-Square     0.9859
          Adj R-Sq      0.9852           Coeff Var    5.57799

                    Parameter Estimates
                         Parameter       Standard
   Variable      DF      Estimate          Error     t Value    Pr > |t|
   Intercept      1      25.41155       21.10065        1.20      0.2441
   x              1       0.89932        0.02531       35.53      <.0001

                    Dependent Variable: ly

                     Analysis of Variance
Source                 DF          MS              MS         F Value     Pr > F
Model                   1       5.72741        5.72741       2743.69     <.0001
Error                  18       0.03757        0.00209
Corrected Total        19       5.76499

            Root MSE              0.04569    R-Square      0.9935
            Adj R-Sq              0.9931     Coeff Var     0.71000

                        Parameter Estimates
                        Parameter          Standard
    Intercept     1      0.22469           0.11900        1.89        0.0752
```

lx	1	0.95619	0.01825	52.38	<.0001

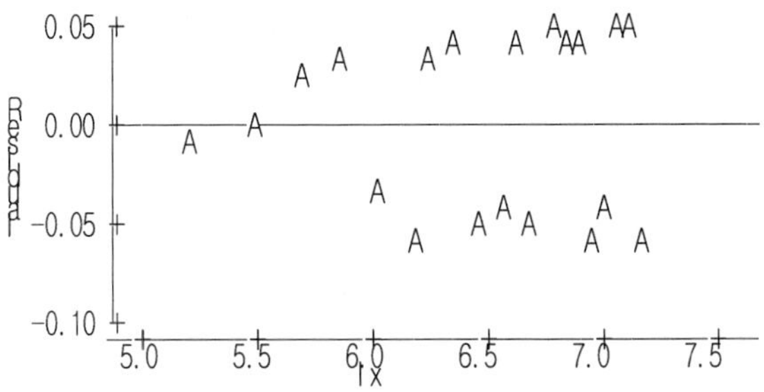

9.2.2 이분산의 검정

앞의 설명예제에서 우리들은 X_t에 대한 잔차 e_t를 그림으로 나타내었을 때, 이 잔차그림은 오차항이 이분산을 가질 것이라는 것을 시사해 주었다. 오차항의 이분산에 대한 가장 단순하고 손쉬운 검진방법은 이와 같이 잔차그림을 그려보는 방법이다. 다음과 같은 잔차그림에서 (a)는 오차항이 동분산을 (b)와 (c)는 이분산을 갖고 있음을 시사해 준다.

[그림 9.6] 오차항의 동분산과 이분산

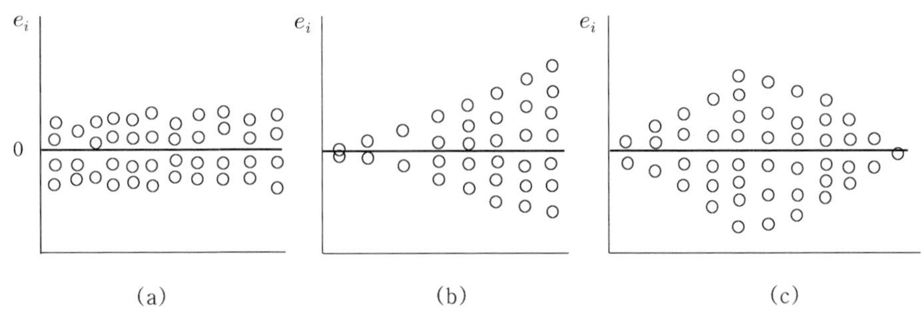

오차항의 이분산을 검정하는 방법은 Glejser(1969), 골드펠트-퀀트(Goldfeld and Quandt, 1972) 등에 의한 많은 연구가 있었으며 그 중 몇 가지를 설명한다.

화이트(White,1980) 검정

화이트의 검정방법은 설명변수와 그 제곱(다중회귀의 경우에는 모든 설명변수들과 그들의 제곱 및 교적)에 대한 잔차제곱 e_t^2을 회귀시키는 방법이다. 즉, X_t와 X_t^2에 대하여 e_t^2을 회귀시켜서 추정된 회귀식의 결정계수가 유의적으로 높은 경우에 동분산 가설을 기각하게 된다.

브로이쉬-파간(Breusch and Pagan,1979) 검정

브로이쉬와 파간은 오차분산을 $V(\epsilon_t)=\sigma_t^2$로 나타내고, 이 오차분산에 영향을 미치는 변수들을 $Z_1, Z_2, \cdots, Z_r$이라고 하여 오차분산을 다음과 같이 나타낸다.

$$\sigma_t^2 = f(\alpha_0+\alpha_1 Z_{1t}+\alpha_2 Z_{2t}+\cdots+\alpha_r Z_{rt})$$

이 때 검정을 위한 귀무가설과 검정통계량은 다음과 같다.

$$H_0: \ \alpha_1=\alpha_2=\cdots=\alpha_r=0$$

$$\text{검정통계량} : \ BP=RSS_0/2\hat{\sigma}^4$$

여기서 $\hat{\sigma}^2=\sum e_t^2/n$, RSS_0는 $Z_1, Z_2, \cdots, Z_r$에 대해 e^2을 회귀했을 때의 회귀제곱합을 의미한다. 검정통계량 BP는 자유도 r인 χ^2-분포를 따른다.

예제 9-4

[예제 9.3]의 소비지출(Y)과 소득(X)자료에서 이분산검정을 해보기로 하자.

첫째, 화이트의 검정

[예제 9.3]에서 계산된 회귀잔차의 제곱 e^2, 설명변수 X 및 X^2을 구하여 e^2에 대한 회귀식을 추정하면 다음과 같이 된다.

$$\hat{e}^2=-1233.3+3.47X \qquad R^2=0.792$$
$$(8.28)$$

$$\hat{e}^2=438.8-2.10X+0.0037X^2 \qquad R^2=0.878$$
$$(-1.28) \quad (3.46)$$

따라서 검정결과는 두 경우 모두가 R^2가 유의적으로 높기 때문에 동분산에 대한 가설은 기각된다.

대수선형모형을 사용하는 경우에는 화이트 검정을 위하여 추정되는 회귀식은 다음과 같이 된다.

$$\hat{e}'^2 = -0.0065 + 0.0013\ln X \qquad R^2 = 0.580$$
$$(4.99)$$

$$\hat{e}'^2 = -0.0262 + 0.0076\ln X - 0.0005(\ln X)^2 \qquad R^2 = 0.607$$
$$(1.30) \qquad (-1.08)$$

여기서 $\hat{e}'^2$는 추정된 대수선형모형의 잔차를 나타낸다. 이 경우에도 동분산 가정을 적극적으로 기각할 수는 없다, 즉, 앞에서 우리들은 잔차그림의 직관적인 분석을 통해서 변형된 모형에서는 이분산의 문제가 없는 것으로 판단했으나 화이트의 검정결과에서는 여전히 이분산의 문제가 있는 것으로 나타난다.

둘째, 브로이쉬와 파간 검정

앞에서 구해진 회귀잔차의 제곱 e^2, 설명변수 X 및 X^2을 이용하여 e^2에 대한 회귀식을 추정했을 때의 회귀제곱합(RSS_0)은 32452884가 되고 분산의 추정값($\hat{\sigma}^2$)은 1554가 되므로 검정통계량 BP는 다음과 같이 된다.

$$BP = \frac{RSS_0}{2\times\hat{\sigma}^4} = \frac{32452884}{2\times 1554^2} = 6.719$$

따라서 동분산 가설은 유의수준 5%에서 기각(유의수준 5%이고 자유도가 2일 때 임계값은 5.99)되고, 이분산 가설이 채택된다.

또 대수선형모형에 대해서는 회귀제곱합(RSS_0)은 0.000011이 되고 분산의 추정값($\hat{\sigma}^2$)은 0.0021이 되므로 검정통계량 BP는 다음과 같이 된다.

$$BP = \frac{RSS_0}{2\times\hat{\sigma}^4} = \frac{0.000011}{2\times 0.0021^2} = 1.247$$

따라서 이 경우에는 유의수준 5%에서 동분산가설을 기각할 수 없게 된다. 즉, 이분산의 문제가 없는 것으로 판정한다.

<SAS 9.4> 이 예제를 SAS를 이용하여 분석하면 다음과 같이 된다.

<ex9_4.SAS>

```
DATA ex9_4;
 INFILE'k:ex9_3.dat';
 INPUT y x;
 xx=x*x;
RUN;
PROC REG;
 MODEL y=x;
 OUTPUT OUT=out1 R=re;
RUN;
DATA lee;
 MERGE ex8_8 out1;
 rr=re*re;
RUN;
PROC REG;
 MODEL rr=x; /*X 에 대한 e^2의 회귀*/
 MODEL rr=x xx;/* X, X^2에 대한 e^2의 회귀*/
RUN;
```

<수행결과 9.4>

```
Dependent Variable: Y
                        Analysis of Variance
                          Sum of         Mean
   Source         DF      Squares        Square        F Value      Prob>F
   Model           1  1961744.1562  1961744.1562      1262.637      0.0001
   Error          18    27966.39384    1553.68855
   C Total        19  1989710.55

                        Parameter Estimates
                  Parameter      Standard    T for H0:
  Variable  DF     Estimate         Error    Parameter=0    Prob > |T|
  INTERCEP   1    25.411549   21.10064853          1.204        0.2441
  X          1     0.899325    0.02530914         35.534        0.0001

 Dependent Variable: RR
                        Analysis of Variance
                          Sum of         Mean
   Source         DF      Squares        Square        F Value      Prob>F
   Model           1 29274445.258 29274445.258        68.586        0.0001
   Error          18 7682942.5212 426830.14007
   C Total        19 36957387.779

                        Parameter Estimates
                  Parameter      Standard    T for H0:
  Variable  DF     Estimate         Error    Parameter=0    Prob > |T|
  INTERCEP   1 -1233.295023  349.73682331         -3.526        0.0024
```

```
   X             1      3.474079    0.41949122          8.282         0.0001

Dependent  Variable: RR
                          Analysis of Variance
                             Sum of           Mean
  Source          DF         Squares         Square          F Value        Prob>F
  Model            2  32452793.527  16226396.763           61.237        0.0001
  Error           17  4504594.2522  264976.13248
  C Total         19  36957387.779

                              Parameter Estimates
                      Parameter        Standard     T for H0:
   Variable  DF        Estimate           Error    Parameter=0       Prob > |T|
   INTERCEP   1      438.774315    555.89424393          0.789           0.4408
   X          1       -2.104337      1.64425819         -1.280           0.2178
   XX         1        0.003674      0.00106076          3.463           0.0030
```

9.2.3 가중최소제곱법

[예제 9.1]에서 우리들은 변수들을 대수변환시킴으로써 오차항의 이분산 문제를 해결할 수 있었다. 많은 경우에 대수변환, 역변환 등과 같은 변수변환을 통하여 이분산 문제를 어느 정도 해결할 수 있다. 다른 방법으로는 가중최소제곱(weighted least squares: WLS)법을 사용할 수 있다. 단순선형회귀모형에서 모회귀계수의 추정을 위한 통상최소제곱법은 다음과 같은 Q를 최소로 하는 방법이다.

$$Q = \sum_{j=1}^{n} (Y_j - b_0 - b_1 X_j)^2$$

즉, 이 경우에는 모든 관측값들에 대하여 동일한 가중값이 부여된 경우가 된다. 가중최소제곱법이란 개별 관측값에 대하여 서로 다른 가중값을 부여하여 다음과 같은 가중제곱합을 최소로 하는 회귀계수를 추정하는 방법이다.

$$Q_w = \sum_{j=1}^{n} w_j (Y_j - b_0' - b_1' X_j)^2$$

여기서 w_j는 j-번째 Y관측값에 대한 가중값이며, 이 식을 최소로 하는 회귀계수를 구하기 위한 정규방정식은 다음과 같이 된다.

(9.6a) $$\Sigma w_j Y_j = b_0' \Sigma w_j + b_1' \Sigma w_j X_j$$

(9.6b) $$\Sigma w_j X_j Y_j = b_0' \Sigma w_j X_j + b_1' \Sigma w_j X_j^2$$

이 두 식을 풀면 β_0, β_1의 가중최소제곱추정량 $b_0^{'}$, $b_1^{'}$은 다음과 같이 된다.

(9.7a) $$b_1^{'} = \frac{\Sigma w_j (X_j - \overline{X}_w)(Y_j - \overline{Y}_w)}{\Sigma w_j (X_j - \overline{X}_w)^2}$$

(9.7b) $$b_0^{'} = \overline{Y}_w - b_1^{'} \overline{X}_w$$

여기서 $\overline{X}_w, \overline{Y}_w$는 가중평균으로 다음과 같다.

$$\overline{X}_w = \frac{\Sigma w_j X_j}{\Sigma w_j}, \quad \overline{Y}_w = \frac{\Sigma w_j Y_j}{\Sigma w_j}$$

여기서는 오차항이 이분산을 갖는 경우에 가중최소제곱법이 적용되는 두 가지의 경우를 살펴보기로 한다. 먼저, 오차항이 다음과 같은 이분산을 갖는 경우를 가정해 보자.

$$Y_j = \beta_0 + \beta_1 X_j + \epsilon_j, \qquad V(\epsilon_j) = \sigma_j^2$$

이때 만약 오차항의 분산을 $\sigma_j^2 = 1/w_j$, 즉 $w_j = 1/\sigma_j^2$로 나타내면 $V(\sqrt{w_j}\,\epsilon_j) = 1$이 된다. 따라서 이 모형의 양변에 다음과 같이 $\sqrt{w_j}$를 곱해 주면 오차항은 동분산을 갖게 된다.

$$\sqrt{w_j}\,Y_j = \beta_0 \sqrt{w_j} + \beta_1 \sqrt{w_j}\,X_j + \sqrt{w_j}\,\epsilon_j, \quad V(\sqrt{w_j}\,\epsilon_j) = 1$$

여기서 잔차의 제곱합은 다음과 같이 되고, 이 Q_w를 최소로 하는 회귀계수는 바로 가중값이 오차분산의 역수, 즉 $w_j = 1/\sigma_j^2$가 되는 가중최소제곱추정량이 된다.

$$Q_w = \sum_{j=1}^{n} (\sqrt{w_j}\,e_j)^2 = \sum_{j=1}^{n} w_j (Y_j - b_0^{'} - b_1^{'} X_j)^2$$

따라서 가중값 w_j(혹은 σ_j^2)가 알려지는 경우는 직접 회귀계수를 가중최소제곱법으로 구할 수 있고, 그렇지 않은 경우에는 오차분산 σ_j^2을 추정하여 구할 수 있다.

또, 만약 오차분산이 $V(\epsilon_j) = \sigma_j^2 = \sigma^2 k_j^2$와 같이 되는 경우에는 양변에 k_j로 나누어 주면 다음과 같은 오차항이 동분산인 모형으로 변형시킬 수 있다.

$$\frac{Y_j}{k_j} = \beta_0 \frac{1}{k_j} + \beta_1 \frac{X_j}{k_j} + \frac{\epsilon_j}{k_j}, \quad V(\epsilon_j / k_j) = \sigma^2$$

즉, 이 경우에는 가중값이 $w_j = 1/k_j^2$이 되는 가중최소제곱법을 사용할 수 있다.

예제 9-5

다음은 각 도시별로 n_j 가구의 표본을 추출하여 추정된 도시별 가구당 평균소득($\overline{Y}_j$)과 도시 면적(X_j)을 조사한 자료이다. 도시면적에 대한 평균소득의 회귀식을 추정해 보자. 단, 전 도시의 가구당 소득에 대한 분산은 동일한 것으로 가정한다.

<표 9.4> 도시별 평균소득과 도시면적에 관한 자료

가구 번호	평균소득 ($\overline{Y}_j$)	면적 (X_j)	표본크기 (n_j)	가구 번호	평균소득 ($\overline{Y}_j$)	면적 (X_j)	표본크기 (n_j)
1	20	60	30	11	80	85	50
2	30	70	30	12	120	100	70
3	50	80	40	13	150	140	80
4	40	65	30	14	30	65	30
5	60	85	40	15	70	90	40
6	60	75	40	16	110	90	70
7	80	90	50	17	120	130	70
8	100	120	70	18	140	90	70
9	80	100	50	19	180	120	100
10	60	75	40	20	200	180	100

이 때 설정되는 모형은 다음과 같이 나타낼 수 있다.

$$\overline{Y}_j = \beta_0 + \beta_1 X_j + \epsilon_j \ , \ j = 1, 2, \cdots, 20$$

여기서 j-번째 도시의 평균소득 $\overline{Y}_j$는 $\overline{Y}_j = \frac{1}{n_j}\sum_{i=1}^{n_j} Y_{ij}$($Y_{ij}$는 j-번째 도시의 i-번째 가구의 소득)가 되므로 $V(Y_{ij}) = \sigma^2$일 때 $V(\overline{Y}_j) = \sigma^2/n_j$가 된다. 따라서 이 모형은 오차분산이 $V(\epsilon_j) = \sigma^2/n_j$인 이분산을 갖게 된다. 그러므로 가중값이 n_j인 가중최소제곱법으로 추정할 수 있다. 먼저 가중평균을 구하면 다음과 같다.

$$\overline{X}_w = \frac{\Sigma n_j X_j}{\Sigma n_j} = \frac{116050}{1100} = 105.50$$

$$\overline{Y}_w = \frac{\Sigma n_j Y_j}{\Sigma n_j} = \frac{118900}{1100} = 108.09$$

가중최소제곱추정량 $b_0^{'}, b_1^{'}$는 다음과 같이 된다.

$$b_1^{'} = \frac{\Sigma n_j (X_j - \overline{X}_w)(Y_j - \overline{Y}_w)}{\Sigma n_j (X_j - \overline{X}_w)^2} = \frac{1554550}{1123475} = 1.384$$

$$b_0^{'} = \overline{Y}_w - b_1^{'} \overline{X}_w = 108.09 - 1.384 \times 105.50 = -37.89$$

<SAS 9.5> 이 예제를 SAS를 이용하여 분석하면 다음과 같이 된다.

<ex9_5.SAS>

```
DATA ex9_5;
INFILE'k:ex9_4.dat';
 INPUT y x n;
RUN;
PROC REG;
 MODEL y=x;
 WEIGHT n;
RUN;
```

```
                     Dependent Variable: y

                          Weight: n

                     Analysis of Variance

                             Sum of         Mean
Source              DF      Squares       Square    F Value    Pr > F
Model                1      2151028      2151028      50.03    <.0001
Error               18       773963        42998
Corrected Total     19      2924991

          Root MSE            207.35950    R-Square     0.7354
          Dependent Mean      108.09091    Adj R-Sq     0.7207
          Coeff Var           191.83806

                     Parameter Estimates

                     Parameter       Standard
Variable     DF       Estimate          Error    t Value    Pr > |t|
Intercept     1      -37.88922       21.56546      -1.76      0.0959
x             1        1.38370        0.19563       7.07      <.0001
```

9.3 응용예제

9.3.1 자기상관 및 이분산이 존재하는 경우의 최소제곱추정량의 특성 분석을 위한 몬테칼로 실험연구

몬테칼로 실험연구를 통하여 자기상관이 존재하는 경우와 이분산이 존재하는 경우에 최소제곱법으로 회귀계수를 추정했을 때 나타나는 특성들을 실증적으로 분석해 보기로 한다.

첫째, 자기상관이 존재하는 경우

몬테칼로 실험연구를 위해서, 먼저 이론적 모형을 다음과 같은 일차 자기상관이 존재하는 모형으로 한다.

$$Y_j = 10 + 10X_j + \epsilon_j, \quad \epsilon_j = 0.8\epsilon_{j-1} + \nu_j, \quad j = 1, 2, \cdots, 20, \quad \nu_j \sim IN(0,3)$$

즉, $\beta_0 = 10$, $\beta_1 = 10$ 그리고 일차 자기상관계수 $\rho = 0.8$이고 ν_j는 평균이 0이고 분산이 3인 정규분포를 따른다. 또, 관측값의 크기를 $n = 20$으로 하고 반복횟수는 $r = 500$으로 한다.

이를 위해, 먼저 독립변수 X_j는 균등분포(uniform distribution) $U(0,100)$에서 20개를 생성시킨다. 그리고 오차항 ν_j는 평균이 0이고 분산이 3인 정규분포에서 20개를 생성시키고, ϵ_j와 Y_j는 위의 식에서 생성된 X_j, ν_j를 이용하여 20개를 구할 수 있다. 이와 같이 생성된 자료를 이용하여 β_0, β_1의 최소제곱추정량 b_0, b_1을 구한다.

이와 같은 과정을 500회 반복하여 구해진 b_0, b_1에 대한 특성을 분석을 하면 다음과 같다.

<오차항이 자기상관이 존재하는 경우의 최소제곱추정량들의 특성값>

	반복수	평균	분산	최소값	최대값	왜도	첨도	W-통계량
b_0	500	9.8804	2.9850	3.685	16.139	0.056	0.154	0.9976(0.72)
b_1	500	10.0001	0.0001	9.970	10.037	0.113	0.159	0.9978(0.77)

* ( )는 p-값

즉, 이와 같이 추정된 500개의 회귀계수들의 특성을 살펴보면, 평균은 b_0, b_1 모두 10에 근사하고, 분산과 범위는 b_0가 b_1보다 훨씬 크게 나타난다. 또한, b_0, b_1의 첨도와 왜도도 0에 가까운 값으로 계측되고 $W-$통계량의 값도 각각 0.9976, 0.9978로 $p-$값이 0.72, 0.77로 나타나므로 정규성 가정이 기각되지 않는다.

둘째, 이분산이 존재하는 경우

먼저 이론적 모형을 다음과 같은 이분산이 존재하는 모형으로 한다.

$$Y_j = 10 + 10X_j + \epsilon_j, \quad j = 1, 2, \cdots, 10, \quad \nu_j \sim IN(0,3)$$
$$j = 11, 12, \cdots, 20, \quad \nu_j \sim IN(0,10)$$

즉, $\beta_0 = 10,\ \beta_1 = 10$ 그리고 ν_j는 처음 10개의 자료는 평균이 0이고 분산이 3인 정규분포에서, 나머지는 평균이 0이고 분산이 10인 정규분포를 따른다. 또, 관측값의 크기를 $n = 20$으로 하고 반복횟수는 $r = 500$으로 한다.

이를 위해, 먼저 독립변수 X_j는 균등분포(uniform distribution) $U(0,100)$에서 20개를 생성시킨다. 그리고 확률오차항 ϵ_j는 평균이 0이고 분산이 3인 정규분포에서 10개를, 그리고 평균이 0이고 분산이 10인 정규분포에서 10개를 생성시키고, Y_j는 위의 식에서 생성된 X_j, ϵ_j를 이용하여 20개를 구할 수 있다. 이와 같이 생성된 자료를 이용하여 β_0, β_1의 최소제곱추정량 b_0, b_1을 구한다.

이와 같은 과정을 500회 반복하여 구해진 b_0, b_1에 대한 특성을 분석을 하면 다음과 같다.

<오차항이 자기상관이 존재하는 경우의 최소제곱추정량들의 특성값>

	반복수	평균	분산	최소값	최대값	왜도	첨도	W-통계량
b_0	500	9.8586	0.8091	7.617	11.449	−0.437	−0.376	0.9685(< 0.001)
b_1	500	10.0017	0.0002	9.978	10.037	0.537	−0.331	0.959(< 0.001)

* ( )는 $p-$값

이와 같이 추정된 500개의 회귀계수들의 특성을 살펴보면, 평균은 b_0, b_1 모두 10에 근사하고, 분산과 범위는 b_0가 b_1보다 훨씬 크게 나타난다. 또한, b_0, b_1의 첨도와 왜도도 0에 가까운 값으로 계측되고 $W-$통계량의 값도 각각 0.9976, 0.9978로 $p-$값이 0.72, 0.77로 나타나므로 정규성 가정이 기각되지 않는다. 그러므로 오차항이 자기상관이 존재하는 경우에 통상최소제곱법으로 회귀계수를 추정하면, 오차분산이 과소 추정되므로 회귀계수의 분산들도 과소 추정되지만, 추정된 계수들은 불편추정량이 되며 정규분포를 따른다.

이러한 몬테칼로 실험분석을 하기 위해서는 다음과 같은 SAS 프로그램이 필요하다.

<프로그램 9.1: PRO9_1.SAS>

```
%MACRO AUTO(N,R,A0,A1);

FILENAME RST 'C:\RESULT.OUT';
PROC IML; RESET NOPRINT NOLOG;
   X=J(&N,2);    V=J(&N,1);    E=J(&N,1);    Y=J(&N,1);
   DO J=1 TO &N;  X[J,2]=UNIFORM(1)*100;  V[J]=SQRT(3)*RANNOR(0);
      IF J=1 THEN E[J]=V[J];  ELSE E[J]=&R*E[J-1]+V[J];  Y[J]=&A0+&A1*X[J,2]+E[J];
   END;
   B=INV(X`*X)*X`*Y;
   FILE RST;  B0=B[1];  B1=B[2];  PUT B0 +2 B1;
   CLOSEFILE RST;
QUIT;

   DATA B;  INFILE RST;
            INPUT B0 B1;  RUN;

%MEND AUTO;
%MACRO SIM_1(REP,N,R,A0,A1,FILE);

%DO I=1 %TO &REP;  %AUTO(&N,&R,&A0,&A1);
  PROC DATASETS;  APPEND BASE=&FILE FORCE;  RUN;
%END;

   OPTIONS NODATE NONUMBER LS=80 PS=55;
   TITLE 'AUTOCORRELATED ERRORS';
   PROC MEANS DATA=&FILE N MEAN VAR;  VAR B0 B1;  RUN;
%MEND;

%SIM_1(500,20,0.8,10,10,out1);
PROC UNIVARIATE DATA=out1 NORMAL PLOT;
       VAR B0 B1;  RUN;

%MACRO HETER(N,VAR,A0,A1);
FILENAME RST 'C:\RESULT.OUT';
PROC IML;
   RESET NOPRINT NOLOG;
   X=J(&N,2);    E=J(&N,1);    Y=J(&N,1);
      DO J=1 TO &N;  X[J,2]=UNIFORM(1)*100;
      IF J <= &N/2 THEN E[J]=NORMAL(0);
      ELSE DO;  E[J]=NORMAL(0)*SQRT(&VAR);
      END;
```

```
      Y[J]=&A0+&A1*X[J,2]+E[J];
    END;
    B=INV(X`*X)*X`*Y;

    FILE RST; B0=B[1]; B1=B[2]; PUT B0 +2 B1;
    CLOSEFILE RST;
  QUIT;

   DATA B; INFILE RST;
          INPUT B0 B1; RUN;
%MEND HETER;
%MACRO SIM_2(REP,N,VAR,A0,A1,FILE);
%DO I=1 %TO &REP;  %HETER(&N,&VAR,&A0,&A1);
   PROC DATASETS; APPEND BASE=&FILE FORCE;
   RUN;
%END;

    OPTIONS NODATE NONUMBER LS=80 PS=55;
    TITLE 'HETEROSCADASTICITY';
    PROC MEANS DATA=&FILE N MEAN VAR; VAR B0 B1 ; RUN;
%MEND;

%SIM_2(500,20,10,10,10,out2);
PROC UNIVARIATE DATA=out2  NORMAL PLOT;
        VAR B0 B1;RUN;
```

9.3.2 자기회귀모형에 의한 한국의 도매물가지수 모형의 추정

우리들은 응용예제 제6장의 6.2절에서 한국의 도매물가지수 모형을 추정했다. 여기서 이 모형의 자기상관검정을 하기 위하여 더빈-와트슨 통계량을 구하면 $DW = 1.313$이 된다. 그런데 $n=52$, $k=3$일 때의 임계값은 $d_l = 1.42$, $d_u = 1.67$이므로 자기상관이 없다는 귀무가설은 기각된다. 즉, 오차항들 간에는 자기상관이 존재한다.

따라서 이 모형은 일차자기회귀오차를 갖는 다음과 같은 모형으로 재설정해야 한다.

$$WPI_t = \beta_0 + \beta_1 EXR_t + \beta_2 IIL_t + \beta_3 WPL_t + \epsilon_t,\ \ \epsilon_t = \epsilon_{t-1} + u_t$$

이 모형을 SAS/ETS의 AUTOREG를 사용하여 최우추정법으로 이 모형을 추정하기 위한 SAS 프로그램과 실행결과는 <프로그램 9.2>과 <수행결과 9.2>과 같다.

이 때 추정된 회귀식은 다음과 같이 나타낼 수 있다.

$$\widehat{WPI}_t = -10.412 + \underset{(3.28)}{0.0225} EXR_t + \underset{(5.99)}{0.2178} IIL_t + \underset{(11.86)}{0.6996} WPL_t$$

$$R^2 = 0.9980 \quad DW = 2.134$$

즉, 이와 같이 재추정된 회귀식에서는 더빈-와트슨의 검정통계량 DW가 2.134으로 임계값 4 - 1.67 = 2.33보다 작으므로 자기상관이 존재하지 않는 것으로 판단할 수 있다.

<프로그램 9.2: PRO9_2.SAS>

```
DATA econy;
 INFILE'k:econy.dat';
 INPUT x1-x9;
 x10=LAG(x8);
 LABEL x5='WAL' x6='EXR' x7='GNP' x8='WPI' x9='PIL' x10='WPL';
RUN;
PROC AUTOREG;
 MODEL x8=x6 x9 x10/NLAG=1 METHOD=ML;
RUN;
```

<수행결과 9_2>

```
                    MULTIPLE REGRESSION
                     Autoreg Procedure

Dependent Variable = X8          WPI
             Ordinary Least Squares Estimates
           SSE          69.07637   DFE          47
           MSE           1.46971   Root MSE     1.212316
           SBC          175.9318   AIC         168.2045
           Reg Rsq        0.9976   Total Rsq     0.9976
           Durbin-Watson  1.3321

Variable    DF       B Value   Std Error   t Ratio Approx Prob  Var
Intercept    1     -7.262945      2.0523    -3.539      0.0009
X6           1      0.013751     0.00475     2.894      0.0057  EXR
X9           1      0.188198      0.0255     7.373      0.0001  PIL
X10          1      0.768699      0.0420    18.319      0.0001  WPL

        Estimates of the Autoregressive Parameters
    Lag    Coefficient       Std Error         t Ratio
     1    -0.31407286        0.139981          -2.244

             Maximum Likelihood Estimates
           SSE          60.22485   DFE             46
           MSE          1.309236   Root MSE  1.144218
           SBC          173.0785   AIC       163.4194
           Reg Rsq        0.9939   Total Rsq   0.9979
           Durbin-Watson  2.1342

Variable    DF       B Value   Std Error   t Ratio Approx Prob  Var
Intercept    1    -10.412449      2.9070    -3.582      0.0008
X6           1      0.022479     0.00686     3.277      0.0020  EXR
X9           1      0.217755      0.0364     5.987      0.0001  PIL
X10          1      0.698586      0.0589    11.856      0.0001  WPL
```

부록 9.1 ; 〈정리 4.1〉 잔차 (e_j)의 기대값과 분산의 유도

유도과정을 단순화시키기 위해서 다음과 같은 절편이 없는 단순회귀모형을 가정하자.

$$Y_j = \beta_1 X_j + \epsilon_j$$

최소제곱잔차는 다음과 같이 된다.

$$e_j = Y_j - \hat{Y}_j = Y_j - b_1 X_j, \quad \text{여기서 } b_1 = \Sigma X_j Y_j / \Sigma X_j^2$$

따라서 e_j의 기대값은

$$E(e_j) = E(Y_j - b_1 X_j) = E(Y_j) - \beta_1 X_j = 0$$

또, e_j는 다음과 같이 나타낼 수 있다.

$$\begin{aligned} e_j &= Y_j - \frac{\Sigma X_j Y_j}{\Sigma X_j^2} X_j \\ &= Y_j - \frac{1}{\Sigma X_j^2}(X_1 Y_1 + X_2 Y_2 + \cdots + X_n Y_n) X_j \end{aligned}$$

여기서 $h_{ji} = X_j X_i / \Sigma X_j^2$으로 나타내면

$$\begin{aligned} e_j &= Y_j - (h_{j1} Y_1 + h_{j2} Y_2 + \cdots + h_{jn} Y_n) \\ &= (1 - h_{jj}) Y_j + \sum_{i \neq j} h_{ji} Y_i \end{aligned}$$

그런데, $\sum_{i=1}^{n} h_{ji}^2 = \sum_i \left(\frac{X_j X_i}{\Sigma X_j^2} \right)^2 = X_j^2 \frac{\Sigma X_i^2}{(\Sigma X_j^2)^2} = \frac{X_j \cdot X_j}{\Sigma X_j^2} = h_{jj}$

따라서 e_j의 분산은

$$\begin{aligned} V(e_j) &= V[(1 - h_{jj}) Y_j + \sum_{i \neq j} h_{ji} Y_i] \quad (\because Y_i \perp Y_j) \\ &= (1 - h_{jj})^2 \sigma^2 + \sum_{i \neq j} h_{ji}^2 \sigma^2 \\ &= (1 - 2h_{jj}) \sigma^2 + \sum_i h_{ji}^2 \sigma^2 \\ &= (1 - 2h_{jj}) \sigma^2 + h_{jj} \sigma^2 \end{aligned}$$

$$= (1-h_{jj})\sigma^2$$

$$= \left(1-\frac{X_j^2}{\Sigma X_j^2}\right)\sigma^2$$

혹은, 행렬표기로 나타내면 다음과 같이 간단히 증명된다.

$$\begin{aligned} \underline{e} &= (\mathrm{I}-\mathrm{H})\underline{y} \\ &= (\mathrm{I}-\mathrm{H})(X\underline{\beta}+\underline{\epsilon}) \qquad (\because\ X\underline{\beta}=\mathrm{H}X\underline{\beta}) \\ &= (\mathrm{I}-\mathrm{H})\underline{\epsilon} \end{aligned}$$

따라서 $E(\underline{e}) = (\mathrm{I}-\mathrm{H})E(\underline{\epsilon}) = \underline{0}$가 된다.

또,

$$\begin{aligned} V(\underline{e}) &= V[(\mathrm{I}-\mathrm{H})\underline{\epsilon}\,] \\ &= (\mathrm{I}-\mathrm{H})\,V(\underline{\epsilon})(\mathrm{I}-\mathrm{H})' \quad (\because (\mathrm{I}-\mathrm{H})\text{는 대칭, 멱등행렬}) \\ &= (\mathrm{I}-\mathrm{H})\sigma^2 \\ &= \begin{bmatrix} 1-h_{11} & -h_{12} & \cdots & -h_{1n} \\ -h_{12} & 1-h_{22} & \cdots & -h_{2n} \\ \vdots & \vdots & \ddots & \vdots \\ -h_{1n} & -h_{2n} & \cdots & 1-h_{nn} \end{bmatrix}\sigma^2 \end{aligned}$$

즉, $V(e_j) = (1-h_{jj})\sigma^2$, $\mathrm{COV}(e_i\ e_j) = -h_{ij}\sigma^2$이 된다.

부록 9.2 : 「더번-와트슨」 통계량

「더번-와트슨」의 $D-$통계량은 일차자기상관계수가 0라는 귀무가설, 즉 $H_0\ :\ \rho=0$를 검정하는 통계량으로 다음과 같은 관계식에서 유도된다.

$$\begin{aligned} E(\epsilon_j-\epsilon_{j-1})^2 &= E(\epsilon_j^2)+E(\epsilon_{j-1}^2)-2E(\epsilon_j\epsilon_{j-1}) \\ &= E(\epsilon_j^2)+E(\epsilon_{j-1}^2)-2\rho\sigma^2 \end{aligned}$$

여기서 $\rho = E(\epsilon_j\epsilon_{j-1})/E(\epsilon_j^2)$이다. 따라서 다음이 성립된다.

만약 $\rho=0$이면,

$$E(\epsilon_j-\epsilon_{j-1})^2 = E(\epsilon_j^2)+E(\epsilon_{j-1}^2),\ \text{즉}\ \frac{E(\epsilon_j-\epsilon_{j-1})^2}{E(\epsilon_j^2)} = 2$$

만약 $\rho > 0$이면,

$$E(\epsilon_j - \epsilon_{j-1})^2 < E(\epsilon_j^2) + E(\epsilon_{j-1}^2), \text{ 즉 } \frac{E(\epsilon_j - \epsilon_{j-1})^2}{E(\epsilon_j^2)} < 2$$

만약 $\rho < 0$이면,

$$E(\epsilon_j - \epsilon_{j-1})^2 > E(\epsilon_j^2) + E(\epsilon_{j-1}^2), \text{ 즉 } \frac{E(\epsilon_j - \epsilon_{j-1})^2}{E(\epsilon_j^2)} > 2$$

이 때 $\dfrac{E(\epsilon_j - \epsilon_{j-1})^2}{E(\epsilon_j^2)}$의 추정값 D는 n이 어느 정도 이상 큰 경우에 다음과 같이 된다.

$$D = \frac{\sum_{j=2}^{n}(e_j - e_{j-1})^2}{\sum_{j=1}^{n} e_j^2} = \frac{\sum_{j=2}^{n} e_j^2 + \sum_{j=2}^{n} e_{j-1}^2 - 2\sum_{j=2}^{n} e_j\ e_{j-1}}{\sum_{j=1}^{n} e_j^2}$$

$$\doteq 2 - 2\ \frac{\sum_{j=2}^{n} e_j\ e_{j-1}}{\sum_{j=1}^{n} e_j^2} = 2(1-\hat{\rho})$$

그런데, $-1 \leq \hat{\rho} \leq 1$이므로 D는 $0 \leq D \leq 4$가 된다.

REGRESSION ANALYSIS EXERCISE

연습문제

9.1 통상최소제곱법으로 선형회귀모형을 추정할 때 오차항에 자기상관이 존재하는 경우에 발생하는 문제점에 관하여 기술하시오. 또 동분산 가정이 성립하지 않을 때의 문제점을 기술하시오.

9.2 다음은 S도시의 중소기업체들 중에서 10개를 랜덤으로 추출하여 생산직 근로자수(Y)와 관리직 근로자수(X)들을 조사한 자료이다.

회사	1	2	3	4	5	6	7	8	9	10
X	10	10	15	15	20	25	30	30	40	50
Y	30	35	40	50	50	80	60	100	60	120

1) 생산직과 관리직 근로자수들 간의 관련성을 단순선형관계가 있는 것으로 가정하여 최소제곱법으로 단순선형회귀모형을 추정하시오.
2) 산점도와 잔차그림을 그려보고, 오차항의 동분산성에 대한 가정이 적합한가를 판단하시오.
3) 화이트의 검정방법을 사용하여 오차항의 동분산성을 검정하시오.

9.3 다음과 같은 가상적인 자료 X_t, Y_t에 대하여 단순선형회귀모형을 적합시킬 때 오차항에 대한 자기상관검정을 하시오. 유의수준 5%로 더빈-와트슨 검정을 하시오.

t	1	2	3	4	5	6	7	8	9	10	11	12	13	14	15	16	17	18	19	20
X_t	10	20	30	40	50	60	70	80	90	100	110	120	130	140	150	160	170	180	190	200
Y_t	11.5	15.3	19.9	24.2	28.6	33.4	39.2	45.4	50.2	55.2	59.9	67.2	71.4	75.0	79.0	85.5	90.7	95.5	99.0	100.0

9.4 다음은 표본의 크기 $n=30$인 자료를 사용하여 종속변수 Y와 독립변수 X_1, X_2에 관하여 최소제곱법으로 추정된 결과이다.

$$\hat{Y} = \underset{(5.0)}{20.5} + \underset{(2.5)}{0.5X_1} + \underset{(4.0)}{1.2X_2} \qquad R^2 = 0.92 \quad DW = 0.75$$

BP = 1.24　　( ) : t-값

1) 추정된 회귀식의 회귀계수들의 P-값을 구하고 결과를 설명하시오.

2) 추정된 회귀식들은 관측값들을 잘 설명하고 있는가.

3) 오차항의 자기상관문제를 검정하시오.

9.5 (몬테칼로 시뮬레이션)

다음의 순서에 따라서 오차항이 이분산을 따르는 경우에 통상최소제곱량(OLS)들의 특성을 비교, 연구하시오.

1) 다음과 같은 오차항 ϵ_j, $j = 1, 2, \cdots, 40$를 생성시키시오.

$$\epsilon_j \sim N(0,1) \ \ j = 1, 2, \cdots, 20, \qquad \epsilon_j \sim N(0,100) \ \ j = 21, 22, \cdots, 40$$

2) $\beta_0 = 10$, $\beta_1 = 1$이고 $X = 11, 12, \cdots, 50$로 하여 다음과 같은 Y_j를 생성하시오.

$$Y_j = 10 + X_j + \epsilon_j, \ \ j = 1, 2, \cdots, 40$$

3) 생성된 자료 (X_j, Y_j) $j = 1, 2, ..., 40$를 이용하여 회귀계수 b_0, b_1을 구하시오.

4) 위의 과정을 200회 반복해서 b_0, b_1의 평균과 분산을 구하고 그 결과를 설명하시오.

제 10 장 회귀진단 및 해결방안(III) - 다중공선성과 특이값 및 영향력이 큰 관측값 문제

REGRESSION ANALYSIS

10.1 다중공선성

10.1.1 다중공선성의 개념

중회귀모형을 설정할 때 우리들은 독립변수들 간에는 선형종속관계가 성립하지 않는다는 것(즉, $r(X)=k+1$)을 가정했다. 그러면 만약 이들 간에 선형종속관계가 성립한다면 어떠한 결과가 초래되는지를 알아보기 위하여 다음과 같은 예를 들어 보자.

다음과 같은 중회귀모형을 가정하자.

(10.1) $$Y_j=\beta_0+\beta_1X_{1j}+\beta_2X_{2j}+\epsilon_j,\ \ j=1,2,\ \cdots,n$$

이 때 X_{1j}와 X_{2j}는 $X_{2j}=2X_{1j}$의 관계가 성립된다고 가정하면 이 모형은 다음과 같이 나타낼 수 있다.

(10.2) $$Y_j=\beta_0+(\beta_1+2\beta_2)X_{1j}+\epsilon_j\ ,\ \ j=1,2,\ \cdots,n$$

따라서 이 모형은 β_1과 β_2가 분리되어 추정될 수는 없게 된다. 이와 같이 중회귀분석을 할 때 독립변수들 간에 선형종속관계(linear dependencies between regressors), 혹은 거의 선형종속관계가 성립할 때 다중공선성(multicollinearity)의 문제가 존재한다고 말한다.

이 때 선형종속이란 독립변수 벡타를 $\underline{x}_0,\ \underline{x}_1,\ \underline{x}_2,\ \cdots,\ \underline{x}_k$라고 하면 다음과 같은 관계를 가지는 것을 말한다.

$$\sum_{j=0}^{k} a_j \underline{x}_j = \underline{0} \quad \text{단, } a_0 = a_1 = a_2 = \cdots = a_k = 0\text{는 아니다.}$$

예를 들면, 3개의 벡타가 다음과 같을 때

$$\underline{x}'_1 = [1\ 1\ 1\ 1],\ \underline{x}'_2 = [2\ 3\ 5\ 6\ 7],\ \underline{x}'_3 = [3\ 4\ 6\ 7\ 8]$$

이들 간에는 $\underline{x}_1 + \underline{x}_2 - \underline{x}_3 = \underline{0}$가 성립됨으로 $\underline{x}_1$, $\underline{x}_2$, $\underline{x}_3$는 선형종속이 된다.

10.1.2 다중공선성의 효과

독립변수들 간에 선형종속관계가 성립하거나 거의 선형종속관계가 성립하는 경우에는 어떠한 문제들이 발생하는가를 살펴보자. 제6장에서 서술된 독립변수가 두 개인 경우의 중회귀모형의 추정량을 가지고 이들의 문제를 설명하기로 하자. 앞에서 추정된 회귀계수 b_1, b_2 그리고 이들의 분산 및 공분산은 다음과 같이 된다.

(10.3a) $$b_1 = \frac{S_{(22)}S_{(1Y)} - S_{(12)}S_{(2Y)}}{S_{(11)}S_{(22)} - S_{(12)}^2} = \frac{S_{(1Y)}/S_{(11)} - r_{12}r_{2Y}}{1 - r_{12}^2}$$

(10.3b) $$b_2 = \frac{S_{(11)}S_{(2Y)} - S_{(12)}S_{(1Y)}}{S_{(11)}S_{(22)} - S_{(12)}^2} = \frac{S_{(2Y)}/S_{(11)} - r_{12}r_{1Y}}{1 - r_{12}^2}$$

그리고

(10.4a) $$V(b_1) = \sigma^2 / S_{(11)}(1 - r_{12}^2)$$

(10.4b) $$V(b_2) = \sigma^2 / S_{(22)}(1 - r_{12}^2)$$

(10.5c) $$COV(b_1, b_2) = -\sigma^2 r_{12}^2 / S_{(12)}(1 - r_{12}^2)$$

여기서,

$$S_{(11)} = \Sigma(X_{1j} - \overline{X}_1)^2,\ S_{(22)} = \Sigma(X_{2j} - \overline{X}_2)^2$$

$$S_{(12)} = \Sigma(X_{1j} - \overline{X}_1)(X_{2j} - \overline{X}_2)$$

$$S_{(1Y)} = \Sigma(X_{1j} - \overline{X}_1)(Y_j - \overline{Y}),\quad S_{(2Y)} = \Sigma(X_{2j} - \overline{X}_2)(Y_j - \overline{Y})$$

r_{12}: X_1과 X_2의 상관계수, r_{1Y} : X_1과 Y의 상관계수

r_{2Y}: X_2와 Y의 상관계수

이제 독립변수 X_1과 X_2가 선형종속인 경우에 예를 들어, $X_{1j} = X_{2j}$인 경우에 이들이 어떻게 정의되는 지를 먼저 살펴보자.

이 경우에는 $r_{12} = 1$이 되므로 (10.3a,b)에서 b_1과 b_2는 불능이 되고. 또 (10.4a, b, c)에서 $V(b_1)$, $V(b_2)$, $COV(b_1\ b_2)$도 불능이 된다. 즉 회귀계수들도 구해지지 않고, 또 이때의 분산도 정의되지 않는다. 또 이들이 거의 선형관계가 성립하는 경우에는 r_{12}는 거의 ± 1에 가까운 값이 되고, b_1, b_2의 분산과 공분산은 무한히 큰 값을 갖게 된다. 즉 b_1, b_2는 구해지지만 이들의 분산이 매우 크므로 추정량은 유의하지 않게 된다. 만약 X_1과 X_2가 전혀 상관관계가 없으면(즉, $r_{12} = 0$이 되면) 식(10.3 a, b)에서 $b_1 = S_{(1Y)}/S_{(11)}$, $b_2 = S_{(2Y)}/S_{(22)}$의 관계가 성립된다. 즉, b_1과 b_2는 각각 X_1과 Y 및 X_2와 Y간의 단순회귀분석을 했을 때의 단순회귀계수가 됨을 알 수 있다.

10.1.3 다중공선성의 진단과 해결방안

독립변수들 간에 높은 상관관계가 존재하는 다중공선성의 진단은 다음과 같은 방법들을 사용할 수 있다.

첫째, 추정된 모형에 의한 방법

다음과 같은 경우에는 심각한 다중공선성이 존재할 가능성이 매우 높은 것으로 사전진단 할 수 있다.

1) 모형속에 한 변수가 추가되거나 제외될 때 추정된 회귀계수의 변동이 매우 심각할 경우
2) 중요한 설명변수의 추정된 회귀계수가 유의하지 않거나, 추정된 신뢰구간이 아주 큰 경우
3) 개별회귀계수들이 유의하지 않은 데도 결정계수가 높게 나타나는 경우.
4) 회귀계수들의 부호가 예상과 달리 나타나는 경우.

둘째, 상관계수행렬에 의한 방법

독립변수들 간의 모든 단순상관계수들을 조사하는 방법으로 가장 쉽게 탐지할 수 있는 방법이나 세 변수이상에서 존재하는 종속성은 탐지할 수 없다. 이때 두 독립변수들 간의 상관계수의 제곱(r_{ij}^2)이 추정된 모형의 결정계수(R^2)보다 클 때 다중공선성이 문제

가 되는 것으로 판단할 수 있다. 이와 같은 방법을 클라인의 약식검정(KLEIN'S thumb rule test)이라고 한다.

셋째, 분산팽창인자에 의한 방법

분산팽창인자(variance inflation factors: VIF)는 Marquardt(1970)에 의하여 제안된 척도로써 다음과 같다.

$$VIF = (1 - R_j^2)^{-1} \tag{10.3}$$

여기서 R_j^2은 X_j와 X_j를 제외한 $k-1$개의 독립변수들과의 결정계수를 나타낸다. 보통 VIF가 10보다 크면 다중공선성에 의한 문제가 있다고 판단하게 된다. 그런데 $VIF > 10$은 곧 $R_j^2 > 0.9$ 을 의미한다.

넷째, 조건지수에 의한 방법

$(X'X)$의 고유값들을 $\lambda_1, \lambda_2, \lambda_3, \cdots, \lambda_p$라고 할 때, 조건지수 k는 다음과 같이 정의된다.

$$k = \frac{\max(\lambda_i)}{\min(\lambda_i)} \tag{10.4}$$

즉, 고유값들 중에서 가장 큰 값과 작은 값의 비율을 나타낸다. 이 때 다중공선성의 문제는 다음과 같이 판단하게 된다(Hocking and pendleton, 1983).

만약 $k < 100$이면, 다중공선성의 문제는 거의 없다.

만약 $100 < k < 1{,}000$이면, 다소 강한 다중공선성의 문제가 있다.

만약 $k > 1{,}000$이면, 다중공선성의 문제가 매우 심각하다.

다섯째, 분산비율에 의한 방법

분산비율을 이용하면 구체적으로 어떠한 변수들이 공선성의 원인이 되는지를 알 수 있다. $(X'X)$의 아주 작은 고유값에 대응하는 분산비율의 값이 매우 큰 독립변수들이 두 개 이상 있을 때, 이들 간에는 공선성이 존재한다고 판정할 수 있다.

다중공선성에 의한 문제가 있다고 판단될 때는 다음과 같은 방법들을 이용하여 대처할 수 있다.

1) 다중공선성을 야기시킨 변수를 제거하고 다시 모형을 추정한다.
2) 표본의 크기를 증가시킴으로써 다중공선성을 감소시킨다.
3) 모형을 재설정하거나 변수들을 변환시켜서 사용한다.
4) 편의추정법(biased estimation method) 즉, 능형회귀(ridge regression), 주성분회귀(principal Components regression) 등의 방법을 사용할 수 있다.

예제 10-1

<표 10.1>의 자료를 이용하여 회귀모형을 추정할 때 다중공선성의 문제가 발생하는 지를 점검해 보자.

<표 10.1> 다중공선성의 검정을 위한 가상적자료

Y	X_1	X_2	X_3
20	10	20	20
30	15	30	20
50	20	40	50
60	30	50	40
40	20	35	30
80	50	90	60
90	60	110	80
80	40	80	90
100	50	90	120
120	60	120	60

먼저 Y를 종속변수로 하여 회귀식을 추정하면 다음과 같이 된다.

$$\hat{Y} = 6.925 - 0.615X_1 + 1.081X_2 + 0.176X_3, \quad R^2 = 0.946$$
$$(-0.45) \qquad (1.54) \qquad (1.25)$$

추정된 회귀식은 결정계수는 0.946으로 높게 나타나지만 회귀계수들에 대한 t-값은 대체로 낮게 나타난다. 이제 독립변수들 간의 상관계수행렬을 구하면 다음과 같이 된다.

$$R = \begin{bmatrix} 1 & 0.992 & 0.738 \\ 0.992 & 1 & 0.725 \\ 0.738 & 0.725 & 1 \end{bmatrix}$$

여기서 우리들은 X_1과 X_2간에 높은 상관이 있다는 것을 알 수 있다. 각 변수들에 대한 분산팽창인자(VIF)를 구하면 70.14, 67.33, 2.22가 되므로 X_1과 X_2간에는 다중공선성의 문제가 있는 것으로 판단할 수 있다.

또, 조건지수와 분산비율을 구하면 다음과 같이 된다.

고유값	조건지수	분산비율		
		X_1	X_2	X_3
3.7746	1.0000	0.0002	0.0002	0.0067
0.1478	5.0535	0.0018	0.0020	0.0338
0.0761	7.0419	0.0051	0.0065	0.9343
0.0015	50.1236	0.9928	0.9913	0.0253

조건지수는 50.12로 다중공선성은 큰 문제가 되지 않은 것으로 나타난다. 그러나 $(X'X)$의 고유값들 중에서 가장 작은 값은 0.0015로 매우 작고 이 값에 대응하는 분산비율은 X_1과 X_2에서 0.993과 0.991로 매우 높게 나타남으로 X_1과 X_2간에 심각한 공선성이 있음을 시사해 주고 있다.

따라서 다중공선성의 문제를 해결하기 위하여 X_1을 독립변수에서 제외(X_2가 X_1보다 더 유의하기 때문에 X_1을 제외)하고 다시 모형을 추정하면 다음과 같이 된다.

$$\hat{Y} = 6.764 + \underset{(6.57)}{0.767X_2} + \underset{(1.25)}{0.162X_3}, \quad R^2 = 0.945$$

고유값	조건지수	분산비율	
		X_2	X_3
2.8083	1.0000	0.0118	0.0128
0.1328	4.5981	0.0873	0.1686
0.0589	6.9040	0.9009	0.8186

이 경우에는 X_2와 X_3에 대한 VIF값은 2.11, 2.11로 모두 작게 나타나고 또 아주 작은 고유값도 존재하지 않으므로 다중공선성은 문제가 되지 않게 된다.

<SAS 10.1> 이 예제를 SAS를 사용하여 분석하면 다음과 같이 된다.

<ex10_1.sas>

```
DATA ex10_1;
  INFILE'k:ex10_1.dat';
  INPUT y x1 x2 x3;
RUN;
PROC REG;
  MODEL y=x1 x2 x3/collin vif;
  MODEL y=x2 x3/collin vif;
RUN;
```

Model: MODEL1

Variable	DF	Parameter Estimate	Standard Error	T for H0: Parameter=0	Prob > |T|	Variance Inflation
INTERCEP	1	6.924684	6.64702716	1.042	0.3377	0.00000000
X1	1	-0.614766	1.35204496	-0.455	0.6653	70.14138829
X2	1	1.081043	0.70115729	1.542	0.1741	67.33212384
X3	1	0.175617	0.14061455	1.249	0.2582	2.21538559

Collinearity Diagnostics

Number	Eigenvalue	Condition Number	Var Prop INTERCEP	Var Prop X1	Var Prop X2	Var Prop X3
1	3.77458	1.00000	0.0118	0.0002	0.0002	0.0067
2	0.14780	5.05353	0.9795	0.0018	0.0020	0.0338
3	0.07612	7.04186	0.0083	0.0051	0.0065	0.9343
4	0.00150	50.12357	0.0004	0.9928	0.9913	0.0253

Model: MODEL2

Variable	DF	Parameter Estimate	Standard Error	T for H0: Parameter=0	Prob > |T|	Variance Inflation
INTERCEP	1	6.763688	6.25019262	1.082	0.3150	0.00000000
X2	1	0.767265	0.11686134	6.566	0.0003	2.10843888
X3	1	0.161635	0.12920287	1.251	0.2511	2.10843888

Collinearity Diagnostics

Number	Eigenvalue	Condition Number	Var Prop INTERCEP	Var Prop X2	Var Prop X3
1	2.80826	1.00000	0.0220	0.0118	0.0128
2	0.13282	4.59812	0.9633	0.0873	0.1686
3	0.05892	6.90398	0.0147	0.9009	0.8186

10.2 특이값과 영향력이 큰 관측값

10.2.1 특이값이란

관측된 자료를 사용하여 회귀분석을 하고자 할 때, 우리들은 이들 자료들 속에서 가끔 특별히 크거나 작은 관측값들이 포함되어 있는 경우를 볼 수 있다. 이와 같이 다른 관측값에 비하여 특별히 크거나 작은 관측값들은 우리들은 특이값(outlier)이라고 한다. 그런데 많은 경우에 이러한 특이값들은 최소제곱법으로 회귀식을 추정할 때 추정결과에 큰 영향을 미치게 됨으로 세밀한 검토가 필요하다.

이러한 특이값들은 측정상의 과오, 또는 실험상의 과오 등으로 인하여 발생될 수도 있지만 그렇지 않고 자료의 특성과 정보를 반영하는 값들일 수도 있다. 따라서 모형을 추정할 때 특이값으로 분류된 관측값들을 표본자료 속에 포함시킬 것인가 혹은 제거할 것인가를 결정하는 문제는 매우 중요하다. 이 때 특별히 크거나 작다는 것은 종속변수 Y를 기준하는 경우, 독립변수 X를 기준하는 경우, 혹은 두 변수 모두를 기준으로 하는 경우가 있을 수 있다. [그림 10.1]과 같은 산점도에서 이러한 특이값들의 형태를 살펴보자.

[그림 10.1] 특이값의 여러 가지 유형

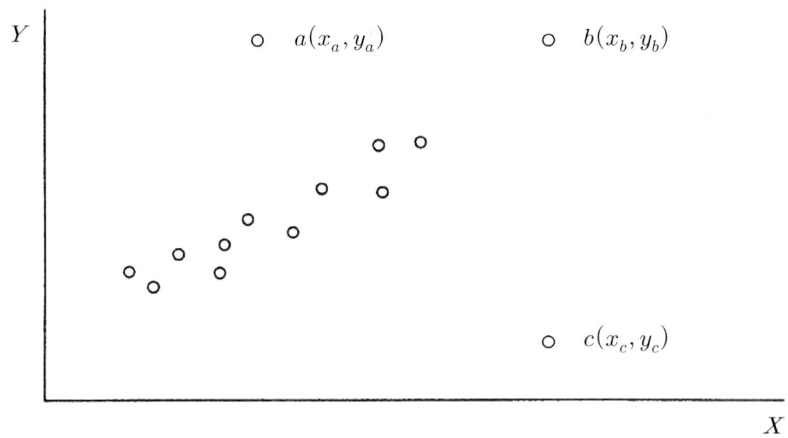

점 $a(x_a, y_a)$에서 x_a는 X의 다른 관측값들의 범위 속에 포함되어 있으나 y_a는 Y의 다른 관측값을 보다 특별히 큰 값이 된다. 즉 점 a는 Y를 기준으로 했을 때의 특이값

이다. 그리고 점 $b(x_b, y_b)$에서 x_b와 y_b는 모두 다른 관측값들 보다 특별히 큰 값이므로 점 b는 X 및 Y를 기준으로 했을 때의 특이값이 된다. 또 점 $c(x_c, y_c)$에서도 x_c와 y_c가 모두 다른 관측값들보다 특별히 다르기 때문에 c도 X 및 Y를 기준할 때의 특이값이다. 그런데 모든 특이값들이 항상 회귀선의 추정에 큰 영향을 미치는 것은 아니다. [그림 10.1]에서 점 b의 경우는 b를 제외하고 회귀선을 추정해도 추정된 회귀선은 점 b 근처를 통과하므로 거의 영향을 미치지 않는다. 그러나, 점 a(혹은 점 c)는 이 점을 제외하고 회귀선을 추정하면 포함하는 경우와 상당히 다른 회귀선이 추정된다. 즉, 점 a (혹은 점 c)느 추정된 회귀선에 영향을 많이 미치는 특이값이 된다. 이와 같이 산점도, 혹은 잔차그림 등을 통하여, 하나의 독립변수를 갖는 회귀분석에서는 X 혹은 Y에 대한 특이값은 상대적으로 쉽게 발견할 수 있다.

그러나 2개 이상의 독립변수를 포함하는 회귀분석에서는 단순한 그림을 통하여 특이값을 식별하기란 어렵다. 중회귀분석의 경우, 즉 독립변수들이 다변량인 경우에 제8.1절에서 정의된 H행렬을 사용하여 특이값을 식별하는 방법과 종속변수 Y가 특이값인 경우의 식별방법에 관하여 기술하기로 한다.

10.2.2 특이값의 식별

첫째, 독립변수가 특이값인 경우의 식별

앞에서 정의된 $H(=X(X'X)^{-1}X')$행렬의 다음과 같은 특성을 이용하면 특이값인 독립변수들을 식별 할 수 있다.

H행렬의 j번째 대각요소인 h_{jj}는 항상 다음과 같이 된다.

(10.5) $$0 \le h_{jj} \le 1,\ \sum_{j=1}^{n} h_{jj} = k+1,\ \text{여기서 } k\text{는 독립변수의 수}$$

이 때 h_{jj}는 k개 독립변수들의 평균벡타($\underline{\overline{x}}$)와 독립변수들의 $j-$번째 관측값 벡타 ($\underline{x}_j$)와의 거리를 나타내는 척도가 된다. 독립변수가 2개인 경우를 예를 들면 독립변수 X_1과 X_2의 3번째 관측값을 (x_{13}, x_{23})라고 하면 h_{33}는 (x_{13}, x_{23})에서부터 이들의 평균인 $(\overline{X}_1, \overline{X}_2)$까지의 거리를 나타내는 척도가 된다. 따라서 h_{jj}가 큰 값을 가지면(즉, $h_{jj}\rightarrow 1$), $j-$번째 독립변수들의 관측값은 특이값으로 간주할 수 있다. 일반적으로 h_{jj}가

h의 평균, 즉 $\bar{h}=\frac{1}{n}\Sigma h_{jj}=(k+1)/n$보다 두 배 이상 클 때 $j-$번째 독립변수들을 특이값으로 간주할 수 있다.

둘째, 종속변수가 특이값인 경우의 식별

종속변수 Y가 특이값인 경우의 식별은 잔차 혹은 조정된 잔차들을 이용할 수 있다. 조정된 잔차는 표준화잔차, 표준화제외잔차 등이 있으며 이들에 대해서는 이미 앞에서 설명된 것처럼 다음과 같이 정의 된다.

$$\text{표준화잔차}:\ t_j=e_j/S_e\sqrt{1-h_{jj}},\ S_e=\sqrt{\Sigma e_j^2/n-k-1}$$

$$\text{표준화제외잔차}:\ t_{(j)}=e_j/S_{e(j)}\sqrt{1-h_{jj}},\ S_{e(j)}=S_e\sqrt{\frac{n-k-1-t_j^2}{n-k-2}}$$

이와 같이 조정된 잔차들이 과다하게 크거나 작으면 특이값으로 볼 수 있게 된다. 이때 표준화잔차 t_j에 대한 임계값은 Lund(1975)가 제시한 수표를 이용할 수 있고, 표준화제외잔차 $t_{(j)}$는 자유도 $n-k-2$인 $t-$분포를 따르므로 $t-$검정을 할 수 있다.

예제 10-2

<표 10.2>와 같은 가상적 자료를 사용하여 회귀분석을 하는 경우에 특이값이 존재하는지를 분석해 보도록 하자.

먼저 회귀식을 추정하면 다음과 같이 된다.

$$\hat{Y}_j=19.7+0.867X_{1j}+0.009X_{2j}$$

<표 10.2> 특이값의 분석을 위한 가상적 자료

j	X_{1j}	X_{2j}	Y_j
1	10	10	30
2	20	15	40
3	30	20	40
4	30	25	50
5	40	30	50
6	50	40	60
7	60	50	70
8	60	50	80
9	70	60	80
10	80	10	90

여기서 H행렬의 대각요소인 h_{jj}, 표준화잔차 t_j, 표준화제외잔차 $t_{(j)}$를 계산하면 다음과 같이 된다(SAS 10.2 참고).

<표 10.3> 특이값의 식별을 위한 통계량들의 계산

j	Y_j	$\hat{Y}_j$	e_j	t_j	$t_{(j)}$	h_{jj}
1	30	28.46	1.54	0.40	0.38	0.38
2	40	37.18	2.82	0.67	0.65	0.25
3	40	45.90	−5.90	−1.33	−1.43	0.16
4	50	45.94	4.06	0.91	0.90	0.15
5	50	54.66	−4.66	−1.02	−1.03	0.11
6	60	63.41	−3.41	−0.76	−0.73	0.13
7	70	72.17	−2.17	−0.51	−0.48	0.22
8	80	72.17	7.83	1.84	2.38	0.22
9	80	80.93	−0.93	−0.25	−0.23	0.39
10	90	89.17	0.83	1.60	1.86	0.99

따라서 $h_{jj} = 0.99 > 0.3 \times 2$므로 10번째 관측값은 독립변수가 특이값인 경우로 판단할 수 있다. 또 표준화제외잔차 $t_{(j)}$는 자유도가 6인 $t-$분포를 따르므로 임계값은 유의수준 5%일 때 $t_{6,0.05} = 1.94$, 10%일 때는 $t_{6,0.1} = 1.44$가 됨으로 $t_{(8)}$,$t_{(10)}$는 종속변수가 특이값인 것으로 간주된다. 그러나 표준화잔차를 이용한 검정에서는 $n = 10$, $k = 2$일 때의 Lund의 임계값이 유의수준 5%에서 2.37이므로 특이값인 종속변수는 식별되지 않는다.

<SAS 10.2> 이 예제를 SAS로 분석하면 다음과 같이 된다.

<ex10_2.SAS>

```
DATA ex10_2;
INFILE'k:ex10_2.dat';
  INPUT x1 x2 y;
RUN;
PROC REG;
  MODEL y=x1 x2;
  OUTPUT OUT=out PREDICTED=p RESIDUAL=resid
         H=h STUDENT=sresid RSTUDENT=tresid;
RUN;
PROC PRINT DATA=out;
  VAR y p resid h sresid tresid;
RUN;
```

```
                         Analysis of Variance
                                 Sum of           Mean
Source                 DF       Squares         Square    F Value    Pr > F
Model                   2    3527.57626     1763.78813      76.01    <.0001
```

```
Error                      7      162.42374       23.20339
Corrected Total            9     3690.00000

          Root MSE               4.81699    R-Square      0.9560
          Dependent Mean        59.00000    Adj R-Sq      0.9434
          Coeff Var              8.16439

                           Parameter Estimates
                         Parameter         Standard
    Variable      DF      Estimate            Error     t Value     Pr > |t|
    Intercept      1      19.70530          3.73336        5.28       0.0012
    x1             1       0.86723          0.08399       10.33       <.0001
    x2             1       0.00869          0.10562        0.08       0.9368

    Obs    y        p          resid          h         sresid       tresid
      1   30    28.4645     1.53552    0.38044     0.40498      0.37941
      2   40    37.1802     2.81977    0.24765     0.67488      0.64619
      3   40    45.8960    -5.89598    0.15833    -1.33417     -1.43038
      4   50    45.9394     4.06059    0.14849     0.91352      0.90118
      5   50    54.6552    -4.65515    0.10601    -1.02210     -1.02593
      6   60    63.4143    -3.41433    0.12793    -0.75902     -0.73355
      7   70    72.1735    -2.17351    0.22410    -0.51225     -0.48340
      8   80    72.1735     7.82649    0.22410     1.84454      2.38206
      9   80    80.9327    -0.93269    0.39450    -0.24883     -0.23140
     10   90    89.1707     0.82928    0.98844     1.60155      1.86280
```

10.2.3 영향력이 큰 관측값이란

회귀모형을 추정할 때 특정 관측값이 다른 관측값들보다 모형의 추정결과에 특히 많은 영향을 미치는 경우에 우리들은 이 관측값을 영향력이 큰 관측값(influential observation)이라고 한다. 즉, 만약 n개의 관측값들 중에서 $j-$번째 관측값 Y_j를 제외한 $n-1$개의 관측값들을 이용하여 회귀분석을 한 결과가 Y_j를 포함한 n개의 관측값들을 이용하여 분석한 결과와 상당히 다른 경우에 Y_j를 영향력이 큰 관측값이라고 한다. 예를 들면 [그림 10.2]에서 5개의 관측값을 사용하여 추정된 회귀식과 영향력이 큰 관측값으로 간주되는 점 A를 제외한 4개의 값으로 추정된 회귀식은 전혀 다르게 나타남을 볼 수 있다.

[그림 10.2] 영향력이 큰 관측값

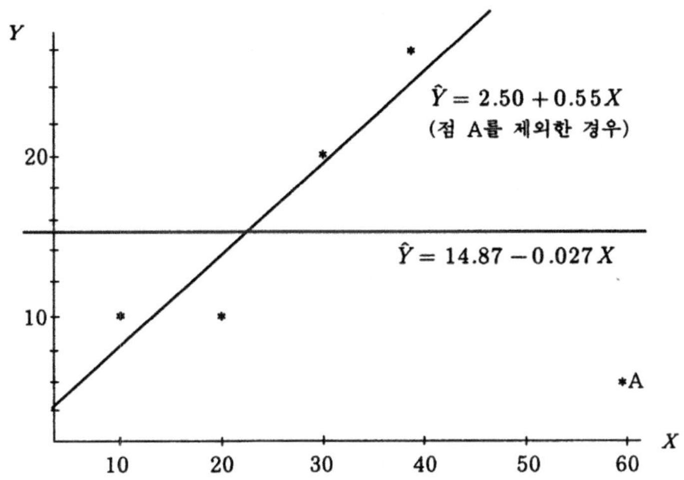

영향력이 큰 관측값으로 판정이 되는 경우는 특이값과 마찬가지로 세밀한 검토가 필요하다. 즉, 자료의 측정, 수집, 혹은 입력과정에서 어떠한 착오가 있었는지를 확인하여 만약 그러한 잘못이 발견되는 경우에는 자료를 수정하여 다시 분석해야 할 것이다. 그렇지 않는 경우에는 모형의 변환, 누락된 독립변수의 추가 등의 방법을 강구할 수 있다. 또 다른 방법은 개별 관측값들에 대해서 영향력을 감소시키는 1절에서 기술된 로버스트 회귀추정 방법을 사용할 수도 있다.

영향력이 큰 관측값들을 식별하는 방법에는 추정된 종속변수의 값 $\hat{Y}_j$에 대한 영향력을 평가하는 Dffits, 추정된 회귀계수에 대한 영향력을 평가하는 쿡의 거리(Cook's distance), Dfbetas 등이 있다.

10.2.4 영향력이 큰 관측값의 식별

첫째, Dffits

Dffits는 $j-$번째 관측값들이 Y_j의 추정값 $\hat{Y}_j$에 미치는 영향력의 크기를 나타내는 척도로서 다음과 같이 정의 된다.

$$\text{(10.6)} \qquad \text{Dffits}(j) = \frac{\hat{Y}_j - \hat{Y}_{j(j)}}{\sqrt{MSE_{(j)} h_{jj}}}$$

여기서 $\hat{Y}_{j(j)}$와 $MSE_{(j)}$는 $j-$번째 관측값을 제외한 자료를 이용하여 회귀함수를 추정했을 때의 Y_j와 σ^2의 추정값이다.

또 식 (10.6)은 다음과 같이 나타낼 수도 있다.

$$\text{(10.7)} \qquad \text{Dffits}(j) = e_j \left(\frac{n-k-2}{SSE(1-h_{jj})-e_j} \right)^{\frac{1}{2}} \left(\frac{h_{jj}}{1-h_{jj}} \right)^{\frac{1}{2}}$$

이 경우에는 Dffits(j)를 구하기 위하여 $\hat{Y}_{j(j)}$나 MSE(j)를 따로 구할 필요가 없고, 원자료에서 바로 계산이 가능하게 된다.

일반적으로 Dffits(j)가 다음과 같은 경우에는 우리들은 영향력이 큰 관측값으로 간주할 수 있다.

1) 만약 $|\text{Dffits}| \geq 2\sqrt{\frac{k+1}{n}}$ (표본이 큰 경우)
2) 만약 $|\text{Dffits}| \geq 1$ (표본이 크지 않는 경우)

둘째, Dfbetas

$Dfbeta_{i(j)}$는 j-번째 관측값들이 추정된 회귀계수 $b_i(j=0, 1, 2, \cdots, k)$에 미치는 영향력의 크기를 나타내는 척도로 다음과 같이 정의된다.

$$\text{(10.8)} \qquad Dfbeta_{i(j)} = \frac{b_i - b_{i(j)}}{\sqrt{MSE_j\, c_{ii}}}, \quad j=0, 1, 2, \cdots, k$$

여기서 $b_{i(j)}$는 $j-$번째 관측값을 제외시킨 자료를 이용하여 추정된 회귀계수를 나타내고 또, c_{ii}는 앞에서 정의한 것처럼 $(X'X)^{-1}$의 $i-$번째 대각요소가 된다. 따라서 Dfbetas는 추정된 회귀계수 b_i와 $b_{i(j)}$간의 차이를 적절히 표준화시킨 값이 된다.

$Dfbeta_{i(j)}$의 큰 절대값은 $i-$번째 회귀계수에 대한 $j-$번째 관측값의 영향이 크다는 것을 의미하며, 일반적으로 다음과 같을 경우에 영향력이 큰 관측값으로 간주하게 된다.

1) 만약 $|\text{Dfbetas}| \geq 2/\sqrt{n}$ (표본이 큰 경우)
2) 만약 $|\text{Dfbetas}| \geq 1$ (표본이 크지 않은 경우)

셋째, 쿡의 거리

쿡의 거리척도 D_j는 $j-$번째 관측값들이 추정된 모든 회귀계수들($\underline{b}$)에 미치는 영향력의 크기를 나타내는 척도로써 다음과 같이 정의 된다.

$$D_j = \frac{(\underline{b}-\underline{b}_{(j)})' X' X (\underline{b}-\underline{b}_{(j)})}{(k+1)MSE} \tag{10.9}$$

여기서 $\underline{b}$는 추정된 회귀계수 벡타이고, $\underline{b}_{(j)}$는 $j-$번째 관측값을 제외시킨 자료를 사용하여 추정한 회귀계수벡타를 나타낸다. 쿡의 통계량 D_j도 다음과 같이 나타낼 수 있으므로 매번 새로운 회귀함수를 추정하지 않고도 원자료에서부터 직접 D_j를 구할 수 있다.

$$D_j = \frac{e_j^2}{(k+1)MSE}\left[\frac{h_{jj}}{(1-h_{jj})^2}\right] \tag{10.10}$$

이 때 D_j가 대략적으로 다음과 같을 때 $j-$번째 관측값들은 영향력이 큰 관측값으로 간주할 수 있다.

$$D_j \geq F_{0.5,(k+1,\ n-k-1)}$$

이 밖에 마하라노비스의 거리(Mahalanobis distance), Andrews Pregibon(1978)의 통계량 등이 있으며 이들에 대한 자세한 내용은 Cook(1977, 1979), Belsley, Kuh, and Welsch(1980) 등을 참고 할 수 있다.

예제 10-3

[예제 10.3]의 자료에 대하여 회귀식을 적합시켰을 때 영향력이 큰 관측값을 발견해 보자. SAS를 사용하여 쿡의 거리척도 D_j와 $Dffits_{(j)}$를 구하면 다음과 같이 된다.

<표 10.5> 영향력이 큰 관측값의 식별을 위한 D_j와 $Dffits_{(j)}$의 계산

j	Y_j	D_j	$Dffits_{(j)}$
1	30	0.0336	0.2973
2	40	0.0500	0.3707
3	40	0.1116	−0.6204
4	50	0.0485	0.3763
5	50	0.0413	−0.3533

6	60	0.0282	−0.2810
7	70	0.0253	−0.2598
8	80	0.3276	1.2802
9	80	0.0134	−0.1868
10	90	73.1374	17.2289

따라서 10번째 관측값의 D_j와 $Dffits_{(j)}$가 모두 큰 값을 가지므로 Y_{10}은 영향력이 매우 큰 관측값으로 판정된다.

<SAS 10.3> 이 예제를 SAS로 분석하면 다음과 같이 된다.

<ex10_3.SAS>

```
DATA ex10_3;
   INFILE'k:ex10_2.dat';
    INPUT x1 x2 y;
   RUN;
   PROC REG;
    MODEL y=x1 x2/R INFLUENCE;
   RUN;
------------------------------------------------------------------------------------------
                        Analysis of Variance
                                        Sum of           Mean
         Source                 DF     Squares         Square    F Value    Pr > F
         Model                   2  3527.57626     1763.78813      76.01    <.0001
         Error                   7   162.42374       23.20339
         Corrected Total         9  3690.00000

                        Root MSE             4.81699    R-Square     0.9560
                        Dependent Mean      59.00000    Adj R-Sq     0.9434
                        Coeff Var            8.16439

                                  Parameter Estimates
                                   Parameter       Standard
              Variable     DF       Estimate          Error    t Value    Pr > |t|
              Intercept     1       19.70530        3.73336       5.28      0.0012
              x1            1        0.86723        0.08399      10.33      <.0001
              x2            1        0.00869        0.10562       0.08      0.9368

                                         Output Statistics
         Dep Var               Student   Cook's             Hat Diag                  --------------DFBETAS--------------
  Obs          y   Residual   Residual        D  RStudent          H     DFFITS   Intercept         x1           x2
    1    30.0000     1.5355      0.405    0.034    0.3794     0.3804     0.2973      0.2936    -0.1741      -0.0628
    2    40.0000     2.8198      0.675    0.050    0.6462     0.2476     0.3707      0.3569    -0.1834      -0.0857
    3    40.0000    -5.8960     -1.334    0.112   -1.4304     0.1583    -0.6204     -0.5444     0.2043       0.1555
    4    50.0000     4.0606      0.914    0.049    0.9012     0.1485     0.3763      0.3057    -0.1859       0.0097

    5    50.0000    -4.6552     -1.022    0.041   -1.0259     0.1060    -0.3533     -0.1987     0.0817      -0.0274
    6    60.0000    -3.4143     -0.759    0.028   -0.7336     0.1279    -0.2810     -0.0134     0.0154      -0.1180
    7    70.0000    -2.1735     -0.512    0.025   -0.4834     0.2241    -0.2598      0.0817    -0.0199      -0.1510
    8    80.0000     7.8265      1.845    0.328    2.3821     0.2241     1.2802     -0.4027     0.0978       0.7441
    9    80.0000    -0.9327     -0.249    0.013   -0.2314     0.3945    -0.1868      0.0937    -0.0273      -0.1190
   10    90.0000     0.8293      1.602   73.136    1.8628     0.9884    17.2287     -0.8236    14.8914     -13.6999

                                Sum of Residuals                          0
                                Sum of Squared Residuals          162.42374
                                Predicted Residual SS (PRESS)    5396.96260
```

10.3 응용예제

10.3.1 중회귀모형을 이용한 한국의 수출량 분석

우리들은 제6.7절에서 우리나라의 수출량을 설명하는 변수로 대미환율, 노동생산성지수, 미일에 대한 상대물가지수, 미일의 가중평균소득 등을 선택하여 분석했다. 추정된 모형은 결정계수가 매우 높고, 계수들도 매우 유의하였으며 또한 잔차그림의 분석결과에서 오차에 대한 가정도 큰 문제가 없는 것으로 판단되었다. 여기서는 앞에서 추정한 모형에 대한 회귀진단을 해보기로 한다. SAS를 이용하여 회귀진단을 하기 위해서는 <프로그램 10.1>와 같은 SAS 프로그램이 필요하다.

<프로그램 10.1: PRO10_1.SAS>

```
TITLE' MULTIPLE REGRESSION';
DATA export;
    INFILE'k:eps.dat';
    INPUT t exp pex exr pla ujk uji;
RUN;
PROC REG SIMPLE CORR;
    MODEL exp=exr pla uji ujk/R VIF COLLIN INFLUENCE DW;
    PLOT R.*P.;
    OUTPUT OUT=ee R=residual;
RUN;
PROC UNIVARIATE DATA=ee NORMAL PLOT;
    VAR residual;
RUN;
```

이 프로그램에서 사용된 선택사양들은 다음과 같은 역할을 한다.

- R : 잔차분석을 위한 잔차, 표준화잔차(Student residual), 쿡의 D 통계량(Cook's D) 등을 출력해 준다.
- VIF : 다중공선성의 진단을 위한 분산팽창인자를 출력한다.
- COLLIN : 다중공선성의 진단을 위한 조건지수, 분산비율 등을 출력한다.
- INFLUENCE : 영향력이 있는 관측값을 진단하기 위한 H행렬의 대각요소(Hat Diag H), 표준화제외잔차(Rstudent), Dffits, Dfbetas 등을 출력한다.
- DW : 자기상관검정을 위한 더빈-와트슨의 D-통계량을 출력한다.
- NORMAL : 정규성 진단을 위한 W-통계량을 출력한다.
- PLOT : 잔차그림, 잔차에 대한 줄기와 잎그림, 정규확율그림 등을 출력한다.

<프로그램 10.1>를 실행시켜서 추정된 모형 및 회귀진단 결과는 다음과 같이 해석할 수 있다. 먼저 추정된 결과를 요약하면 [추정결과 9.1] 과 같이 된다.

첫째, 전반적인 오차항의 가정을 검정하기 위하여 종속변수의 예측값에 대한 잔차의 산점도 나타내면 다음과 같이 된다. 즉, 잔차들은 대체로 평균 0를 중심으로 랜덤하게 분포되고 있으므로 오차항은 평균이 0이고 동분산을 갖는다는 가정이 만족되고 있음을 시사해 준다.

[그림 10.5] 예측값에 대한 잔차의 산점도

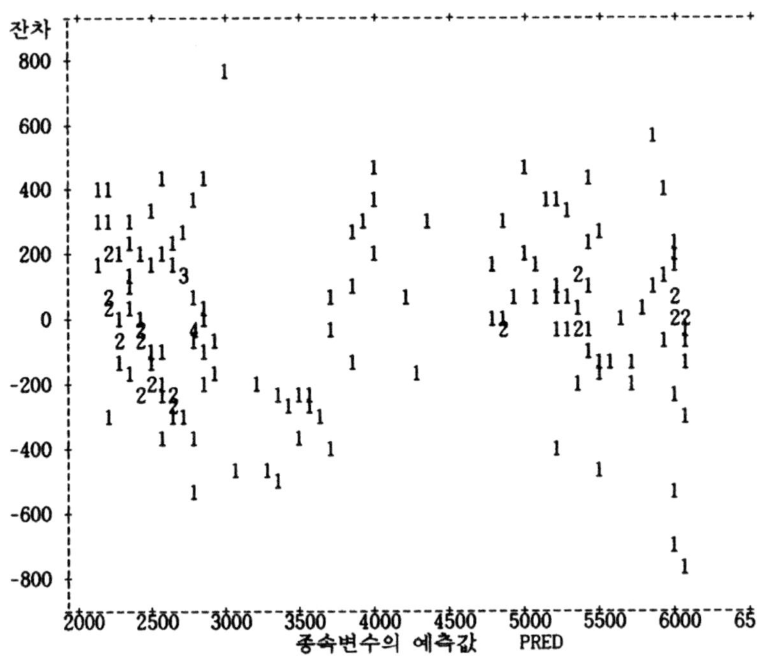

둘째, 오차항의 자기상관에 관한 진단은 [추정결과 10.1]에서 구해진 더빈-와트슨 통계량의 값은 1.344이고, 더빈-와트슨 통계량의 임계값은 독립변수의 수가 4이고 유의수준 $\alpha = 0.05$일 때 $d_l = 1.59$, $d_u = 1.76$이 되므로 귀무가설 $H_0 : \rho = 0$는 기각된다. 즉, 자기상관의 문제가 존재하는 것으로 판단된다.

셋째, 독립변수들 간의 다중공선성의 문제는 [추정결과 10.1]에서 분산팽창인자(VIF)들이 모두 10보다 작은 값으로 나타나고, 또 작은 고유값에 대응하는 두 개 이상의 큰 분산비율들이 존재하지 않으므로 독립변수들 간의 다중공선성은 문제가 되지 않는 것으로 판단된다.

넷째, 오차항의 정규성을 진단하기 위하여 잔차의 줄기와 잎그림과 정규확률그림을 그려보면 줄기와 잎그림은 거의 정규분포의 형태를 취하고 있고, 정규확률그림도 거의 직선으로 나타나고 또 정규성 검정통계량 W의 유의확률도 0.975로 매우 크므로 오차항은 정규분포를 따른다고 볼 수 있다.

[그림 10.6] 잔차의 줄기와 잎그림

```
Stem Leaf                                #           Boxplot
   7 7                                   1              0
   6
   5 8                                   1              |
   4 0133457                             7              |
   3 01123567889                        11              |
   2 0111223456899                      13              |
   1 111133334446677888999              21          +-----+
   0 011222344566677778889              21          |  +  |
  -0 877776665554433333333221111100     30          *-----*
  -1 9999866554433331110                19          +-----+
  -2 997776544433222100                 18              |
  -3 9875110                             7              |
  -4 97661                               5              |
  -5 54                                  2              |
  -6
  -7 61                                  2              0
     ----+----+----+----+----+----+
  Multiply Stem.Leaf by 10**+2
```

[그림 10.7] 잔차의 정규확률그림

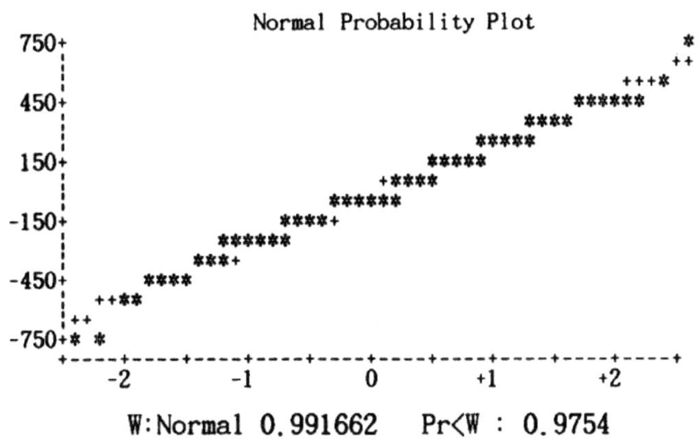

다섯째, 특이값과 영향력이 큰 관측값에 대한 진단결과는 [수행결과 10.1]을 참고하면 다음과 같이 해석할 수 있다.

1) 독립변수들이 특이값인 관측값 : H 행렬의 대각요소 h_{jj}(Hat Diag H)가 $2\times(k+1)/n=0.063$보다 큰 값인 1,2,3,4,7,157번째 관측값들은 독립변수들이 특이값인 경우로 식별된다.
2) 종속변수들이 특이값인 관측값 : 표준화제외잔차(Rstudent)의 임계값은 유의수준 1%, 자유도 154일 때 2.36이므로 72,141번째 관측값이 종속변수가 특이값인 경우로 식별된다.
3) 예측값에 영향력이 큰 관측값: Dffits의 임계값이 $2\times\sqrt{5/158}=0.356$이 되므로 1, 2, 72, 139, 141, 156, 158번째 관측값들이 예측값에 영향력이 큰 관측값으로 식별된다.
4) 회귀계수에 영향력이 큰 관측값 : 쿡의 D(Cook's D)통계량의 임계값이 자유도 (5,154)이고 $\alpha=0.5$일 때 $F=0.87$이 되므로 회귀계수에 영향력이 큰 관측값은 없는 것으로 나타난다.

이러한 분석결과에서 우리들은 1, 2번째 관측값은 독립변수들이 특이값이면서 영향력이 큰 관측값으로, 72,141번째 값들은 종속변수가 특이값이면서 영향력이 큰 관측값들로 식별할 수 있다. 이 때 우리들은 이들을 제외하고 다시 모형을 추정하거나 이들을 다른 값으로 수정하여 다시 추정할 수 있다.

<수행결과 10.1>

Correlation

	EXR	PLA	UJI	UJK	EXP
EXR	1.0000	-0.0202	-0.0600	-0.3816	-0.0779
PLA	-0.0202	1.0000	0.9065	-0.6736	0.9499
UJI	-0.0600	0.9065	1.0000	-0.6056	0.9468
UJK	-0.3816	-0.6736	-0.6056	1.0000	-0.7196
EXP	-0.0779	0.9499	0.9468	-0.7196	1.0000

Parameter Estimates

Variable	DF	Parameter Estimate	Standard Error	T for H0: Parameter=0	Prob > |T|	Variance Inflation
INTERCEP	1	3654.7309	803.3353	4.549	0.0001	0.00000
EXR	1	-2.6112	0.3161	-8.259	0.0001	1.41723
PLA	1	28.1758	2.8064	10.040	0.0001	6.64279
UJI	1	54.0034	3.9881	13.541	0.0001	5.67585
UJK	1	-49.4033	4.4606	-11.075	0.0001	2.56857

Collinearity Diagnostics

Number	Eigen-value	Condition Index	Var Prop INTERCEP	Var Prop EXR	Var Prop PLA	Var Prop UJI	Var Prop UJK
1	4.93915	1.00000	0.0000	0.0003	0.0003	0.0001	0.0001
2	0.04848	10.09390	0.0008	0.0135	0.0901	0.0032	0.0069
3	0.01000	22.22338	0.0016	0.4866	0.0002	0.0062	0.0446
4	0.00192	50.73404	0.0016	0.0017	0.8748	0.9043	0.0658
5	0.00045	104.29013	0.9959	0.4980	0.0346	0.0861	0.8826

Durbin-Watson D 1.344
(For Number of Obs.) 158
1st Order Autocorrelation 0.306

Obs	Residual	Std Err Residual	Student Residual	Cook's D	Rstudent	Hat Diag H	Cov Ratio	Dffits
1	309.1	202.346	1.528	0.279	1.5345	0.3737	1.5278	1.1853
2	-258.1	241.214	-1.070	0.028	-1.0704	0.1099	1.1182	-0.3762
3	-238.2	245.368	-0.971	0.016	-0.9708	0.0790	1.0879	-0.2844
4	-242.5	246.224	-0.985	0.015	-0.9849	0.0726	1.0793	-0.2756
5	-224.2	247.947	-0.904	0.010	-0.9037	0.0596	1.0697	-0.2274
6	-160.6	247.929	-0.648	0.005	-0.6463	0.0597	1.0840	-0.1629
7	29.5359	247.255	0.119	0.000	0.1191	0.0648	1.1044	0.0313
8	176.0	248.352	0.708	0.006	0.7073	0.0565	1.0773	0.1731
9	19.0663	250.131	0.076	0.000	0.0760	0.0429	1.0795	0.0161
10	-66.8660	250.991	-0.266	0.001	-0.2656	0.0363	1.0698	-0.0516
⋮	⋮	⋮	⋮	⋮	⋮	⋮	⋮	⋮
70	-177.0	251.588	-0.703	0.003	-0.7023	0.0317	1.0501	-0.1272
71	426.1	251.413	1.695	0.020	1.7054	0.0331	0.9721	0.3155
72	771.5	251.642	3.066	0.061	3.1541	0.0313	0.7770	0.5674
73	-455.0	251.770	-1.807	0.020	-1.8210	0.0303	0.9567	-0.3221
74	-198.6	252.073	-0.788	0.004	-0.7868	0.0280	1.0417	-0.1336
75	-458.8	252.092	-1.820	0.019	-1.8340	0.0279	0.9528	-0.3105
76	-486.2	252.076	-1.929	0.021	-1.9462	0.0280	0.9400	-0.3302
77	-235.2	251.880	-0.934	0.005	-0.9335	0.0295	1.0347	-0.1627
78	-267.7	252.019	-1.062	0.007	-1.0627	0.0284	1.0249	-0.1818
79	-368.1	251.916	-1.461	0.013	-1.4667	0.0292	0.9922	-0.2545
80	-246.3	252.287	-0.976	0.005	-0.9762	0.0264	1.0287	-0.1606
⋮	⋮	⋮	⋮	⋮	⋮	⋮	⋮	⋮
136	39.8039	252.961	0.157	0.000	0.1568	0.0211	1.0548	0.0231
137	389.2	252.925	1.539	0.010	1.5457	0.0214	0.9767	0.2287
138	-65.0822	252.671	-0.258	0.000	-0.2568	0.0234	1.0558	-0.0397
139	-714.6	252.917	-2.825	0.035	-2.8925	0.0215	0.8078	-0.4281
140	-224.7	252.711	-0.889	0.004	-0.8886	0.0231	1.0307	-0.1366
141	-761.8	252.496	-3.017	0.046	-3.1007	0.0247	0.7797	-0.4932
142	-130.1	252.376	-0.516	0.001	-0.5144	0.0257	1.0514	-0.0835
143	-56.3302	252.234	-0.223	0.000	-0.2226	0.0268	1.0600	-0.0369
144	4.8421	252.008	0.019	0.000	0.0192	0.0285	1.0636	0.0033
145	210.0	251.531	0.835	0.005	0.8342	0.0322	1.0436	0.1521
⋮	⋮	⋮	⋮	⋮	⋮	⋮	⋮	⋮
155	-10.2636	248.862	-0.041	0.000	-0.0411	0.0526	1.0907	-0.0097
156	-546.8	248.308	-2.202	0.058	-2.2307	0.0568	0.9326	-0.5475
157	-7.3661	241.791	-0.030	0.000	-0.0304	0.1057	1.1554	-0.0104
158	578.2	249.152	2.321	0.057	2.3549	0.0504	0.9097	0.5425

Sum of Squared Residuals 10001872.978
Predicted Resid SS (Press) 10743347.491

10.3.2 중회귀모형을 이용한 환자의 수술후의 생존시간 분석

1) 자료 및 모형의 설정

특정한 병의 치료를 위하여 수술을 받는 환자들의 수술 후의 생존시간을 분석하고자 자 한다. 그런데 이 수술을 받은 환자들의 수술 후의 생존시간에 영향을 미치는 요인은 일반적으로 혈액응고점수, 환자의 나이를 고려한 예상지표, 효소기능 검사점수, 간장기능 검사점수 등으로 알려져 있다.

이 수술을 받은 환자들 중에서 랜덤하게 54명을 추출하여 수술 후의 생존시간, 혈액응고점수 등을 조사한 결과 다음과 같이 되었다.

<표 10.6> 수술 후의 생존기간에 관한 자료

번호	X1	X2	X3	X4	Y	번호	X1	X2	X3	X4	Y
1	7.1	23	78	193	108	28	6.0	73	58	122	161
2	4.9	66	91	305	256	29	5.9	50	62	319	110
3	6.4	90	35	106	165	30	5.5	88	74	321	306
4	5.7	35	70	213	81	31	3.8	55	52	141	80
5	6.1	42	69	225	100	32	4.3	99	83	393	462
6	8.0	27	83	203	124	33	6.6	48	54	294	80
7	6.8	34	51	127	58	34	6.2	42	63	185	81
8	4.7	63	36	171	62	35	5.0	60	105	317	275
9	7.0	47	67	160	135	36	5.8	62	82	318	216
10	6.7	69	65	291	170	37	4.7	42	10	28	22
11	6.7	46	78	326	142	38	5.7	70	59	228	158
12	5.8	60	86	311	208	39	4.7	64	48	130	75
13	6.7	56	32	153	8	40	7.8	74	40	258	141
14	6.8	51	58	218	112	41	2.9	43	32	94	27
15	7.2	95	82	468	449	42	4.9	72	90	351	274
16	7.4	52	67	328	160	43	4.6	73	57	282	128
17	5.3	53	62	242	8	44	5.9	78	70	428	192
18	3.5	58	84	174	143	45	4.6	69	70	317	145
19	6.8	74	79	225	314	46	6.1	53	52	184	114
20	4.4	47	49	242	5	47	5.9	88	98	333	530
21	7.0	66	118	469	682	48	4.7	66	68	180	113
22	6.7	61	57	387	134	49	10.4	62	85	465	480
23	5.6	75	103	311	488	50	5.8	70	64	252	182
24	6.9	58	88	346	268	51	5.4	64	81	136	180
25	6.2	62	57	125	106	52	6.9	90	33	178	149
26	4.7	97	27	177	121	53	7.9	45	55	246	105
27	6.8	69	60	290	192	54	4.5	68	60	207	138

여기서, Y: 생존시간

X1: 혈액응고점수 X2: 환자의 나이를 고려한 예상지표

X3: 효소기능 검사점수 X4: 간장기능 검사점수

먼저 종속변수를 Y, 독립변수를 X1, X2, X3, X4로 하는 회귀모형을 추정하여 예측값에 대한 잔차의 산점도와 정규확률그림을 나타내면 다음과 같이 된다.

[그림 10.8] 잔차의 산점도: 종속변수 Y, 독립변수 X1 X2 X3 X4

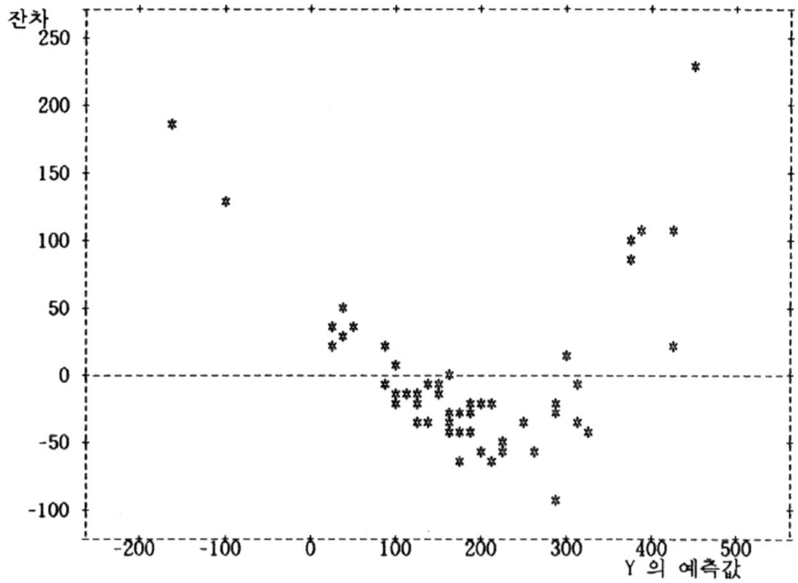

[그림 10.9] 잔차에 대한 정규확률그림

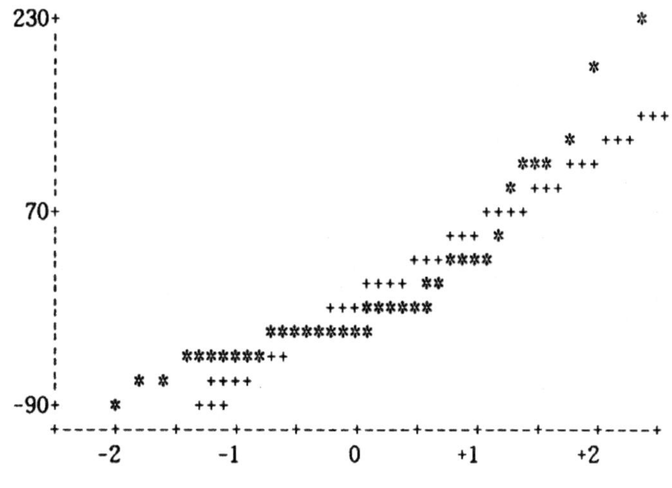

잔차의 산점도에서 우리들은 잔차들은 평균 0를 중심으로 랜덤하게 분포되지 않고, 또 정규확률그림에서도 잔차들이 직선으로 나타나지 않고 있음으로 오차항의 정규성가정에도 문제가 있음을 알 수 있다. 따라서 종속변수를 Y의 대수변환된 자료를 고려해 보기 위하여 독립변수들과 Y 및 $ln Y(LY)$간의 상관계수를 구하여 보면 다음과 같이 된다.

여기서 우리들은 Y보다는 LY가 다른 독립변수들과 관련성이 더 크고 또 독립변수들 간에는 높은 상관관계가 존재하고 있지 않음을 알 수 있다.

<표 10.7> Y, LY 및 독립변수들 간의 상관분석

	X1	X2	X3	X4	Y	LY
X1	1.0000	−0.1365	0.1566	0.3344	0.2528	0.3211
X2	−0.1365	1.0000	0.0707	0.3233	0.5209	0.5909
X3	0.1566	0.0707	1.0000	0.6558	0.7287	0.7795
X4	0.3344	0.3233	0.6558	1.0000	0.7017	0.7347
Y	0.2528	0.5209	0.7287	0.7017	1.0000	0.9049
LY	0.3211	0.5909	0.7795	0.7347	0.9049	1.0000

다시 LY를 종속변수로 하는 회귀모형을 추정하여 예측값에 대한 잔차의 산점도를 그려보면 [그림 10.11]과 같이 잔차들은 거의 평균 0을 중심으로 랜덤하게 분포하고, 또 [그림 10.12]의 정규확률 그림에서도 잔차들은 거의 직선으로 나타남으로 오차항의 정규성가정이 성립된다. 따라서 종속변수로 대수변환 된 자료를 사용한다. 즉, 설정된 회귀모형은 다음과 같이 된다.

$$LY_j = \beta_0 + \beta_1 X_{1j} + \beta_2 X_{2j} + \beta_3 X_{3j} + \beta_{4j} X_{4j} + \epsilon_j$$

2) 모형의 추정

앞에서 설정한 모형을 추정하면 X4의 회귀계수는 유의확률이 0.417로 유의하지 않은 것으로 나타난다. 따라서 X4를 제외한 모형을 다시 추정하면 다음과 같이 된다. 즉, 모든 회귀계수들은 유의한 것으로 나타난다.

$$\widehat{LY}_j = 1.153 + 0.155 X_{1j} + 0.023 X_{2j} + 0.022 X_{3j} \qquad R^2 = 0.978$$

(11.89) (13.44) (27.04) (32.10) ( ) : t-값

[그림 10.10] 잔차의 산점도: 종속변수 LY, 독립변수 X1 X2 X3 X4

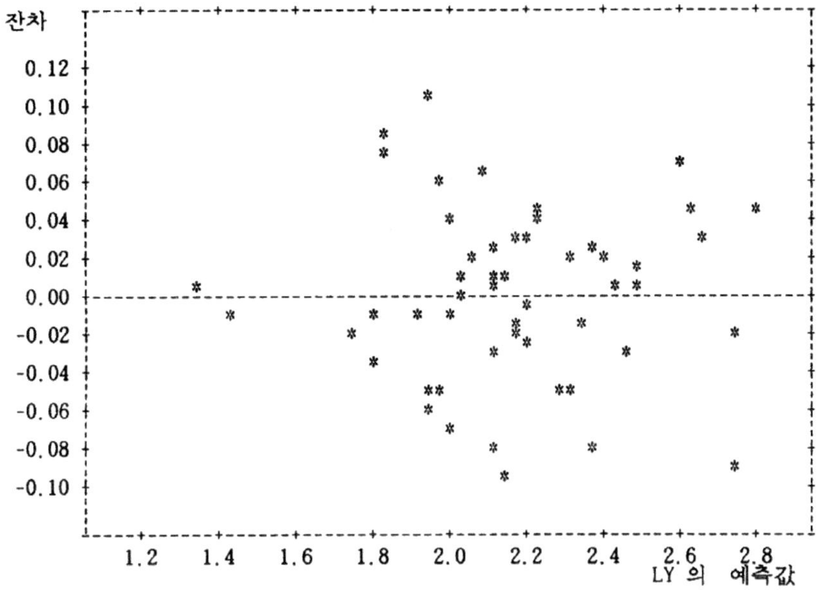

[그림 10.11] 잔차의 정규확률그림

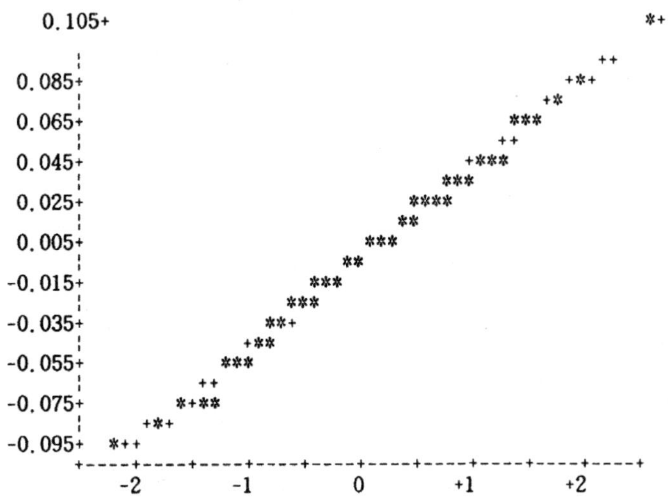

3) 회귀진단

이제 모형의 가정을 검정하기 위하여 회귀진단을 실시한다.

첫째, 먼저 전반적인 오차항의 가정을 점검하기 위하여 예측값에 대한 잔차의 산점도를 그려보면 다음과 같이 나타난다. 잔차들은 대체로 평균 0를 중심으로 랜덤하게 분포되고 있으므로 오차항의 가정이 어느 정도 만족하고 있음을 시사해 준다.

둘째, 오차항들 간의 자기상관 관계를 검정하기 위하여 더빈-와트슨의 D-통계량을 구하면 $D=1.997$이 된다. 즉, 자기상관이 존재하지 않는 것으로 판단된다. 이 자료는 시계열자료가 아니므로 이러한 결과는 당연하다.

[그림 10.12] 잔차의 산점도

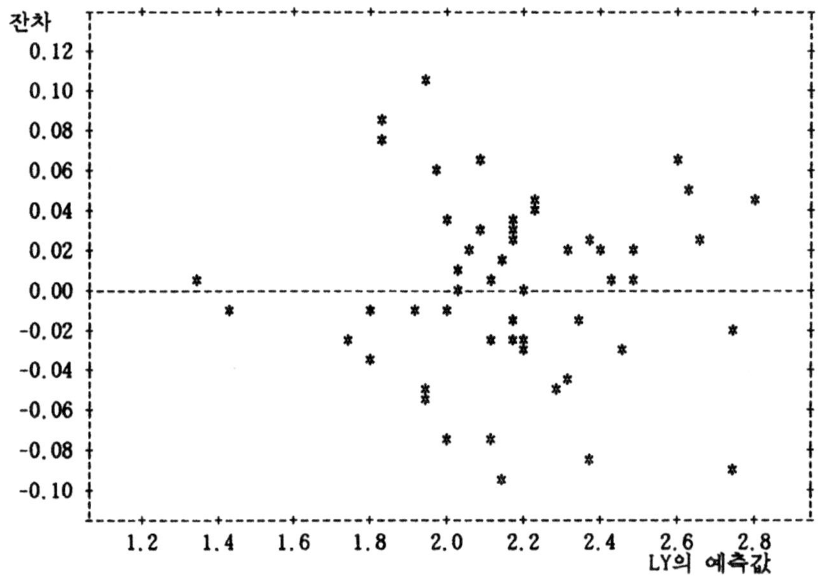

셋째, 독립변수들 간의 다중공선성의 문제를 검정하기 위하여 분산팽창인자, 조건지수, 분산비율 등을 구하면 다음과 같이 된다.

<표 10.8> 다중공선성의 검절결과

변수	분산팽창 인자	번호	고유값	조건지수	분산비율 INTERCEP	분산비율 X1	분산비율 X2	분산비율 X3
INTERCEP	0.00000	1	3.84654	1.00000	0.0015	0.0028	0.0044	0.0058
X1	1.04865	2	0.07778	7.03214	0.0034	0.0084	0.4360	0.5553
X2	1.02809	3	0.06012	7.99898	0.0179	0.3580	0.2014	0.4073
X3	1.03429	4	0.01556	15.72339	0.9772	0.6308	0.3582	0.0316

모든 분산팽창인자와 조건지수가 작은 값을 갖고, 또 두 개 이상의 변수에 대하여 동시에 높은 분산비율을 갖는 작은 고유값이 존재하지 않으므로 다중공선성의 문제는 없는 것으로 판단된다.

넷째, 특이값과 영향력이 있는 관측값을 식별하기 위하여 잔차, 표준화잔차, 표준화제외잔차, 쿡의 거리 등을 구하면 <표 10.9>와 같이 되고, 이 때 각 통계량들의 임계값과 분석결과는 다음과 같이 된다.

가. H행렬의 대각요소 h_{jj} 가 $2\times(k+1)/n=0.148$보다 큰 값인 $26, 37, 41, 49, 51$번째 관측값은 독립변수가 특이값인 경우로 식별된다.

나. 표준화잔차 t_j 의 임계값은 $k=3,\ n=54$일 때 3.16이고, 표준화제외잔차 $t_{(j)}$의 임계값은 유의수준 1%, 자유도 50인 경우에 $t=2.39$가 된다. 따라서 종속변수가 특이값인 경우는 발견되지 않는다.

다. 쿡의 D통계량의 임계값은 자유도 (4,50)이고 $\alpha=0.5$일 때 $F=0.85$가 되므로 회귀계수에 영향력을 특히 많이 미치는 관측값은 없는 것으로 나타난다. 또, $Dffits$가 $2\sqrt{(k+1)/n}=0.544$보다 큰 값인 $1, 15, 31, 32$번째 관측값은 예측값에 영향력이 큰 관측값으로 식별된다. 따라서 영향력이 큰 특이값은 발견되지 않으므로 개별 관측값에 대한 문제는 그렇게 심각하지 않다.

<표 10.9> 특이값과 영향력이 큰 관측값의 식별을 위한 통계량

j	LY_j	$\widehat{LY}_j$	e_j	t_j	D_j	$t_{(j)}$	h_{jj}	$DFFITS$
1	2.0334	1.9712	0.0622	1.445	0.078	1.4618	0.1300	0.5651
2	2.4082	2.3843	0.0239	0.536	0.005	0.5323	0.0645	0.1397
3	2.2175	2.1820	0.0355	0.824	0.025	0.8209	0.1284	0.3151
4	1.9085	1.9202	−0.0118	−0.264	0.001	−0.2618	0.0707	−0.0722
5	2.0000	2.0082	−0.00815	−0.181	0.000	−0.1790	0.0451	−0.0389
6	2.0934	2.1209	−0.0275	−0.643	0.017	−0.6387	0.1404	−0.2581
7	1.7634	1.7990	−0.0356	−0.804	0.014	−0.8007	0.0801	−0.2363

8	1.7924	1.8045	−0.0121	−0.271	0.001	−0.2686	0.0654	−0.0710
9	2.1303	2.0998	0.0306	0.677	0.005	0.6731	0.0423	0.1414
10	2.2304	2.2824	−0.0519	−1.142	0.010	−1.1459	0.0303	−0.2025
11	2.1523	2.1767	−0.0244	−0.541	0.003	−0.5368	0.0453	−0.1169
12	2.3181	2.3355	−0.0175	−0.386	0.001	−0.3824	0.0383	−0.0763
13	1.9031	1.8294	0.0737	1.664	0.060	1.6948	0.0793	0.4973
14	2.0492	2.0390	0.0102	0.225	0.000	0.2233	0.0359	0.0431
15	2.6522	2.7444	−0.0922	−2.131	0.157	−2.2120	0.1214	−0.8222
16	2.2041	2.1772	0.0269	0.597	0.004	0.5931	0.0462	0.1305
17	1.9243	1.9972	−0.0730	−1.600	0.020	−1.6308	0.0296	−0.2850
18	2.1553	2.1410	0.0143	0.330	0.004	0.3275	0.1181	0.1198
19	2.4969	2.4761	0.0209	0.462	0.002	0.4582	0.0431	0.0973
20	1.7243	1.7493	−0.0250	−0.563	0.006	−0.5589	0.0700	−0.1534
21	2.8338	2.7888	0.0450	1.050	0.044	1.0506	0.1378	0.4201
22	2.1271	2.1236	0.00354	0.078	0.000	0.0770	0.0299	0.0135
23	2.6884	2.6393	0.0491	1.114	0.030	1.1172	0.0888	0.3488
24	2.4281	2.4088	0.0193	0.428	0.002	0.4245	0.0471	0.0944
25	2.0253	2.1000	−0.0747	−1.638	0.016	−1.6664	0.0230	−0.2559
26	2.0828	2.0603	0.0225	0.535	0.015	0.5308	0.1719	0.2419
27	2.2833	2.2404	0.0429	0.947	0.008	0.9457	0.0351	0.1804
28	2.2068	2.2075	−0.00063	−0.014	0.000	−0.0136	0.0302	−0.0024
29	2.0414	2.0073	0.0341	0.749	0.004	0.7458	0.0280	0.1267
30	2.4857	2.4813	0.00442	0.099	0.000	0.0979	0.0641	0.0256
31	1.9031	1.8190	0.0841	1.898	0.077	1.9506	0.0791	0.5718
32	2.6646	2.5994	0.0652	1.522	0.092	1.5430	0.1377	0.6165
33	1.9031	1.9562	−0.0532	−1.175	0.014	−1.1798	0.0400	−0.2407
34	1.9085	1.9564	−0.0479	−1.062	0.013	−1.0631	0.0439	−0.2278
35	2.4393	2.4669	−0.0275	−0.631	0.012	−0.6270	0.1066	−0.2166
36	2.3345	2.3167	0.0177	0.390	0.001	0.3863	0.0310	0.0691
37	1.3424	1.3389	0.00353	0.084	0.000	0.0833	0.1747	0.0383
38	2.1987	2.1667	0.0320	0.701	0.003	0.6977	0.0249	0.1115
39	1.8751	1.9315	−0.0565	−1.251	0.018	−1.2592	0.0445	−0.2716
40	2.1492	2.1633	−0.0141	−0.324	0.004	−0.3214	0.1177	−0.1174
41	1.4314	1.4423	−0.0109	−0.261	0.004	−0.2587	0.1832	−0.1225
42	2.4378	2.4352	0.00257	0.057	0.000	0.0569	0.0646	0.0149
43	2.1072	2.1035	0.00374	0.083	0.000	0.0820	0.0449	0.0178
44	2.2833	2.3682	−0.0849	−1.873	0.032	−1.9226	0.0355	−0.3680
45	2.1614	2.1898	−0.0284	−0.628	0.004	−0.6246	0.0422	−0.1312
46	2.0569	1.9536	0.1033	2.273	0.041	2.3764	0.0309	0.4243
47	2.7243	2.7421	−0.0179	−0.408	0.005	−0.4045	0.1003	−0.1351
48	2.0531	2.1467	−0.0936	−2.067	0.041	−2.1391	0.0371	−0.4190
49	2.6812	2.6556	0.0256	0.641	0.034	0.6369	0.2489	0.3666
50	2.2601	2.2222	0.0379	0.831	0.004	0.8284	0.0229	0.1268
51	2.2553	2.3003	−0.0450	−0.992	0.009	−0.9921	0.0339	−0.1859
52	2.1732	2.1962	−0.0230	−0.540	0.013	−0.5360	0.1507	−0.2258
53	2.0212	2.0232	−0.00199	−0.045	0.000	−0.0445	0.0820	−0.0133
54	2.1399	2.0755	0.0644	1.426	0.023	1.4416	0.0426	0.3040

다섯째, 오차항의 정규성을 검토하기 위하여 정규확률그림을 그리면 다음과 같이 잔차들이 거의 직선으로 나타나고, 또 정규성 검정통계량 W의 값을 구하면 0.983(이 때의 유의확률은 0.80)이 되므로 오차항은 정규분포를 따른다고 판단할 수 있다.

[그림 10.13] 잔차에 대한 정규확률그림

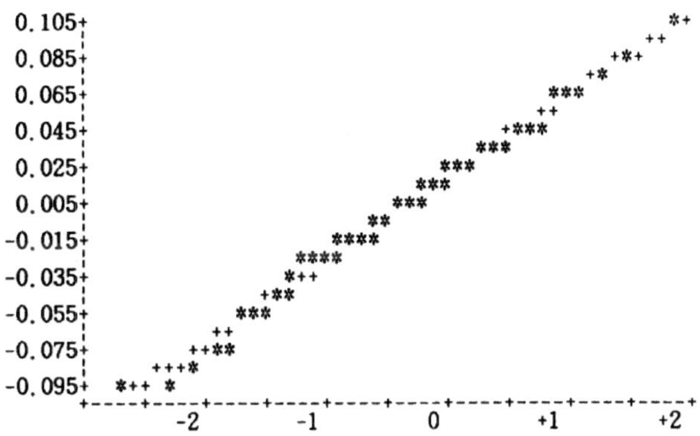

따라서 이와 같이 추정된 모형은 독립변수들이 종속변수들을 잘 설명하고 있고, 추정된 회귀계수들이 모두 유의하며 또 모형의 가정이 잘 만족하므로 최종적으로 확립된 모형으로 결정할 수 있다. 이러한 분석을 위한 SAS프로그램은 <프로그램 10.2>와 같다.

<프로그램 10.2 : PRO10_2.SAS>

```
TITLE'VARIABLE SELECTION ;
    DATA building;
        INFILE'k:SURG.dat';
        INPUTn x1 x2 x3 x4 y;
        ly=log(y);
    RUN;
    PROC REG CORR;
        MODEL y=x1-x4;
         OUTPUT OUT=out1 R=resid1 P=pred1;
         PLOT R.*P.='*';
        MODEL ly=x1-x4;
         OUTPUT OUT=out2 R=resid2 P=pred2;
         PLOT R.*P.='*';
    RUN;
    PROC UNIVARIATE DATA=out1 NORMAL PLOT;
        VAR resid1;RUN;
    PROC UNIVARIATE DATA=out2 NORMAL PLOT;
        VAR resid2;RUN;
    PROC REG ;
        MODEL ly=x1-x3 /DW VIF COLLIN P R INFLUENCE;
        OUTPUT OUT=out R=resid P=pred;
        PLOT R.*P.='*';
    RUN;
    PROC UNIVARIATE DATA=out NORMAL PLOT;
        VAR resid;
    RUN;
```

REGRESSION ANALYSIS EXERCISE

연습문제

10.1 회귀모형의 추론에서 다중공선성이 존재할 때 야기되는 문제들에 관하여 간략히 기술하시오.

10.2 특이값과 영향력이 큰 관측값에 관하여 간략히 설명하시오.

10.3 다음 자료는 시멘트의 4가지 성분의 함유량의 비율 X1, X2, X3, X4와 시멘트 1g에 포함된 열량(Y)을 표본조사한 것이다.

번호	1	2	3	4	5	6	7	8	9	10	11	12	13
Y	78	74	104	88	96	109	103	73	93	116	84	114	109
X1	7	1	11	11	7	11	3	1	2	21	2	11	10
X2	26	29	56	31	52	31	71	31	54	47	40	66	68
X3	6	15	8	8	6	9	17	22	18	4	23	9	8
X4	60	52	20	47	33	22	6	44	22	26	34	12	12

1) 종속변수를 Y, 독립변수를 $X1$, $X2$, $X3$, $X4$로 하는 중회귀모형을 추정하고, 회귀계수들이 유의한지를 검정하시오.
2) 추정된 회귀식의 결정계수를 구하고 분산분석을 하시오.
3) 다중공선성의 문제를 검정하시오.
4) 특이값과 영향력이 큰 관측값을 식별하시오.

10.4 다음 자료를 사용하여 회귀모형을 추정할 때 다중공선성의 문제를 다음과 같이 검토해 보시오.

번호	1	2	3	4	5	6	7	8	9	10
Y	30	35	40	50	50	80	60	100	60	120
$X1$	10	10	15	15	20	25	30	30	40	50
$X2$	20	20	30	30	40	50	60	70	80	100

1) 독립변수 X_1, X_2에 대한 종속변수 Y의 선형회귀식을 추정하시오.

2) 독립변수들 간의 상관관계를 구하고, 그 결과를 설명하시오.

3) X_1과 X_2에 대한 분산팽창인자(VIF)를 구하고, 그 결과를 설명하시오.

4) 행렬 $X'X$의 고유값을 구하여 조건지수 k를 구하고, 그 결과를 설명하시오.

10.5 다음은 가열온도(X)와 반응시간(Y) 간의 관련성을 회귀분석하기 위하여 6회의 반복실험을 한 결과이다.

번호	1	2	3	4	5	6
X_i	100	200	300	400	500	600
Yi	10	12	18	2	20	22

1) 단순선형회귀모형을 적합시켰을 때 특이값과 영향력이 큰 관측값을 식별하기 위한 통계량 h_{jj}, $t_{(j)}$, D_j, $Dffits_{(j)}$의 값을 구하고 결과를 설명하시오.

2) 특이값으로 판정되는 관측값을 제거한 후에 다시 회귀식을 추정하시오. 이 경우의 특이값과 영향력이 큰 관측값을 다시 식별해 보시오.

제 11 장 회귀모형의 평가와 확정

REGRESSION ANALYSIS

11.1 서 론

지금까지는 단순 및 중회귀모형의 설정과 추론 그리고 모형을 적합 시킬 때에 발생할 수 있는 여러 가지 문제들에 관하여 살펴보았다. 이 장에서는 모형수립과정에서 지금까지 다룬 내용들이 어떻게 상호 연결이 되는가를 조사하고, 또 모형의 수립을 위한 전반적인 과정을 설명하게 될 것이다. 이를 위해 모형 속에 포함되어야 할 독립변수의 수를 결정하기 위한 계산과정과 모형 선택의 기준이 될 수 있는 통계량들에 대해서 자세하게 설명하게 된다. 일반적으로 모형의 수립 및 확정을 위해서는 다음의 단계를 거친다.

첫째, 자료의 수집과 준비 단계

종속변수와 종속변수를 설명할 수 있는 독립변수들을 선정하고, 선정된 변수들의 자료를 수집한다. 그리고 종속변수와 독립변수들 간의 함수적 관계를 설정한다.

둘째, 변수 선택

선정된 독립변수들 중에서 어떠한 변수들을 모형 속에 포함시킬 것인가? 혹은 전체 변수를 다 포함 시킬 것인가를 결정한다. 즉 통계적으로 가장 유의한 모형을 선택하는 단계이다. 11.2절에서 기술된다.

셋째, 모형의 개선과 선택

선택된 모형에 대해서 잔차분석 등을 통한 회귀진단(8~10장 참조)을 실시하여 모형의 적정성을 판단하고 필요한 경우 모형 혹은 자료의 개선을 통하여 최종 모형을 선택한다.

넷째, 모형의 확정

모형의 수립을 위한 마지막 단계는 선택된 모형의 확정을 위한 유효성을 평가하는 단계이다. 11.3절에서 기술된다.

11.2 변수선택

지금까지는 모형 속에 포함된 독립변수들은 사전적으로 결정된 것으로 가정했다. 그러나 실증적인 분석에서는 종속변수(Y)에 영향을 미치는 변수들 중에서 어떠한 변수들을 독립변수로 모형 속에 포함되어야 하는지는 알려져 있지 않다. 그러므로 최적모형의 확립을 위하여 적절한 변수들을 선택해야 하는데, 이 경우에는 다음과 같은 서로 상반된 원칙이 성립된다.

첫째, 종속변수에 영향을 미치는 모든 변수들을 모형 속에 포함시켜서 보다 많은 정보를 갖고 종속변수를 설명하게 해야 한다.

둘째, 모형 속에 많은 변수들이 포함되는 경우에는 종속변수의 추정값($\hat{Y}$)의 분산은 더 커지게 되며, 다중공선성의 문제가 발생할 가능성이 커진다. 또한 자료의 수집, 관리 및 분석을 위한 시간과 비용도 훨씬 더 많이 소요된다.

따라서 종속변수에 영향을 미치는 모든 독립변수들을 포함시키는 경우보다는 유의한 일부의 독립변수들만을 모형 속에 포함시키는 것이 더 바람직하게 된다. 이제 모든 변수들이 모형 속에 포함되는 경우와 일부 변수들만이 포함되는 경우의 모형의 추정결과를 비교해 보기로 하자.

모든 변수들을 다 포함하는 모형인 완전모형(full model)과 일부 변수들만 포함하는 축소모형(reduced model)을 다음과 같이 나타낸다.

(11.1) 완전모형 : $\underline{y} = X\underline{\beta} + \underline{\epsilon}$, $\underline{\epsilon} \sim N(\underline{0},\ I\sigma^2)$

여기서, $X : n \times (k+1)$ 행렬, $\underline{\beta} : (k+1) \times 1$ 벡타

$\underline{y}, \underline{\epsilon} : n \times 1$ 벡타

(11.2) 축소모형 : $\underline{y} = X_p \underline{\beta}_p + \underline{\epsilon}$

여기서, $X = [X_p \ \ X_{k-p}],\ k > p$

$X_p : n \times (p+1)$ 행렬, $\underline{\beta}_p : (p+1) \times 1$ 벡터

이 때 완전모형에서는 추정된 회귀계수와 예측값은 불편추정량이 되지만 축소모형에서는 그렇지 않다. 즉, 다음과 같은 관계가 성립된다.

(11.3) 완전모형 : $E(\underline{b}) = \underline{\beta}, \quad E(\hat{\underline{y}}) = E(\underline{y})$

(11.4) 축소모형 : $E(\underline{b}_p) \neq \underline{\beta},\ E(\hat{\underline{y}}_p) \neq E(\underline{y})$

그러나 추정된 회귀계수의 평균제곱오차(MSE)와 추정된 예측값의 평균제곱오차는 축소모형이 더 작다. 즉, 항상 다음이 성립한다.

(11.5) $\mathrm{MSE}(\underline{b}) \geq \mathrm{MSE}(\underline{b}_p)\ ,\ \mathrm{MSE}(\hat{\underline{y}}) \geq \mathrm{MSE}(\hat{\underline{y}}_p)$

따라서 축소모형에서의 평균제곱오차가 완전모형에서의 평균제곱오차보다 크지 않으므로 평균제곱오차를 기준으로 하면 축소모형이 더 유효하게 된다. 식 (11.3) ~ (11.5)에 대한 증명은 Montgomery & Peck (1982, pp.245~248)을 참고할 수 있다.

11.2.1 변수선택의 판정기준

종속변수에 영향을 미치는 변수들 중에서 어떤 독립변수들을 모형 속에 포함시킬 것인가를 결정하는 판정기준에는 R_p^2, MSE, C_p, $PRESS_p$ 등의 통계량을 사용할 수 있다.

R_p^2 기준

추정된 회귀식의 적합도를 측정하는 척도인 결정계수 R^2는 이미 제3장에서 기술된 바 있다. 여기서 R_p^2은 p개의 독립변수를 포함시켰을 때의 결정계수를 나타내며 다음과 같이 정의된다.

(11.6) $$R_p^2 = \frac{SSR_p}{TSS} = 1 - \frac{SSE_p}{TSS}$$

여기서 SSR_p와 SSE_p는 p개의 독립변수를 사용한 축소모형에서의 회귀제곱합과 잔

차제곱합을 나타낸다. R_p^2 기준은 $p=1,2,3,\cdots,k$일 때의 가능한 모든 회귀식의 결정계수를 구하여 비교하는 방법이다. 그런데, 추정된 회귀식의 결정계수는 p가 증가함에 따라 커지며 $p=k$일 때 항상 최대가 된다. 따라서 R_p^2 기준을 사용하여 변수를 선택할 때는 변수를 하나씩 증가시키면서 R_p^2를 조사하여 R_p^2의 증가가 둔화되는 지점에서 p를 결정해야 한다.

독립변수가 증가함에 따라 항상 커지는 이와 같은 결정계수의 단점을 보완하기 위해서는 수정결정계수 AR^2을 사용할 수 있다. p개의 독립변수가 포함된 모형에 대한 수정결정계수 AR_p^2는 다음과 같이 나타낼 수 있다.

(11.7) $$AR_p^2 = 1 - \frac{n-1}{n-p-1}\frac{SSE_p}{TSS} = 1 - \frac{n-1}{n-p-1}(1-R_p^2)$$

변수선택을 위한 판정기준으로 AR_p^2을 사용할 때는 AR_p^2을 최대로 하는 p를 선택하면 된다.

MSE_p 기준

변수선택의 기준으로 사용하는 잔차제곱평균(MSE)은 모형속에 p개의 독립변수들이 포함되는 경우 다음과 같이 나타낼 수 있다.

(11.8) $$MSE_p = \frac{SSE_p}{n-p-1}$$

이 때 잔차제곱합 SSE_p는 p가 증가하면 항상 감소하지만 $n-p-1$도 감소하므로 MSE_p는 일반적으로 p가 증가하면 처음에는 감소되다가 p가 어느 정도 이상 커지면 다시 증가하게 된다. MSE_p 기준은 MSE_p를 최소로 하는 p개의 독립변수를 선택하는 방법이 된다. 그런데, MSE_p는 AR_p^2과 다음과 같은 관계가 성립된다.

(11.9) $$AR_p^2 = 1 - \frac{n-1}{n-p-1}\frac{SSE}{TSS} = 1 - \frac{n-1}{TSS}MSE_p$$

그러므로 MSE_p를 최소로 하는 모형은 AR_p^2을 최대로 해주게 된다. 즉, MSE_p 기준은 AR_p^2 기준과 동일하게 된다.

C_p 기준

C_p −통계량은 Mallows(1973)에 의하여 제안된 기준으로 추정값들의 총평균제곱오차(total mean squared error)와 연관된 통계량으로 다음과 같이 유도된다.

Y_i의 추정값 $\hat{Y}_i$의 평균제곱오차(mean squared error: MSE)는 다음과 같이 나타낼 수 있다.

$$(11.10) \qquad MSE(\hat{Y}_i) = E[\hat{Y}_i - E(Y_i)]^2 = [E(\hat{Y}_i) - E(Y_i)]^2 + V(\hat{Y}_i)$$

여기서 $E(\hat{Y}_i) - E(Y_i)$는 i −번째 관측값에서의 편의(bias)를 나타낸다.

또, n개의 관측값들에 대한 평균제곱오차들의 총합은 다음과 같이 된다.

$$(11.11) \qquad \sum_{i=1}^{n} E[\hat{Y}_i - E(\hat{Y}_i)]^2 = \sum_{i=1}^{n} [E(\hat{Y}_i) - E(Y_i)]^2 + \sum_{i=1}^{n} V(\hat{Y}_i)$$

이 때 표준화된 총평균제곱오차를 Γ_p라고 하면 다음과 같이 정의된다.

$$(11.12) \qquad \Gamma_p = \frac{1}{\sigma^2}[\sum_{i=1}^{n} [E(\hat{Y}_i) - E(Y_i)]^2 + \sum_{i=1}^{n} V(\hat{Y}_i)]$$

C_p −통계량은 Γ_p의 추정량으로 다음과 같이 유도된다.

$$(11.13) \qquad C_p = \frac{SSE_p}{\hat{\sigma}^2} - n + 2(p+1)$$

여기서 SSE_p는 p개의 독립변수들을 포함하는 모형에서의 잔차제곱합을 나타낸다. 만약, p개의 독립변수들을 포함하는 모형이 편의를 거의 무시할 수 있다면, 즉 $E(\hat{Y}_i) = E(Y_i)$가 성립되면 C_p의 기대값은 근사적으로 $p+1$이 된다.

$$(11.14) \qquad E[C_p \mid \mathrm{bias} = 0] = \mathrm{p} + 1$$

따라서 C_p기준을 사용할 때는 추정된 모형들 중에서 C_p의 값이 작고 또 C_p의 값이 $p+1$에 가까운 모형을 선택하면 된다. 이 때 C_p의 값이 작은 것은 총평균제곱오차가 작다는 것을 의미하고, C_p의 값이 $p+1$에 근사된다는 것은 회귀모형의 편의가 작다는 것을 의미한다.

PRESSp 기준

예측제곱합(predition sum of squares: *PRESS*) 기준은 8장 1절에서 다룬 다음과 같은 프레스잔차(PRESS residuals: d_j)에 기초된다.

(11.15) $$d_j = Y_j - \widehat{Y}_{j(j)}$$

여기서 $\widehat{Y}_{j(j)}$는 $j-$번째 관측값을 제외시키고 회귀함수를 추정했을 때의 $j-$번째 관측값에 대한 예측값을 나타낸다.

이 때 예측제곱합기준은 이와 같은 제외잔차들의 제곱합으로 다음과 같이 정의된다.

(11.16) $$PRESS_p = \sum_{j=1}^{n} d_j^2 = \sum_{j=1}^{n} (Y_j - \widehat{Y}_{j(j)})^2$$

$PRESS_p$의 값이 작은 모형은 작은 예측오차를 가지므로 추정된 모형들 중에서 $PRESS_p$의 값이 작은 모형을 적합한 모형으로 판정할 수 있다. 또 식 (11.16)의 제외잔차는 $d_j = e_j/(1-h_{jj})$로 나타낼 수 있으므로 $PRESS_p$는 다음과 같이 n개의 관측값을 모두 사용하여 직접 구할 수 있다.

(11.17) $$PRESS_p = \sum_{j=1}^{n} (e_j/(1-h_{jj}))^2$$

여기서 e_j는 $j-$번째 잔차이고, h_{jj}는 제8.1절에서 정의된 H행렬의 $j-$번째 대각요소이다.

예제 11-1

다음 <표 11.1>과 같은 가상적 자료 Y, X_1, X_2, X_3, X_4, X_5,에 대하여 가능한 모든 회귀식을 추정하여 이들에 대한 변수선택의 판정기준 통계량을 구해 보자.

<표 11.1> 변수선택을 위한 가상적 자료

j	Y	X_1	X_2	X_3	X_4	X_5	j	Y	X_1	X_2	X_3	X_4	X_5
1	83	80	58	80	79	46	11	11	56	62	64	50	42
2	76	74	78	82	73	54	12	47	80	50	54	59	30
3	68	68	90	80	67	30	13	57	53	62	58	71	46
4	87	50	90	72	84	50	14	56	62	82	76	64	50
5	28	62	50	50	56	30	15	76	83	99	96	63	30
6	95	77	78	84	82	38	16	36	74	58	66	59	46
7	40	68	50	52	60	30	17	41	50	50	50	70	90
8	21	50	50	50	53	58	18	62	80	74	80	65	50
9	81	68	50	50	84	94	19	82	56	82	68	80	46
10	64	62	86	72	68	38	20	19	68	50	54	50	38

이 자료를 사용하여 설정할 수 있는 모형은 모두 31가지가 되고 추정된 각 회귀식의 판정기준 통계량의 값은 <표 11.2>와 같이 된다.

여기서 추정된 통계량을 이용하여 변수선택을 하면 다음과 같이 된다. R_p^2 기준에서는 $p=1$, 2, 3, 4, 5의 각 경우에 가장 큰 값을 갖는 R_p^2는 p가 증가함에 따라서 급격히 증가하지만 $p=3$일 때부터는 증가 속도가 매우 둔화된다. 따라서 R_p^2 기준으로 선택되는 독립변수들은 X1, X2 X4가 될 수 있다. 그러나 AR_p^2 기준으로는 $p=4$인 경우의 AR_p^2의 값이 가장 크므로 $p=4$가 되고 이 때 선택되는 독립변수들은 X1, X2 X4 X5가 된다. 물론 MSE_p 기준에서도 $p=4$일 때 MSE_p가 가장 작게 된다. 그리고 C_p 기준에서도 $p=4$일 때가 C_p의 값이 가장 작고 또 $p+1=5$에 근사된다.

이러한 판정기준들만 사용하는 경우에 우리들이 최종적으로 선택하는 독립변수들은 X1, X2, X4, X5가 될 수 있다.

<표 11.2> 가능한 모든 회귀식의 추정결과

P	R_p^2	AR_p^2	C_p	MSE_p	SSE_p	모형에 포함되는 변수
1	0.8244649	0.8147130	160.6888	116.2140	2091.85	X4
1	0.3956601	0.3620856	592.3121	400.1066	7201.92	X3
1	0.3827049	0.3484107	605.3524	408.6837	7356.31	X2
1	0.0962242	0.0460144	893.7161	598.3498	10770.30	X1
1	0.0102972	-.0446863	980.2078	655.2382	11794.29	X5
2	0.9459783	0.9396228	40.3768	37.8692	643.78	X3 X4
2	0.9157698	0.9058604	70.7838	59.0453	1003.77	X2 X4
2	0.9113748	0.9009483	75.2078	62.1263	1056.15	X1 X4

2	0.8990600	0.8871847	87.6035	70.7590	1202.90	X4 X5
2	0.5004490	0.4416783	488.8344	350.1852	5953.15	X3 X5
2	0.4693141	0.4068805	520.1739	372.0108	6324.18	X2 X5
2	0.4387540	0.3727250	550.9349	393.4335	6688.37	X1 X2
2	0.4221506	0.3541683	567.6475	405.0724	6886.23	X2 X3
2	0.3958495	0.3247730	594.1214	423.5095	7199.66	X1 X3
2	0.1457062	0.0452010	845.9088	598.8600	10180.62	X1 X5
3	0.9829984	0.9798106	5.1134	12.6630	202.61	X1 X2 X4
3	0.9622892	0.9552184	25.9587	28.0875	449.40	X1 X3 X4
3	0.9574091	0.9494234	30.8708	31.7222	507.56	X3 X4 X5
3	0.9466604	0.9366592	41.6902	39.7280	635.65	X2 X3 X4
3	0.9414948	0.9305251	46.8897	43.5754	697.21	X1 X4 X5
3	0.9349235	0.9227217	53.5042	48.4698	775.52	X2 X4 X5
3	0.5934142	0.5171793	397.2582	302.8302	4845.28	X1 X2 X5
3	0.5304399	0.4423974	460.6464	349.7342	5595.75	X2 X3 X5
3	0.5039429	0.4109322	487.3175	369.4695	5911.51	X1 X3 X5
3	0.4393854	0.3342702	552.2994	417.5528	6680.84	X1 X2 X3
4	0.9849947	0.9809933	5.1039	11.9212	178.82	X1 X2 X4 X5
4	0.9845134	0.9803836	5.5884	12.3036	184.55	X1 X2 X3 X4
4	0.9703247	0.9624113	19.8704	23.5761	353.64	X1 X3 X4 X5
4	0.9574832	0.9461453	32.7963	33.7782	506.67	X2 X3 X4 X5
4	0.5949220	0.4869012	397.7405	321.8210	4827.31	X1 X2 X3 X5
5	0.9860914	0.9811241	6.0000	11.8392	165.75	X1 X2 X3 X4 X5

11.2.2 변수선택의 방법

앞에서 우리들은 종속변수 Y에 영향을 미치는 모든 변수들을 다 모형 속에 포함시키는 것보다는 유의한 일부 변수들만을 포함하는 모형이 더 바람직 할 수 있다는 것을 보았고, 또 적절한 모형을 선택하는 몇 가지 기준에 대하여 살펴보았다. 여기에서는 이러한 기준에 따라서 적절한 변수를 선택하는 방법에 관하여 알아보기로 한다.

최적모형의 선택을 위한 변수선택의 방법에는 가능한 모든 회귀모형을 추정하여 최적모형을 선택하는 가능한 모든 회귀(all possible regression)방법, 완전모형에서 출발하여 유의하지 않은 변수들을 하나씩 제거해 나가는 변수감소(backward elimination)방법, 유의한 변수들을 하나씩 증가시키면서 최적모형을 찾아내는 변수증가(forward selection)방법, 그리고 유의한 변수들을 하나씩 증감시키면서 최적모형을 찾아내는 단계별 회귀(stepwise regression)방법 등이 있다.

(1) 가능한 모든 회귀

이 절차는 가능한 모든 회귀모형을 추정하여 앞 절에서 기술된 기준에 의거하여 최적모형을 선택하는 방법이다. 즉, 독립변수가 한개 포함되는 모형, 2개 포함되는 모형 ,…,k 개 포함되는 모형들을 모두 추정하여 이들 중에서 가장 적합한 모형을 선택하는 방법이다. 따라서 추정해야 하는 모든 모형의 개수는 2^k-1개가 된다. 예를 들어서 $k=3$인 경우에는 독립변수를 하나 포함하는 모형 3개, 두개 포함하는 모형 3개, 세 개 포함하는 모형 1개, 즉 $2^3-1=7$개의 모형을 추정해야 한다.

이 방법은 가능한 모든 회귀모형을 추정하여 비교하기 때문에 항상 상대적인 최적모형을 찾을 수는 있지만 k가 큰 경우, 예를 들어서 $k=10$인 경우에는 $2^{10}-1=1023$개의 회귀모형을 추정해야 하기 때문에 시간적, 경제적으로 많은 비용이 소요된다.

(2) 변수감소법

변수감소법(backward elimination method)은 종속변수 Y에 영향을 미치는 k개의 모든 독립변수를 포함하는 모형에서 출발하여 유의하지 않는 변수들을 하나씩 제거해 나가면서 가장 적합한 모형을 찾는 방법으로 그 절차는 다음과 같다.

첫째, k개의 모든 독립변수들을 포함하는 회귀모형들을 추정한다.

둘째, 개별회귀계수들을 검정하기 위한 $t-$검정통계량의 값(혹은 $F-$통계량의 값)을 구하여 이들 중에서 가장 절대값이 작은 값을 t_a-라고 한다. 만약 $|t_a|$가 임계값 t_α보다 크면, 즉 X_a가 유의하면 k개의 독립변수를 포함하는 모형으로 확정하고 $|t_a|$가 임계값 t_α보다 작으면, 즉 X_a가 유의하지 않으면 X_a를 제외한 $k-1$개의 독립변수를 포함하는 모형을 추정한다.

셋째, $k-1$개의 개별회귀계수들을 검정하기 위한 $t-$검정통계량의 값(혹은, $F-$통계량의 값)을 구하여 이들 중에서 가장 절대값이 작은 값을 t_b라고 한다. 만약 $|t_b|$가 임계값 t_α보다 크면, 즉 X_b가 유의하면 $k-1$개의 독립변수를 포함하는 모형으로 확정하고 $|t_b|$가 임계값 t_α보다 작으면, 즉 X_b가 유의하지 않으면 X_b를 제외한 $k-2$개의 독립변수를 포함하는 모형을 추정한다.

넷째, 가장 절대값이 작은 검정통계량의 값을 갖는 회귀계수가 유의할 때까지 즉, 모든 회귀계수들이 유의할 때까지 반복한다.

따라서 이 방법은 독립변수의 수가 k개 일 때 추정해야 할 회귀식의 최대수는 $k+(k-1)+(k-2)+(k-3)+\cdots+2+1=k(k+1)/2$로 가능한 모든 회귀방법에서 보다는 훨씬 작아진다. 그러나 이 방법은 경우에 따라서는 최적모형을 찾지 못할 수도 있다.

(3) 변수증가법

종속변수 Y에 영향을 미치는 k개의 독립변수들 중에서 가장 영향력이 큰 변수부터 하나씩 증가시키면서 가장 적절한 모형을 찾아 가는 방법이 변수증가법이다.

변수증가법에 의하여 최적모형을 찾는 절차는 다음과 같다.

첫째, 모든 독립변수 $X_i,\ i=1,2,\cdots,k$와 종속변수 Y간의 단순회귀식을 추정하여 가장 R^2가 높은 $X_i=X_a$를 선택하여 이 X_a의 회귀계수에 대한 $t-$검정(혹은 $F-$검정)을 한다. 만약 유의하면 새로운 변수를 추가시킨다.

둘째, 선택된 독립변수 X_a와 나머지 독립변수들 중의 하나를 짝지어 독립변수가 두 개인 $k-1$개의 회귀모형을 추정한다. 이 때 R^2를 최대로 하는 새로운 변수를 X_b라고 하면, $t-$검정(혹은 부분 $F-$검정)을 사용하여 X_b에 대한 유의성 검정(즉, $H_0:\beta_b=0$)을 한다. X_b의 회귀계수가 유의하면, 새로운 변수를 추가시키고 유의하지 않으면 첫 번째 선택된 X_a만을 포함하는 회귀모형으로 확정한다.

셋째, 앞에서 선택된 두 독립변수 X_a, X_b와 나머지 독립변수들 중의 하나를 짝지어 독립변수가 3개인 $k-2$개의 회귀모형을 추정하여 R^2가 최대가 되는 변수를 선택한다. 이 때 선택된 변수를 X_c라고 하면 X_c의 회귀계수가 유의하면 새로운 변수를 추가시키고, 그렇지 않으면 두 번째 선택된 X_a와 X_b를 포함하는 회귀모형으로 확정한다.

이와 같은 방법으로 새로이 추가되는 변수의 회귀계수가 유의하지 않을 때 까지 반복한다. 따라서 이 방법도 독립변수의 수가 k개 일 때 추정해야 할 회귀식의 최대수는 $k(k+1)/2$가 되고, 또 이 방법도 경우에 따라서는 최적모형을 찾지 못할 수도 있다.

(4) 단계별회귀

변수증가법에서는 먼저 선택된 변수는 다음에 어떤 변수가 선택될지라도 다시 제거되지는 않게 되고 이로 인해서 최적모형을 종종 찾지 못하게 된다. 이러한 문제점을 보완하기 위한 변수증가법의 변형된 방법이 단계별회귀(stepwise regression)방법이며, 이 방법의 절차는 다음과 같다.

첫째, 변수증가법과 동일

둘째, 선택된 독립변수 X_a와 나머지 독립변수들 중의 하나를 짝지어 독립변수가 2개인 $k-1$개의 회귀모형을 추정하여 R^2가 최대가 되는 변수를 선택한다. 이 때 선택된 변수를 X_b라고 하면 X_b의 회귀계수가 유의하지 않으면 첫 번째 선택된 X_a만을 포함하는 모형으로 확정하고, 만약 유의하면 다시 X_a의 회귀계수에 대한 유의성검정을 하여 유의하면 새로운 변수를 추가시킨다. 그러나 만약 X_a의 계수가 유의하지 않으면 X_a를 제거하고 다시 다른 변수들을 고려한다.

셋째, 위와 같은 절차를 반복하면서 새로이 선택된 변수가 유의하지 않을 때까지 계속 한다. 즉, 단계별회귀에서는 새로이 선택된 변수가 유의한 경우에 먼저 선택된 변수들이 계속 유의한가를 검토하는 것이 특색이라고 할 수 있다. 이 경우에 새로이 선택된 변수가 유의한가를 검정할 때의 임계값(t_α, 혹은 F_α)과 먼저 선택된 변수들을 제거할 것인가를 결정할 때의 임계값 (t'_α, 혹은 F'_α)은 서로 다른 값을 사용할 수도 있다. 대체로 $t_\alpha \geq t'_\alpha$을 사용한다.

<회귀모형의 평가 및 확정을 위한 SAS 명령문>

<회귀진단을 위한 MODEL 문의 options>

```
PROC REG;
  MODEL dependants = regressors /options;
RUN;
```

<OPTIONS>

DW: 자기상관분석을 위한 D-W통계량

ACOV, SPEC: 이분산의 검정

VIF, TOL: 다중공선성의 검정 VIF=1/TOL

COLLIN: 다중공선성의 검정, 고유값, 조건지수, 분산비율

R: 잔차분석에 관련된 통계량을 출력, 특이값과 영향력 관측값의 식별

INFLUENCE: 영향력 관측값의 식별

Hat Diag H: $h_{jj} \geq 2(k+1)/n$ 일 때 독립변수들이 특이값으로 식별

Rstudent: 표준화 제외잔차 자유도 $n-k-2$인 $t-$분포에 의한 검정, 종속변수가 특이값인 경우의 검정

Cov Ratio : 개별관측값들이 회귀선 적합을 향상시키는지 여부를 나타내는 척도

$1-3k/n$ 보다 작으면 도움이 안되는 관측값으로 판단

DFFITS: 예측값 $\hat{Y}_j$에 대한 영향력이 큰 관측값의 식별(>2).

DFBETAS: 추정된 각 회귀계수에 대하여 영향력이 큰 관측값의 식별(>2).

COOK's D: 추정된 모든 회귀계수에 대하여 영향력이 큰 관측값의 식별

$D \geq F_{0.5(k+1, n-k-1)}$ 인 경우에 영향력이 큰 관측값으로 식별

P: 종속변수에 대한 예측값(CLI, CLM, R이 있는 경우는 필요 없음)

CLI: 종속변수의 개별관측값에 대한 95% 신뢰구간 예측

CLM: 종속변수의 평균에 대한 95% 신뢰구간 예측

<변수선택을 위한 MODEL 문의 options>

SELECTION=FORWARD [BACKWARD,STEPWISE,MAXR,CP,..]; 변수선택의 방법

SELECTION=FORWARD SLENTRY=0.3; SLENTRY(Significance level for Entry)
유의수준 0.3을 기준으로 하여 진입변수를 결정 (디폴트는 0.5)

SELECTION=BACKWARD SLSTAY=0.2; SLSTAY(Significance level for Stay)
유의수준 0.2를 기준으로 하여 제거변수를 결정 (디폴트는 0.1)

SELECTION=STEPWISE SLENTRY=0.2 SLSTAY=0.1 (디폴트는 둘 다 0.15)

SELECTION=CP BEST=3 INCLUDE=2; CP를 기준으로 모형을 선택
이때 첫 2개의 독립변수는 필히 포함시키고 가장 좋은 3개의 모형을 출력.

예제 11-2

[예제 11.1]의 자료에 가장 적합한 모형의 선택을 위하여 SAS를 이용하여 변수감소법, 변수증가법, 그리고 단계별회귀방법으로 분석하면 다음과 같이 된다.

첫째, 변수감소법

단계 1: X1-X5의 모든 변수들을 포함하는 모형을 추정한다.

$$\hat{Y}_j = -132.0 + \underset{(5.37)}{0.647X_{1j}} + \underset{(3.98)}{0.508X_{2j}} - \underset{(-1.05)}{0.170X_{3j}} + \underset{(19.84)}{1.897X_{4j}} - \underset{(-1.26)}{0.077X_{5j}}$$

$R^2 = 0.986$, ( ) : $t-$값

X3의 회귀계수에 대한 $t-$값(−1.05)이 유의하지 않고 또 절대값이 가장 작으므로 X3를 제거한다.

단계 2: X3를 제외한 4개의 변수 X1, X2, X4, X5를 포함하는 모형을 다시 추정한다.

$$\hat{Y}_j = -128.9 + \underset{(7.07)}{0.550X_{1j}} + \underset{(6.59)}{0.389X_{2j}} + \underset{(19.87)}{1.898X_{4j}} - \underset{(-1.41)}{0.086X_{5j}}$$

$R^2 = 0.985$, ( ): $t-$값

여기에서도 X5의 회귀계수에 대한 t−값(−1.41)이 유의하지 않으므로 X5를 제거한다.

단계 3: X3와 X5를 제외한 X1, X2, X4만을 포함하는 모형을 다시 추정한다.

$$\hat{Y}_j = -133.2 + \underset{(7.95)}{0.591X_{1j}} + \underset{(8.21)}{0.431X_{2j}} + \underset{(22.83)}{1.819X_{4j}} \qquad R^2 = 0.983 \quad (\ ):\ t\text{-값}$$

이렇게 추정된 모형은 모든 계수들이 유의하므로 최적모형으로 결정한다.

둘째, 변수증가법

단계 1: X1-X5 중에서 Y와 가장 상관관계가 높은 X4만을 포함하는 모형을 추정하면 다음과 같이 된다.

$$\hat{Y}_j = -82.32 + \underset{(9.19)}{2.077X_{4j}} \qquad R^2 = 0.825 \quad (\ ):\ t-\text{값}$$

X4의 추정된 계수는 유의하므로 새로운 변수를 추가시킨다.

단계 2: X3를 추가하여 X4, X3를 포함하는 모형을 추정한다.

$$\hat{Y}_j = -107.39 + \underset{(6.18)}{0.65X_{3j}} + \underset{(13.16)}{1.797X_{4j}} \qquad R^2 = 0.946 \quad (\ ):\ t-\text{값}$$

이 경우에도 X3의 계수가 유의하므로 새로운 변수를 추가시킨다.

단계 3: X1을 추가하여 X4, X3, X1을 포함하는 모형을 다시 추정한다.

$$\hat{Y}_j = -123.78 + \underset{(2.63)}{0.34X_{1j}} + \underset{(4.65)}{0.50X_{3j}} + \underset{(15.50)}{1.857X_{4j}} \qquad R^2 = 0.985 \quad (\ ):\ t-\text{값}$$

X1의 계수가 역시 유의하므로 또 새로운 변수를 추가시킨다.

단계 4: 다시 X2를 추가하여 X4, X3, X1, X2를 포함하는 모형을 추정한다.

$$\hat{Y}_j = -136.3 + \underset{(6.06)}{0.70X_{1j}} + \underset{(4.64)}{0.56X_{2j}} - \underset{(-1.21)}{0.20X_{3j}} + \underset{(22.89)}{1.827X_{4j}} \qquad R^2 = 0.985, \quad (\ ):\ t-\text{값}$$

이 경우에도 X2의 계수가 유의하므로 다시 X5를 추가한 모형을 추정한다.

$$\hat{Y}_j = -132.0 + \underset{(5.37)}{0.647X_{1j}} + \underset{(3.98)}{0.508X_{2j}} - \underset{(-1.05)}{0.170X_{3j}} + \underset{(19.84)}{1.897X_{4j}} - \underset{(-1.26)}{0.077X_{5j}}$$

$R^2 = 0.986$, ( ) : t−값

이번에는 X5의 계수가 유의하지 않으므로 모형에서 제외시킨다. 즉 최종적으로 채택되는 모형은 단계 4에서 선택된 변수들인 X4, X3, X1, X2를 포함하는 모형으로 결정한다.

셋째, 단계별회귀

단계별회귀방법에서는 단계 4까지는 변수증가법과 동일하다. 즉, 추가된 변수들의 계수들이 유의하면 새로운 변수들을 다시 추가를 시킨다.

그러나 단계 4의 결과에서 전 단계에서 추가된 X3의 계수가 유의하지 않다. 따라서 단계별회귀에서는 변수증가법의 단계 4에서 선택된 4개의 변수들 중에서 X3를 제외시키고 다시 추정된 다음의 모형이 채택된다.

$$\hat{Y}_j = -133.2 + \underset{(7.95)}{0.591 X_{1j}} + \underset{(8.21)}{0.431 X_{2j}} + \underset{(22.83)}{1.819 X_{4j}} \qquad \underset{(\ ):\ t-\text{값}}{R^2 = 0.983}$$

이 자료에 대한 분석에서는 단계별회귀방법에 의하여 추정된 모형은 변수감소법에 의하여 추정된 모형과 동일하게 나타난다.

[예제 11.1]의 자료에 가장 적합한 모형의 선택을 위하여 SAS를 사용하여 분석하기 위해서는 다음과 같은 SAS 프로그램이 필요하다.

<ex11_1.SAS>

```
TITLE'VARIABLE SELECTION';
DATA exam11_1;
     INFILE'a:ex11_1.dat';
     INPUT y x1 x2 x3 x4 x5;
RUN;
PROC REG;
     MODEL y=x1-x5 / SELECTION=RSQUARE ADJRSQ CP SSE MSE AIC SBC;
RUN;
PROC REG;
    MODEL y=x1-x5 / SELECTION=FORWARD;
    MODEL y=x1-x5 / SELECTION=BACKWARD;
    MODEL y=x1-x5 / SELECTION=STEPWISE;
RUN;
```

11.3 모형의 확정

11.3.1 모형의 확정을 위한 유효성 평가

최종적으로 모형의 확정을 위한 유효성 평가방안으로는

첫째, 모형의 점검을 위하여 추가로 새로운 자료를 수집하여 모형을 재추정 한다. 이 때 새로이 추정된 모형과 원래 추정된 모형을 비교하여 추정된 계수들이나 예측력이 큰 차이가 없이 일관성 있는 결과가 나타나면 선택된 모형은 잘 적합한 것으로 확정할 수 있다.

둘째, 수집된 새로운 자료에 대한 예측력을 평가해 보거나, 새로운 자료가 없는 경우에는 기존 자료를 표본 내 기간과 표본 후 기간으로 나누어 표본 내 기간의 자료를 이용하여 모형을 추정하여 표본 후 기간에 대한 예측력을 평가해 보는 방법이다. 이 때 예측력의 평가는 평균제곱예측오차(mean square prediction error: MSPR)를 사용할 수 있다.

$$\text{평균제곱예측오차} : MSPR = \sum_{i=1}^{n^*}(Y_i - \widehat{Y}_i)^2/n^*, \quad n^* : \text{예측기간}$$

셋째, 대안적 예측모형 들과의 예측력 비교를 통해서 유효성 평가를 할 수 있다.

11.3.2 연구목적에 따른 독립변수의 수준선택

실험을 통해서 자료를 수집하는 경우(가능한 실험구간 : $X_a - X_b$)에는 분석의 목적에 따라서 다음과 같이 독립변수들의 실험구간을 조정함으로써 보다 유효한 결론을 얻을 수 있다.

첫째, 회귀직선의 기울기를 가능한 정확하게 추정하고자 하는 경우

단순회귀의 경우 기울기 b_1의 분산은 $V(b_1) = \sigma^2/S_{xx}$, $S_{xx} = \sum(X_j - \overline{X})^2$가 되므로 S_{xx}가 가능한 큰 값이 되도록 실험하면 된다. 즉, 독립변수의 값을 가능한 평균에서부터 멀리 떨어진 값으로 결정하면 된다.

둘째, 회귀직선의 절편을 가능한 정확하게 추정하고자 하는 경우

단순회귀의 경우 절편 b_0의 분산은 $V(b_0) = \sigma^2[1/n + (\overline{X})^2/S_{xx}]$, $\sum(X_j - \overline{X})^2$와 같이 되므로 $\overline{X} = 0$가 되도록, 또 S_{xx}가 가능한 큰 값이 되도록 실험하면 된다. 즉, 독립변수의 평균을 0가 되도록 하는 동시에 독립변수들의 값을 가능한 평균에서부터 멀리 떨어진 값으로 결정하면 된다.

셋째, 예측값을 가능한 정확하게 추정하고자 하는 경우

예측값 $V(\widehat{Y})$의 분산은 $V(\widehat{Y}) = \sigma^2[1/n + (X_0 - \overline{X})^2/S_{xx}]$, $S_{xx} = \sum(X_j - \overline{X})^2$와 같으므로 $X_0 = \overline{X}$가 되도록, 또 S_{xx}가 가능한 큰 값이 되도록 실험하면 된다. 즉, 독립변수

의 값 X_0를 가능한 평균에 가까운 값이 되게 하고 또 독립변수들의 값을 가능한 평균에서부터 멀리 떨어진 값으로 결정하면 된다.

11.4 응용예제

11.4.1 단계별 회귀방법에 의한 소비자물가모형의 추정

(1) 자료 및 모형의 설정

소비자물가지수(consumer price index : CPI)는 일반소비자가 그 소비생활을 영위하기 위하여 구입하는 상품의 가격과 서비스 요금의 변화를 지수로 측정한 것으로 일반적으로 통화량, 임금, 수입물가지수, 환율 등에 의하여 영향을 받는다. 여기서는 설명변수로 전기의 통화량의 변화율(X3:DML), 공사채발행액(X4:BTM), 전기의 비농림어업 부문의 임금(X5:WNL), 환률(X6:EXR), 그리고 전기의 원자제 수입물가지수(X9:PIL) 등을 선택하여 다음과 같은 모형을 설정하였다. 이들 자료들은 <도서출판 탐진 홈페이지>에 수록되어 있다.

$$CPI_j = \beta_0 + \beta_1 X_{3j} + \beta_2 X_{4j} + \beta_3 X_{5j} + \beta_4 X_{6j} + \beta_5 X_{9j} + \epsilon_j$$

(2) 변수선택

최적모형의 발견을 위한 모형의 선택방법은 가능한 모든 회귀방법과 단계별회귀방법을 사용하기로 한다. 이러한 분석을 위해서 필요한 SAS 프로그램은 <프로그램 11.1>과 같고, 이 때의 추정결과는 <수행결과 11.1>과 같이 된다.

<프로그램 11.1: PRO11_1.SAS>

```
TITLE' VARIABLE SELECTION ';
    DATA econy;
        INFILE' a:econy.dat';
        INPUT x1-x9;
        LABEL x1=' CPI ' x3=' DML' x4=' BTX' x5=' WNL'  x6=' EXR' x9=' PIL';
    RUN;
    PROC REG ;
        VAR x1 X3-X6 x9;
        MODEL x1=x3 x4 x5 x6 x9 / SELECTION=RSQUARE ADJRSQ CP MSE;
    RUN;
    PROC REG;
        MODEL x1=x3 x4 x5 x6 x9 / SELECTION=STEPWISE;
    RUN;
```

<수행결과 11.1>

VARIABLE SELECTION

N = 52 Regression Models for Dependent Variable: X1

Number in Model	R-square	Adjusted R-square	C(p)	MSE	Variables in Model
1	0.90850352	0.90667359	888.22202	63.81964	X5
1	0.84449750	0.84138745	1543	108.46443	X6
1	0.68570294	0.67941700	3168	219.22511	X9
1	0.59085313	0.58267019	4139	285.38373	X4
1	0.35709562	0.34423753	6530	448.43176	X3
2	0.96660092	0.96523770	295.75032	23.77160	X4 X5
2	0.96119629	0.95961246	351.05234	27.61832	X5 X9
2	0.95826742	0.95656405	381.02142	29.70292	X5 X6
2	0.92632853	0.92332153	707.83068	52.43524	X6 X9
2	0.91723338	0.91385515	800.89526	58.90866	X4 X6
2	0.90860216	0.90487164	889.21270	65.05188	X3 X5
2	0.86375547	0.85819447	1348	96.97124	X4 X9
2	0.84457695	0.83823315	1544	110.62145	X3 X6
2	0.75231217	0.74220246	2488	176.29036	X3 X9
2	0.63587090	0.62100848	3680	259.16676	X3 X4
3	0.99217734	0.99168842	36.04403	5.68373	X5 X6 X9
3	0.98182883	0.98069313	141.93338	13.20267	X4 X5 X9
3	0.98106919	0.97988601	149.70631	13.75460	X4 X6 X9
3	0.97237169	0.97064492	238.70194	20.07396	X4 X5 X6
3	0.96660990	0.96452302	297.65846	24.26032	X3 X4 X5
3	0.96266867	0.96033546	337.98644	27.12391	X3 X5 X6
3	0.96122366	0.95880014	352.77222	28.17381	X3 X5 X9
3	0.92642227	0.92182367	708.87144	53.45953	X3 X6 X9
3	0.92343905	0.91865399	739.39676	55.62705	X3 X4 X6
3	0.87140208	0.86336471	1272	93.43567	X3 X4 X9
4	0.99530256	0.99490278	6.06575	3.48565	X3 X5 X6 X9
4	0.99299794	0.99240202	29.64742	5.19575	X4 X5 X6 X9
4	0.98608686	0.98490276	100.36380	10.32398	X3 X4 X6 X9
4	0.98183277	0.98028663	143.89303	13.48065	X3 X4 X5 X9
4	0.97373073	0.97149505	226.79575	19.49261	X3 X4 X5 X6
5	0.99550444	0.99501580	6.00000	3.40836	X3 X4 X5 X6 X9

Stepwise Procedure for Dependent Variable X1

Step 1 Variable X5 Entered R-square = 0.90850352 C(p) =888.22201515

Variable	Parameter Estimate	Standard Error	Type II Sum of Squares	F	Prob>F
INTERCEP	31.17303600	2.46754439	10185.50606618	159.60	0.0001
X5	0.00024790	0.00001113	31684.48088298	496.47	0.0001

Step 2 Variable X4 Entered R-square = 0.96660092 C(p) =295.75032202

```
Step 6   Variable X4 Removed        R-square = 0.99530256   C(p) =  6.06574726

                Parameter        Standard          Type II
Variable         Estimate           Error     Sum of Squares          F   Prob>F

INTERCEP     -25.84644995      2.37912432      411.38730004     118.02   0.0001
X3            72.83399511     13.02493262      108.99351200      31.27   0.0001
X5             0.00013388      0.00000510     2402.23183284     689.18   0.0001
X6             0.06317348      0.00342116     1188.51732543     340.97   0.0001
X9             0.34609460      0.01915323     1138.12205236     326.52   0.0001

All variables left in the model are significant at the 0.1500 level.
No other variable met the 0.1500 significance level for entry into the model.
```

먼저 <수행결과 11.1>에서 가능한 모든 회귀방법에 의한 추정결과를 분석하면 다음과 같이 변수선택을 할 수 있다.

결정계수 R_p^2를 기준으로 하면 $p=1,2,3,4,5$의 각 경우에 가장 큰 값을 갖는 R_p^2는 $p=4$일 때까지는 급격히 증가하지만 $p=5$일 때는 증가되는 폭이 둔화된다. 따라서 R_p^2를 기준으로 선택되는 독립변수들은 X3, X5, X6, X9가 된다. 또한 AR_p^2와 MSE_p를 기준으로 하는 경우는 모든 독립변수들이 다 포함하는 경우가 가장 작은 AR_p^2와 MSE_p를 갖지만 X3, X5, X6, X9도 거의 비슷한 값을 갖는다. 그런대, C_p를 기준에서는 $p=5$일 때가 $C_p=6=p+1$이 되고 또 가장 작은 값을 가지므로 가장 적합한 모형이 될 수도 있다. 따라서 이러한 판정기준들만 사용하는 경우에 우리들이 최종적으로 선택하는 독립변수들은 X3, X4, X5, X6, X9가 될 수 있다.

단계별 회귀방법으로 분석하는 경우에는 최초로 선택되는 변수는 X5가 되고 그 다음으로 추가되는 변수는 X4, X9, X6, X3의 순서로 진입된다. 그러나 X3가 진입된 후에는 다시 X6가 제거된다. 이 때 진입과 제거를 위한 기준은 유의수준을 15%로 사용하였다. 즉, 모든 변수들의 유의확률이 0.15보다 작으면 새로운 변수들을 진입시키고, 0.15보다 큰 유의확률을 갖는 변수들은 제거된다. 그러므로 단계별 회귀방법에 의하여 선택되는 독립변수들은 X3, X5, X6, X9가 된다. 그런대 가능한 모든 회귀방법에서는 X4가 포함되었으나 이와 같은 결과는 개별회귀계수에 대한 검정을 고려하지 않았기 때문이다. 따라서 최적모형은 독립변수로 X3, X5, X6, X9를 포함하게 된다.

(3) 모형의 확립

모형의 확립을 위하여 변수선택 단계에서 선택된 모형의 추정결과는 다음과 같이 된다.

$$\widehat{CPI}_j = -25.846 + \underset{(5.59)}{72.8340X_{3j}} + \underset{(26.25)}{0.00013X_{5j}} + \underset{(18.47)}{0.0632X_{6j}} + \underset{(18.07)}{0.3461X_{9j}} \qquad R^2 = 0.995 \quad (\;):t\text{-값}$$

이와 같이 추정된 모형에 대하여 회귀진단을 하면 다음과 같이 된다.

첫째, 예측값에 대한 잔차그림은 대체로 평균 0을 중심으로 랜덤하게 나타남으로 오차항들은 동분산을 이룬다고 가정할 수 있다.

둘째, 각 변수들에 대한 분산팽창인자(VIF)의 값들이 모두 10보다 작고 또 작은 고유값에 대응하는 큰 분산비율의 값이 둘 이상 존재하지 않으므로 변수들 간의 다중공선성의 문제는 나타나지 않는다.

셋째, 잔차에 대한 정규확률그림은 거의 직선으로 나타나고 또 W-통계량에 대한 유의확률이 0.176으로 정규성 가정을 기각시킬 수 없다.

넷째, 더빈-와트슨의 D통계량의 값은 0.980으로 자기상관이 존재하는 것으로 검정된다.

다섯째, 특이값들 중에서 영향력이 큰 관측값들은 없는 것으로 나타난다.

그러므로 추정된 모형에서는 자기상관의 문제가 나타나므로 최종적인 모형을 확정하기 위해서는 변수변환 등을 통하여 모형을 다시 설정하거나 다른 방법으로 추정할 필요가 있다.

11.4.2 환자의 수술후의 생존시간 분석을 위한 모형의 선택

(1) 모형의 설정

우리들은 제9장에서 특정한 병의 치료를 위하여 수술을 받는 환자들의 수술후의 생존시간을 분석하기 위하여 수술 후의 생존시간(Y)을 종속변수로 하고 혈액응고점수(X_1) 환자의 나이를 고려한 예상지표(X_2), 효소기능 검사점수(X_3), 간장기능 검사점수(X_4) 등을 사용하여 다음과 같은 모형을 설정하였다.

$$LY_j = \beta_0 + \beta_1 X_{1j} + \beta_2 X_{2j} + \beta_3 X_{3j} + \beta_{4j} X_{4j} + \epsilon_j$$

여기서는 변수선택 방법을 사용하여 모형 속에 포함시킬 변수들을 선택해 보기로 한다.

(2) 변수선택

최적모형의 발견을 위한 변수선택은 가능한 모든 회귀방법과 단계별회귀방법을 사용한다. 가능한 모든 회귀식을 추정하면 다음과 같이 된다.

<가능한 모든 회귀식>

p	R^2	AR^2	C_p	AIC	MSR	SBC	SSR	독립변수
1	0.6076	0.6001	806.7	−178.0	0.0357	−174.0	1.857	X3
1	0.5397	0.5309	955.0	−169.4	0.0419	−165.4	2.178	X4
1	0.3492	0.3367	1371	−150.7	0.0592	−146.7	3.080	X2
1	0.1031	0.0859	1908	−133.3	0.0816	−129.4	4.245	X1
2	0.8961	0.8921	178.8	−247.8	0.0096	−241.8	0.492	X2 X3
2	0.6952	0.6833	617.4	−189.6	0.0283	−183.7	1.442	X3 X4
2	0.6792	0.6667	652.4	−186.9	0.0298	−180.9	1.518	X2 X4
2	0.6483	0.6345	720.0	−181.9	0.0326	−175.9	1.665	X1 X3
2	0.5461	0.5283	942.9	−168.1	0.0421	−162.2	2.148	X1 X4
2	0.5137	0.4946	1014	−164.4	0.0451	−158.4	2.302	X1 X2
3	0.9775	0.9761	3.147	−328.3	0.0021	−320.4	0.107	X1 X2 X3
3	0.9074	0.9018	156.3	−251.9	0.0088	−244.0	0.438	X2 X3 X4
3	0.7152	0.6982	575.7	−191.3	0.0270	−183.3	1.348	X1 X2 X4
3	0.7085	0.6911	590.4	−190.0	0.0276	−182.1	1.379	X1 X3 X4
4	0.9776	0.9757	5.000	−326.5	0.0022	−316.5	0.106	X1 X2 X3 X4

결정계수 R_p^2를 기준으로 하면 $p=1,2,3,4$의 각 경우에 가장 큰 값을 갖는 R_p^2는 $p=3$일 때까지는 급격히 증가하지만 $p=4$일 때는 증가되는 폭이 둔화된다.

따라서 R_p^2를 기준으로 선택되는 독립변수들은 X_1, X_2, X_3가 된다. 또한 AR_p^2와 MSE_p를 기준으로 하는 경우에도 독립변수들이 X_1, X_2, X_3일 때 가장 작은 값을 가진다. 그런데, C_p를 기준에서는 $p=4$일 때가 $P+1=C_p=5$가 되지만, $p=3$일 때 C_p의 값이 더 작으므로 $p=3$일 때가 더 좋은 모형이 될 수도 있다. 따라서 이러한 판정 기준들만 사용하는 경우에 우리들이 최종적으로 선택하는 독립변수들은 X_1, X_2, X_3가 될 수 있다.

단계별 회귀방법으로 분석하는 경우에는 최초로 선택되는 변수는 X_3가 되고 그 다음으로 추가되는 변수는 X_2, X_1의 순서가 되고 X_4는 진입되지 않는다. 이들 과정을 요약하면 다음과 같이 된다.

<종속변수 LY에 대한 단계별회귀과정의 요약>

단계	진입변수 탈락변수	P	Partial R^2	R^2	C_p	F	유의확률
1	X3	1	0.6076	0.6076	806.7069	80.5262	0.0001
2	X2	2	0.2885	0.8961	178.7776	141.6648	0.0001
3	X1	3	0.0814	0.9775	3.1470	180.7137	0.0001

즉, 단계별 회귀방법으로도 최종적으로 선택되는 변수들은 X1, X2, X3가 된다.

(3) 모형의 확립

모형의 확립을 위하여 변수선택 단계에서 선택된 모형의 추정결과는 다음과 같이 된다. 이 모형을 최종적으로 확정하기 위해서는 제9장에서와 같은 회귀진단을 실시해야 한다.

$$\widehat{LY}_j = \underset{(11.89)}{1.153} + \underset{(13.44)}{0.155}X_{1j} + \underset{(27.04)}{0.023}X_{2j} + \underset{(32.10)}{0.022}X_{3j} \qquad R^2 = 0.978$$

( ) : t-값

이러한 분석을 위한 SAS프로그램은 <프로그램 11.2>와 같다.

<프로그램 11.2>

```
TITLE 'VARIABLE SELECTION';
DATA building;
     INFILE 'k:SURG.dat';
     INPUT n x1 x2 x3 x4 y;
     ly=log(y);
RUN;
PROC REG CORR;
     MODEL y=x1-x4;
     OUTPUT OUT=out1 R=resid1 P=pred1;
     PLOT R.*P.='*';
     MODEL ly=x1-x4;
     OUTPUT OUT=out2 R=resid2 P=pred2;
     PLOT R.*P.='*';
RUN;
PROC UNIVARIATE DATA=out1 NORMAL PLOT;
     VAR resid1;RUN;
PROC UNIVARIATE DATA=out2 NORMAL PLOT;
     VAR resid2;RUN;
PROC REG data=building;
     MODEL ly=x1-x4 / SELECTION=RSQUARE ADJRSQ CP SSE MSE AIC SBC;
RUN;
PROC REG;
     MODEL ly=x1-x4 / SELECTION=STEPWISE;
RUN;
PROC REG;
     MODEL ly=x1-x3 /DW VIF COLLIN R INFLUENCE;
     OUTPUT OUT=out R=resid P=pred;
     PLOT R.*P.='*';
RUN;
PROC UNIVARIATE DATA=out NORMAL PLOT;
     VAR resid;
RUN;
```

REGRESSION ANALYSIS EXERCISE

연습문제

11.1 완전모형과 축소모형에서의 추정량들의 특성을 비교하시오.

11.2 변수선택의 판정기준이 되는 통계량들 중에서 AR_P-통계량과 MSE_P-통계량은 동일하게 됨을 보이시오.

11.3 변수감소법, 변수증가법 그리고 단계별 회귀방법의 변수선택절차를 「플로우차트」로 나타내시오.

11.4 어느 병원에서는 입원환자들을 대상으로 환자의 만족도(Y)와 환자의 나이(X_1), 병의 심각성(X_2), 근심의 수준(X_3)들과의 관계를 분석하려고 한다. 환자들 중에서 20명을 랜덤하게 추출하여 조사한 결과가 다음과 같았다.

i	1	2	3	4	5	6	7	8	9	10	11	12	13	14	15	16	17	18	19	20
X1i	50	36	40	41	28	49	42	45	52	29	29	43	38	34	53	36	33	29	33	55
X2i	51	46	48	44	43	54	50	48	62	50	48	53	55	51	54	49	56	46	49	51
X3i	23	23	22	18	18	29	22	24	29	21	24	24	22	23	22	20	25	19	21	24
Yi	48	57	66	70	89	36	46	54	26	77	89	67	47	51	57	66	79	88	60	49

1) 변수선택의 기준으로 R_P^2, AR_P^2, MSE_P, C_P통계량을 사용하여 모든 가능한 회귀모형을 추정하여 최적모형을 선택하시오.
2) 변수증가법을 사용하여 모형을 선택하시오.
3) 단계별회귀방법을 사용하여 모형을 선택하시오.
4) 여기에서 선택된 모형에 대하여 회귀진단을 해보시오.

참 고 문 헌

김철응(1992), "고급미니탭", 서울, 자유아카데미
박성현(1987), "회귀분석", 서울, 대영사
성내경(1991), "SAS/STAT 회귀분석", 서울, 자유아카데미
성내경(1992), "SAS/IML 행렬계산", 서울, 자유아카데미
오광우, 이우리(1995), "시계열 예측방법과 응용", 자유아카데미
이종원(1994), "계량경제학", 서울, 박영사
Andrews, D. F.(1974), "A Robust Method for Multiple Linear Regression", *Technometrics*, 16, pp.523-531.
Andrews, D. F. and D. Pregibon(1978), "Finding the Outliers that Matter", *JRRS B*, 40, pp.85-93.
Atkinson, A. C.(1981), "Robustness, Transformations and Two Graphical Displays for Outling and Influential Observations in Regression", *Biometrica*, 68, pp. 13-20.
Belsley, D. A., E. Kuh, and R. E. Welsh(1980), *Regression Diagnostics: Identifying Influential Data and Sources of Collinearity*, New York, John Wiley & Suns.
Box, G. E. P. and D. R. Cox(1964), "An Analysis of Transformations", *JRSS B*, 26, pp.211-243.
Breusch, T. S., and Pagan, A. R.(1979), "A Simple Test for Heteroskedasticity and Random Coefficient Variation", *Econometrica*, Vol. 47, pp.1287-1294.
Cochrane, D., and Orcutt(1949), "Application of Least Squares Regression to Relationships Containing Autocorrelated Error Terms", *JASA*, 44, pp.32-61.
Cook, R. D.(1977), "Detedction of Influential Observation in Linear Regression", Technometrics, 19, pp.15-18.
Cook, R. D.(1979), "Influential Observation in Linear Regression", *JASA*, 74, pp.169-174.
Draper, N. R., and H. Smith(1981), *Applied Regression Analysis*, New York, John Wiley & Suns.
Durbin, J., and G. S. Watson(1950), "Testing for Serial Correlation in Least Squares Regression I", *Biometrica*, 37, pp. 409-438.
Durbin, J., and G. S. Watson(1951), "Testing for Serial Correlation in Least Squares Regression II", *Biometrica*, 38, pp.159-178.
Glejser, H.(1969), "A New Test for Heteroskedasticity", *JASA*, Vol. 64, pp.316-323.
Goldfeld S. M., and R. E. Quandt(1972), *Nonlinear Methods in Econometrics*, Amsterdam, North Holl- and.
Gunst, R. F., and R. L. Mason(1980), *Regression Analysis and It's Application*, New York, Marcel Dekker.
Hausman, J. A.(1978), "Specification Test in Econometrics", *Econometrica*, Vol. 46, No. 6, pp. 1251-1271.
Hildreth, C., and Lu, J. Y.(1960), "Demand Relations with Autocorrelated disturbances", *Technical*

Bulletin 276, Michigan State University Agricultural Experiment Station.

Hocking, R. R., and Pendleton, D. J.(1989), "The Regression Dilemma", *Commun. Statist.*, 12, pp.497-527.

Hoerl, A. E., and R. W. Kennard(1970), "Ridge Regression: Biased Estimation for Nonorthogonal Problems," *Technometrics*, 12, pp.55-67.

Hoerl, A. E., R. W. Kennard, and K. F. Baldwin(1975), "Regression Some Simulations", *Commun. Statist.*, 4, pp.105-123.

Huber, P. J.(1972), "Robust Statistics : A Review", *Ann. Math. Statist.*, 43, pp.1041-1067.

Johnston, J.(1972), *Econometric Methods*, New York, McGraw-Hill.

Judge, G., W. Griffiths, R. Hill, H. Lutkepohl, and T. Lee(19 85), *The Theory and Practice of Econometrics*, 2nd ed. New York, John Wiley & Suns.

Judge, G., W. Griffiths, R. Hill, H. Lutkepohl, and T. Lee(19 88), *Introduction to the Theory and Practice of Econometrics*, 2nd ed. New York, John Wiley & Suns.

Lund, R. E.(1975), "Tables for an Approximate Test for Outliers in Linear Regression", *Technometrics*, 17, pp.473-476.

Mallows, C. L.(1973), "Some Comments on C_p", *Technometrics*, 15, pp. 661-675.

Marquardt, D. W.(1970), "Generalized Inverses, Ridge Regression, Biased Linear Estimation, and Nonlinear Estimation", *Technometrics*, 12, pp. 591-612.

McDonald, G. C., and D. I. Galarneau(1975), "A Monte Carlo Evaluation of Some Ridge-type Estimators", *JASA*, 70, pp. 407-416.

Montgomery,D. C., and E. A. Peck(1982), *Introduction to Linear Regression Analysis*, New York, John Wiley & Suns.

Montgomery,D. C., and E. A. Peck(2006), *Introduction to Linear Regression* Analysis, 4th Edition, New York, John Wiley & Suns.

Neter,J., W. Wasserman, and M. H. Kutner(1989), *Applied Linear Regression Models*, 2nd ed., Boston, Irwin, Inc.

Pindyck, R., and D. Rubinfeld(1981), *Econometric Models and Economic Forecasts*, New York, MacGraw-Hill.

Shapiro, S. S., and M. B. Wilk(1965), "An Analysis of Variance Test for Normality(Complete Samples)", *Biometrica*, 52, pp. 591-611.

Weisberg, S.(1985), *Applied Linear Regression*, 2nd ed., New York, John Wiey & Suns.

White, K. J., Wong, S. D., Whistler, D., and Haun, S. A.(1991), *SHAZAM User's Reference Manual*, Version 7.0, New York, MacGraw-Hill.

White, H.(1980), "A Heteroskedasticity Consistent Covariance Matrix Estimator and a Direct Test of Heteroskedasticity", *Econometrica*, Vol. 48. pp.817-838.

Part 4

회귀분석의 확장

지금까지는 전형적인 회귀모형의 설정, 추정 및 검정방법에 대하여 설명했다. 제4편에서는 특수한 여러 형태의 모형들을 고려한다.

제12장에서는 독립변수 혹은 종속변수로써 가변수를 사용하는 모형의 설정 및 추론에 관하여 기술한다. 종속변수로 가변수를 사용하는 모형으로는 선형확률모형, 프로빗 모형, 로짓모형 등이 고려된다.

제13장에서는 독립변수가 하나 또는 두 개인 다항회귀모형의 설정 및 추론을 기술하고, 최적조건의 탐색방법에 관하여도 기술한다.

제14장에서는 최근에 많은 연구 및 응용이 되고 있는 GARCH 회귀모형과 비선형 회귀모형 등을 간략히 소개한다.

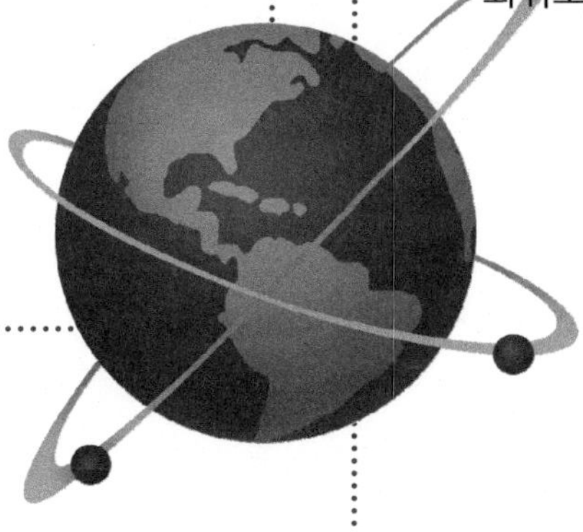

제12장 가변수를 포함하는 회귀모형

제13장 다항회귀

제14장 회귀분석의 다른 논제들(II)

제 12 장 가변수를 포함하는 회귀모형

REGRESSION ANALYSIS

지금까지의 회귀모형에서 사용된 변수들은 항상 양적변수(quantitative variable)를 전재로 했다. 그러나 우리들의 분석대상이 되는 변수들 중에서는 질적 혹은 범주형 변수들이 포함될 수 있다.

예를 들면 남, 여 혹은 봄, 여름, 가을, 겨울 등은 질적변수(qualitative variable)들이 된다. 이와 같은 질적변수들을 회귀모형속에 포함시키기 위해서는 우선 이들을 양적인 값으로 나타내어야 한다. 일반적으로 질적변수들의 수준은 둘로 나누어 한 수준을 0으로 다른 한 수준을 1로 나타내게 되는데, 이러한 변수를 지시변수(indicator variable) 혹은 가변수(dummy variable)라고 한다. 가변수는 모형 속에 1개 혹은 2개 이상이 포함 될 수 있다.

12.1 한 개의 가변수를 포함하는 모형

예를 들면 도시지역과 농촌지역에서의 소득(X)과 소비지출(Y) 간의 관련성을 분석하기 위하여 각각 10가구씩을 추출하여 그래프로 나타내었을 때 [그림 12.1]과 같았다고 하자.

두 지역에서의 회귀선의 기울기는 비슷하지만 절편은 다르게 나타남으로 우리들은 다음과 같은 회귀모형들을 적합시킬 수 있다.

(12.1a) $$Y_j = \beta_0 + \beta_1 X_j + \epsilon_{1j}$$ (도시지역)

(12.1b) $$Y_j = \beta_0' + \beta_1 X_j + \epsilon_{2j}$$ (농촌지역)

그런데 이 두 모형은 다음과 같이 하나의 모형으로 나타낼 수 있다.

(12.2) $Y_j = \beta_0 + \beta_1 X_j + \beta_2 D_j + \epsilon_j$

여기서 $D_j = 0$, 도시지역의 경우

$= 1$, 농촌지역의 경우

[그림 12.1] 한 개의 가변수를 포함하는 모형(절편만 다른 경우)

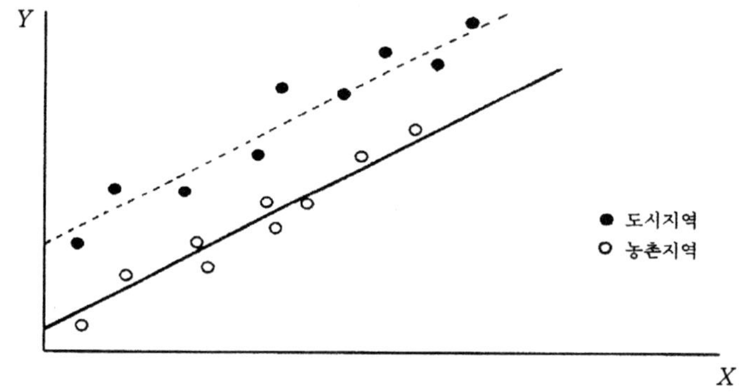

즉, 모형 (12.2)는 $D_j = 0$이면 모형 (12.1a)가 되고 $D_j = 1$이 되면 모형 (12.1b)가 된다. 이 때 모형 (12.2)는 독립변수가 2개인 중회귀모형으로 간주하여 추정할 수 있다. 그런데 이 모형에서는 도시지역과 농촌지역에서의 X_j에 대한 계수인 기울기 β_1은 동일한 것으로 가정했다. 그러나 만약 두 지역에서의 기울기도 서로 다를 경우, 즉 도시 및 농촌지역에서 관측된 자료들이 [그림 12.2]와 같이 나타나는 경우를 생각할 수 있다.

이와 같은 경우, 즉 절편뿐만 아니라 기울기도 다를 경우에는 모형을 다음과 같이 나타낼 수 있다.

(12.3)
$$Y_j = \beta_0 + \beta_1 X_j + \beta_2 D_j + \beta_3 D_j X_j + \epsilon_j$$
$$= \beta_0 + (\beta_1 + \beta_3 D_j) X_j + \beta_2 D_j + \epsilon_j$$

여기서 $D_j X_j$는 교호작용(interaction)을 나타낸다. 이 모형 역시 다음과 같이 두 모형으로 해석할 수 있다.

(12.4a) $Y_j = \beta_0 + \beta_1 X_j + \epsilon_{1j}$ ($D_j = 0$, 도시지역인 경우)

(12.4b) $$Y_j = (\beta_0 + \beta_2) + (\beta_1 + \beta_3)X_j + \epsilon_{2j} \quad (D_j = 1, \text{ 농촌지역인 경우})$$

[그림 12.2] 한 개의 가변수를 포함하는 모형(절편과 기울기가 다른 경우)

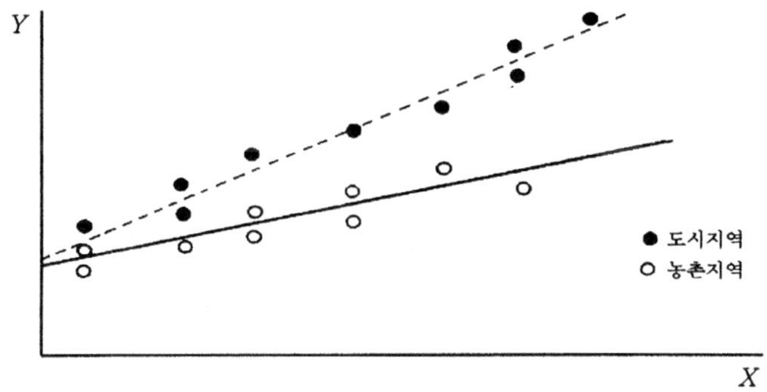

즉, 가변수의 값이 1이 되는 경우에는 절편이 β_2, 기울기가 β_3만큼 변하게 된다. 이 때 모형 (12.3)은 독립변수가 3개인 중회귀모형으로 간주하여 추정할 수 있다.

예제 12-1

다음은 도시지역과 농촌지역에서 각각 다섯 가구씩을 추출하여 소득(X)과 소비지출(Y)을 조사한 것이다. 농촌지역의 가구이면 $D=1$, 도시지역의 가구이면 $D=0$의 값을 갖는 가변수를 이용한 회귀모형을 추정해 보자.

<표 12.1> 도시지역과 농촌지역에서의 소득과 소비지출에 관한 자료

번 호	소비지출 Y	소득 X	가변수 D	교호작용 XD
1	30	50	1	50
2	40	60	1	60
3	50	80	1	80
4	60	90	1	90
5	50	70	1	70
6	50	60	0	0
7	70	80	0	0
8	80	100	0	0
9	100	120	0	0
10	100	110	0	0

이 때 추정된 모형은 다음과 같이 해석할 수 있다.

$$Y = -10.95 + 0.813X \quad : \text{농촌지역의 경우}$$

$$Y = 3.55 + 0.813X \quad : \text{도시지역의 경우}$$

만약 두 지역에서의 기울기가 서로 다를 것으로 가정하여 모형 (12.3)을 사용하여 추정하면 다음과 같이 된다.

$$Y = -1.03 + 0.862X - 2.0D - 0.162XD \qquad R^2 = 0.98$$

(0.91) (0.00) (0.88) (0.35) ( ) : p-값

이와 같이 추정된 회귀식에서는 D와 XD의 회귀계수들의 p-값이 매우 높기 때문에 유의하지 않다. 따라서 이 경우에는 교호작용을 고려하지 않는 모형을 사용하는 것이 바람직하다.

<SAS 12.1> 이 예제를 SAS를 사용하여 분석하면 다음과 같이 된다.

<<ex 12_1.SAS>

```
DATA ex12_1;
 INFILE'k:ex12_1.dat';
 INPUT y x d;
 xd=x*d;
RUN;
PROC REG;
 MODEL y=x d xd;
 MODEL y=x d;
RUN;
```

```
Model: MODEL1
                        Analysis of Variance
     Source          DF      SS            MS            F Value      Prob>F
      Model           3   5104.13793    1701.37931       96.430       0.0001
      Error           6    105.86207      17.64368
      C Total         9   5210.00000

          Root MSE       4.20044      R-square       0.9797
          Dep Mean      63.00000      Adj R-sq       0.9695

                        Parameter Estimates
                       Parameter        Standard      T for H0:
    Variable   DF      Estimate           Error      Parameter=0      Prob > |T|
    INTERCEP    1     -1.034483      8.40992350        -0.123          0.9061
    X           1      0.862069      0.08720684         9.885          0.0001
    D           1     -1.965517     12.67712791        -0.155          0.8819
    XD          1     -0.162069      0.15889843        -1.020          0.3471

Model: MODEL2
                        Analysis of Variance
     Source          DF      SS            MS            F Value      Prob>F
     Model            2   5085.78313    2542.89157      143.300       0.0001
```

```
Error          7    124.21687      17.74527
C Total        9   5210.00000

     Root MSE        4.21251      R-square        0.9762
     Dep Mean       63.00000      Adj R-sq        0.9693

                    Parameter Estimates
                 Parameter       Standard    T for H0:
Variable  DF      Estimate          Error   Parameter=0    Prob > |T|
INTERCEP   1      3.554217     7.12580654         0.499        0.6332
X          1      0.813253     0.07310923        11.124        0.0001
D          1    -14.481928     3.19011028        -4.540        0.0027
```

12.2 두 개 이상의 가변수를 포함하는 모형

질적변수의 범주가 3개 이상이 되는 경우에는 모형속에 2개 이상의 가변수를 포함시켜야 한다. 다음과 같은 예를 가지고 이러한 경우의 가변수들에 관하여 살펴보자.

예를 들어서 각 연도의 계절별 청량음료의 판매량을 분석하는 경우에는 계절별 판매량의 차이가 많이 나타나기 때문에 계절을 나타내는 질적변수를 사용하여 분석해야 한다. 이 때 계절의 범주는 4개, 즉 봄, 여름, 가을, 겨울이 됨으로 가변수는 3개를 사용하게 된다. 이러한 이유는 다음에서 알 수 있다.

계 절	가 변 수		
	D_1	D_2	D_3
봄	1	0	0
여 름	0	1	0
가 을	0	0	1
겨 울	0	0	0

즉, 3개의 가변수로서 4계절을 다 나타낼 수 있게 된다. 따라서 판매량을 Y, 독립변수를 X, 가변수를 D_1, D_2, D_3(이 때 D_1은 봄이면 1, D_2는 여름이면 1, D_3는 가을이면 1, 그렇지 않으면 0가 된다)라고 하면 계절을 나타내는 가변수를 포함하는 회귀모형은 다음과 같이 설정할 수 있다.

(12.5) $$Y_j = \beta_0 + \beta_1 X_j + \beta_2 D_{1j} + \beta_3 D_{2j} + \beta_4 D_{3j} + \epsilon_j$$

이 모형의 추정은 독립변수가 4개인 중회귀모형으로 간주하여 추정할 수 있으며 또 이 모형은 다음과 같이 4가지로 나타낼 수 있다.

$$E(Y_j/\text{ 봄 }) = (\beta_0 + \beta_2) + \beta_1 X_j$$
$$E(Y_j/\text{여름}) = (\beta_0 + \beta_3) + \beta_1 X_j$$
$$E(Y_j/\text{가을}) = (\beta_0 + \beta_4) + \beta_1 X_j$$
$$E(Y_j/\text{겨울}) = \beta_0 + \beta_1 X_j$$

일반적으로 질적변수가 m개의 범주를 가지는 경우에는 m-1개의 가변수를 모형에 포함시킨다. 그러므로 월별 자료를 분석하고자 할 때는 11개의 가변수를 사용하게 된다.

예제 12-2

다음과 같은 가상적인 계절 자료를 가변수를 포함하는 모형으로 추정해보자.

<표 12.2> 가상적 계절적자료

번 호	Y	X	계절	D1	D2	D3
1	10	10	봄	1	0	0
2	31	20	여름	0	1	0
3	43	30	가을	0	0	1
4	16	40	겨울	0	0	0
5	11	50	봄	1	0	0
6	33	60	여름	0	1	0
7	45	70	가을	0	0	1
8	17	80	겨울	0	0	0
9	13	90	봄	1	0	0
10	34	100	여름	0	1	0
11	48	110	가을	0	0	1
12	19	120	겨울	0	0	0
13	15	130	봄	1	0	0
14	37	140	여름	0	1	0
15	51	150	가을	0	0	1
16	21	160	겨울	0	0	0

먼저 이 자료의 패턴을 파악하기 위하여 그래프로 나타내면 [그림 12.4]와 같이 일 년을 주기로 하는 뚜렷한 계절적인 차이를 발견할 수 있다.

그러므로 종속변수 Y를 설명하는 변수로 X와 사계절을 나타내기 위한 3개의 가변수 D1, D2, D3를 사용하는 모형 (12.5)와 같은 중회귀모형을 추정해야 한다. 이 때 추정된 회귀모형은 다음과 같이 된다. 추정과정은 아래의 <SAS 12.2>의 분석결과를 참조하기로 한다.

$$\underset{}{Y_j} = \underset{(0.00)}{13.250} + \underset{(0.00)}{0.050 D1_j} - \underset{(0.00)}{4.05 X_j} + \underset{(0.00)}{16.5 D2_j} + \underset{(0.00)}{29.0 D3_j} \qquad R^2 = 0.998 \quad (\ ):p\text{-값}$$

[그림 12.4] 계절적 자료에 대한 산점도

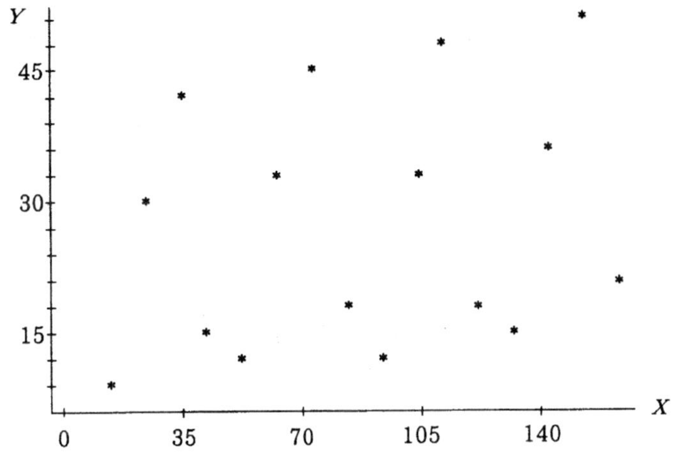

추정된 모형은 결정계수가 0.998로 매우 높고 또 회귀계수들도 모두 유의하게 나타난다.

추정된 결과는 다음과 같이 해석할 수 있다.

봄 : $Y_j = 8.750 + 0.050X_j$

여름 : $Y_j = 29.750 + 0.050X_j$

가을 : $Y_j = 42.250 + 0.050X_j$

겨울 : $Y_j = 13.250 + 0.050X_j$

<SAS 12.2> 이 예제를 SAS로 사용하여 분석하면 다음과 같이 된다.

<<ex 12_2.SAS>

```
DATA ex12_2;
 INFILE'k:ex12_2.dat';
 INPUT y x d1 d2 d3;
RUN;
PROC REG;
 MODEL y=x d1 d2 d3;
RUN;
```

```
Dependent Variable: Y
                         Analysis of Variance

                             Sum of          Mean
    Source          DF      Squares        Square      F Value       Prob>F
    Model            4   2990.00000     747.50000     1644.500       0.0001
    Error           11      5.00000       0.45455
    C Total         15   2995.00000

        Root MSE        0.67420     R-square       0.9983
        Dep Mean       27.75000     Adj R-sq       0.9977

                         Parameter Estimates

                      Parameter      Standard    T for H0:
    Variable  DF       Estimate         Error   Parameter=0    Prob > |T|
    INTERCEP   1      13.250000    0.50564990        26.204        0.0001
    X          1       0.050000    0.00376889        13.266        0.0001
    D1         1      -4.500000    0.48995593        -9.184        0.0001
    D2         1      16.500000    0.48265365        34.186        0.0001
    D3         1      29.000000    0.47821876        60.642        0.0001
```

12.3 종속변수가 가변수인 경우 - 선형확률모형

12.3.1 종속변수가 가변수인 모형

우리들은 지금까지 독립변수가 가변수인 경우만을 고려했다. 여기서는 종속변수가 가변수가 되는 모형을 고려해 보기로 한다.

종속변수가 가변수가 되는 경우란 예를 들면 한 노동자가 취업상태인가 그렇지 않는가, 혹은 자동차를 소유하고 있는가 그렇지 않는가 등과 같은 경우이며 이 때 종속변수 Y는 다음과 같이 나타낼 수 있다.

$$Y_j = 1, \text{ 취업상태인 경우}$$
$$\quad\; 0, \text{ 그렇지 않는 경우}$$

혹은, Y_j = 1, 자동차를 소유한 경우

0, 그렇지 않는 경우

종속변수가 0 혹은 1의 값을 갖는 회귀모형을 분석하는 방법은 여러 가지가 있다. 가장 단순한 절차는 최소제곱법을 그대로 적용하는 방법이며, 이 경우의 모형을 선형확률모형(linear probability model)이라고 한다. 다른 방법으로는 우리들이 관측할 수 없는 잠복변수(latent variable) Y^*를 고려하는 방법이다. 이 때 우리들이 관측하는 것은 다음과 같다.

Y_j = 1, 만약 $Y^* > 0$인 경우

0, 그렇지 않는 경우

이와 같은 방법이 프로빗모형(probit model)과 로짓모형(logit model)의 발상이 된다.

12.3.2 선형확률모형

선형확률모형은 종속변수 Y가 0와 1의 값을 갖는 이분변수(dichotomous variable)가 되는 회귀모형을 나타내는 데 사용된다. 설명의 편의상 다음과 같은 독립변수가 한개의 모형을 고려하자.

(12.6) $$Y_j = \beta X_j + \epsilon_j$$

이 때 Y_j는 0 혹은 1의 값을 갖고, 또 $E(\epsilon_j) = 0$를 가정하면 $E(Y_j | X_j) = \beta X_j$가 된다. 즉, βX_j는 X_j가 주어질 때 특정한 사건이 발생될 확률로 해석할 수 있다. 그러므로 추정된 회귀식을 $\hat{Y}_j = bX_j$라 하면 $\hat{Y}_j$는 X_j가 주어질 대 특정한 사건이 발생될 확률의 추정값이 된다.

그런데 Y_j는 0와 1의 값만 가질 수 있으므로, 식 (12.3)에서 오차항 ϵ_j는 $(1 - \beta X_j)$와 $-\beta X_j$의 값만 갖게 된다. 또 이와 같은 값들을 가질 확률은 각각 βX_j, $(1 - \beta X_j)$가 된다.

따라서 ϵ_j의 분산은 다음과 같이 된다.

$$(12.7)\qquad V(\epsilon_j) = \beta X_j(1-\beta X_j)^2 + (1-\beta X_j)(-\beta_j X_j)^2$$
$$= \beta X_j(1-\beta X_j)$$
$$= E(Y_j)[1-E(Y_j)]$$

즉, 모형 (12.6)은 이분산을 갖게 되므로 통상최소제곱법을 사용하여 모형을 추정하면 유효추정량을 구할 수 없게 된다.

모형을 추정하기 위해서 다음과 같은 이단계절차를 사용할 수 있다.

첫째 : OLS를 사용하여 b를 구하여 $\hat{Y}_j = bX_j$를 구한다.

둘째 : $\hat{V}(\epsilon_j) = \hat{Y}_j(1-\hat{Y}_j)$를 구하여 가중최소제곱법으로 β를 다시 추정한다. 이 때 가중값은 $W_j = 1/\hat{Y}_j(1-\hat{Y}_j)$가 된다.

그러나 추정을 위한 이단계 절차는 다음과 같은 문제점을 갖는다.

1) $\hat{Y}_j(1-\hat{Y}_j)$는 음의 값을 가질 수도 있다. 물론 $\hat{Y}_j(1-\hat{Y}_j)$는 $E(Y_j)[1-E(Y_j)]$의 일치추정량이 되므로 음의 값을 가질 확률은 아주 작다.
2) 오차항 ϵ_j는 정규분포를 따르지 않으므로 통상적인 유의성검정은 의미가 없어진다. 그러나 표본의 수가 큰 경우에는 큰 문제가 되지 않는다.
3) $E(Y_j|X_j)$는 특정 사건이 일어날 확률을 나타내게 되지만 종종 0과 1의 범위를 벗어나게 된다.

그러나 이러한 문제점이 있음에도 불구하고 선형확률모형은 기존의 중회귀분석을 사용하여 쉽게 추정될 수 있다는 장점을 갖고 있기 때문에 1970년대까지는 많이 사용되곤 했다.

예제 12-3

다음 <표 12.3>는 S도시의 가구들 중에서 표본으로 25가구를 추출하여 그들의 월 소득과 주택 소유현황을 조사한 자료이다. 즉, 자기 집인 경우에는 $Y=1$, 그렇지 않는 경우에는 $Y=0$로 나타낸 자료이다.

이 단계 추정절차를 사용하여 선형확률모형을 추정해보자.

<표 12.3> 월소득과 주택 소유현황

번 호	월소득 (X_j)	주택소유 (Y_j)	$\widehat{Y}_j$	W_j	번 호	월소득 (X_j)	주택소유 (Y_j)	$\widehat{Y}_j$	W_j
1	80	1	0.6398	4.339	14	66	0	0.4295	4.081
2	44	0	0.0989	11.219	15	56	0	0.2792	4.968
3	98	1	0.9103	12.256	16	42	0	0.0688	15.596
4	82	0	0.6699	4.522	17	60	0	0.3393	4.460
5	100	1	0.9403	17.850	18	94	0	0.8502	7.854
6	54	1	0.2491	5.345	19	46	1	0.1289	8.902
7	40	0	0.0388	26.811	20	86	1	0.7300	5.074
8	94	1	0.8502	7.854	21	92	1	0.8202	6.781
9	96	1	0.8803	9.491	22	44	0	0.0989	11.219
10	62	0	0.3694	4.292	23	50	0	0.1890	6.522
11	48	0	0.1590	7.477	24	40	0	0.0388	26.811
12	98	1	0.9103	12.256	25	78	1	0.6098	4.202
13	84	1	0.6999	4.761					

먼저 통상최소제곱법으로 X에 대한 Y의 회귀식을 추정하면 다음과 같이 된다.

$$\widehat{Y}_j = 0.562 + 0.0150X_j$$
(0.047) (0.000) ( ) : p-값

추정된 회귀식을 이용하여 Y의 추정값과 가중값 W를 다음과 같이 계산한다.

$$\widehat{Y}_1 = -0.562 + 0.015 \times 80 = 0.6399$$
$$\widehat{Y}_2 = -0.562 + 0.015 \times 44 = 0.0989$$
$$\vdots$$
$$\widehat{Y}_{25} = -0.562 + 0.015 \times 78 = 0.6098$$

또

$$W_1 = 1 / (0.6399 \times (1 - 0.6399)) = 4.3397$$
$$W_2 = 1 / (0.0989 \times (1 - 0.0989)) = 11.2198$$
$$\vdots$$
$$W_{25} = 1 / (0.6098 \times (1 - 0.6098)) = 4.2028$$

다시 가중값 W_j를 사용한 가중최소제곱법으로 회귀식을 추정하면 다음과 같이 된다.

$$\widehat{Y}_j = 0.587 + 0.0155X_j$$
(0.004) (0.000) ( ) : p-값

<SAS 12.3> 이 예제를 SAS를 사용하여 분석하면 다음과 같이 된다.

<<ex 12_3.SAS>

```
DATA ex12_3;
  INFILE'k:ex12_3.dat';
  INPUT x y;
 RUN;
 PROC REG;
  MODEL y=x;
  OUTPUT OUT=out P=yhat;
 RUN;
 DATA lee;
  MERGE ex12_3 out;
  w=1/(yhat*(1-yhat));
 RUN;
 PROC REG;
  MODEL y=x;
  WEIGHT w;
 RUN;
```

```
Dependent Variable: Y
                      Analysis of Variance

                         Sum of        Mean
 Source          DF     Squares      Square     F Value       Prob > F
 Model            1    34.02877    34.02877      33.626       0.0001
 Error           23    23.27526     1.01197
 C Total         24    57.30403

          Root MSE      1.00597     R-square      0.5938
          Dep Mean      0.42185     Adj R-sq      0.5762

                         Parameter Estimates

                    Parameter      Standard    T for H0:
   Variable  DF     Estimate         Error    Parameter=0    Prob > |T|

   INTERCEP   1    -0.586687    0.18589183       -3.156        0.0044
   X          1     0.015454    0.00266507        5.799        0.0001
```

12.3.3 프로빗모형과 로짓모형

다음과 같은 회귀모형을 가정하자.

(12.8)
$$Y_j^* = \beta_0 + \sum_{i=1}^{k} \beta_i X_{ij} + \epsilon_j$$

여기서 Y_j^*는 관측되지 않는 잠복변수가 되고, 우리들이 관측하는 것은 가변수 Y_j로 다음과 같이 정의한다.

(12.9) $Y_j = 1$, 만약 $Y^*>0$인 경우
0, 그렇지 않는 경우

식 (12.8)과 (12.9)의 관계에서 우리들은 다음과 같이 나타낼 수 있다.

$$P_j = \Pr(Y_j = 1) = \Pr[\epsilon_j > -(\beta_0 + \sum_{i=1}^{k}\beta_i X_{ij})] \\ = 1 - F[-(\beta_0 + \sum_{i=1}^{k}\beta_i X_{ij})] \quad (12.10)$$

여기서 F는 ϵ_j의 누적분포함수이다. 이 때 ϵ_j의 분포를 대칭으로 가정하면, $1-F(-Z) = F(Z)$가 되므로 식 (12.10)은 다음과 같이 나타낼 수 있다.

$$P_j = F(z_j) = F(\beta_0 + \sum_{i=1}^{k}\beta_i X_{ij}) \quad (12.11)$$

이 때 관측된 Y_j는 식 (12.11)에서 주어진 확률을 갖는 이항과정(binomial process)의 실현값이 되므로, 우도함수는 다음과 같이 나타낼 수 있다(자세한 내용은 Judge et al., 1985, pp.786～795를 참고할 수 있다).

$$L = \prod_{j=1}^{n} f(Y_j) = \prod_{j=1}^{n} P_j^{Y_j}(1-P_j)^{(1-Y_j)} \\ = \prod_{j=1}^{n}[F(z_j)]^{Y_j}[1-F(Z_j)]^{1-Y_j} \quad (12.12)$$

식 (12.11)에서 F의 함수형태는 오차항 ϵ_j의 분포에 의하여 결정된다. 이 때 ϵ_j의 누적분포를 누적 로지스틱(logistic)함수로 가정하는 경우가 로짓모형(logit model)이고, ϵ_j의 분포를 누적 정규분포함수로 가정하는 경우가 프로빗모형(probit model)이다.

식 (12.11)에서 F의 함수형태를 누적 정규분포함수로 가정하는 프로빗모형의 함수는 다음과 같이 된다.

$$P_j = F(z_j) = \int_{-\infty}^{z_j} \frac{1}{\sqrt{2\pi}} exp(-t^2/2)\ dt \quad (12.13)$$

따라서 프로빗모형은 다음과 같이 나타낼 수 있다.

(12.4) $$Z_j = F^{-1}(p_j) = \beta_0 + \sum \beta_i X_{ij}$$

이와 같은 프로빗모형을 그래프로 나타내면 [그림 12.5]와 같이 된다.

[그림 12.5] 프로빗모형

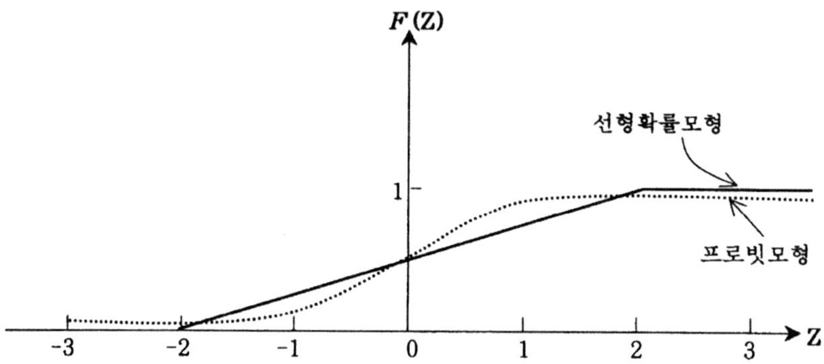

[그림 12.5]에서 보는 바와 같이 프로빗함수의 기울기는 중앙부분에서는 선형확률모형보다 더 크고, 양끝 부분에서는 더 작게 나타난다.

또 식 (12.11)에서 F의 함수 형태를 누적 로지스틱함수로 나타내면

(12.15) $$P_j = F(z_j) = \frac{\exp(z_j)}{1 + \exp(z_j)}$$

혹은

$$\ln \frac{F(z_j)}{1 - F(z_j)} = Z_j$$

와 같이 나타낼 수 있다.

따라서 로짓모형은 다음과 같이 된다.

(12.16) $$\ln \frac{P_j}{1 - P_j} = \beta_0 + \sum_{i=1}^{k} \beta_i X_{ij}$$

혹은 다음과 같이 나타낼 수 있다.

$$P_j = \frac{1}{1+\exp[-(\beta_0 + \sum \beta_i X_{ij})]}$$

이 모형과 선형확률모형을 비교하면 선형확률모형에서는 P_j가 독립변수들의 선형결합으로 나타났지만, 로짓모형은 $\ln(P_j/1-P_j)$가 독립변수들의 선형결합으로 나타남을 알 수 있다. 로짓모형을 그래프로 나타내면 [그림 12.6]과 같이 된다.

프로빗모형이나 로짓모형에 대한 우도함수의 최대화는 비선형추정법에 의하여 달성될 수 있다.

그런데 누적 정규분포와 로지스틱분포는 꼬리부분을 제외하고는 거의 같으므로, 두 모형의 추정결과는 거의 비슷하게 된다. 그러나 로지스틱 분포의 분산은 $\pi^2/3$이므로 두 방법에서 추정된 계수를 바로 비교할 수는 없다. 따라서 두 추정된 계수를 서로 비교할려면 로짓모형에서의 β_i의 추정값을 $\sqrt{3}/\pi$배를 하여 프로빗모형에서의 추정된 계수와 비교해야 한다.

[그림 12.6] 로짓모형

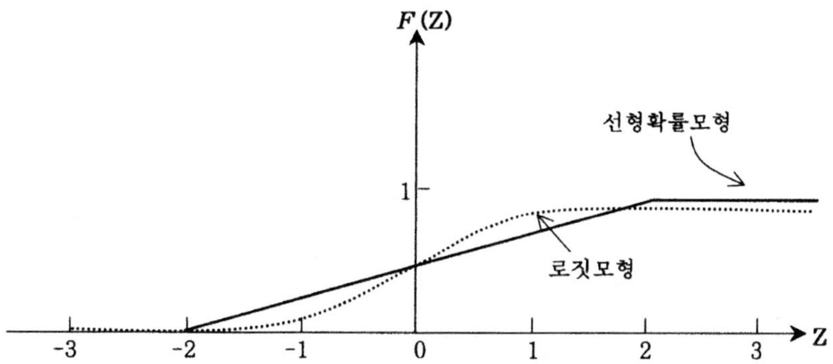

예제 12-3

<예제 12.3>의 자료를 프로빗모형과 로짓모형에 적합시켜서 추정하면, 추정된 모형은 다음과 같이 된다.

프로빗모형 :

$$\hat{Z}_j = \underset{(0.003)}{3.288} - \underset{(0.002)}{0.0046}X_j, \quad \hat{Z}_j = F^{-1}(P_j) \qquad (\quad): p-값$$

로짓모형 :

$$\hat{Z}_j = \underset{(0.006)}{5.560} + \underset{(0.005)}{0.0078}X_j, \quad \hat{Z}_j = \ln(P_j/1 - P_j) \qquad (\quad): p-값$$

또, 관측값과 이들 모형으로 추정한 값들은 다음과 같이 된다.

<표 12.4> 프로빗모형과 로짓모형에 의한 추정결과

번 호	주택소유 (Y_j)	프로빗모형 (P_j)	로짓모형 (P_j)	번 호	주택소유 (Y_j)	프로빗모형 (P_j)	로짓모형 (P_j)
1	1	0.33433	0.33082	14	0	0.58794	0.59673
2	0	0.89326	0.89232	15	0	0.75386	0.76404
3	1	0.10311	0.10774	16	0	0.90938	0.90647
4	0	0.30122	0.29711	17	0	0.69179	0.70302
5	1	0.08741	0.09358	18	0	0.14046	0.14175
6	1	0.78218	0.79110	19	1	0.87517	0.87632
7	0	0.92362	0.91893	20	1	0.23989	0.23607
8	1	0.14046	0.14175	21	1	0.16223	0.16189
8	1	0.12077	0.12374	22	0	0.89326	0.89232
10	0	0.65837	0.66931	23	0	0.83282	0.83819
11	0	0.85503	0.85832	24	0	0.92362	0.91893
12	1	0.10311	0.10774	25	1	0.36877	0.36636
13	1	0.26968	0.26547				

이 예제를 SAS를 사용하여 분석하기 위해서는 다음과 같은 프로그램이 필요하다.

<<ex 12_4.SAS>

```
OPTIONS NODATE ;
DATA probit;
INPUT x y @@ cards;
  80  1  44  0  98  1  82  0  100  1
  54  1  40  0  94  1  96  1   62  0
  48  0  98  1  84  1  66  0   56  0
  42  0  60  0  94  0  46  1   86  1
  92  1  44  0  50  0  40  0   78  1
 ;
PROC PROBIT;
 CLASS y;
 MODEL y =x / LACKFIT;
  OUTPUT OUT=probit P=p STD=std XBETA=xbeta;
 MODEL y =x / LACKFIT d=logistic;
  OUTPUT OUT=logistic P=p STD=std XBETA=xbeta;
PROC PRINT DATA=probit;
PROC PRINT DATA=logistic;
RUN;
```

12.4 응용예제

12.4.1 가변수를 이용한 미국의 사형제도에 관한 분석

이 예제는 미국의 각 주(state)의 사형제도를 저지하는 효과를 분석하기 위하여 가변수를 사용한 MacManus(1985)의 연구의 일부분이다. 이 연구에서 사용한 자료는 1950년 미국의 44개 주에 대한 횡단자료로 각 주별로 사형제도의 유무를 나타내는 가변수 D를 추정하기 위하여 사용된 자료는 <표 12.6>과 같다.

<표 12.6> 미국의 사형제도와 연관된 자료

N	D	T	Y	LF	NW	N	D	T	Y	LF	NW
1	1	47	1.10	51.2	0.321	23	1	85	1.29	55.0	0.266
2	1	58	0.92	48.5	0.224	24	1	199	1.81	52.9	0.018
3	1	82	1.72	50.8	0.127	25	0	298	1.72	53.7	0.038
4	1	100	2.18	54.4	0.063	26	1	145	2.39	55.8	0.067
5	1	222	1.75	52.4	0.021	27	1	78	1.68	50.4	0.075
6	1	164	2.26	56.7	0.027	28	1	144	2.29	58.8	0.064
7	7	7	2.07	54.6	0.139	29	1	178	2.34	54.5	0.065
8	1	70	1.43	52.7	0.218	30	1	146	2.21	53.5	0.065
9	1	219	1.92	52.3	0.008	31	1	132	1.42	48.8	0.090

10	0	81	1.82	53.0	0.012	32	1	98	1.97	54.5	0.016
11	1	209	2.34	55.4	0.076	33	1	120	2.12	52.1	0.061
12	1	182	2.12	53.5	0.299	34	0	148	1.90	56.0	0.019
13	1	185	1.81	51.6	0.040	35	1	123	1.15	56.2	0.389
14	1	104	1.35	48.5	0.069	36	1	282	1.70	53.3	0.037
15	1	126	1.26	49.3	0.330	37	1	79	1.24	50.9	0.161
16	1	192	2.07	53.9	0.017	38	1	34	1.55	53.2	0.127
17	1	95	2.04	55.7	0.166	39	0	104	2.04	51.7	0.017
18	0	245	1.55	51.2	0.003	40	1	91	1.59	54.3	0.222
19	0	97	1.89	54.0	0.010	41	1	199	2.07	53.7	0.026
20	1	177	1.68	52.2	0.076	42	0	101	2.00	54.7	0.012
21	1	125	0.76	51.1	0.454	43	1	109	1.84	47.0	0.057
22	0	56	1.96	54.0	0.032	44	0	117	2.04	56.9	0.022

여기서, D : 사형제도가 있는 주는 1 그렇지 않으면 0

T : 1951년 석방된 살인자들의 평균 복역 개월 수

Y : 1949년의 가구당 평균소득

LF : 1950년의 고용된 노동인구비율

NW : 1950년의 유색인구비율

SAS를 이용하여 프로빗모형과 로짓모형을 추정하면 <수행결과 12.1>과 같이 되고 이를 다시 나타내면 다음과 같이 된다.

프로빗모형 :

$$\underset{}{\hat{Z}_j = 10.267 + \underset{(0.063)}{0.00942\,T_j} + \underset{(0.048)}{5.5511\,Y_j} - \underset{(0.089)}{0.4365\,LF_j} + \underset{(0.012)}{50.249\,NW_j}}$$

$\hat{Z}_j = F^{-1}(P_j)$, ( ) : $p-$ 값

로짓모형 :

$$\hat{Z}_j = 16.567 + \underset{(0.086)}{0.01652\,T_j} + \underset{(0.071)}{9.1315\,Y_j} - \underset{(0.135)}{0.7154\,LF_j} + \underset{(0.017)}{85.362\,NW_j}$$

$\hat{Z}_j = \ln(P_j/1-P_j)$, ( ) : $p-$ 값

추정된 두 모형의 적합성은 거의 비슷한 것으로 나타나지만, 추정된 계수들에 대한 $p-$값은 프로빗모형이 조금 더 유의한 것으로 나타난다.

<프로그램 12.1 : PRO11_1.SAS>

```
OPTIONS NODATE ;
DATA state;
  INFILE'k: state.dat';
  INPUT D T Y LF NW C;
RUN;
PROC PROBIT;
 CLASS D;
 MODEL D = T Y LF NW / LACKFIT;
  OUTPUT OUT=probit P=p STD=std XBETA=xbeta;
 MODEL D = T Y LF NW / LACKFIT d=logistic;
 OUTPUT OUT=logistic P=p STD=std XBETA=xbeta;
PROC PRINT DATA=probit;
PROC PRINT DATA=logistic;
RUN;
```

<수행결과 12.1>

```
              Probit Procedure

           Class Level Information
          Class    Levels    Values
           D         2        0 1
         Number of observations used = 44

 Log Likelihood for NORMAL -9.016654133

                        Goodness-of-Fit Tests
          Statistic                  Value      DF   Prob>Chi-Sq
          ----------------          --------    --   -----------
          Pearson Chi-Square         19.0714    39        0.9970
          L.R     Chi-Square         18.0333    39        0.9984

                           Probit Procedure

       Variable  DF   Estimate  Std Err ChiSquare  Pr>Chi  Label/Value

       INTERCPT   1 -10.267388 10.49735  0.956667  0.3280 Intercept
       T          1 -0.0094215  0.00507  3.452607  0.0632
       Y          1 -5.5510991 2.812148  3.896563  0.0484
       LF         1 0.43654497 0.256425  2.898269  0.0887
       NW         1 -50.248741 20.08901  6.256528  0.0124

 Log Likelihood for LOGISTIC -9.107567086
                        Goodness-of-Fit Tests
          Statistic                  Value      DF   Prob>Chi-Sq
          ----------------          --------    --   -----------
          Pearson Chi-Square         20.2007    39        0.9944
          L.R     Chi-Square         18.2151    39        0.9982

          Response Levels:  2  Number of Covariate Values:  44
```

```
                    Probit Procedure
Variable DF  Estimate  Std Err  ChiSquare  Pr>Chi Label/Value
INTERCPT  1 -16.566989 19.63925  0.711603  0.3989 Intercept
T         1 -0.0165165 0.009611  2.953129  0.0857
Y         1 -9.1315483 5.053149  3.265612  0.0707
LF        1 0.71538937 0.479267  2.228072  0.1355
NW        1   -85.3616 35.85447  5.668113  0.0173

OBS  D   T     Y     LF     NW    C      P        STD       XBETA

  1  1   47  1.10   51.2  0.321  1  0.00000   5.35958   -10.5951
  2  1   58  0.92   48.5  0.224  1  0.00000   3.60952    -6.0041
  3  1   82  1.72   50.8  0.127  0  0.00000   1.99838    -4.7929
  4  1  100  2.18   54.4  0.063  0  0.00318   1.18144    -2.7286
  5  1  222  1.75   52.4  0.021  0  0.39989   0.47075    -0.2536
  6  1  164  2.26   56.7  0.027  0  0.16787   0.82863    -0.9626
  7  1  161  2.07   54.6  0.139  1  0.00000   2.48443    -6.4242
  8  1   70  1.43   52.7  0.218  1  0.00000   3.51860    -6.8133
  9  1  219  1.92   52.3  0.008  0  0.28792   0.64125    -0.5595
 10  0   81  1.82   53.0  0.012  0  0.91930   0.70676     1.4004
  .  .    .     .      .      .   .       .         .          .
  .  .    .     .      .      .   .       .         .          .
```

REGRESSION ANALYSIS EXERCISE

연습문제

12.1 다음 용어들을 간략히 설명하시오.

1) 계절가변수
2) 종속가변수
3) 선형확률모형

12.2 가변수를 포함하는 회귀모형에서 범주가 m개인 경우에 가변수는 m-1개가 포함된다. 이 때 m개의 가변수를 포함하는 경우에는 어떠한 문제가 생기는가?

12.3 다음은 A, B 두 지역에서 각각 6가구를 추출하여 소득(X)과 지출(Y)을 조사한 자료이다.

i	1	2	3	4	5	6	7	8	9	10	11	12
X	50	60	80	90	100	120	50	70	70	80	90	100
Y	50	55	60	60	60	70	30	40	35	40	50	70
지역	A	A	A	A	A	A	B	B	B	B	B	B

1) X에 대한 Y의 산점도를 나타내시오.

2) 지역을 나타내는 가변수를 포함하는 다음과 같은 두 모형을 추정하고, 그 결과를 설명하시오.

$$Y_j = \beta_0 + \beta_1 X_j + \beta_2 D_j + \epsilon_j, \text{ 단 } D_j = 1(\text{A}),\ D_j = 0(\text{B})$$

$$Y_j = \beta_0 + (\beta_1 + \beta_3 D_j) X_j + \beta_2 D_j + \epsilon_j, \text{ 단 } D_j = 1(\text{A}),\ D_j = 0(\text{B})$$

3) 지역 A, B를 나타내는 가변수를 D_1, D_2로 사용하고, 절편이 없는 다음의 모형을 추정하고, 그 결과를 2)의 첫 번째 모형의 추정결과와 비교해보시오.

$$Y_j = \beta_1 X_j + \beta_2 D_{1j} + \beta_3 D_{2j} + \epsilon_j,$$

단, $D_{1j} = 1(\text{A})$, $D_{1j} = 0(\text{B})$, $D_{2j} = 1(\text{B})$, $D_{2j} = 0(\text{A})$

12.4 우리나라의 최근 5년간의 분기별 국민총생산(GNP)을 설명하는 모형을 다음과 같이 설정하여 추정하시오.

$$Y_j = \beta_0 + \beta_1 T_j + \beta_2 D_{1j} + \beta_3 D_{2j} + \beta_4 D_{3j} + \epsilon_j$$

여기서 Y_j는 분기별 국민총생산, T_j는 시작 시점의 분기를 1, 마지막 시점의 분기를 20으로 하는 시간변수, D_{1j}, D_{2j}, D_{3j}는 계절가변수를 나타낸다. 자료는 경제통계연보(한국은행), 한국 주요경제지표(통계청) 등에서 구할 수 있다.

12.5 다음은 기업체들 중에서 15개를 랜덤으로 추출하여 노동조합 유무와 경력 4년인 직원의 임금 및 연간 휴가일수를 조사하니 다음과 같았다.

i	1	2	3	4	5	6	7	8	9	10	11	12	13	14	15
노조유무(Y)	유	유	유	무	무	유	유	무	유	유	유	무	무	유	무
임　금(X1)	90	100	120	60	70	120	80	90	80	150	110	50	40	85	70
휴가일수(X2)	10	8	8	3	4	11	11	5	5	6	8	3	4	10	3

1) 통상최소제곱법을 사용하여 노조유무 Y를 종속변수로 하는 중회귀모형을 추정하시오.
2) 선형확률모형을 적합시켜 보시오.
3) 프로빗모형과 로짓모형을 가정하여 추정하시오.
4) 이들의 추정결과들을 비교·설명하시오.

제 13 장 다항회귀

REGRESSION ANALYSIS

이 장에서는 곡선반응모형(curvilinear response model)의 한 중요한 형태인 다항회귀모형(polynomial regression model)을 고려해 보기로 한다.

이 모형은 일반선형회귀모형의 한 특수한 경우로 취급될 수 있으므로 실제적인 응용에서 많이 이용되고 있다. 다항회귀모형은 하나 또는 두 개 이상의 독립변수들이 포함될 수 있고, 각 독립변수들은 여러 승(various powers)으로 나타낼 수 있다.

13.1 독립변수가 하나인 다항회귀모형

독립변수가 하나인 다항회귀모형 중에서 가장 간단한 형태는 다음과 같은 이차다항회귀모형(second order polynomial model with one dependent variable)이다.

$$Y_j = \beta_0 + \beta_1 x_j + \beta_{11} x_j^2 + \epsilon_j, \quad x_j = X_j - \overline{X} \tag{13.1}$$

이 모형은 X와 Y 간의 이차곡선관계를 나타낼 수 있으며, 독립변수를 $\overline{X}$와의 편차로 나타내는 것은 X, X^2, X^3, ... 등은 이들 간에 높은 상관이 존재할 수 있기 때문이다. 이 때 회귀모형 (13.1)의 반응함수(즉, Y_j의 기대값)는 다음과 같이 된다.

$$E(Y_j) = \beta_0 + \beta_1 x_j + \beta_{11} x_j^2, \quad x_j = X_j - \overline{X} \tag{13.2}$$

이 식은 이차다항반응함수(quadratic polynomial response function)라고 하며 회귀계수 β_0는 $x_j = 0$, 즉, $X_j = \overline{X}$일 때의 Y_j의 평균반응값이 되고, β_1은 선형효과계수, β_{11}

은 이차효과계수라고 부른다.

이와 같은 이차반응함수는 $x_j = x_{1j}$, $x_j^2 = x_{2j}$로 나타내면 다음과 같은 독립변수가 두 개인 중회귀함수로 간주하여 분석할 수 있다.

$$E(Y_j) = \beta_0 + \beta_1 x_{1j} + \beta_2 x_{2j} \tag{13.3}$$

또 X와 Y 간의 3차곡선관계를 나타내기 위해서는 다음과 같은 3차 다항회귀모형을 사용할 수 있다.

$$Y_j = \beta_0 + \beta_1 x_j + \beta_{11} x_j^2 + \beta_{111} x_j^3 + \epsilon_j, \quad x_j = X_j - \overline{X} \tag{13.3}$$

그리고 3차 다항반응함수는 다음과 같이 된다.

$$E(Y_j) = \beta_0 + \beta_1 x_j + \beta_{11} x_j^2 + \beta_{111} x_j^3, \quad x_j = X_j - \overline{X} \tag{13.4}$$

이 경우에도 독립변수가 3개인 중회귀함수로 간주하여 추정할 수 있다. k개의 항이 포함되는 경우도 마찬가지 방법으로 추정할 수 있다.

그러면 다항회귀모형에서 차수 k는 어떻게 결정할 수 있겠는가? 물론 대부분의 경우 X와 Y에 관한 산점도를 그려봄으로써 이들 간의 관계를 파악할 수 있다. 그렇지 않는 경우에는 주로 사용되는 차수가 2 혹은 3차 이므로 이들을 모두 추정한 후 결정할 수 있다.

예제 13-1

다음은 비료의 투입양과 밀의 생산량 간의 관계를 분석하기 위하여 단위면적당 비료의 투입량(X)과 밀의 생산량(Y)을 조사한 것이다. 이 자료를 사용하여 다항회귀분석을 해보자.

<표 13.1> 비료의 투입량(X)과 밀의 생산량(Y)의 자료

농가	생산량 Y	투입량 X	투입량 x = X − 30
1	180	10	−20
2	200	10	−20
3	350	20	−10
4	400	20	−10

5	450	30	0
6	480	30	0
7	460	40	10
8	500	40	10
9	360	50	20
10	340	50	20

먼저 이들 간의 관계를 파악하기 위하여 산점도를 그려보면 [그림 13.1]과 같이 된다.

[그림 13.1] 비료의 투입량과 밀의 생산량간의 산점도

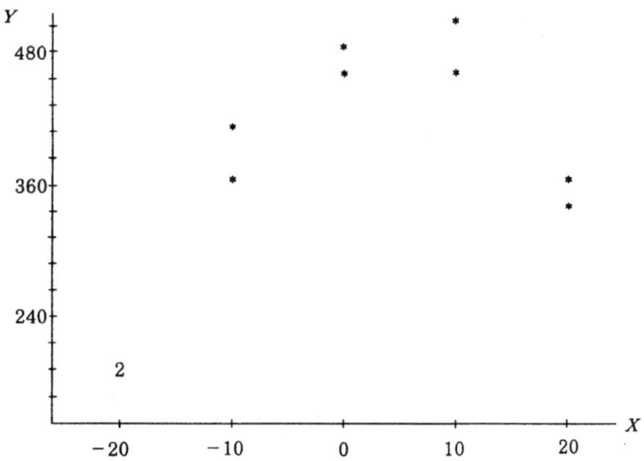

우리들은 이들 간에 이차곡선 관계가 있음을 알 수 있으므로 다음과 같은 이차회귀모형을 설정할 수 있다.

$$Y_j = \beta_0 + \beta_1 x_j + \beta_{11} x_j^2 + \epsilon_j, \quad x_j = X_j - \overline{X}$$

따라서 이 모형을 추정하기 위하여 독립변수가 2개인 중회귀모형으로 간주하여 모형을 추정하면 다음과 같이 된다.

<추정된 회귀식>

회귀계수	추정값	표준편차	t-값	p-값
β_0	472.710	11.220	42.11	0.000
β_1	4.250	0.509	8.34	0.000
β_{11}	−0.504	0.043	−11.70	0.000

<분산분석>

변동요인	제곱합	자유도	제곱평균	F	p-값
회 귀	107129	2	53564	103.25	0.000
잔 차	3631	7	519		
총 계	110760	9			

즉, 추정된 회귀식은 다음과 같이 된다.

$$\widehat{Y}_j = 472.71 + 4.25x_j - 0.50x_j^2, \quad x_j = X_j - 30$$

혹은

$$\widehat{Y}_j = -108.0 + 34.46X_j - 0.50X_j^2$$

또 추정된 모든 회귀계수들의 유의확률이 매우 낮기 때문에 회귀계수들도 모두 유의하다.

<SAS 13.1> 이 예제를 SAS로 분석하면 다음과 같다.

<ex13_1.SAS>

```
DATA ex13_1;
 INPUT y x;
 xx=x*x;
CARDS;
 180 10
 200 10
 350 20
 400 20
 450 30
 480 30
 460 40
 500 40
 360 50
 340 50
RUN;
PROC REG;
 MODEL y=x xx;
RUN;
PROC RSREG /*반응표면분석을 위한 명령어*/
 MODEL y=x;
RUN;
```

13.2 독립변수가 2개인 다항회귀모형

독립변수가 2개, 혹은 그 이상인 다항회귀모형도 독립변수가 1개인 경우와 거의 유사하다. 다만, 독립변수가 2개 이상인 경우에는 독립변수들의 승(power)뿐만 아니라 독립변수들 간의 곱들도 모형 속에 포함된다.

독립변수가 두 개인 이차다항회귀모형은 다음과 같이 된다.

(13.6) $$Y_j = \beta_0 + \beta_1 x_{1j} + \beta_2 x_{2j} + \beta_{11} x_{1j}^2 + \beta_{22} x_{2j}^2 + \beta_{12} x_{1j} x_{2j} + \epsilon_j$$

여기서,

$$x_{1j} = X_{1j} - \overline{X_1}, \;\; x_{2j} = X_{2j} - \overline{X_2}$$

또 이차 다항반응함수는 다음과 같이 된다.

(13.7) $$E(Y_j) = \beta_0 + \beta_1 x_{1j} + \beta_2 x_{2j} + \beta_{11} x_{1j}^2 + \beta_{22} x_{2j}^2 + \beta_{12} x_{1j} x_{2j}$$

즉, 이 모형에는 두 변수들 각각에 대한 선형 및 이차인자와 두 변수들 간의 교호작용효과(interaction effect)를 나타내는 교적항(crossproduct term)이 포함된다. 이 때 계수 β_{12}를 교호작용효과 계수라고 한다.

독립변수가 두 개인 이차 다항반응함수를 그래프로 나타내면 표면이 되기 때문에 반응표면(response surface)이라고 말하며 대체로 [그림 13.2]와 같은 두 가지 유형으로 나타난다.

[그림 13.2] 독립변수가 2개인 경우의 이차반응표면

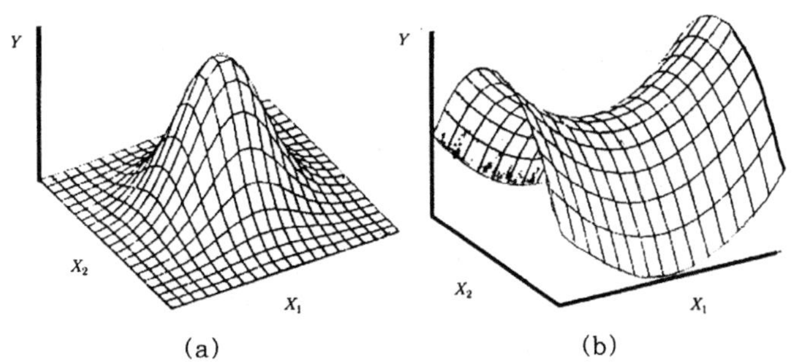

이와 같은 이차반응함수는 등고선을 이용하면 쉽게 그림으로 나타낼 수 있다. 예를 들면 다음과 같은 반응함수를 등고선을 사용하여 나타내면 [그림 13.3]과 같이 된다.

$$E(Y) = 1{,}740 - 4x_1^2 - 3x_2^2 - 3x_1x_2$$

여기서 우리들은 이 반응표면은 $x_1 = x_2 = 0$일 때 최대값 1,740을 가진다는 것을 알 수 있다.

[그림 13.3] 이차반응표면의 등고선

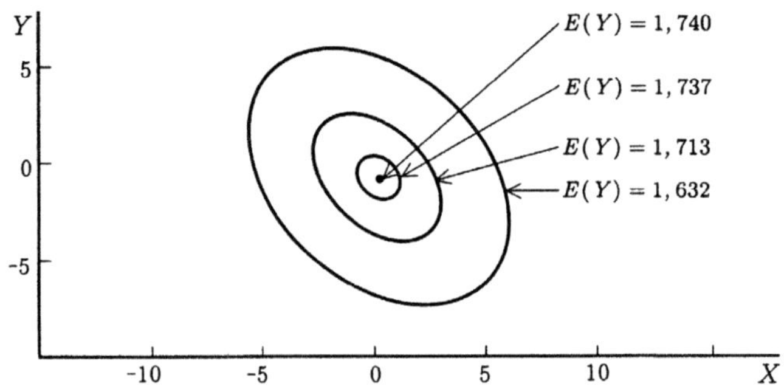

독립변수가 k개인 경우의 이차 다항회귀모형은

(13.8) $$Y_j = \beta_0 + \sum_i^k \beta_i x_{ij} + \sum_i^k \beta_{ii} x_{ij}^2 + \sum_{i>l}^k \beta_{il} x_{ij} x_{lj} + \epsilon_j$$

와 같이 나타낼 수 있다. 그러나 일반적으로 3차 이상의 경우는 잘 이용되지 않는다.

예제 13-2

어떤 화학반응 실험에서 가열온도(X1)와 가열시간(X2)이 반응량(Y)에 미치는 영향을 분석하기 위하여 10회의 실험을 한 결과가 다음과 같았다. 이를 이용하여 독립변수가 2개인 이차 다항회귀함수를 추정해 보자.

<표 13.2> 가열온도, 가열시간, 반응량에 대한 자료

번 호	가열온도 X_1	가열시간 X_2	반응량 Y	$X_1-\overline{X_1}$ x_1	$X_2-\overline{X_2}$ x_2
1	100	10	180	−300	−10
2	100	20	290	−300	0
3	100	30	440	−300	10
4	300	10	1086	−100	−10
5	300	20	1298	−100	0
6	300	30	1540	−100	10
7	500	10	2790	100	−10
8	500	20	3100	100	0
9	500	30	3450	100	10
10	700	10	5290	300	−10
11	700	20	5700	300	0
12	700	30	6150	300	10

이차 다항회귀모형 (13.6)을 추정하기 위하여 이 모형을 독립변수가 5개인 중회귀 모형으로 간주하여 추정하면 다음과 같이 된다.

<추정된 회귀함수>

회귀계수	β_0	β_1	β_2	β_{11}	β_{22}	β_{12}
추정값	2098.46	9.018	27.925	0.010	0.188	0.050
표준오차	1.39	0.003	0.080	0.000	0.014	0.000
t−값	1509.44	3098.1	350.3	612.8	13.6	140.7
p−값	0.000	0.000	0.000	0.000	0.000	0.000

<분산분석>

변동요인	제곱합	자유도	제곱평균	F	p-값
회 귀	51425188	5	10285038	1990652	0.000
오 차	31	6	5.2		
총 계	51425220	11			

모든 회귀계수들이 매우 유의함으로 우리들은 이 추정결과를 채택할 수 있다.
만약 특정계수가 유의하지 않으면 그 항을 제외시키고 다시 추정하게 된다. 이 때 추정된 반응함수는 다음과 같이 된다.

$$Y_j = 2098.46 + 9.018x_{1j} + 27.925x_{2j} + 0.010x_{1j}^2 + 0.188x_{2j}^2 + 0.050x_{1j}x_{2j}$$

여기서, $x_{1j} = X_{1j} - \overline{X_1}$, $x_{2j} = X_{2j} - \overline{X_2}$

<SAS 13.2> 이 예제를 SAS로 분석하면 다음과 같다.

<ex13_2.SAS>

```
DATA ex13_2;
 INFILE'k:ex13_2.dat';
 INPUT x1 x2 y;
 x1=x1-400; x2=x2-20;
 x11=x1*x1;x12=x1*x2;x22=x2*x2;
 RUN;
PROC REG;
 MODEL y=x1 x2 x11 x12 x22;
RUN;
```

```
Model: MODEL1
Dependent Variable: Y
                          Analysis of Variance

                              Sum of          Mean
      Source          DF     Squares        Square       F Value        Prob>F
      Model            5  51425186.5    10285037.3   2023286.026        0.0001
      Error            6    30.50000       5.08333
      C Total         11    51425217

          Root MSE       2.25462     R-square       1.0000
          Dep Mean    2609.50000     Adj R-sq       1.0000

                          Parameter Estimates

                    Parameter       Standard     T for H0:
    Variable  DF     Estimate          Error    Parameter=0    Prob > |T|
    INTERCEP   1  2098.458333     1.39022505       1509.438        0.0001
    X1         1     9.017667     0.00291071       3098.101        0.0001
    X2         1    27.925000     0.07971303        350.319        0.0001
    X11        1     0.009971     0.00001627        612.785        0.0001
    X12        1     0.050150     0.00035649        140.678        0.0001
    X22        1     0.187500     0.01380670         13.580        0.0001
```

13.3 이차 다항반응함수에서의 최적조건의 탐색

반응함수가 추정되면 우리들은 독립변수들의 값의 변화에 따른 평균반응량의 변동을 관찰할 수 있게 된다. 따라서 평균반응량을 최대 혹은 최소로 하는 독립변수들의 값을 구할 수 있게 된다.

먼저 독립변수가 한 개인 이차 반응함수의 경우를 고려해 보자. 추정된 반응함수를

(13.9) $$\hat{Y} = b_0 + b_1 x + b_{11} x^2, \;\; x = X - \overline{X}$$

와 같이 나타내면 최대값 혹은 최소값은 $x_m = -b_1/2b_{11}$일 때, 즉 독립변수가 다음의 값을 가질 때 $\hat{Y}$는 최대값 혹은 최소값을 갖는다.

(13.20) $$X_m = \overline{X} - \frac{b_1}{2b_{11}}$$

이 때 추정된 반응량은

$$\hat{Y}_m = b_0 - \frac{b_1^2}{4b_{11}}$$

이 된다. 만약 $b_{11} < 0$이면 $\hat{Y}_m$은 최대값이 되고, $b_{11} > 0$면 최소값이 된다.

독립변수가 두 개인 이차반응함수의 경우에는 추정된 함수를

(13.21) $$\hat{Y} = b_0 + b_1 x_1 + b_2 x_2 + b_{11} x_1^2 + b_{22} x_2^2 + b_{12} x_1 x_2$$

로 나타내면 다음과 같이 최적값을 구할 수 있다.

$\hat{Y}$를 x_1과 x_2에 관하여 편미분하여 0로 두면

$$\frac{\partial \hat{Y}}{\partial x_1} = b_1 + 2b_{11} x_1 + b_{12} x_2 = 0$$
$$\frac{\partial \hat{Y}}{\partial x_2} = b_2 + 2b_{22} x_2 + b_{12} x_1 = 0$$

와 같이 되고, 최적값은 두 연립방정식을 만족하는 x_1, x_2의 값이 된다. 이 값들을 x_{1m}, x_{2m}이라고 하면

$$(13.22) \qquad x_{1m} = \frac{2b_1b_{22} - b_2b_{12}}{b_{12}^2 - 4b_{11}b_{22}}, \quad x_{2m} = \frac{2b_2b_{11} - b_1b_{12}}{b_{12}^2 - 4b_{11}b_{22}}$$

와 같이 된다. 이 때 $b_{11}b_{12} - b_{22}b_{12} > 0$면 최소값이 되고 $b_{11}b_{12} - b_{22}b_{12} < 0$면 최대값이 된다(3장 부록 3.1 참조).

예제 13-3

[예제 13.1, 13.2]에서 최적값을 갖는 독립변수들의 값들을 구해보자. 먼저 13.1의 예제에서 추정된 반응함수는

$$\widehat{Y}_j = 472.71 + 4.25x_j - 0.50x_j^2, \quad x_j = X_j - 30$$

와 같으므로 최적값을 갖는 독립변수의 값 X_m은

$$X_m = \overline{X} - \frac{b_1}{2b_{11}} = 30 + 4.25/(2 \times 0.5) = 34.25$$

이 된다. 이 결과는 비료의 투입량을 34.25로 할 때 평균적으로 가장 많은 밀을 생산할 수 있다는 의미가 된다.
또, 예제 13.2에서 추정된 반응함수는

$$Y_j = 2097.75 + 9.018x_{1j} + 27.925x_{2j} + 0.010x_{1j}^2 + 0.193x_{2j}^2 + 0.050x_{1j}x_{2j}$$

가 되므로 식 13.22를 이용하면 최적값을 갖는 x_{1m}, x_{2m}은

$$x_{1m} = \frac{2b_1b_{22} - b_2b_{12}}{b_{12}^2 - 4b_{11}b_{22}} = \frac{2 \times 9.02 \times 0.19 - 27.93 \times 0.05}{0.05^2 - 4 \times 0.01 \times 0.05} = 4062.2$$

$$x_{2m} = \frac{2b_2b_{11} - b_1b_{12}}{b_{12}^2 - 4b_{11}b_{22}} = \frac{2 \times 27.93 \times 0.01 - 9.02 \times 0.05}{0.05^2 - 4 \times 0.01 \times 0.05} = 215.2$$

따라서 $X_{1m} = 4061.2 + 400 = 4462.2$, $X_{2m} = 215.2 + 20 = 235.2$가 된다. 이 때 $b_{11}b_{12} - b_{22}b_{12} = -0.18 < 0$이므로 최적값은 최대값이 된다.

즉, 가열온도가 4462.2이고 가열시간이 235.2일 때 평균반응량은 최대가 되는 것으로 추정된다.

REGRESSION ANALYSIS EXERCISE

연습문제

13.1 이차반응표면 $E(Y) = 140 + 4x_1^2 - 2x_2^2 + 5x_1x_2$에 대하여 여러 개의 등고선을 나타내 보이시오.

13.2 다음은 K회사의 최근 9년 동안의 년간 매출액을 나타낸 자료이다. 독립변수로 시간변수를 사용하기로 하여 2006년을 $X = 1$로 나타내고 Y의 단위는 십억원이다.

연도	2006	2007	2008	2009	2010	2011	2012	2013	2014
X	1	2	3	4	5	6	7	8	9
Y	3.5	3.6	3.8	3.9	4.0	4.2	4.4	6.0	6.8

1) X에 대한 Y의 산점도를 나타내고, 적절한 회귀식을 추정하시오.
2) 2020년도의 이 회사의 평균매출액을 추정하시오.
3) X와 X^2간의 상관계수와 $x(=X-\overline{X})$와 x^2간의 상관계수를 구하고, 이 분석에서 편차변수(deviation variable) $x(=X-\overline{X})$가 어떠한 도움을 주는 지를 설명하시오.

13.3 새로이 개발된 K-자동차의 성능을 평가하기 위하여 12회의 실험을 통하여 다음과 같은 자료를 얻었다. 여기서 X_i는 자동차의 속도를 나타내고 Y_i는 기름 1리터당 주행한 거리를 나타낸다.

i	1	2	3	4	5	6	7	8	9	10	11	12
X_i	35	35	40	40	45	45	50	50	55	55	60	60
Y_i	22	20	28	31	37	38	41	39	34	37	27	30

1) 자동차의 속도(X_i)와 주행거리(Y_i) 간의 관계를 파악하기 위한 산점도를 나타내고, 적절한 회귀함수를 추정하시오.

2) 자동차의 속도가 50일 때의 리터당 평균주행거리에 대한 점추정 및 95% 신뢰구간추정을 하시오.

13.4 공기 중의 수분의 양(X_1)과 온도(X_2)가 새로운 품종의 토마토의 생산량(Y)에 미치는 효과를 분석하기 위하여 관측된 실험자료는 다음과 같았다.

i	1	2	3	4	5	6	7	8	9	10	11	12	13
X_{1i}	6	6	6	6	6	8	8	8	8	8	10	10	10
X_{2i}	20	21	22	23	24	20	21	22	23	24	20	21	22
Y_i	49.2	48.1	48.0	49.6	47.0	51.5	51.7	50.4	51.2	48.4	51.1	51.5	50.3

1) 독립변수가 2개인 이차 다항회귀모형 13.6을 이 자료에 적합시키고, 추정값 $\hat{Y}_i$에 대한 관측값 Y_i를 그래프로 나타내시오. 추정된 반응함수는 잘 적합되는 것으로 간주할 수 있는가?

2) 추정된 모형의 개별 계수들에 대한 유의성검정을 한 후 유의적이지 않은 계수들의 변수들을 제외시킨 새로운 모형을 추정하시오. 유의수준은 $\alpha = 0.05$로 사용하시오.

3) $X_1 = 7$, $X_2 = 22$일 때의 평균생산량에 대한 점추정 및 95% 신뢰구간을 추정하시오.

제 14 장 회귀분석의 다른 논제들(II)

REGRESSION ANALYSIS

14.1 제한최소제곱법

회귀계수들 간에 다음과 같은 선형제한조건을 갖는 회귀모형을 고려하자.

(14.1) $\underline{y} = X\underline{\beta} + \underline{\epsilon}$

제한조건 : $R\underline{\beta} = \underline{r}$

여기서 R은 차수가 $J \times (k+1)$인 알려진 행렬이고, $\underline{r}$은 $J \times 1$인 알려진 벡타이다. 이 때 β의 제한최소제곱추정량 $\underline{b}_R$은 다음을 최소로 하는 추정량이 된다.

(14.2) $S(\underline{\beta}) = (\underline{y} - X\underline{\beta})'(\underline{y} - X\underline{\beta})$, 단 $R\underline{\beta} = \underline{r}$

라그랑지안 절차를 이용하면 $R\underline{\beta} = \underline{r}$의 제한조건하에 식 (14.2)를 최소로 하는 $\underline{\beta}$의 추정량 $\underline{b}_R$는 다음과 같이 유도된다(유도과정은 Judge et al., 1982, pp.553～554 참조).

제한최소제곱추정량

(14.3) $\underline{b}_R = \underline{b} + (X'X)^{-1}R'[R(X'X)^{-1}R']^{-1}(\underline{r} - R\underline{b})$

$= \underline{b} + S^{-1}R'[RS^{-1}R']^{-1}(\underline{r} - R\underline{b})$

여기서 $\underline{b}$는 제한조건이 없는 통상최소제곱추정량이며, 만약 $\underline{r} - R\underline{b} = 0$가 되면 두 추정량 $\underline{b}$ 와 $\underline{b}_R$는 같아지게 된다. 제한최소제곱추정량벡타 $\underline{b}$의 기대값은

(14.4) $$E[\underline{b}_R] = \underline{\beta} + S^{-1}R'[RS^{-1}R']^{-1}(\underline{r} - R\underline{\beta})$$

와 같이 된다. 즉 $\underline{r} - R\underline{\beta} = \underline{0}$일 때 $\underline{b}_R$는 $\underline{\beta}$의 불편추정량이 된다. 또, $\underline{b}_R$의 분산-공분산 행렬은

(14.5) $$\begin{aligned} V(\underline{b}_R) &= E(\underline{b}_R - E[\underline{b}_R])(\underline{b}_R - E[\underline{b}_R])' \\ &= \sigma^2[S^{-1} - S^{-1}R'(RS^{-1}R')^{-1}RS^{-1}] \\ &= \sigma^2[S^{-1} - C] \end{aligned}$$

와 같이 된다. 여기서 C는 양반정치 행렬이 되며 통상최소제곱추정량 $\underline{b}$의 분산-공분산 행렬과 비교하면 다음과 같이 된다.

(14.6) $$V(\underline{b}) - V(\underline{b}_R) = \sigma^2 C$$

따라서 모든 i에 대하여 $V(b_i) \geq V(b_{R_i})$이 성립하므로, 제한최소제곱추정량 b_{R_i}가 불편추정량인 경우에는 통상최소제곱추정량 b_i보다 더 좋은 추정량이 된다.

예제 14-1

[예제 10-1]의 자료에 대하여 다음과 같은 제한조건을 갖는 모형을 적합시켜 보도록 하자.

$$Y_j = \beta_0 + \beta_1 X_{1j} + \beta_2 X_{2j} + \beta_3 X_{3j} + \epsilon_j$$

제한조건 : $\beta_1 + \beta_2 + \beta_3 = 1$

이 모형을 추정하기 위해서는 식 (14.3)을 이용할 수 있지만 계산이 매우 복잡하므로 아래와 같이 SAS를 이용하여 추정할 수 있다.
추정된 결과는 다음과 같다.

$$\widehat{Y}_j = \underset{(0.68)}{6.226} + \underset{(4.06)}{0.1344 X_{1j}} + \underset{(1.24)}{0.7013 X_{2j}} + 0.1643 X_{3j} \qquad R^2 = 0.944$$

( ) : t-값

여기서 독립변수 X_1, X_2, X_3의 추정된 계수들의 합은 1이 되고, 또 우리들은 이 계수들은 제한조건이 없이 추정된 [예제 10.2]의 결과와는 상당히 다름을 알 수 있다.

<SAS 14.1> 이 예제를 SAS로 분석하면 다음과 같이 된다.

<ex14_1.SAS>

```
TITLE'Restricted Regression'
OPTIONS ps=60 nodate;
DATA ex14_1;
   INFILE'k:ex10_1.dat';
   INPUT y x1 x2 x3;
RUN;
PROC REG;
   MODEL y =x1 x2 x3;
   RESTRICT x1+x2+x3=1;
RUN;
```

```
Model: MODEL1
 NOTE: Restrictions have been applied to parameter estimates.
 Dependent Variable: Y
                          Analysis of Variance

                              Sum of         Mean
      Source          DF     Squares        Square    F Value     Prob>F
      Model            2   8879.69042   4439.84521     58.605     0.0001
      Error            7    530.30958     75.75851
      C Total          9   9410.00000

          Root MSE       8.70394     R-square        0.9436
          Dep Mean      67.00000     Adj R-sq        0.9275

                          Parameter Estimates

                     Parameter        Standard     T for H0:
     Variable  DF     Estimate           Error    Parameter=0    Prob > |T|
     INTERCEP   1     6.226203      6.20122982          1.004        0.3488
     X1         1     0.134377      0.19626767          0.685        0.5156
     X2         1     0.701358      0.17259208          4.064        0.0048
     X3         1     0.164265      0.13215877          1.243        0.2539
     RESTRICT  -1   -73.722819    124.88510651         -0.590        0.5735
```

14.2 일반화 최소제곱법

회귀모형을 설정할 때 우리들은 오차항에 대하여 다음과 같은 가정을 했다.

$$\underline{\epsilon} \sim N(\underline{0},\ I\sigma^2)$$

즉, 오차의 분산은 σ^2이고 공분산은 0가 된다는 가정을 했다. 그러나 앞에서 서술된 것처럼 많은 경우에 이러한 가정은 성립되지 않는다.

오차의 분산과 공분산에 대하여 아무런 제한을 두지 않은 다음과 같은 모형을 우리들은 일반화 선형회귀모형(generalized linear regression model)이라고 한다.

일반화 선형회귀모형

(14.7) $$\underline{y} = X\underline{\beta} + \underline{\epsilon}, \quad \underline{\epsilon} \sim N(\underline{0}, V\sigma^2)$$

여기서 V는 정칙행렬이다. 즉, $\underline{\epsilon}$의 분산-공분산 행렬은 다음과 같이 나타낼 수 있다.

(14.8) $$V(\epsilon_1) = \begin{bmatrix} V(\epsilon_1) & COV(\epsilon_1\epsilon_2) \cdots & COV(\epsilon_1\epsilon_n) \\ COV(\epsilon_1\epsilon_2) & V(\epsilon_2) \quad \cdots & COV(\epsilon_2\epsilon_n) \\ \vdots & \vdots \quad \vdots & \vdots \\ COV(\epsilon_1\epsilon_n) & COV(\epsilon_2\epsilon_n) \cdots & V(\epsilon_n) \end{bmatrix}$$

$$= \begin{bmatrix} \sigma_1^2 & \sigma_{12} & \cdots & \sigma_{1n} \\ \sigma_{12} & \sigma_2^2 & \cdots & \sigma_{2n} \\ \vdots & \vdots & & \vdots \\ \sigma_{1n} & \sigma_{2n} & \cdots & \sigma_n^2 \end{bmatrix} = V\sigma^2$$

이 경우에는 $\underline{\beta}$의 통산최소제곱추정량(OLS) $\underline{b} = (X'X)^{-1}X'\underline{y}$는 최량 선형불편추정량(BLUE)이 되지 않는다. 즉, 통계적으로 좋은 특성을 갖는 추정량이 되지 못한다.

따라서 식 (14.8)을 추정하기 위해서는 다음과 같은 일반화 최소제곱법(generalized least squares method: GLS)을 사용하여야 한다.

식 (14.7)의 오차벡타의 분산-공분산 행렬 $V\sigma^2$에서 행렬 V는 정칙, 대칭행렬이므로 [정리 14.1]에 의해서 다음이 성립된다.

(14.9) $$V = C\lambda C'$$

$$= (C\lambda^{\frac{1}{2}})(C\lambda^{\frac{1}{2}})' = TT'$$

또,

$$V^{-1} = T'^{-1}T^{-1}$$

[정리 14.1] $\lambda_1, \lambda_2, \cdots, \lambda_n$을 대칭행렬 A의 고유값이라고 할 때 λ=diag$\{\lambda_i\}$라고 하면, $A = C\lambda C'$을 만족하는 직교행렬 C가 존재한다.

이제 식 (14.7)에서 양변에 T^{-1}을 선승하면 다음과 같이 된다.

$$T^{-1}\underline{y} = T^{-1}X\underline{\beta} + T^{-1}\underline{\epsilon} \tag{14.10}$$

혹은,

$$\underline{Z} = W\underline{\beta} + \underline{v}$$

이 때 변환된 오차벡타 $\underline{v}$의 분산-공분산 행렬은

$$\begin{aligned} V(\underline{v}) &= V(T^{-1}\underline{\epsilon}) = T^{-1}V(\underline{\epsilon})(T^{-1})' \\ &= T^{-1}V\sigma^2(T^{-1})' \\ &= T^{-1}TT'(T^{-1})' = I\sigma^2 \end{aligned} \tag{14.11}$$

이 된다. 즉, 변형된 식 (14.11)에서는 $V(\underline{v}) = I\sigma^2$이 되므로 통상최소제곱법으로 회귀계수를 추정할 수 있다. 이 때 추정량을 $\underline{b}^*$로 나타내면 다음과 같이 된다.

$$\begin{aligned} \underline{b}^* &= (W'W)^{-1}W'\underline{Z} = [(T^{-1}X)'(T^{-1}X)]^{-1}(T^{-1}X)'(T^{-1}\underline{y}) \\ &= (X'V^{-1}X)^{-1}X'V^{-1}\underline{y} \end{aligned} \tag{14.12}$$

이 때 $\underline{b}^*$는 식 (14.6)의 $\underline{\beta}$의 최량선형불편추정량이 된다.

이와 같은 $\underline{b}^*$는 오차항의 이분산, 자기상관 등의 문제와 관계없이 $\underline{\beta}$의 최량선형불편추정량이 될 수 있지만, $\underline{b}^*$를 추정하기 위해서는 행렬 V가 주어져야 한다. 그러나 행렬 V는 알려져 있지 않으므로 일반화최소제곱법을 사용하여 회귀계수를 추정할 수는 없다. 즉, 이론적으로는 좋은 추정량이 되지만 실제적인 응용에서는 사용할 수 없고, 다만 V를 추정하여 $\underline{b}^*$를 구할 수 있다.

14.3 연립방정식 모형

지금까지 논의된 회귀모형에서는 설명변수들은 외부에서 주어지는 것으로 가정하고, 이 설명변수들이 일방적으로 종속변수에 영향을 끼치는 것으로 가정했다. 즉, 설명변수들의 변동은 종속변수의 변동에 영향을 미치지 않는 것으로 가정했다. 그러나 경제관련

자료들 간에는 이러한 일방적 인과관계가 성립되는 경우보다는 오히려 변수들 간에 상호인과관계가 성립되는 경우가 더 많이 있다. 이 때는 연립방정식모형을 설정해야 한다. 여기에서는 연립방정식모형의 개념과 추정방법 그리고 문제점들에 대하여 간략하게 기술하기로 한다. 더 깊은 관심이 있는 독자들은 Kmenta(1971), Johnston(1972), Judge et al.(1985) 등을 참고할 수 있다.

14.3.1 연립방정식 체계

다음과 같은 단순한 두 개의 방정식으로 나타난 소비함수를 가정하자.

(14.13a) $$C_t = \alpha + \beta Y_t + \epsilon_t$$

(14.13b) $$Y_t = C_t + I_t$$

여기서, C_t: 소비지출, Y_t: 소득, ϵ_t: 오차항

I_t: 투자(모형 외부에서 결정되는 독립투자로 가정)

이 모형에서는 소비지출은 소득에 의존되며, 동시에 소득 역시 소비지출에 의존된다. 이와 같이 설명변수와 종속변수가 상호인과관계가 있으면 이들 관계는 단일 방정식으로는 나타낼 수 없고 두 개 이상의 방정식 체계로 나타내는 연립방정식모형(simultaneous equation model)이 채택되어야 한다.

이 때 C_t, Y_t와 같이 모형속에서 상호 연립적으로 결정되는 변수들을 내생변수(endogenous variable)라고 하고 I_t와 같이 모형 외부에서 결정되어져서 주어지는 변수들을 외생변수(exogenous variable)라고 한다.

(14.13a)에서 오차항 ϵ_t에 대한 가정은 일반적 회귀모형에서처럼 다음과 같다.

$$E(\epsilon_t) = 0$$

$$E(\epsilon_t,\ \epsilon_{t+s}) = \begin{cases} 0, & s \neq 0 \\ \sigma^2, & s = 0 \end{cases}$$

그런데, 설명변수인 Y_t는 오차항 ϵ_t와 독립이 되지 않는다.

식 (14.13a)에 식 (14.13b)를 대입하면 다음과 같이 된다.

(14.14) $$Y_t = \alpha + \beta Y_t + I_t + \epsilon_t$$

혹은,

$$Y_t = \frac{\alpha}{1-\beta} + \frac{1}{1-\beta} I_t + \frac{1}{1-\beta}\epsilon_t$$

여기서 Y_t와 ϵ_t가 독립인지를 보이기 위해서 $COV(Y_t,\ \epsilon_t)$를 구해보면

$$\begin{aligned} COV(Y_t,\ \epsilon_t) &= E[Y_t - E(Y_t)][\epsilon_t - E(\epsilon_t)] \\ &= E\epsilon_t[Y_t - E(Y_t)] \quad (\therefore E(\epsilon_t) = 0) \\ &= \frac{1}{1-\beta}E(\epsilon_t^2) \neq 0 \end{aligned}$$

와 같이 되므로 Y_t와 ϵ_t는 서로 독립이 아니다.

따라서 변수들 간에 상호 인과관계를 갖고 있음에도 불구하고 통상최소제곱법(OLS)을 각 방정식에 적용하여 계수를 추정하면 추정량은 불편추정량도 일치추정량도 되지 않는다. 이러한 편의(bias)를 연립방정식 편의(simultaneous equation bias)라고 한다. 이 때 연립방정식 체계를 구조방정식 혹은 구조모형(structural model)이라고도 한다.

14.3.2 식별문제

아래와 같이 수요-공급함수를 가정하자.

(14.14a) $D_t = \alpha_1 = \beta_1 P_t + \gamma_1 Y_t + \epsilon_{1t}$(수요함수)

(14.14b) $S_t = \alpha_2 + \beta_2 P_t + \gamma_2 W_t + \epsilon_{2t}$(공급함수)

(14.14c) $D_t = S_t$

여기서 D_t는 수요량, S_t는 공급량, P_t는 가격, 그리고 W_t는 임금을 나타낸다. D_t(또는 S_t)와 P_t는 내생변수가 되고 Y_t와 W_t는 외생변수가 된다. 이 때 수요함수와 공급함수를 각각 통상최소제곱법(OLS)을 사용하여 추정하면 P_t가 ϵ_{1t}, ϵ_{2t}와 상관되기 때문에 일치추정량을 구할 수가 없게 된다. 그런데 이러한 구조방정식에서 각 내생변수들은 외생변수들만의 함수관계로 유도할 수 있다. 즉 위의 모형에 대해서는

$$D_t = \frac{\alpha_1\beta_2 - \alpha_2\beta_1}{\beta_2 - \beta_1} + \frac{\gamma_1\beta_2}{\beta_2 - \beta_1} Y_t - \frac{\gamma_2\beta_1}{\beta_2 - \beta_1} W + \text{오차항}$$

$$P_t = \frac{\alpha_1 - \alpha_2}{\beta_2 - \beta_1} + \frac{\gamma_1}{\beta_2 - \beta_1} Y_t - \frac{\gamma_2}{\beta_2 - \beta_1} W + \text{오차항}$$

와 같이 된다. 이와 같은 방정식들을 유도형 방정식(reducedform equations)이라고 한다. 이들은 다음과 같이 나타낼 수 있다.

(14.15a) $$D_t = \pi_1 + \pi_2 Y_t + \pi_3 W_t + v_{1t}$$

(14.15b) $$P_t = \pi_4 + \pi_5 Y_t + \pi_6 W_t + v_{2t}$$

이 때 식(14.15 a, b)에서 통상최소제곱법(OLS)을 사용하여 계수를 추정하면 일치추정량을 얻을 수 있게 된다. 즉, $\hat{\pi}_1, \hat{\pi}_2, \cdots, \hat{\pi}_6$를 구하여 $\hat{\alpha}_1, \hat{\alpha}_2, \cdots, \hat{\gamma}_2$를 구할 수 있게 된다. 이와 같은 추정방법을 간접최소제곱법(indirect least squares method)라고 한다. 그런데 만약 위의 구조모형에서 공급함수가 다음과 같은 경우를 생각하면

(14.16) $$S_t = \alpha_2 + \beta_2 P_t + \epsilon_{2t}$$

유도형 방정식은 다음과 같이 된다.

$$D_t = \frac{\alpha_1\beta_2 - \alpha_2\beta_1}{\beta_2 - \beta_1} + \frac{\gamma_1\beta_2}{\beta_2 - \beta_1} Y_t + \text{오차항}$$

$$P_t = \frac{\alpha_1 - \alpha_2}{\beta_2 - \beta_1} + \frac{\gamma_1}{\beta_2 - \beta_1} Y_t + \text{오차항}$$

혹은,

(14.17a) $$D_t = \pi_1 + \pi_2 Y_t + v_{1t}$$

(14.17b) $$P_t = \pi_3 + \pi_4 Y_t + v_{2t}$$

따라서 $\widehat{\beta}_2 = \widehat{\pi}_2 / \widehat{\pi}_4$, $\widehat{\alpha}_2 = \widehat{\pi}_1 - \widehat{\beta}_2 \widehat{\pi}_3$가 되지만 α_1, β_1 그리고 γ_1의 추정값은 구할 수가 없게 된다. 즉 공급함수는 추정할 수 있으나 수요함수는 추정할 수가 없다. 반대로 위의 구조모형에서 수요함수가 다음과 같이 되는 경우에는 수요함수는 추정할 수 있으나 공급함수는 추정할 수 없게 된다.

(14.18) $$D_t = \alpha_1 + \beta_1 P_t + \epsilon_{1t}$$

구조모형 (14.14a) ~ (14.14c)와 같이 모형의 모수들이 유일한 추정값을 갖는 경우에 적정식별된다(exactly identified)라고 말하고, 공급함수 혹은 소비함수가 (14.16) 혹은 (14.18)과 같이 되므로 인해서 연립방정식 모형의 일부 계수들이 추정되지 못하는 경우에는 과소식별된다(under identified)고 말한다.

또 만약 연립방정식의 체계가 다음과 같을 때는 공급함수의 계수들의 경우는 β_2의 추정값이 2가지, 즉 $\widehat{\beta}_2 = \widehat{\pi}_2/\widehat{\pi}_5$, $\widehat{\beta}_2 = \widehat{\pi}_3/\widehat{\pi}_6$가 되고, 또 $\hat{\alpha}_2 = \hat{\pi}_1 = \hat{\beta}_2\hat{\pi}_4$가 된다.

(14.19a) $$D_t = \alpha_1 + \beta_1 P_t + \gamma_1 Y_t + \delta_1 W_t + \epsilon_{1t}$$

(14.19b) $$S_t = \alpha_2 + \beta_2 P_t + \epsilon_{2t}$$

(14.19c) $$D_t = S_t$$

그러나 수요함수의 계수들인 α_1, β_1, γ_1, δ_1의 추정값들은 구할 수가 없다. 이 경우 공급함수는 과다식별된다(overidentified)고 말하고, 수요함수는 과소식별된다고 말한다.

그러면 구조모형이 어떠한 경우에 식별되는가, 즉 식별조건에 관하여 간략하게 설명한다. 앞에서 본 것처럼 구조모형은 여러 개의 방정식으로 되어 있고, 각 방정식에서는 여러 개의 내생변수 혹은 외생변수들이 포함된다. 또 모형에 포함된 내생변수의 개수와 방정식의 수는 같다.

이 때 구조모형의 어느 한 방정식이 식별되기 위해서는 그 방정식에서는 배제되고 다른 방정식에서는 포함된 변수들(내생 및 외생변수들)의 수가 모형의 총내생변수에서 하나를 뺀 수와 같거나 더 많아야 한다. 즉, 총내생변수의 수를 X, 총외생변수의 수를 N라고 하고 어느 한 방정식에 포함된 변수들의 수를 각각 X_1, N_1, 포함 안 된 변수들의 수를 X_2, N_2라고 하면, 식별조건은 다음과 같이 나타낼 수 있다.

(14.20) $$X_2 + N_2 \geq -1$$

혹은,

$$N_1 \geq X_2 + N_2 - 1$$

여기서 =는 적정식별, >는 과도식별, 그리고 <는 과소식별을 나타낸다. 앞의 구조모형 (14.14a) ~ (14.14c)에서는 $X = 3$, $N = 2$이다. 따라서 수요함수식 (14.14a)에서는 $X_1 = 2$, $N_1 = 1$이고 $X_2 + N_2 (= 1 + 1) = X - 1 (= 3 - 1)$이 성립되고, 또 공급함수식 (14.14b)

에서도 $X_1 = 2$, $N_1 = 1$이고 $X_2 + N_2 (= 1 + 1) = 3 - 1$이 성립하므로 모두 적정식별 된다.

위와 같은 식별조건을 위수조건(order condition)이라고 하며, 이러한 위수조건은 식별을 위한 필요조건이 될 뿐이고 충분조건은 되지 않는다.

연립방정식모형을 설정할 때는 먼저 각 방정식들이 식별되는지를 판단한 후에 모형을 추정해야 한다.

식별의 문제에 대한 자세한 내용은 Christ(1966), Fisher(1966), Hau-sman(1978) 등을 참고할 수 있다.

14.3.3 연립방정식 모형의 추정방법

연립방정식 모형을 추정하는 방법은 구조방정식 하나하나를 따로 추정하는 단식추정방법(single-equation method of estimation)과 모든 구조방정식 전부를 동시에 추정하는 복식추정방법(system methods of estimation)이 있다.

단식추정방법에는 앞에서 서술된 간접최소제곱법과 이단계로 나누어서 단계별로 최소제곱법을 적용하는 방법인 이단계 최소제곱법(twostage least squares method:2SLS), 그리고 제한정보 최우추정법(limited information maximum likelihood method: LIML) 등이 있다.

간접최소제곱법은 적정식별되는 구조방정식만을 추정할 수 있으며, 구조모형이 과다식별되는 경우에도 이단계 최소제곱법과 제한정보 최우추정법을 사용할 수 있다. 적정식별되는 경우에는 이단계 최소제곱법은 간접 최소제곱법과 동일하게 된다.

복식추정방법에는 삼단계 최소제곱법(three-stage least squares method: 3SLS)와 전정보최우법(full information maximum likelihood method: FIM)이 있다. 삼단계 최소제곱법은 처음 두 단계는 이단계 최소제곱법과 동일하고 셋째 단계에서는 일반화최소제곱법(GLS)를 적용함으로써 연립방정식에 있을 이분산을 조정해주는 방법이다. 이들은 과다식별되는 구조모형의 추정에 이용된다. 간접최소제곱법은 앞에서 간략히 기술되었으므로 여기서는 이단계 최소제곱추정량의 추정절차를 다음과 같은 예를 가지고 설명하기로 한다.

농산물 시장에서의 사과에 대한 시장모형을 다음과 같이 단순화시켜서 나타내기로 하자.

(14.21a) $$Q_t^d = \alpha_1 + \beta_1 P_t + \gamma_1 Y_t + \epsilon_{1t}$$

(14.21b) $$Q_t^s = \alpha_2 + \beta_2 P_{t-1} + \gamma_2 W_t + \epsilon_{2t}$$

(14.21c) $$Q_t^d = Q_t^s = Q_t$$

여기서 식 (14.21a)는 t년도의 수요량(Q_t^d)은 당해연도의 가격(P_t)과 소득(Y_t)에 의하여 결정되는 것으로 가정된 수요함수이고, 식 (14.21b)는 전년도의 가격(P_{t-1})과 당해연도의 강우량(W_t)이 생산량을 결정하는 것으로 가정한 공급함수이다. 또, 시장기능에 의해서 t년도의 가격은 공급량과 수요량이 일치되도록 (14.21c) 조정된다고 가정한다. 그렇게 하면 $Q_t^d(=Q_t^s)$와 P_t는 내생변수로, Y_t, P_{t-1} 그리고 W_t는 외생변수로 가정할 수 있다. 또 오차항 ϵ_{1t}, ϵ_{2t}는 각각 평균이 0이고 분산이 일정하며, 정규분포를 따르고 자기상관이 존재하지 않고, 또 외생변수들과 독립이라고 가정한다.

이 때 우리들은 사과에 대한 수요함수를 표 14.1에서 주어진 가상적 자료를 이용하여 추정해 보자. 그런데 식 (14.21a)에서 설명변수인 P_t는 내생변수이므로 오차항(ϵ_{1t})과의 독립이 가정될 수 없으므로 통상최소제곱법(OLS)을 사용하면 일치추정량(consistent estimastor)이 되지 않는다. 그리고 식 (14.21a)은 식별조건 (14.20)에서 $X_2 + N_2 = 3 > 3-1$이 성립하므로 과다식별된다. 따라서 수요함수의 추정은 이단계 최소제곱법(2SLS)을 사용할 수 있다.

<표 14.1> 사과시장에 대한 가상적 자료

기간(t)	양(Q_t)	단위가격(P_t)	소득(Y_t)	강우량(W_t)	$\hat{P}_t$
1	11	20	8.1	42	–
2	16	18	8.4	58	18.5
3	11	22	8.5	35	23.1
4	14	21	8.5	46	22.4
5	13	27	8.8	41	24.2
6	17	26	9.0	56	24.2
7	14	25	8.9	48	25.1
8	15	27	9.4	50	26.1
9	12	30	9.5	39	29.8
10	18	28	9.9	52	29.7

첫 단계에서는 수요함수식에서 내생변수이면서 설명변수인 P_t를 구조모형에 포함된 모든 외생변수들(즉, Y_t, W_t, P_{t-1})에 대하여 회귀시킨다. 통산최소제곱법(OLS)에 의하여 추정된 식은 다음과 같이 된다.

$$\widehat{P}_t = -8.60 + 3.75\,Y_t - 0.22\,W_t + 0.42\,P_{t-1} \tag{14.22}$$

이제 이 추정식을 사용하여 각 기간($t = 1, 2, \cdots, 10$)에 대응하는 $\widehat{P}_t$를 구한다. 두 번째 단계에서는 첫 단계에서 구해진 $\widehat{P}_t$를 식(14.21a)에서 P_t대신에 사용하여 통상최소제곱법(OLS)을 사용하여 이 식을 추정한다. 이와 같이 2SLS에 의해 추정된 수요함수는 다음과 같이 된다.

$$\underset{}{\widehat{Q}_t} = -\underset{(-2.9)}{39.9} - \underset{(-3.7)}{1.3\widehat{P}_t} + \underset{(4.1)}{9.5\,Y_t}$$

만약 식 (14.21a)에서 바로 통산최소제곱법을 사용하여 추정하면 다음과 같이 된다.

$$\widehat{Q}_t = -\underset{(-1.9)}{25.1} - \underset{(-2.1)}{0.7P_t} + \underset{(2.8)}{6.2\,Y_t}$$

여기서는 ( )는 $t-$값을 나타낸다. 두 식에서 추정된 계수들 간에는 상당한 차이가 있음을 알 수 있다. 즉, 2SLS에 의해 추정된 수요함수가 상대적으로 더 가격과 소득에 민감한 반응을 나타내고 있다. 물론 이와 같이 관측값들의 수가 작은 표본에서 추정량의 신뢰성을 논의할 수는 없지만, 표본의 크기가 큰 경우에는 OLS추정량은 불일치성을 갖기 때문에 2SLS추정량이 더 신뢰할 수 있다.

예제 14-2

크멘타(Kmenta,1971)가 식료품 수요예측을 위해 사용한 <표 14.2>의 자료를 SAS/ETS를 이용하여 수요 및 공급함수를 추정해 보자.

식료품의 수요예측을 위해 설정된 모형은 다음과 같다.

$$Q_t = \alpha_1 + \beta_1 P_t + \gamma_1 D_t + \epsilon_{1t} \quad : \text{수요함수}$$

$$Q_t = \alpha_2 + \beta_2 P_t + \gamma_2 F_t + \delta_2 T_t + \epsilon_{2t} \quad : \text{공급함수}$$

여기서, Q_t: 일인당 식료품 소비량

P_t: 식료품가격 (일반소비자물가에 대한 상대가)

D_t: 가처분소득(시장불변가격)

F_t: 농산물의 전년도 가격(일반소비자물가에 대한 상대가격)

T_t: 시간변수

이 모형에서 Q_t와 P_t는 내생변수, 그리고 D_t, F_t, T_t는 외생변수가 된다.

<표 14.2>크멘타의 식료품수급 관련자료

Q_t	P_t	D_t	F_t	T_t
98.5	100.3	87.4	98.0	1
99.2	104.3	97.6	99.1	2
102.2	103.4	96.7	99.1	3
101.5	104.5	98.2	98.1	4
104.2	98.0	99.8	110.8	5
103.2	99.5	100.5	108.2	6
104.0	101.1	103.2	105.6	7
99.9	104.8	107.8	109.8	8
100.4	96.4	96.6	108.7	9
102.8	91.2	88.9	100.6	10
95.4	93.1	75.1	81.0	11
92.4	98.8	76.9	68.6	12
94.5	102.9	84.6	70.9	13
98.8	98.8	90.6	81.4	14
105.8	95.1	103.1	102.3	15
100.2	98.5	105.1	105.0	16
103.5	86.5	96.4	110.5	17
99.9	104.0	104.4	92.5	18
105.2	105.8	110.7	89.3	19
106.2	113.5	127.1	93.0	20

Q_t: 일인당 식료품 소비량 P_t: 식료품가격 (일반소비자물가에 대한 상대가격)

D_t: 가처분소득(시장불변가격) F_t: 농산물의 전년도 가격(일반소비자물가에 대한 상대가격)

T_t: 시간변수

그러므로 수요함수에서는 이 식에 포함안 된 변수의 수는 $X_2+N_2=2$개가 되고, 총내생변수의 수는 $X=2$가 된다. 따라서 수요함수는 과다식별($X_2+N_2>X-1$)된다.

또, 공급함수에서는 $X_2 + N_2$=1, $X-1=1$이 되므로 적정식별 된다.

이 연립방정식 모형을 이단계 최소제곱법을 사용하여 추정하기 위해서는 다음과 같은 SAS 프로그램이 작성되어야 한다.

<ex14_2.SAS>

```
TITLE'SIMULTANIOUS EQUATION MODEL';
    OPTIONS NODATE PS=60;
    DATA KMENTA;
        INFILE 'k:ex14_2.DAT';
        INPUT Q P D F T;
    RUN;

    PROC SYSLIN 2SLS;
        ENDOGENOUS Q P;
        INSTRUMENTS D F T;
    DEMAND: MODEL Q=P D;
    SUPPLY: MODEL Q=P F T;
    RUN;
```

이 프로그램의 수행결과는 다음과 같이 된다. 즉, 추정된 수요함수는

$$\hat{Q}_t = 94.589 - 0.243P_t + 0.314D_t \qquad R^2 = 0.736$$
$$(-2.52) \qquad (6.68) \qquad\qquad (\ ): t\text{-값}$$

와 같다. 이 때 개별 회귀계수에 대한 t-검정과 분산분석에 의한 F-검정들이 유의수준 5%로 모두 유의하다(가장 큰 p-값이 0.0221이므로 유의수준 3%로 모두 유의하다고 표현할 수 있다).

또, 공급함수는

$$\hat{Q}_t = 49.545 + 0.240P_t + 0.256D_t + 0.251T_t \qquad R^2 = 0.667$$
$$(2.40) \qquad (5.41) \qquad (2.52) \qquad\qquad (\ ): t\text{-값}$$

와 같이 되고, 개별 회귀계수들에 대한 t-검정과 분산분석에 대한 F-검정결과도 역시 유의수준 5%로 모두 유의하다. 따라서 우리들은 이 추정된 회귀식들을 사용하여 Q_t, P_t의 특정시점의 값들을 추정할 수 있게 된다.

예를 들어, $t=21$일 때 $D_t=130$, $F_t=100$이라면 위의 두 모형은 다음과 같은 연립방정식이 된다.

$$\hat{Q}_{21} = 94.589 - 0.243P_{21} + 0.314 \times 130$$
$$\hat{Q}_{21} = 49.545 + 0.240P_{21} + 0.256 \times 100 + 0.251 \times 21$$

따라서 이 연립방정식을 풀면 시점 $t=21$일 때의 식품수요량과 가격에 대한 예측값은 각각 107.7, 113.9로 추정할 수 있다.

<수행결과 14.2>

```
                SIMULTANIOUS EQUATION MODEL

                          SYSLIN Procedure
                    Two-Stage Least Squares Estimation

Model: DEMAND
Dependent variable: Q
                         Analysis of Variance
                            Sum of         Mean
      Source          DF   Squares        Square       F Value      Prob>F
      Model            2   183.81989     91.90995       23.733      0.0001
      Error           17    65.83404      3.87259
      C Total         19   268.05800

                Root MSE     1.96789    R-Square       0.7363
                Dep Mean   100.89000    Adj R-SQ       0.7053

                         Parameter Estimates
                    Parameter      Standard    T for H0:
     Variable  DF    Estimate         Error   Parameter=0     Prob > |T|
     INTERCEP   1   94.589462      7.919257        11.944        0.0001
     P          1   -0.243038      0.096507        -2.518        0.0221
     D          1    0.313840      0.047006         6.677        0.0001
Model: SUPPLY
Dependent variable: Q

                         Analysis of Variance
                            Sum of         Mean
      Source          DF   Squares        Square       F Value      Prob>F
      Model            3   193.88131     64.62710       10.691      0.0004
      Error           16    96.71956      6.04497
      C Total         19   268.05800

                Root MSE     2.45865    R-Square       0.6672
                Dep Mean   100.89000    Adj R-SQ       0.6048

                         Parameter Estimates
                    Parameter      Standard    T for H0:
     Variable  DF    Estimate         Error   Parameter=0     Prob > |T|
     INTERCEP   1   49.544662     12.002821         4.128        0.0008
     P          1    0.239979      0.099860         2.403        0.0287
     F          1    0.255682      0.047267         5.409        0.0001
     T          1    0.251065      0.099695         2.518        0.0228
```

14.4 ARCH 회귀모형

14.4.1 ARCH 모형이란

자기회귀조건부 이분산(autoregressive conditional heteroscadasticity: ARCH) 모형은 Engle (1982)에 의하여 최초로 제안된 모형으로 최근에 많은 연구와 실제적인 응용이 되고 있다.

확률변수 Y_t가 조건부 분포를 따르는 경우, 즉 $Y_t \sim f(Y_t \mid Y_{t-1})$일 때 Y_t의 평균과 분산 $E(Y_t \mid Y_{t-1})$, $V(Y_t \mid Y_{t-1})$은 Y_{t-1}의 함수이기 때문에 역시 확률변수가 된다. 그러나 전통적인 회귀 혹은 시계열 모형에서는 이들을 고정된 상수로 가정하고 있다.

다음과 같은 AR(1) 모형을 고려해 보자.

$$Y_t = rY_{t-1} + \epsilon_t, \qquad \epsilon_t \sim N(0, \sigma^2) \tag{14.22}$$

이 모형은 $Y_t = r(rY_{t-2} + \epsilon_{t-1}) + \epsilon_t = \cdots = \epsilon_t + r\epsilon_{t-1} + r^2\epsilon_{t-2} + \cdots$와 같이 되므로 Y_t의 무조건부 평균과 분산은 다음과 같이 된다.

$$E(Y_t) = E(\epsilon_t + r\epsilon_{t-1} + r^2\epsilon_{t-2} + \cdots) = 0$$
$$V(Y_t) = V(\epsilon_t + r\epsilon_{t-1} + r^2\epsilon_{t-2} + \cdots) = \sigma^2/(1-r^2)$$

그러나 Y_t의 조건부평균과 분산은 다음과 같이 된다.

$$E(Y_t \mid Y_{t-1}) = rY_{t-1}$$
$$V(Y_t \mid Y_{t-1}) = \sigma^2$$

여기서 ARCH 모형의 필요성은 $V(Y_t \mid Y_{t-1})$이 과거의 정보에 의해서 결정될 확률이 높기 때문에 나타난다. 이 때 Y_t의 분산이 과거의 정보에 영향을 받는다면, 즉 $V(Y_t \mid Y_{t-1}) = h_t$로 나타내고 또 정규분포를 가정하면 ARCH 모형은 다음과 같이 된다.

$$Y_t \mid Y_{t-1} \sim N(0, h_t) \tag{14.23}$$

$$h_t = \alpha_0 + \alpha_1 Y_{t-1}^2 \tag{14.24}$$

이를 확장하면 분산함수는 다음과 같이 나타낼 수 있다.

$$h_t = \alpha_0 + \alpha_1 Y_{t-1}^2 + \alpha_2 Y_{t-2}^2 + \cdots + \alpha_p Y_{t-p}^2$$

14.4.2 ARCH 회귀모형

선형회귀모형 $Y_t = \underline{x}_t \underline{\beta} + \epsilon_t$에서 자기회귀조건부 이분산(ARCH)을 다음과 같이 가정하면

(14.25) $$Y_t \mid \theta_{t-1} \sim N(\underline{x_t}\underline{\beta}, h_t)$$

(14.26) $$h_t = \alpha_0 + \alpha_1 \epsilon_{t-1}^2 + \alpha_2 \epsilon_{t-2}^2 + \cdots + \alpha_p \epsilon_{t-p}^2$$

와 같은 ARCH 회귀모형이 된다. 여기서 θ_{t-1}은 $t-1$시점까지의 모든 정보를 나타내고, 분산함수의 계수들에 대하여 $\alpha_0 > 0,\ \alpha_1 \geq 0,\ \cdots,\ \alpha_p \geq 0$를 만족해야 한다. 그런데 식 (14.25)에서 $h_t = E(\epsilon_t \mid \theta_{t-1}) = E(\epsilon_t^2)$이므로 다음과 같이 나타낼 수 있다.

$$E(\epsilon_t^2) = \alpha_0 + \sum_{i=1}^{p} \alpha_i \epsilon_{t-i}^2$$

혹은,

$$\epsilon_t^2 = \alpha_0 + \sum_{i=1}^{p} \alpha_i \epsilon_{t-i}^2 + v_i, \qquad v_i = \epsilon_t^2 - h_t^2$$

즉, 이 모형은 ϵ_t^2에 대한 AR(P) 모형이 되므로 식 (14.25), (14.26)을 ARCH(P)모형이라고 부른다.

특히 이러한 ARCH 회귀모형은 금리, 환율, 주식 등의 분석에서 많은 응용이 되고 있으며 관심있는 독자들은 ARCH 모형의 이론과 응용예제들을 포괄적으로 다루고 있는 Bollerslev et al.(1992)을 참고할 수 있다.

14.4.3 GARCH 회귀모형

ARCH 모형을 일반화시킨 일반화 자기회귀 조건부이분산(generalized autoregressive conditional heteroskedasticity: GARCH) 모형은 식 (14.26)에서 ϵ_t^2에 대한 AR(P) 과정을 전제하는 대신에 ARMA(p, q) 과정을 전제하는 모형으로 다음과 같다.

(14.27) $$Y_t \mid \theta_{t-1} \sim N(\underline{x}_t \beta, h_t)$$

(14.28) $$h_t = \alpha_0 + \sum_{i=1}^{p}\alpha_i\epsilon_{t-i}^2 + \sum_{j=1}^{q}\beta_j h_{t-j}$$

단, $p \geq 0,\ q \geq 0,\ \alpha_0 > 0,\ \alpha_1 \geq 0(i=1,2,\cdots,P),\ \beta_j \geq 0(j=1,2,\cdots,q)$

분산함수 식 (14.28)을 다시 나타내면

$$\epsilon_t^2 = \alpha_0 + \sum\alpha_i\epsilon_{t-i}^2 + \sum\beta_j h_{t-j} + \epsilon_t^2 - h_t$$

와 같이 되고, 여기서 $\epsilon_t^2 - h_t = v_t$로 나타내면 이 식은

$$\epsilon_t^2 = \alpha_0 + \sum_{i=1}^{p}\alpha_i\epsilon_{t-i}^2 + \sum_{j=1}^{q}\beta_j(\epsilon_{t-j}^2 - v_{t-j}) + v_t$$

혹은,

$$\epsilon_t^2 = \alpha_0 + \sum_{i=1}^{\max(p,q)}(\alpha_i + \beta_i)\epsilon_{t-i}^2 + v_t - \sum_{j=1}^{q}\beta_j v_{t-j}$$

와 같이 된다. 즉, 이 식은 ϵ_t^2에 대한 ARMA(p,q) 과정이 된다. 이와 같은 GARCH 모형은 Bollerslev(1986)에 의하여 제안되었으며 실제적인 응용은 Bollerslev(1987), Baillie and Bollerslev(1989), Kroner and Lastraspes(1993), 이와 김(1994) 등을 참고할 수 있다.

ARCH 및 GARCH 모형의 추정은 최우법을 사용할 수 있으며 이론적 과정은 Engle (1982), Bollerslev(1986)을 참고할 수 있고, 추정을 위한 계산은 패키지 SHAZAM, SAS/ETS 등에서 간단히 처리할 수 있다.

ARCH모형의 확장된 모형으로는 Nelson(1991)이 제안한 EGARCH(exponential GARCH) 모형과 Engle and Bollerslev(1986)와 Engle, Lilien, and Robins(1987)이 제안한 GARCH-M(GARCH in mean) 모형 등이 있다.

GARCH-M 모형은 Y_t의 설명변수로 조건부분산 h_t의 함수를 포함하는 모형으로 다음과 같다.

(14.29) $$Y_t = \underline{x}_t{}'\underline{\beta} + rg(h_t) + \epsilon_t$$

$$h_t = \alpha_0 + \sum_{i=1}^{p}\alpha_i\epsilon_{t-i}^2 + \sum_{j=1}^{q}\beta_j h_{t-j}^2$$

여기서 $g(h_t)$는 일반적으로 $\sqrt{h_t}$, $\ln h_t$ 등을 많이 사용한다. EGARCH 모형은 분산

함수를 h_t 대신 $\ln h_t$를 사용하여 다음과 같이 나타낸다.

$$\ln h_t = \alpha_t + \sum_{k=1}^{\infty} \beta_k q(\epsilon_{t-k}), \qquad \beta_1 = 1$$

혹은, 이 식은 다음과 같이 나타낼 수 있다[Hsieh(1991) 참조].

$$h_t = \exp[\alpha_0 + \sum_i \alpha_i \mid \epsilon_{t-i} \mid h_{t-i}^{-\frac{1}{2}} + \sum_j \beta_j \ln h_{t-j}]$$

예제 14-3

제4장에서 추정한 단순선형 회귀모형, 즉 종속변수로 물가지수를 독립변수로 통화량을 사용한 단순선형회귀모형을 다음과 같은 GARCH(혹은, GARCH-M) 회귀모형으로 설정하여 추정해 보자.

$$P_t = \beta_0 + \beta_1 M_t + \epsilon_t \ (\text{혹은, } P_t = \beta_0 + \beta_1 M_t + \gamma \ln h_t + \epsilon_t\ )$$

$$\epsilon_t | \epsilon_{t-1} \sim N(0, h_t)$$

$$h_t = \alpha_0 + \sum_{i=1}^{p} \alpha_i \epsilon_{t-i}^2 + \sum_{j=1}^{q} \beta_j h_{t-j}$$

SAS를 이용하여 이 모형을 GARCH(1,1), GARCH(1,1)-M 모형, 그리고 EGARCH(1,1)모형으로 추정하기 위해서는 <SAS 14.3>과 같은 프로그램이 필요하고, 수행결과를 요약하면 <수행결과 14.3>과 같다.

이들 추정된 결과 중에서 정상성의 조건을 만족하는 모형은 GARCH(1,1)-M 모형이고 이를 다시 나타내면 다음과 같다.

$$\hat{P}_t = 0.6024 + 0.3722 M_t + 0.0037 \ln h_t$$

$$h_t = 0.0003 + 0.8644 \epsilon_{t-1}^2 + 0.1092 h_{t-1}$$

<SAS 14.3> 이 예제를 SAS를 사용하여 분석하면 다음과 같이 된다.

<ex14_3.SAS>

```
/* GARCH REGRESSION ANALYSIS */
DATA infla;
   INFILE 'A:pm.dat';
   INPUT ym p m;
   lp=LOG(p);
   lm=LOG(m);
```

```
   T=_N_;
RUN;

PROC AUTOREG;
  MODEL lp=lm/ nlag=2 ARCHTEST DWPROB;
  MODEL lp=lm/GARCH=(q=1,P=1);/*GARCH(1,1) 모형의 추정*/
  MODEL lp=lm/GARCH=(q=1,p=1,MEAN=log);/*GARCH(1,1)-M 모형의 추정*/
  MODEL lp=lm/GARCH=(q=1,p=1,TYPE=exp);/*EGARCH(1,1) 모형의 추정*/
RUN;
```

<수행결과 14.3>

```
                         The AUTOREG Procedure
                             GARCH Estimates
      SSE                 1.24934974    Observations             274
      MSE                    0.00456    Uncond Var                 .
      Log Likelihood      473.229231    Total R-Square        0.9616
      SBC                 -918.39282    AIC               -936.45846
      Normality Test          3.9649    Pr > ChiSq            0.1377

                                          Standard                  Approx
  Variable        DF      Estimate          Error    t Value    Pr > |t|
  Intercept        1        0.5956         0.0256      23.25      <.0001
  lm               1        0.3692       0.002679     137.80      <.0001
  ARCH0            1      0.000283      0.0000743       3.80      0.0001
  ARCH1            1        0.9125         0.1808       5.05      <.0001
  GARCH1           1        0.0932         0.1133       0.82      0.4110

                             GARCH Estimates
      SSE                 1.12564536    Observations             274
      MSE                    0.00411    Uncond Var                 .
      Log Likelihood      474.672793    Total R-Square        0.9654
      SBC                 -915.66682    AIC               -937.34559
      Normality Test          1.7148    Pr > ChiSq            0.4243

                                          Standard                  Approx
  Variable        DF      Estimate          Error    t Value    Pr > |t|
  Intercept        1        0.6024         0.0322      18.72      <.0001
  lm               1        0.3711       0.002819     131.66      <.0001
  ARCH0            1      0.000308      0.0000809       3.81      0.0001
  ARCH1            1        0.8644         0.1713       5.05      <.0001
  GARCH1           1        0.1092         0.1043       1.05      0.2953
  DELTA            1      0.003678       0.002374       1.55      0.1212

     경고: Optimization cannot improve the function value.

                       Exponential GARCH Estimates
      SSE                 1.24442024    Observations             274
      MSE                    0.00454    Uncond Var                 .
      Log Likelihood      469.186866    Total R-Square        0.9617
      SBC                 -904.69496    AIC               -926.37373
      Normality Test          9.5227    Pr > ChiSq            0.0086
```

Variable	DF	Estimate	Standard Error	t Value	Approx Pr > |t|
Intercept	1	0.5990	0.5188	1.15	0.2483
lm	1	0.3689	0.5188	0.71	0.4771
EARCH0	1	-1.9380	0.5188	-3.74	0.0002
EARCH1	1	1.3047	0.5188	2.51	0.0119
EGARCH1	1	0.7047	0.5188	1.36	0.1744
THETA	1	0.1569	0.5188	0.30	0.7623

14.5 비선형회귀분석

지금까지는 회귀모형의 모수, 즉 회귀계수들 간에 선형(linear in the parameters)인 선형회귀모형의 분석에 관하여 논의하였다. 여기서는 모수들 간에 선형이 아닌 비선형 회귀분석에 관하여 간략히 살펴본다.

따라서 변수들 간의 비선형인 모형이나 비선형회귀모형이라도 적절한 변환을 통하여 선형모형으로 변환이 가능한 모형은 비선형회귀모형의 범주에 포함시키지 않는다. 즉 적당한 변환을 통하여도 식 (6.1)과 같은 선형회귀모형으로 나타낼 수 없는 모형을 비선형회귀모형으로 간주한다.

일반적으로 비선형회귀모형은 다음과 같이 나타낸다.

(14.30) $$y_t = f(\underline{x}_t, \underline{\beta}) + \epsilon_t$$

여기서 독립변수의 개수 k와 추정해야 할 모수의 개수 p는 서로 다를 수 있으며, 오차항에 대해서는 선형모형에서와 마찬가지로 평균은 0이고 분산은 σ^2으로 일정하고 오차항들 간에는 자기상관이 존재하지 않은 것으로 가정한다.

예를 들어서 다음과 같은 비선형회귀모형의 추정과정을 살펴보도록 하자.

(14.31) $$y_t = f(\underline{x}_t, \underline{\beta}) + \epsilon_t = \beta x_{1t} + \beta^2 x_{2t} + \epsilon_t$$

모수 β에 대한 비선형최소제곱추정량은 다음과 같은 잔차제곱합을 최소로하는 β의 값으로 정의된다.

(14.32)
$$S(\beta)=\sum_{t=1}^{T}e_t^2=\sum_{t=1}^{T}[y_t-f(\underline{x}_t,\underline{b})]^2$$
$$=\sum_{t=1}^{T}(y_t-\beta x_{1t}-\beta^2 x_{2t})^2$$

따라서 정규방정식은 다음과 같이 구할 수 있다.

$$\frac{dS}{d\beta}=2\sum_{t=1}^{T}[y_t-f(\underline{x}_t,\underline{b})](-\frac{df(\underline{x}_t,\underline{b})}{d\beta})$$
$$=2\sum_{t=1}^{T}(y_t-\beta x_{1t}-\beta^2 x_{2t})(-x_{1t}-2\beta x_{2t})=0$$

이 식을 다시 정리하면 다음과 같이 된다.

(14.33)
$$2\beta^3\sum_{t=1}^{T}x_{2t}^2+3\beta^2\sum_{t=1}^{T}x_{1t}x_{2t}+\beta(\sum_{t=1}^{T}x_{1t}^2-2\sum_{t=1}^{T}x_{2t}y_t)-\sum_{i=1}^{T}x_{1t}y_t=0$$

그런데 이식은 β에 대하여 3차 방정식이 되고 따라서 3개의 가능한 해가 존재하게 된다.

이 해들 중에서 비선형최소최곱추정값 b는 잔차의 제곱합 $S(\beta)$를 최소로 하는 값(전체 최소값)이 되지만 다른 최소값(국부 최소값)과 최대값이 될 수도 있다.

이러한 관계를 이해하기 위하여 표 14.1의 예제 자료를 사용하여 β와 잔차제곱합 함수 $S(\beta)$를 그래프로 나타내면 그림 14.2와 같이 나타난다. 이 그래프에서 우리들은 개략적으로 $b=1.2$에서 전체최소값을 가짐을 알 수 있고, 따라서 이 값이 비선형최소제곱추정값이 된다. 또 다른 해는 근사적으로 $b=-2$(국부최소값)와 $b=-1$(최대값)에서 존재함을 알 수 있다.

그런데 반적으로 비선형모형의 경우에는 <식 14.32>의 잔차제곱합 $S(\beta)$을 최소로 하는 β에 대한 해석적인 해(analytic solution)는 구할 수 없고 수치적 방법(numerical methods)으로 추정값을 구할 수 있다. 이러한 방법에는 최대경사법(steepest descent methods), 가우스-뉴튼(Gauss-Newton) 방법, 마아쿼트(Marquardt) 방법 등이 있으며 자세한 내용은 Judge et. al(1985) 12장을 참고 할 수 있다.

<표 14.3> 비선형회귀분석 예제자료

y	x_1	x_2
3.284	0.286	0.645
3.149	0.973	0.585
2.877	0.384	0.310
−0.467	0.276	0.058
1.211	0.973	0.455
1.389	0.543	0.779
1.145	0.957	0.259
2.321	0.948	0.202
0.998	0.543	0.028
0.379	0.797	0.099
1.106	0.936	0.142
0.428	0.889	0.296
0.011	0.006	0.175
1.179	0.828	0.180
1.858	0.399	0.842
0.388	0.617	0.039
0.651	0.939	0.103
0.593	0.784	0.620
0.046	0.072	0.158
1.152	0.889	0.704

[그림 14.2] 잔차제곱합 함수

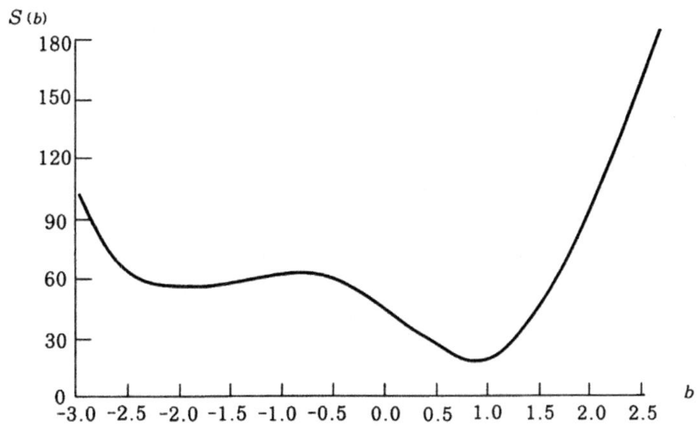

SAS를 사용하여 비선형모형을 추정하기 위해서는 모형과 각 모수에 대한 일차 편도 함수가 필요하다.

비선형회귀모형은 <식 14.31>에서 다음과 같았다.

$$y_t = f(\underline{x_t}, \underline{\beta}) + \epsilon_t = \beta x_{1t} + \beta^2 x_{2t} + \epsilon_t$$

따라서 일차 도함수는 아래와 같이 된다.

$$z_t(\beta) = \frac{df(\underline{x_t}, \beta)}{d\beta} = x_{t1} + 2\beta x_{t2}$$

이 모형을 추정하기 위한 SAS 프로그램 및 수행결과는 <SAS 14.4>와 같다. 즉, 초기값을 결정하기 위하여 먼저 −1.5에서 0.5씩 증가 시키면 1.5까지의 값을 사용하여 잔차제곱합을 계산한다. 이 때 b=1 인 경우가 잔차제곱합이 가장 작게 나타남으로 초기값은 1로 사용하게 되고 이 때의 추정값은 b=1.1612이고, 잔차제곱합은 16.308이 된다.

<SAS 14.4> 이 예제를 SAS로 사용하여 분석하면 다음과 같이 된다.

<ex14_4.SAS>

```
DATA ex14_4;
 INFILE'a:ex14_3.dat';
 INPUT y x1 x2;
RUN;

PROC NLIN  METHOD=GAUSS;
 PARAMETERS b=-1.5 to 1.5 BY 0.5;/*모수의 초기값*/
 MODEL y=b*x1+b*b*x2;/*모형*/
 DER.b=x1+2*b*x2;/*일차 도함수*/
RUN;
```

```
                    The NLIN Procedure
                       Grid Search
                  Dependent Variable y

                              Sum of
                       b      Squares
                 -1.5000      62.5436
                 -1.0000      65.9316
                 -0.5000      61.8781
                       0      48.9336
                  0.5000      31.0291
                  1.0000      17.4759
                  1.5000      22.9657

                                    Sum of
           Iter            b      Squares
              0       1.0000      17.4759
```

```
                    1      1.1633      16.3082
                    2      1.1613      16.3080
                    3      1.1612      16.3080

                  Estimation Summary
                               Sum of          Mean                  Approx
Source                DF      Squares        Square    F Value    Pr > F
Regression             1      32.6256       32.6256      38.01    <.0001
Residual              19      16.3080        0.8583
Uncorrected Total     20      48.9336
Corrected Total       19      20.8538

                               Approx
Parameter      Estimate     Std Error     Approximate 95% Confidence Limits
   b           1.1612        0.1307           0.8877         1.4347
```

참 고 문 헌

이종원(1994), "계량경제학", 서울, 박영사.

이우리, 김기흥(1994), 환율의 가변성이 우리나라 국제무역에 미치는 효과분석: 유도형의 GARCH-M 모형의 추정, "경제학연구", 제42집 2호, PP. 97~116.

Almon, S.(1965), "Distributed Lag between Capital Appropriation and Expenditures", *Econometrioca*, Vol. 33, pp.178-196.

Bollerslev, T.(1986), "Generalized Conditional Heteroskedasticity", *Journal of Econometrics*, Vol. 31, pp.307-327.

Bollerslev, T., R. Y. Chou, and K. F. Kroner(1992), "ARCH Mo- deling in Finance: A Review of the Theory and Empirical Evidence", *Journal of Economics*, 52, pp.5-59.

Draper, N. R., and H. Smith(1981), *Applied Regression Analysis*, New York, John Wiley & Suns.

Engle, R. F.(1982), "Autoregressive Conditional Heteroskedasticity with Estimates of the Variance of United Kingdom Inflation", *Econometrica*, Vol. 50, pp.987-1007.

Engle, R. F., and T. Bollerslev(1986), "Modeling the Persistence of Conditional Variance", *Econometric Reviews*, 5, pp.1-50.

Engle, R. F., D. M. Lilien, and R. P. Robins(1987), "Estimating Time Varying Risk Premia in the Term Structure: The ARCHM Model", *Economerica*, Vol. 55, pp.391-407.

Hensher, D. A., and L. W. Johnson(1981), *Applied Discrete Choice Modeling*, New York, John Wiley & Suns.

Johnston, J.(1972), *Econometric Methods*, New York, McGraw-Hill.

Judge, G.G.,Hill, R. C., Griffiths, W.E., Lutkepohl,H, and Lee, T.C. (1985), *Introduction to the Theory and Practice of Econometrics. second Edition,John Wiley & Sons.*

Kmenta, J.(1971), *Eliments of Econometrics*, New York, Macmillian.

Kroner, K. F., and W. D. Lastrapes(1993), "The Impact of Exchange Rate Volatility on International Trade : Reduced Form Estimates Using the GARCH-in Mean Model", *Journal of International Money and Finace*, Vol. 12, pp.298-318.

Mcmanus W. S.(1985), "Estimates of the Deterrent Effect of Capital Punishment: The Importance of the Researcher's Prior Beliefs", *Journal of Political Economy*, Vol. 93, pp. 417-425.

Nelson, D.(1991), "Conditional Heteroskedasticity in Asset Returns : A New Approach", *Economerica*, 59, pp.347-370.

Neter,J., W. Wasserman, and M. H. Kutner(1989), *Applied Linear Regression Models*, 2nd ed., Boston, Irwin, Inc.

Pindyck, R., and D. Rubinfeld(1981), *Econometric Models and Economic Forecasts*, New York, MacGraw-Hill.

White, K. J., Wong, S. D., Whistler, D., and Haun, S. A.(1991), *SHAZAM User's Reference Manual*, Version 7.0, New York, MacGraw-Hill.

Appendix

부 록

부표 I 통계분포표

부표 II 디스켓에 수록된 자료 및 프로그램

부 록

REGRESSION ANALYSIS

부표 Ⅰ : 통계분포표

<표 1> 누적표준정규분포표
<표 2> T-분포표의 임계값
<표 3> χ^2-분포표의 임계값
<표 4> F-분포표의 임계값
<표 5> 더빈-와트슨의 D 통계량의 임계값

부표 Ⅱ : 도서출판 탐진 홈페이지에 수록된 자료 및 프로그램

〈응용예제 자료〉

PM.DAT (자료 1)
STOCK.DAT (자료 2)
EPS.DAT (자료 3)
ECOMY.DAT (자료 4)
MAC.DAT (자료 5)
LF.DAT (자료 6)
NOR.DAT (자료 7)
SURG.DAT (표 10.6)
STATE.DAT (표 12.6)

〈프로그램〉

SIM3_1.SAS (제3장 몬테칼로 실험)
SIM4_1.SAS (제4장 몬테칼로 실험)
PRO4_1.SAS (제4장)
PRO6_1.SAS PRO6_2.SAS (제6장)
PRO8_1.SAS PRO8_2.SAS (제8장)
PRO9_1.SAS PRO9_2.SAS (제9장)
PRO10_1.SAS PRO10_2.SAS (제10장)

PRO11_1.SAS PRO11_2.SAS (제11장)

PRO12_1.SAS (제12장)

〈예제 자료〉

ex6_2.dat ex8_2.dat ex8_3.dat ex9_1.dat ex9_3.dat ex9_4.dat

ex10_1.dat ex10_2.dat ex11_1.dat ex12_1.dat ex12_2.dat ex12_3.dat

ex13_2.dat ex14_2.dat ex14_3.dat

〈SAS 프로그램〉

ex6_1.sas ex6_2.sas ex7_1.sas ex8_1.sas ex8_2.sas ex8_3.sas

ex8_4.sas ex9_1.sas ex9_2.sas ex9_3.sas ex9_4.sas ex9_5.sas

ex10_1.sas ex10_2.sas ex10_3.sas ex11_1.sas ex12_1.sas ex12_2.sas

ex12_3.sas ex12_4.sas ex13_1.sas ex13_2.sas ex14_1.sas ex14_2.sas

ex14_3.sas ex14_4.sas

부표 I

통계분포표

〈표 1〉 표준정규분포표

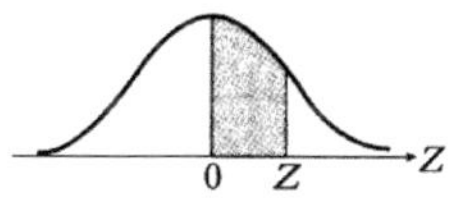

Z	0.00	0.01	0.02	0.03	0.04	0.05	0.06	0.07	0.08	0.09
0.0	0.0000	0.0040	0.0080	0.0120	0.0160	0.0199	0.0239	0.0279	0.0319	0.0359
0.1	0.0398	0.0438	0.0478	0.0517	0.0557	0.0596	0.0636	0.0675	0.0714	0.0753
0.2	0.0793	0.0832	0.0871	0.0910	0.0948	0.0987	0.1026	0.1064	0.1103	0.1141
0.3	0.1179	0.1217	0.1255	0.1293	0.1331	0.1368	0.1406	0.1443	0.1480	0.1517
0.4	0.1554	0.1591	0.1628	0.1664	0.1700	0.1736	0.1772	0.1808	0.1844	0.1879
0.5	0.1915	0.1950	0.1985	0.2019	0.2054	0.2088	0.2123	0.2157	0.2190	0.2224
0.6	0.2257	0.2291	0.2324	0.2357	0.2389	0.2422	0.2454	0.2486	0.2517	0.2549
0.7	0.2580	0.2611	0.2642	0.2673	0.2704	0.2734	0.2764	0.2794	0.2823	0.2852
0.8	0.2881	0.2910	0.2939	0.2967	0.2995	0.3023	0.3051	0.3078	0.3106	0.3133
0.9	0.3159	0.3186	0.3212	0.3238	0.3264	0.3289	0.3315	0.3340	0.3365	0.3389
1.0	0.3413	0.3438	0.3461	0.3485	0.3508	0.3531	0.3554	0.3577	0.3599	0.3621
1.1	0.3643	0.3665	0.3686	0.3708	0.3729	0.3749	0.3770	0.3790	0.3810	0.3830
1.2	0.3849	0.3869	0.3888	0.3907	0.3925	0.3944	0.3962	0.3980	0.3997	0.4015
1.3	0.4032	0.4049	0.4066	0.4082	0.4099	0.4115	0.4131	0.4147	0.4162	0.4177
1.4	0.4192	0.4207	0.4222	0.4236	0.4251	0.4265	0.4279	0.4292	0.4306	0.4319
1.5	0.4332	0.4345	0.4357	0.4370	0.4382	0.4394	0.4406	0.4418	0.4429	0.4441
1.6	0.4452	0.4463	0.4474	0.4484	0.4495	0.4505	0.4515	0.4525	0.4535	0.4545
1.7	0.4554	0.4564	0.4573	0.4582	0.4591	0.4599	0.4608	0.4616	0.4625	0.4633
1.8	0.4641	0.4649	0.4656	0.4664	0.4671	0.4678	0.4686	0.4693	0.4699	0.4706
1.9	0.4713	0.4719	0.4726	0.4732	0.4738	0.4744	0.4750	0.4756	0.4761	0.4767
2.0	0.4772	0.4778	0.4783	0.4788	0.4793	0.4798	0.4803	0.4808	0.4812	0.4817
2.1	0.4821	0.4826	0.4830	0.4834	0.4838	0.4842	0.4846	0.4850	0.4854	0.4857
2.2	0.4861	0.4864	0.4868	0.4871	0.4875	0.4878	0.4881	0.4884	0.4887	0.4890
2.3	0.4893	0.4896	0.4898	0.4901	0.4904	0.4906	0.4909	0.4911	0.4913	0.4916
2.4	0.4918	0.4920	0.4922	0.4925	0.4927	0.4929	0.4931	0.4932	0.4934	0.4936
2.5	0.4938	0.4940	0.4941	0.4943	0.4945	0.4946	0.4948	0.4949	0.4951	0.4952
2.6	0.4953	0.4955	0.4956	0.4957	0.4959	0.4960	0.4961	0.4962	0.4963	0.4974
2.7	0.4965	0.4966	0.4967	0.4968	0.4969	0.4970	0.4971	0.4972	0.4973	0.4974
2.8	0.4974	0.4975	0.4976	0.4977	0.4977	0.4978	0.4979	0.4979	0.4980	0.4981
2.9	0.4981	0.4982	0.4982	0.4983	0.4984	0.4984	0.4985	0.4985	0.4986	0.4986
3.0	0.4987	0.4987	0.4987	0.4988	0.4988	0.4989	0.4989	0.4989	0.4990	0.4990
3.1	0.4990	0.4991	0.4991	0.4991	0.4992	0.4992	0.4992	0.4992	0.4993	0.4993
3.2	0.4993	0.4993	0.4994	0.4994	0.4994	0.4994	0.4994	0.4995	0.4995	0.4995
3.3	0.4995	0.4995	0.4995	0.4996	0.4996	0.4996	0.4996	0.4996	0.4996	0.4997
3.4	0.4997	0.4997	0.4997	0.4997	0.4997	0.4997	0.4997	0.4997	0.4997	0.4998
3.5	0.4998									
4.0	0.49997									
4.5	0.499997									
5.0	0.4999997									

〈표 2〉 T-분포표의 임계값

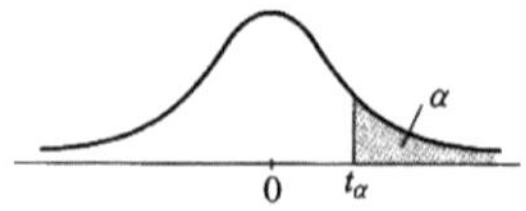

자유도	오른쪽 꼬리면적 α							
	.1	.05	.025	.01	.005	.0025	.001	.0005
1	3.078	6.314	12.706	31.821	63.657	127.32	318.31	636.62
2	1.886	2.920	4.303	6.965	9.925	14.089	22.327	31.598
3	1.638	2.353	3.182	4.541	5.841	7.453	10.214	12.924
4	1.533	2.132	2.776	3.747	4.604	5.598	7.173	8.610
5	1.476	2.015	2.571	3.365	4.032	4.773	5.893	6.869
6	1.440	1.943	2.447	3.143	3.707	4.317	5.208	5.959
7	1.415	1.895	2.365	2.998	3.499	4.029	4.785	5.408
8	1.397	1.860	2.306	2.896	3.355	3.833	4.501	5.041
9	1.383	1.833	2.262	2.821	3.250	3.690	4.297	4.781
10	1.372	1.812	2.228	2.764	3.169	3.581	4.144	4.587
11	1.363	1.796	2.201	2.718	3.106	3.497	4.025	4.437
12	1.356	1.782	2.179	2.681	3.055	3.428	3.930	4.318
13	1.350	1.771	2.160	2.650	3.012	3.372	3.852	4.221
14	1.345	1.761	2.145	2.624	2.977	3.326	3.787	4.140
15	1.341	1.753	2.131	2.602	2.947	3.286	3.733	4.073
16	1.337	1.746	2.120	2.583	2.921	3.252	3.686	4.015
17	1.333	1.740	2.110	2.567	2.898	3.222	3.646	3.965
18	1.330	1.734	2.101	2.552	2.878	3.197	3.610	3.922
19	1.328	1.729	2.093	2.539	2.861	3.174	3.579	3.883
20	1.325	1.725	2.086	2.528	2.845	3.153	3.552	3.850
21	1.323	1.721	2.080	2.518	2.831	3.135	3.527	3.819
22	1.321	1.717	2.074	2.508	2.819	3.119	3.505	3.792
23	1.319	1.714	2.069	2.500	2.807	3.104	3.485	3.767
24	1.318	1.711	2.064	2.492	2.797	3.091	3.467	3.745
25	1.316	1.708	2.060	2.485	2.787	3.078	3.450	3.725
26	1.315	1.706	2.056	2.479	2.779	3.067	3.435	3.707
27	1.314	1.703	2.052	2.473	2.771	3.057	3.421	3.690
28	1.313	1.701	2.048	2.467	2.763	3.047	3.408	3.674
29	1.311	1.699	2.045	2.462	2.756	3.038	3.396	3.659
30	1.310	1.697	2.042	2.457	2.750	3.030	3.385	3.646
40	1.303	1.684	2.021	2.423	2.704	2.971	3.307	3.551
60	1.296	1.671	2.000	2.390	2.660	2.915	3.232	3.460
120	1.289	1.658	1.980	2.358	2.617	2.860	3.160	3.373
∞	1.282	1.645	1.960	2.326	2.576	2.807	3.090	3.291

〈표 3〉 χ^2-분포표의 임계값

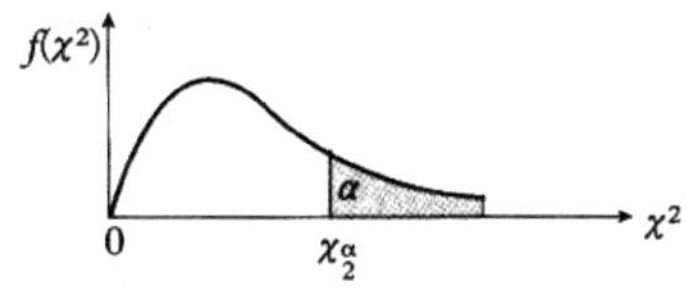

자유도	$\chi^2_{.995}$	$\chi^2_{.990}$	$\chi^2_{.975}$	$\chi^2_{.950}$	$\chi^2_{.900}$
1	0.0000393	0.0001571	0.0009821	0.0039321	0.0157908
2	0.0100251	0.0201007	0.0506356	0.102587	0.210720
3	0.0717212	0.114832	0.215795	0.351846	0.584375
4	0.206990	0.297110	0.484419	0.710721	1.063623
5	0.411740	0.554300	0.831211	1.145476	1.61031
6	0.675727	0.872085	1.237347	1.63539	2.20413
7	0.989265	1.239043	1.68987	2.16735	2.83311
8	1.344419	1.646482	2.17973	2.73264	3.48954
9	1.734926	2.087912	2.70039	3.32511	4.16816
10	2.15585	2.55821	3.24697	3.94030	4.86518
11	2.60321	3.05347	3.81575	4.57481	5.57779
12	3.07382	3.57056	4.40379	5.22603	6.30380
13	3.56503	4.10691	5.00874	5.89186	7.04150
14	4.07468	4.66043	5.62872	6.57063	7.78953
15	4.60094	5.22935	6.26214	7.26094	8.54675
16	5.14224	5.81221	6.90766	7.96164	9.31223
17	5.69724	6.40776	7.56418	8.67176	10.0852
18	6.26481	7.01491	8.23075	9.39046	10.8649
19	6.84398	7.63273	8.90655	10.1170	11.6509
20	7.43386	8.26040	9.59083	10.8508	12.4426
21	8.03366	8.89720	10.28293	11.5913	13.2396
22	8.64272	9.54249	10.9823	12.3380	14.0415
23	9.26042	10.19567	11.6885	13.0905	14.8479
24	9.88623	10.8564	12.4011	13.8484	15.6587
25	10.5197	11.5240	13.1197	14.6114	16.4734
26	11.1603	12.1981	13.8439	15.3791	17.2919
27	11.8076	12.8786	14.5733	16.1513	18.1138
28	12.4613	13.5648	15.3079	16.9279	18.9392
29	13.1211	14.2565	16.0471	17.7083	19.7677
30	13.7867	14.9535	16.7908	18.4926	20.5992
40	20.7065	22.1643	24.4331	26.5093	29.0505
50	27.9907	29.7067	32.3574	34.7642	37.6886
60	35.5346	37.4848	40.4817	43.1879	46.4589
70	43.2752	45.4418	48.7576	51.7393	55.3290
80	51.1720	53.5400	57.1532	60.3915	64.2778
90	59.1963	61.7541	65.6466	69.1260	73.2912
100	67.3276	70.0648	74.2219	77.9295	82.3581

자유도	$\chi^2_{.100}$	$\chi^2_{.050}$	$\chi^2_{.025}$	$\chi^2_{.010}$	$\chi^2_{.005}$
1	2.70554	3.84146	5.02389	6.63490	7.87944
2	4.60517	5.99147	7.37776	9.21034	10.5966
3	6.25139	7.81473	9.34840	11.3449	12.8381
4	7.77944	9.48773	11.1433	13.2767	14.8602
5	9.23635	11.0705	12.8325	15.0863	16.7496
6	10.6446	12.5916	14.4494	16.8119	18.5476
7	12.0170	14.0671	16.0128	18.4753	20.2777
8	13.3616	15.5073	17.5346	20.0902	21.9550
9	14.6837	16.9190	19.0228	21.6660	23.5893
10	15.9871	18.3070	20.4831	23.2093	25.1882
11	17.2750	19.6751	21.9200	24.7250	26.7569
12	18.5494	21.0261	23.3367	26.2170	28.2995
13	19.8119	22.3621	24.7356	27.6883	29.8194
14	21.0642	23.6848	26.1190	29.1413	31.3193
15	22.3072	24.9958	27.4884	30.5779	32.8013
16	23.5418	26.2962	28.8454	31.9999	34.2672
17	24.7690	27.5871	30.1910	33.4087	35.7185
18	25.9894	28.8693	31.5264	34.8053	37.1564
19	27.2036	30.1435	32.8523	36.1908	38.5822
20	28.4120	31.4104	34.1696	37.5662	39.9968
21	29.6151	32.6705	35.4789	38.9321	41.4010
22	30.8133	33.9244	36.7807	40.2894	42.7956
23	32.0069	35.1725	38.0757	41.6384	44.1813
24	33.1963	36.4151	39.3641	42.9798	45.5585
25	34.3816	37.6525	40.6465	44.3141	46.9278
26	35.5631	38.8852	41.9232	45.6417	48.2899
27	36.7412	40.1133	43.1944	46.9630	49.6449
28	37.9159	41.3372	44.4607	48.2782	50.9933
29	39.0875	42.5569	45.7222	49.5879	52.3356
30	40.2560	43.7729	46.9792	50.8922	53.6720
40	51.8050	55.7585	59.3417	63.6907	66.7659
50	63.1671	67.5048	71.4202	76.1539	79.4900
60	74.3970	79.0819	83.2976	88.3794	91.9517
70	85.5271	90.5312	95.0231	100.425	104.215
80	96.5782	101.879	106.629	112.329	116.321
90	107.565	113.145	118.136	124.116	128.229
100	118.498	124.342	129.561	135.807	140.169

〈표 4〉 F-분포표의 임계값

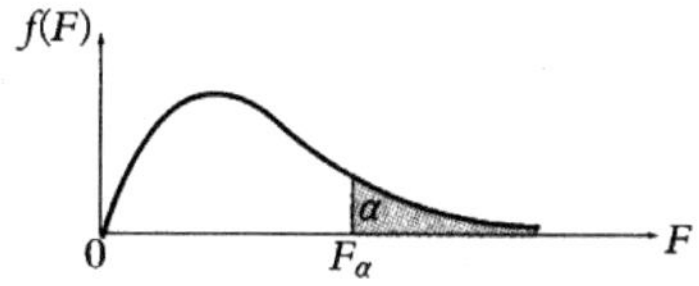

(a) α=.10

ν_2 \ ν_1 (분자의 자유도)	1	2	3	4	5	6	7	8	9
1	39.86	49.50	53.59	55.83	57.24	58.20	58.91	59.44	59.86
2	8.53	9.00	9.16	9.24	9.29	9.33	9.35	9.37	9.38
3	5.54	5.46	5.39	5.34	5.31	5.28	5.27	5.25	5.24
4	4.54	4.32	4.19	4.11	4.05	4.01	3.98	3.95	3.94
5	4.06	3.78	3.62	3.52	3.45	3.40	3.37	3.34	3.32
6	3.78	3.46	3.29	3.18	3.11	3.05	3.01	2.98	2.96
7	3.59	3.26	3.07	2.96	2.88	2.83	2.78	2.75	2.72
8	3.46	3.11	2.92	2.81	2.73	2.67	2.62	2.59	2.56
9	3.36	3.01	2.81	2.69	2.61	2.55	2.51	2.47	2.44
10	3.29	2.92	2.73	2.61	2.52	2.46	2.41	2.38	2.35
11	3.23	2.86	2.66	2.54	2.45	2.39	2.34	2.30	2.27
12	3.18	2.81	2.61	2.48	2.39	2.33	2.28	2.24	2.21
13	3.14	2.76	2.56	2.43	2.35	2.28	2.23	2.20	2.16
분모의 자유도 14	3.10	2.73	2.52	2.39	2.31	2.24	2.19	2.15	2.12
15	3.07	2.70	2.49	2.36	2.27	2.21	2.16	2.12	2.09
16	3.05	2.67	2.46	2.33	2.24	2.18	2.13	2.09	2.06
17	3.03	2.64	2.44	2.31	2.22	2.15	2.10	2.06	2.03
18	3.01	2.62	2.42	2.29	2.20	2.13	2.08	2.04	2.00
19	2.99	2.61	2.40	2.27	2.18	2.11	2.06	2.02	1.98
20	2.97	2.59	2.38	2.25	2.16	2.09	2.04	2.00	1.96
21	2.96	2.57	2.36	2.23	2.14	2.08	2.02	1.98	1.95
22	2.95	2.56	2.35	2.22	2.13	2.06	2.01	1.97	1.93
23	2.94	2.55	2.34	2.21	2.11	2.05	1.99	1.95	1.92
24	2.93	2.54	2.33	2.19	2.10	2.04	1.98	1.94	1.91
25	2.92	2.53	2.32	2.18	2.09	2.02	1.97	1.93	1.89
26	2.91	2.52	2.31	2.17	2.08	2.01	1.96	1.92	1.88
27	2.90	2.51	2.30	2.17	2.07	2.00	1.95	1.91	1.87
28	2.89	2.50	2.29	2.16	2.06	2.00	1.94	1.90	1.87
29	2.89	2.50	2.28	2.15	2.06	1.99	1.93	1.89	1.86
30	2.88	2.49	2.28	2.14	2.05	1.98	1.93	1.88	1.85
40	2.84	2.44	2.23	2.09	2.00	1.93	1.87	1.83	1.79
60	2.79	2.39	2.18	2.04	1.95	1.87	1.82	1.77	1.74
120	2.75	2.35	2.13	1.99	1.90	1.82	1.77	1.72	1.68
∞	2.71	2.30	2.08	1.94	1.85	1.77	1.72	1.67	1.63

ν_2 \ ν_1	분자의 자유도 10	12	15	20	24	30	40	60	120	∞ ¶
1	60.19	60.71	61.22	61.74	62.00	62.26	62.53	62.79	63.06	63.33
2	9.39	9.41	9.42	9.44	9.45	9.46	9.47	9.47	9.48	9.49
3	5.23	5.22	5.20	5.18	5.18	5.17	5.16	5.15	5.14	5.13
4	3.92	3.90	3.87	3.84	3.83	3.82	3.80	3.79	3.78	3.76
5	3.30	3.27	3.24	3.21	3.19	3.17	3.16	3.14	3.12	3.10
6	2.94	2.90	2.87	2.84	2.82	2.80	2.78	2.76	2.74	2.72
7	2.70	2.67	2.63	2.59	2.58	2.56	2.54	2.51	2.49	2.47
8	2.54	2.50	2.46	2.42	2.40	2.38	2.36	2.34	2.32	2.29
9	2.42	2.38	2.34	2.30	2.28	2.25	2.23	2.21	2.18	2.16
10	2.32	2.28	2.24	2.20	2.18	2.16	2.13	2.11	2.08	2.06
11	2.25	2.21	2.17	2.12	2.10	2.08	2.05	2.03	2.00	1.97
12	2.19	2.15	2.10	2.06	2.04	2.01	1.99	1.96	1.93	1.90
13	2.14	2.10	2.05	2.01	1.98	1.96	1.93	1.90	1.88	1.85
분모의 자유도 14	2.10	2.05	2.01	1.96	1.94	1.91	1.89	1.86	1.83	1.80
15	2.06	2.02	1.97	1.92	1.90	1.87	1.85	1.82	1.79	1.76
16	2.03	1.99	1.94	1.89	1.87	1.84	1.81	1.78	1.75	1.72
17	2.00	1.96	1.91	1.86	1.84	1.81	1.78	1.75	1.72	1.69
18	1.98	1.93	1.89	1.84	1.81	1.78	1.75	1.72	1.69	1.66
19	1.96	1.91	1.86	1.81	1.79	1.76	1.73	1.70	1.67	1.63
20	1.94	1.89	1.84	1.79	1.77	1.74	1.71	1.68	1.64	1.61
21	1.92	1.87	1.83	1.78	1.75	1.72	1.69	1.66	1.62	1.59
22	1.90	1.86	1.81	1.76	1.73	1.70	1.67	1.64	1.60	1.57
23	1.89	1.84	1.80	1.74	1.72	1.69	1.66	1.62	1.59	1.55
24	1.88	1.83	1.78	1.73	1.70	1.67	1.64	1.61	1.57	1.53
25	1.87	1.82	1.77	1.72	1.69	1.66	1.63	1.59	1.56	1.52
26	1.86	1.81	1.76	1.71	1.68	1.65	1.61	1.58	1.54	1.50
27	1.85	1.80	1.75	1.70	1.67	1.64	1.60	1.57	1.53	1.49
28	1.84	1.79	1.74	1.69	1.66	1.63	1.59	1.56	1.52	1.48
29	1.83	1.78	1.73	1.68	1.65	1.62	1.58	1.55	1.51	1.47
30	1.82	1.77	1.72	1.67	1.64	1.61	1.57	1.54	1.50	1.46
40	1.76	1.71	1.66	1.61	1.57	1.54	1.51	1.47	1.42	1.38
60	1.71	1.66	1.60	1.54	1.51	1.48	1.44	1.40	1.35	1.29
120	1.65	1.60	1.55	1.48	1.45	1.41	1.37	1.32	1.26	1.19
∞ ¶	1.60	1.55	1.49	1.42	1.38	1.34	1.30	1.24	1.17	1.00

(b) $\alpha=.05$

ν_2 \ ν_1	분자의 자유도								
	1	2	3	4	5	6	7	8	9
1	161.4	199.5	215.7	224.6	230.2	234.0	236.8	238.9	240.5
2	18.51	19.00	19.16	19.25	19.30	19.33	19.35	19.37	19.38
3	10.13	9.55	9.28	9.12	9.01	8.94	8.89	8.85	8.81
4	7.71	6.94	6.59	6.39	6.26	6.16	6.09	6.04	6.00
5	6.61	5.79	5.41	5.19	5.05	4.95	4.88	4.82	4.77
6	5.99	5.14	4.76	4.53	4.39	4.28	4.21	4.15	4.10
7	5.59	4.74	4.35	4.12	3.97	3.87	3.79	3.73	3.68
8	5.32	4.46	4.07	3.84	3.69	3.58	3.50	3.44	3.39
9	5.12	4.26	3.86	3.63	3.48	3.37	3.29	3.23	3.18
10	4.96	4.10	3.71	3.48	3.33	3.22	3.14	3.07	3.02
11	4.84	3.98	3.59	3.36	3.20	3.09	3.01	2.95	2.90
12	4.75	3.89	3.49	3.26	3.11	3.00	2.91	2.85	2.80
13	4.67	3.81	3.41	3.18	3.03	2.92	2.83	2.77	2.71
분모의 자유도 14	4.60	3.74	3.34	3.11	2.96	2.85	2.76	2.70	2.65
15	4.54	3.68	3.29	3.06	2.90	2.79	2.71	2.64	2.59
16	4.49	3.63	3.24	3.01	2.85	2.74	2.66	2.59	2.54
17	4.45	3.59	3.20	2.96	2.81	2.70	2.61	2.55	2.49
18	4.41	3.55	3.16	2.93	2.77	2.66	2.56	2.51	2.46
19	4.38	3.52	3.13	2.90	2.74	2.63	2.54	2.48	2.42
20	4.35	3.49	3.10	2.87	2.71	2.60	2.51	2.45	2.39
21	4.32	3.47	3.07	2.84	2.68	2.57	2.49	2.42	2.37
22	4.30	3.44	3.05	2.82	2.66	2.55	2.46	2.40	2.34
23	4.28	3.42	3.03	2.80	2.64	2.53	2.44	2.37	2.32
24	4.26	3.40	3.01	2.78	2.62	2.51	2.42	2.36	2.30
25	4.24	3.39	2.99	2.76	2.60	2.49	2.40	2.34	2.28
26	4.23	3.37	2.98	2.74	2.59	2.47	2.39	2.32	2.27
27	4.21	3.35	2.96	2.73	2.57	2.46	2.37	2.31	2.25
28	4.20	3.34	2.95	2.71	2.56	2.45	2.36	2.29	2.24
29	4.18	3.33	2.93	2.70	2.55	2.43	2.35	2.28	2.22
30	4.17	3.32	2.92	2.69	2.53	2.42	2.33	2.27	2.21
40	4.08	3.23	2.84	2.61	2.45	2.34	2.25	2.18	2.12
60	4.00	3.15	2.76	2.53	2.37	2.25	2.17	2.10	2.04
120	3.92	3.07	2.68	2.45	2.29	2.17	2.09	2.02	1.96
∞ ¶	3.84	3.00	2.60	2.37	2.21	2.10	2.01	1.94	1.88

ν_2 \ ν_1	분자의 자유도									
	10	12	15	20	24	30	40	60	120	∞ ¶
1	241.9	243.9	245.9	248.0	249.1	250.1	251.1	252.2	253.3	254.3
2	19.40	19.41	19.43	19.45	19.45	19.46	19.47	19.48	19.49	19.50
3	8.79	8.74	8.70	8.66	8.64	8.62	8.59	8.57	8.55	8.53
4	5.96	5.91	5.86	5.80	5.77	5.75	5.72	5.69	5.66	5.63
5	4.74	4.68	4.62	4.56	4.53	4.50	4.46	4.43	4.40	4.36
6	4.06	4.00	3.94	3.87	3.84	3.81	3.77	3.74	3.70	3.67
7	3.64	3.57	3.51	3.44	3.41	3.38	3.34	3.30	3.27	3.23
8	3.35	3.28	3.22	3.15	3.12	3.08	3.04	3.01	2.97	2.93
9	3.14	3.07	3.01	2.94	2.90	2.86	2.83	2.79	2.75	2.71
10	2.98	2.91	2.85	2.77	2.74	2.70	2.66	2.62	2.58	2.54
11	2.85	2.79	2.72	2.65	2.61	2.57	2.53	2.49	2.45	2.40
12	2.75	2.69	2.62	2.54	2.51	2.47	2.43	2.38	2.34	2.30
13	2.67	2.60	2.53	2.46	2.42	2.38	2.34	2.30	2.25	2.21
분모의 자유도 14	2.60	2.53	2.46	2.39	2.35	2.31	2.27	2.22	2.18	2.13
15	2.54	2.48	2.40	2.33	2.29	2.25	2.20	2.16	2.11	2.07
16	2.49	2.42	2.35	2.28	2.24	2.19	2.15	2.11	2.06	2.01
17	2.45	2.38	2.31	2.23	2.19	2.15	2.10	2.06	2.01	1.96
18	2.41	2.34	2.27	2.19	2.15	2.11	2.06	2.02	1.97	1.92
19	2.38	2.31	2.23	2.16	2.11	2.07	2.03	1.98	1.93	1.88
20	2.35	2.28	2.20	2.12	2.08	2.04	1.99	1.95	1.90	1.84
21	2.32	2.25	2.18	2.10	2.05	2.01	1.96	1.92	1.87	1.81
22	2.30	2.23	2.15	2.07	2.03	1.98	1.94	1.89	1.84	1.78
23	2.27	2.20	2.13	2.05	2.01	1.96	1.91	1.86	1.81	1.76
24	2.25	2.18	2.11	2.03	1.98	1.94	1.89	1.84	1.79	1.73
25	2.24	2.16	2.09	2.01	1.96	1.92	1.87	1.82	1.77	1.71
26	2.22	2.15	2.07	1.99	1.95	1.90	1.85	1.80	1.75	1.69
27	2.20	2.13	2.06	1.97	1.93	1.88	1.84	1.79	1.73	1.67
28	2.19	2.12	2.04	1.96	1.91	1.87	1.82	1.77	1.71	1.65
29	2.18	2.10	2.03	1.94	1.90	1.85	1.81	1.75	1.70	1.64
30	2.16	2.09	2.01	1.93	1.89	1.84	1.79	1.74	1.68	1.62
40	2.08	2.00	1.92	1.84	1.79	1.74	1.69	1.64	1.58	1.51
60	1.99	1.92	1.84	1.75	1.70	1.65	1.59	1.53	1.47	1.39
120	1.91	1.83	1.75	1.66	1.61	1.55	1.50	1.43	1.35	1.25
∞	1.83	1.75	1.67	1.57	1.52	1.46	1.39	1.32	1.22	1.00

(d) $\alpha=.01$

ν_2 \ ν_1	분자의 자유도 1	2	3	4	5	6	7	8	9
1	4,052	4,999.5	5,403	5,625	5,764	5,859	5,928	5,982	6,022
2	98.50	99.00	99.17	99.25	99.30	99.33	99.36	99.37	99.39
3	34.12	30.82	29.46	28.71	28.24	27.91	27.67	27.49	27.35
4	21.20	18.00	16.69	15.98	15.52	15.21	14.98	14.80	14.66
5	16.26	13.27	12.06	11.39	10.97	10.67	10.46	10.29	10.16
6	13.75	10.92	9.78	9.15	8.75	8.47	8.26	8.10	7.98
7	12.25	9.55	8.45	7.85	7.46	7.19	6.99	6.84	6.72
8	11.26	8.65	7.59	7.01	6.63	6.37	6.18	6.03	5.91
9	10.56	8.02	6.99	6.42	6.06	5.80	5.61	5.47	5.35
10	10.04	7.56	6.55	5.99	5.64	5.39	5.20	5.06	4.94
11	9.65	7.21	6.22	5.67	5.32	5.07	4.89	4.74	4.63
12	9.33	6.93	5.95	5.41	5.06	4.82	4.64	4.50	4.39
13	9.07	6.70	5.74	5.21	4.86	4.62	4.44	4.30	4.19
분 14	8.86	6.51	5.56	5.04	4.69	4.46	4.28	4.14	4.03
모 15	8.68	6.36	5.42	4.89	4.56	4.32	4.14	4.00	3.89
의 16	8.53	6.23	5.29	4.77	4.44	4.20	4.03	3.89	3.78
17	8.40	6.11	5.18	4.67	4.34	4.10	3.93	3.79	3.68
자 18	8.29	6.01	5.09	4.58	4.25	4.01	3.84	3.71	3.60
19	8.18	5.93	5.01	4.50	4.17	3.94	3.77	3.63	3.52
유 20	8.10	5.85	4.94	4.43	4.10	3.87	3.70	3.56	3.46
도 21	8.02	5.78	4.87	4.37	4.04	3.81	3.64	3.51	3.40
22	7.95	5.72	4.82	4.31	3.99	3.76	3.59	3.45	3.35
23	7.88	5.66	4.76	4.26	3.94	3.71	3.54	3.41	3.30
24	7.82	5.61	4.72	4.22	3.90	3.67	3.50	3.36	3.26
25	7.77	5.57	4.68	4.18	3.85	3.63	3.46	3.32	3.22
26	7.72	5.53	4.64	4.14	3.82	3.59	3.42	3.29	3.18
27	7.68	5.49	4.60	4.11	3.78	3.56	3.39	3.26	3.15
28	7.64	5.45	4.57	4.07	3.75	3.53	3.36	3.23	3.12
29	7.60	5.42	4.54	4.04	3.73	3.50	3.33	3.20	3.09
30	7.56	5.39	4.51	4.02	3.70	3.47	3.30	3.17	3.07
40	7.31	5.18	4.31	3.83	3.51	3.29	3.12	2.99	2.89
60	7.08	4.98	4.13	3.65	3.34	3.12	2.95	2.82	2.72
120	6.85	4.79	3.95	3.48	3.17	2.96	2.79	2.66	2.56
∞	6.63	4.61	3.78	3.32	3.02	2.80	2.64	2.51	2.41

ν_2 (분모의 자유도) \ ν_1 (분자의 자유도)	10	12	15	20	24	30	40	60	120	∞¶
1	6,056	6,106	6,157	6,209	6,235	6,261	6,287	6,313	6,339	6,366
2	99.40	99.42	99.43	99.45	99.46	99.47	99.47	99.48	99.49	99.50
3	27.23	27.05	26.87	26.69	26.60	26.50	26.41	26.32	26.22	26.13
4	14.55	14.37	14.20	14.02	13.93	13.84	13.75	13.65	13.56	13.46
5	10.05	9.89	9.72	9.55	9.47	9.38	9.29	9.20	9.11	9.02
6	7.87	7.72	7.56	7.40	7.31	7.23	7.14	7.06	6.97	6.88
7	6.62	6.47	6.31	6.16	6.07	5.99	5.91	5.82	5.74	5.65
8	5.81	5.67	5.52	5.36	5.28	5.20	5.12	5.03	4.95	4.86
9	5.26	5.11	4.96	4.81	4.73	4.65	4.57	4.48	4.40	4.31
10	4.85	4.71	4.56	4.41	4.33	4.25	4.17	4.08	4.00	3.91
11	4.54	4.40	4.25	4.10	4.02	3.94	3.86	3.78	3.69	3.60
12	4.30	4.16	4.01	3.86	3.78	3.70	3.62	3.54	3.45	3.36
13	4.10	3.96	3.82	3.66	3.59	3.51	3.43	3.34	3.25	3.17
14	3.94	3.80	3.66	3.51	3.43	3.35	3.27	3.18	3.09	3.00
15	3.80	3.67	3.52	3.37	3.29	3.21	3.13	3.05	2.96	2.87
16	3.69	3.55	3.41	3.26	3.18	3.10	3.02	2.93	2.84	2.75
17	3.59	3.46	3.31	3.16	3.08	3.00	2.92	2.83	2.75	2.65
18	3.51	3.37	3.23	3.08	3.00	2.92	2.84	2.75	2.66	2.57
19	3.43	3.30	3.15	3.00	2.92	2.84	2.76	2.67	2.58	2.49
20	3.37	3.23	3.09	2.94	2.86	2.78	2.69	2.61	2.52	2.42
21	3.31	3.17	3.03	2.88	2.80	2.72	2.64	2.55	2.46	2.36
22	3.26	3.12	2.98	2.83	2.75	2.67	2.58	2.50	2.40	2.31
23	3.21	3.07	2.93	2.78	2.70	2.62	2.54	2.45	2.35	2.26
24	3.17	3.03	2.89	2.74	2.66	2.58	2.49	2.40	2.31	2.21
25	3.13	2.99	2.85	2.70	2.62	2.54	2.45	2.36	2.27	2.17
26	3.09	2.96	2.81	2.66	2.58	2.50	2.42	2.33	2.23	2.13
27	3.06	2.93	2.78	2.63	2.55	2.47	2.38	2.29	2.20	2.10
28	3.03	2.90	2.75	2.60	2.52	2.44	2.35	2.26	2.17	2.06
29	3.00	2.87	2.73	2.57	2.49	2.41	2.33	2.23	2.14	2.03
30	2.98	2.84	2.70	2.55	2.47	2.39	2.30	2.21	2.11	2.01
40	2.80	2.66	2.52	2.37	2.29	2.20	2.11	2.02	1.92	1.80
60	2.63	2.50	2.35	2.20	2.12	2.03	1.94	1.84	1.73	1.60
120	2.47	2.34	2.19	2.03	1.95	1.86	1.76	1.66	1.53	1.38
∞	2.32	2.18	2.04	1.88	1.79	1.70	1.59	1.47	1.32	1.00

〈표 5〉 더빈-와트슨검정의 상한(d_U)과 하한(d_L)

		p									
		1		2		3		4		5	
n	α	d_L	d_U	d_L	d_U	d_L	d_U	d_L	d_U	d_L	d_U
15	0.01	0.81	1.07	0.70	1.25	0.59	1.46	0.49	1.70	0.39	1.96
	0.025	0.95	1.23	0.83	1.40	0.71	1.61	0.59	1.84	0.48	2.09
	0.05	1.08	1.36	0.95	1.54	0.82	1.75	0.69	1.97	0.56	2.21
20	0.01	0.95	1.15	0.86	1.27	0.77	1.41	0.63	1.57	0.60	1.74
	0.025	1.08	1.28	0.99	1.41	0.89	1.55	0.79	1.70	0.70	1.87
	0.05	1.20	1.41	1.10	1.54	1.00	1.68	0.90	1.83	0.79	1.99
25	0.01	1.05	1.21	0.98	1.30	0.90	1.41	0.83	1.52	0.75	1.65
	0.025	1.13	1.34	1.10	1.43	1.02	1.54	0.94	1.65	0.86	1.77
	0.05	1.20	1.45	1.21	1.55	1.12	1.66	1.04	1.77	0.95	1.89
30	0.01	1.13	1.26	1.07	1.34	1.01	1.42	0.94	1.51	0.88	1.61
	0.25	1.25	1.38	1.18	1.46	1.12	1.54	1.05	1.63	0.98	1.73
	0.05	1.35	1.49	1.28	1.57	1.21	1.65	1.14	1.74	1.07	1.83
40	0.01	1.25	1.34	1.20	1.40	1.15	1.46	1.10	1.52	1.05	1.58
	0.025	1.35	1.45	1.30	1.51	1.25	1.57	1.20	1.63	1.15	1.69
	0.05	1.44	1.54	1.39	1.60	1.34	1.66	1.29	1.72	1.23	1.79
50	0.01	1.32	1.40	1.28	1.45	1.24	1.49	1.20	1.54	1.16	1.59
	0.025	1.42	1.50	1.38	1.54	1.34	1.59	1.30	1.64	1.26	1.69
	0.05	1.50	1.59	1.46	1.63	1.42	1.67	1.38	1.72	1.34	1.77
60	0.01	1.38	1.45	1.35	1.48	1.32	1.52	1.28	1.56	1.25	1.60
	0.025	1.47	1.54	1.44	1.57	1.40	1.61	1.37	1.65	1.33	1.69
	0.05	1.55	1.62	1.51	1.65	1.48	1.69	1.44	1.73	1.41	1.77
80	0.01	1.47	1.52	1.44	1.54	1.42	1.57	1.36	1.60	1.36	1.62
	0.025	1.54	1.59	1.52	1.62	1.49	1.65	1.47	1.67	1.44	1.70
	0.05	1.61	1.66	1.59	1.69	1.56	1.72	1.53	1.74	1.51	1.77
100	0.01	1.52	1.56	1.50	1.58	1.48	1.60	1.45	1.63	1.44	1.65
	0.025	1.59	1.63	1.57	1.65	1.55	1.67	1.53	1.70	1.51	1.72
	0.05	1.65	1.69	1.63	1.72	1.61	1.74	1.59	1.76	1.57	1.78

연습문제 해답

REGRESSION ANALYSIS

제 3 장

3.1 생략

3.2 1) 생략

2) $Y = 17.78 + 0.22X$

3) 소득이 1단위(만원) 증가하면 전력소비량은 0.22KW 증가하고 소득이 없어도 기본 전력소비량은 17.78KW가 된다.

4) $R^2 = 0.889$

5) $\Sigma e = 0+0.22 - 0.44 + 0.44 - 0.22 + 1.11 + 0.67 + 2 + 0.22 - 4=0$

6) $MSE = 2.78$, $S_e = 1.677$

3.3 1) $N(150, 9.8^2)$, $N(200, 9.8^2)$, $N(350, 9.8^2)$

2) $P(-2 < Z < 2) = 0.954$

3.4 1) 불필요

2) 아님

3) $\widehat{\sigma^2} = \frac{1}{n}\Sigma e_j^2$

3.5 1) $\hat{Y} = 8.86 + 0.94X$

2) $\hat{Y} = 50.0 + 0.43Z$

3) 고교내신성적

3.6 1) 잔차의 합은 항상 0이 된다($\Sigma e_j = 0$).

정규방정식 식 (3.11a)에서 $\Sigma(Y_j - b_0 - b_1 X_j) = \Sigma(Y_j - \hat{Y}_j) = \Sigma e_j = 0$.

2) 잔차들의 X_j에 대한 가중합은 0이 된다($\Sigma X_j e_j = 0$).

정규방정식 식 (3.11b)에서 $\Sigma X_j(Y_j - b_0 - b_1 X_j) = \Sigma X_j e_j = 0$.

3) 잔차들의 $\hat{Y}_j$에 대한 가중합은 0이 된다($\Sigma \hat{Y}_j e_j = 0$).

$\Sigma \hat{Y}_j e_j = \Sigma(b_0 + b_1 X_j)e_j = b_0 \Sigma e_j + b_1 \Sigma X_j e_j = 0$

4) 추정된 회귀직선은 항상 ($\overline{X}$, $\overline{Y}$)를 통과한다.

$\widehat{Y}_j = \overline{Y} - b_1\overline{X} + b_1 X_j \rightarrow \widehat{Y}_j - \overline{Y} = b_1(X_j - \overline{X})$, $X_j = \overline{X}$일 때, $Y_j = \overline{Y}$가 된다.

3.7 1) 생략

2) $\widehat{\beta}_0 = b_0 = \overline{Y}$

3) $E(b_0) = E(\overline{Y}) = \frac{1}{n}\Sigma E(Y_j) = \beta_0 + E(\epsilon_j) = \beta_0$

3.8 생략

제 4 장

4.1 1) 17.78 ∓ 2.31 × 2.83, 0.222 ∓ 2.31 × 0.028

2) t_{b_1} = 0.222 / 0.028 = 8.0 > 2.31, 혹은 귀무가설 $\beta_1 = 0$는 신뢰구간 (0.157 – 0.287)사이에 있지 않기 때문에 유의수준 5%로 귀무가설 기각

3) 1), 2) 참조, 추정된 신뢰구간은 양측검정에서 채택영역이 된다.

4) p－값 = 0.000, 유의수준이 1% 미만일 때도 귀무가설을 기각함.

5) F = 8*8 = 64

Analysis of Variance

SOURCE	DF	SS	MS	F	p
Regression	1	177.78	177.78	64.00	0.000
Error	8	22.22	2.78		
Total	9	200.00			

6) 62.22, (55.70 – 68.74)

4.2 1) $\widehat{Y}_j = -27.125 + 0.718X_j$, $R^2 = 1 - \frac{280.625}{5240} = 0.946$

2) $F = 4959.375/35.078 = 141.38$, 유의수준 1%로 귀무가설 $\beta 1$ = 0을 기각. 즉, 추정된 회귀식은 관측값들을 잘 적합하다.

3) $t = b_{1/s_{b_1}} = 0.718/0.06 = 11.97$. 유의수준 1%로 귀무가설 $\beta_1 = 0$을 기각. 즉, 추정된 계수는 유의하다.

4) $0.718 \mp 2.05 \times 0.06 = (0.595 - 0.841)$

4.3 1) $\widehat{Y}_j = 23.07 + 0.29X_j$, $R^2 = 1 - \frac{10377}{12953} = 0.199$

2) $23.07 \mp 2.05 \times 6.69 = (9.36 - 36.78)$

3) $F = 6.95$에 대응하는 p－값이 0.008이므로 유의수준 1%로 귀무가설 $\beta_1 = 0$을 기각. 즉, 추정된 회귀식은 관측값들을 잘 적합하고 있다.

4) $t_0 = 2.64$, $t_c = 2.05$이므로 유의수준 5%로 귀무가설 β_1=0을 기각. 즉, 추정된 계수는 유의하다.

5) $t_0 = 2.64$에 대응하는 $p-$값이 0.008이므로 유의수준 1%로 귀무가설 $\beta_1 = 0$을 기각. 즉, 추정된 계수는 유의하다.

4.4-4.6 생략

4.7 1) $\hat{Y}_j = -30.570 + 0.875 X_j$

2) 61.01 ± 19.70, 0.795 ± 0.26

3) $t_0 = 6.42$ $p-$값 $= 0.000$

(유의수준 1%로 귀무가설을 기각하고 대립가설을 채택함)

4) $R^2 = 0.696$

5) 생략

4.8 1) $\hat{Y} = 264.67 + 42.78\,T$

2) 유의수준 1%로 귀무가설 $H_0 : \beta_1 = 0$을 기각. 즉, 유의수준 1%로 회귀계수들은 유의함.

3) $R^2 = 0.957$

4) 735.25, (730.25, 740.25)

4.9 생략

제 5 장

5.1 1) 0.943

2) $T = 8.01$, 유의한 상관관계가 있음

3) 0.943*0.943=0.889

5.2 Y와 X는 0.901, Y와 Z는 0.535,

5.3 0.891

5.4 불편추정량도 일치추정량도 되지 않음.

5.5 생략

5.6 1) 생략

2) $\hat{Y}_1 = 2.87 + 0.186X$, $\hat{Y}_2 = 4.87 + 0.159X$

3) $t_0 = \dfrac{0.186 - 0.159}{\sqrt{(0.0000196 + 0.0000361)}} = 3.62$, 유의수준 5%로 귀무가설을 기각

4) 생략

제 6 장

6.1 생략

6.2 모형을 다음과 같이 변형시켜서 추정할 수 있다.

$$Y_j' = Y_j - 4X_{2j} = \beta_0 + \beta_{1j}X_{1j} + \beta_{3j}X_{3j} + \epsilon_j$$

6.3 1) $Q = \sum (Y_j - b_1X_{1j} - b_2X_{2j})^2$를 b_1, b_2에 관하여 편미분하여 0으로 하는 정규방정식은 다음과 같이 유도된다.

$$\sum X_{1j}Y_j = b_1\sum X_{1j}^2 + b_2\sum X_{1j}X_{2j}, \qquad \sum X_{2j}Y_j = b_1\sum X_{1j}X_{2j} + b_2\sum X_{2j}^2$$

따라서 다음과 같이 된다.

$$b_1 = \frac{\sum X_{2j}^2 \sum X_{1j}Y_j - \sum X_{1j}X_{2j}\sum X_{2j}Y_j}{\sum X_{1j}^2\sum X_{2j}^2 - (\sum X_{1j}X_{2j})^2},$$

$$b_2 = \frac{\sum X_{1j}^2 \sum X_{2j}Y_j - \sum X_{1j}X_{2j}\sum X_{1j}Y_j}{\sum X_{1j}^2\sum X_{2j}^2 - (\sum X_{1j}X_{2j})^2}$$

2) $L(\beta_1, \beta_2) = \frac{1}{(2\pi\sigma)^{n/2}} exp[-\frac{1}{2\sigma^2}\sum (Y_j - \beta_1X_{1j} - \beta_2X_{2j})^2]$ 를 최대로 하는 β_1, β_2의 추정량은 $\sum (Y_j - \beta_1X_{1j} - \beta_2X_{2j})^2$을 최대로 한다. 따라서 최소제곱추정량과 같아진다.

6.4 추정된 회귀식 : $\widehat{Y}_j = -682.68 + 0.0085X_{1j} + 2.0715X_{2j}$, $R^2 = 0.872$

결과설명 : 자동차등록대수가 천대, 총인구가 십만명 증가할 때 자동차사고건수는 평균적으로 각각 0.0085천 건과 2.0715천 건씩 증가하는 것으로 추정된다.

6.5 추정된 회귀식 : $\widehat{Y}_j = -983.6 + 2.8445X_{2j}$, $\quad R^2 = 0.855$

비교설명 : 독립변수를 하나만 사용한 6.4의 추정된 회귀식의 결정계수는 두개의 독립변수를 사용한 6.5의 결과와 거의 비슷하고 또 6.4에서 X_1의 회귀계수는 X_2에 비하면 매우 미미하다. 즉 X_1은 종속변수에 유의한 영향을 미치지 못한다. 이것은 자동차 등록대수와 총인구는 밀접한 관련성을 갖고 있기 때문인 것으로 해석된다.

6.6 1) $t_{b_0} = 2.2 / 1.1 = 2.0 > 1.3$, 유의수준 10%로 유의하다.

$t_{b_1} = 1.05 / 0.08 = 1.31 > 1.3$, 유의수준 10%로 유의하다.

$t_{b_2} = 3.5 / 1.75 = 2.0 > 1.3$, 유의수준 10%로 유의하다.

$t_{b_3} = 0.24 / 0.10 = 2.4 > 1.3$, 유의수준 10%로 유의하다.

2) b_i에 대한 유의확률은 각각 0.025, 0.10, 0.009가 된다. 따라서 β_1은 유의수준 5%로, β_2는 유의수준 10%로, β_3는 유의수준 1%로 귀무가설을 기각시킬 수 있다.

3) $R^2 = 0.852$, $AR^2 = 0.844$

6.7 1) $\widehat{Y}_j = 64.65 + 6.255X_{1j} + 0.114X_{2j} + 12.712X_{3j}$

2) Analysis of Variance

SOURCE	DF	SS	MS	F	p
Regression	3	6847.9	2282.6	34.06	0.000
Error	6	402.1	67.0		
Total	9	7250.0			

결과설명 : 유의수준 1%로 귀무가설 $H_0 : \beta_1 = \beta_2 = \beta_3 = 0$를 기각한다. 즉, 최소한 하나 이상의 독립변수는 유의하다.

3) H_0 : $Y_j = \beta_0 + \beta_1 X_{1j} + \beta_3 X_{3j} + \epsilon_j$

H_0 : $Y_j = \beta_0 + \beta_1 X_{1j} + \beta_2 X_{2j} + \beta_3 X_{3j} + \epsilon_j$

SSR(F) = 6847.90236　　　　SSE(F)= 402.09764

SSR(R)= 6845.1　　　　SSE(R)= 404.9

따라서, $F_0 = \frac{(6847.9 - 6845.1)/(3-2)}{402.1/6}$=0.042 이므로 유의수준 1%로 귀무가설을 기각할 수 없다.

4) 독립변수 X1에 대한 제1종 부분 F-검정:

H_0 : $Y_j = \beta_0 + \epsilon_j$

H_0 : $Y_j = \beta_0 + \beta_1 X_{1j} + \epsilon_j$

$F_0 = \frac{SS1/1}{MSR} = \frac{6586.02}{83.0} = 79.35 > F_{0.01(1,8)} = 11.3,$

유의수준 1%로 귀무가설 기각.

독립변수 X2에 대한 제1종 부분 F−검정:

H_0 : $Y_j = \beta_0 + \beta_1 X_{1j} + \epsilon_j$

H_0 : $Y_j = \beta_0 + \beta_1 X_{1j} + \beta_2 X_{2j} + \epsilon_j$

$F_0 = \frac{SS1/1}{MSR} = \frac{0.11}{94.8}$ =0.0012$< F_{0.1(1,7)} = 3.59,$

유의수준 10%로 귀무가설 기각할 수 없음.

독립변수 X3에 대한 제1종 부분 F-검정:

H_0 : $Y_j = \beta_0 + \beta_1 X_{1j} + \beta_2 X_{2j} + \epsilon_j$

H_0 : $Y_j = \beta_0 + \beta_1 X_{1j} + \beta_2 X_{2j} + \beta_3 X_{3j} + \epsilon_j$

$F_0 = \frac{SS1/1}{MSR} = \frac{261.77}{67.02}$=3.906$> F_{0.1(1,6)} = 3.78,$

유의수준 10%로 귀무가설 기각.

5) 독립변수 X1에 대한 제2종 부분 $F-$검정:

$H_0 \ : Y_j = \beta_0 + \beta_2 X_{2j} + \beta_3 X_{3j} + \epsilon_j$

$H_0 \ : Y_j = \beta_0 + \beta_1 X_{1j} + \beta_2 X_{2j} + \beta_3 X_{3j} + \epsilon_j$

$F_0 = \dfrac{SS2/1}{MSR} = \dfrac{724.93}{67.02} = 10.82 = (t_{b_1})^2 = (3.289)^2,$

유의수준 1%로 귀무가설 기각.

독립변수 X2에 대한 제2종 부분 F-검정:

$H_0 \ : Y_j = \beta_0 + \beta_1 X_{1j} + \beta_3 X_{3j} + \epsilon_j$

$H_0 \ : Y_j = \beta_0 + \beta_1 X_{1j} + \beta_2 X_{2j} + \beta_3 X_{3j} + \epsilon_j$

$F_0 = \dfrac{SS2/1}{MSR} = \dfrac{2.80}{67.02} = 0.042 = (t_{b_2})^2 = (0.205)^2,$

유의수준 10%로 귀무가설 기각할 수 없음.

독립변수 X3에 대한 제2종 부분 F-검정:

$H_0 \ : Y_j = \beta_0 + \beta_1 X_{1j} + \beta_2 X_{2j} + \epsilon_j$

$H_0 \ : Y_j = \beta_0 + \beta_1 X_{1j} + \beta_2 X_{2j} + \beta_3 X_{3j} + \epsilon_j$

$F_0 = \dfrac{SS2/1}{MSR} = \dfrac{261.77}{67.02} = 3.906 = (t_{b_3})^2 = (1.976)^2,$

유의수준 10%로 귀무가설 기각.

<회귀식의 추정결과>

Variable	DF	Parameter Estimate	Standard Error	T for H0: Parameter=0	Prob > |T|	SS1	SS2
INTERCEP	1	64.652937	47.29943752	1.367	0.2207	182250	125.211676
X1	1	6.254767	1.90174381	3.289	0.0166	6586.021505	724.934167
X2	1	0.114416	0.55932535	0.205	0.8447	0.107627	2.804325
X3	1	12.711670	6.43176462	1.976	0.0955	261.773233	261.773233

6.8 1) $\hat{Y}_j = -463.0 + 0.822 X_{1j} + 6.583 X_{2j}$

2) 공정온도와 공정압력을 각각 한단위 증기시키면 제품의 강도는 평균적으로 0.822, 6.583씩 증가하는 것으로 추정된다.

3) MSE=149.4 R^2=0.913

4) $b_0 \mp t_{0.025,7} * S_{b_0} = -463.0 \mp 2.36 \times 128.3$

$b_1 \mp t_{0.025,7} * S_{b_1} = 0.8222 \mp 2.36 \times 0.2726$

$b_2 \mp t_{0.025,7} * S_{b_2} = 6.583 \mp 2.36 \times 2.778$

5) β_1 : $P-$값 = 0.019, 유의수준 5%로 유의하다.

β_2 : $P-$값 = 0.050, 유의수준 5%로 유의하다.

6) 점예측 : 244.42

95% 신뢰구간 예측 : 244.42∓2.36×17.39 = (203.30 ~ 285.54)

제7장

7.1 1) $\underline{y} = A\underline{x} = \begin{bmatrix} 1 & 1 \\ 1 & -1 \end{bmatrix}\begin{bmatrix} X_1 \\ X_2 \end{bmatrix}$

2) $E(\underline{y}) = AE(\underline{x}) = A\underline{\mu} = \begin{bmatrix} \mu_1 + \mu_2 \\ \mu_1 - \mu_2 \end{bmatrix}$

3) $V(\underline{y}) = A' V(\underline{x}) A \begin{bmatrix} 1 & 1 \\ 1 & -1 \end{bmatrix}\begin{bmatrix} \sigma_1^2 & \sigma_{12} \\ \sigma_{12} & \sigma_2^2 \end{bmatrix}\begin{bmatrix} 1 & 1 \\ 1 & -1 \end{bmatrix} = \begin{bmatrix} \sigma_1^2 + \sigma_2^2 + 2\sigma_{12} & \sigma_1^2 + \sigma_2^2 \\ \sigma_1^2 - \sigma_2^2 & \sigma_1^2 + \sigma_2^2 - 2\sigma_{12} \end{bmatrix}$

7.2 1) $A\underline{x} = \underline{b}, \quad A = \begin{bmatrix} 4 & 7 \\ 2 & 2 \end{bmatrix}, \ \underline{b} = \begin{bmatrix} 25 \\ 12 \end{bmatrix}, \ \underline{x} = \begin{bmatrix} X_1 \\ X_2 \end{bmatrix}$

2) $\underline{x} = A^{-1}\underline{b} = \begin{bmatrix} -1/3 & 7/6 \\ 2/6 & -4/6 \end{bmatrix}\begin{bmatrix} 25 \\ 12 \end{bmatrix} = \begin{bmatrix} 34/6 \\ 2/6 \end{bmatrix}$

7.3 1) $\underline{w} = A\underline{y}, \ \underline{w} = \begin{bmatrix} W_1 \\ W_2 \\ W_3 \end{bmatrix}, \ A = \begin{bmatrix} 1 & 1 & 1 \\ 1 & -1 & 0 \\ 1 & -1 & -1 \end{bmatrix}, \ \underline{y} = \begin{bmatrix} Y_1 \\ Y_2 \\ Y_3 \end{bmatrix}$

2) $E(\underline{w}) = AE(\underline{y})$

3) $V(\underline{w}) = AV(\underline{y})A' = \begin{bmatrix} 1 & 1 & 1 \\ 1 & -1 & 0 \\ 1 & -1 & -1 \end{bmatrix}\begin{bmatrix} \sigma_1^2 & \sigma_{12} & \sigma_{13} \\ \sigma_{12} & \sigma_2^2 & \sigma_{23} \\ \sigma_{13} & \sigma_{23} & \sigma_3^2 \end{bmatrix}\begin{bmatrix} 1 & 1 & 1 \\ 1 & -1 & -1 \\ 1 & 0 & -1 \end{bmatrix}$

$$= \begin{bmatrix} \sigma_1^2 + \sigma_2^2 + \sigma_3^2 + 2\sigma_{12} + 2\sigma_{13} + 2\sigma_{23} & \sigma_1^2 - \sigma_2^2 + \sigma_{13}^2 - \sigma_{23} & \sigma_1^2 - \sigma_2^2 - \sigma_2^2 - 2\sigma_{23} - \sigma_3^2 \\ \sigma_1^2 - \sigma_2^2 - \sigma_{13} - \sigma_{23} & \sigma_1^2 - 2\sigma_{12} + \sigma_2^2 & \sigma_1^2 - 2\sigma_{12} + \sigma_2^2 - \sigma_{13} + \sigma_{23} \\ \sigma_1^2 - \sigma_2^2 - 2\sigma_{23} - \sigma_3^2 & \sigma_1^2 - 2\sigma_{12} - \sigma_{13} + \sigma_2^2 + \sigma_{23} & \sigma_1^2 - 2\sigma_{12} - 2\sigma_{13} + \sigma_2^2 + 2\sigma_{23} + \sigma_3^2 \end{bmatrix}$$

7.4 1) $(X'X)^{-1} = \begin{bmatrix} 110.192 & 0.146 & -2.307 \\ 0.146 & 0.000 & -0.004 \\ -2.307 & -0.004 & 0.052 \end{bmatrix}, \ (X'\underline{y})^{-1} = \begin{bmatrix} 990 \\ 205575 \\ 60520 \end{bmatrix}$

2) $\underline{b} = \begin{bmatrix} -463.046 \\ 0.822 \\ 6.583 \end{bmatrix}$

7.5 생략

7.6

1) $\underline{y} = X\underline{\beta} + \underline{\epsilon} \qquad X = \begin{bmatrix} 1 & X_{11} & X_{21} & X_{31} \\ 1 & X_{12} & X_{22} & X_{32} \\ 1 & X_{13} & X_{23} & X_{33} \\ 1 & X_{14} & X_{24} & X_{34} \end{bmatrix} \qquad \underline{\beta} = \begin{bmatrix} \beta_0 \\ \beta_1 \\ \beta_2 \\ \beta_3 \end{bmatrix}$

2) $\underline{y}= X\underline{\beta}+ \underline{\epsilon}$ $\quad X=\begin{bmatrix} X_{11}\ X_{21}\ X_{21}^2 \\ X_{12}\ X_{22}\ X_{22}^2 \\ X_{13}\ X_{23}\ X_{23}^2 \\ X_{14}\ X_{24}\ X_{24}^2 \end{bmatrix}$ $\quad \underline{\beta}=\begin{bmatrix} \beta_1 \\ \beta_2 \\ \beta_3 \end{bmatrix}$

3) $\underline{y}= X\underline{\beta}+ \underline{\epsilon}$ $\quad X=\begin{bmatrix} 1\ X_{11}\ \mathrm{Ln}X_{21} \\ 1\ X_{12}\ \mathrm{Ln}X_{22} \\ 1\ X_{13}\ \mathrm{Ln}X_{23} \\ 1\ X_{14}\ \mathrm{Ln}\,X_{24} \end{bmatrix}$ $\quad \underline{\beta}=\begin{bmatrix} \beta_0 \\ \beta_1 \\ \beta_2 \end{bmatrix}$

제 8 장

8.1 생략

8.2 생략

8.3 1) $\hat{Y} = 65.102 + 0.0258X \quad R^2=0.623$

2) 생략

3) $F = 7.32 \quad P = 0.0281$, 유의수준 5%로 귀무가설을 기각함.

4) $\hat{Y} = 51.71 + 0.108X - 0.000076X^2 \quad R^2=0.908$

8.4 1) $\hat{Y} = 17.51 + 1.836X$

2) 조정된 잔차

	잔차	표준화잔차	표준화제외잔차
1	−5.874	−0.3906	−0.3689
2	−0.874	−0.0581	−0.0544
3	−5.056	−0.3206	−0.3018
4	4.944	0.3135	0.2951
5	−4.236	−0.2618	−0.2460
6	16.581	1.0176	1.0202
7	−12.599	−0.7815	−0.7607
8	27.400	1.6997	1.9892
9	−30.961	−2.0852	−2.8871
10	10.675	0.8910	0.8782

8.5 1)

$e_{(i)}$	m_i
−30.961	−1.548
−12.599	−0.999
−5.874	−0.653
−5.056	−0.374
−4.236	−0.122
0.874	0.122
4.944	0.374
10.675	0.653
16.581	0.999
27.400	1.548

2) $R_p^2 = 0.967$

8.6 생략

제 9 장

9.1 생략

9.2 1) $\hat{Y} = 17.51 + 1.836$

2) 생략

3) $e_t^2 = -655.4 + 62.95X_t - 0.86X_t^2$, $R^2 = 0.459(p-\text{값} = 0.12)$

따라서 유의수준을 10%로 하는 경우에 동분산 가정을 기각할 수 없다. 그러나 15%로 하는 경우에는 기각할 수 있다.

9.3 $Y = 5.00 + 0.500X$, $DW = 0.94$ (유의수준 5%로 귀무가설을 기각할 수 없음.)

9.4 1) $P < 0.00$, $P < 0.01$, $P < 0.00$

2) 잘 설명하고 있음.

3) 자기상관이 없다는 귀무가설을 기각.

9.5 생략

제 10 장

10.1 생략

10.2 생략

10.3 1) $\hat{Y} = 124.74 + 0.924\ X1 - 0.143\ X2 - 0.529\ X3 - 0.779\ X4$, ( )는 $p-$값.

(0.000) (0.003) (0.152) (0.023) (0.000)

$X1$, $X4$는 유의수준 1%로 유의하고, $X3$는 유의수준 5% 유의하나, $X2$는 유의수준 10%로 유의하지 않음.

<Analysis of Variance>

SOURCE	DF	SS	MS	F	p
Regression	4	2690.28	672.57	153.94	0.000
Error	8	34.95	4.37		
Total	12	2725.23			

2) R^2 = 0.987

3) 다중공선성의 문제가 없음

Variable	VIF	Eigenvalue	Condition Index	Var Prop INTERCEP	Var Prop X1	Var Prop X2	Var Prop X3	Var Prop X4
INTERCEP	0.000	4.12226	1.00000	0.0002	0.0032	0.0009	0.0025	0.0016
X1	4.349	0.53622	2.77267	0.0000	0.0902	0.0005	0.0320	0.0042
X2	5.780	0.29214	3.75643	0.0000	0.0044	0.0171	0.0160	0.0705
X3	4.039	0.04653	9.41271	0.0017	0.3629	0.1271	0.4230	0.0444
X4	6.595	0.00286	37.96017	0.9981	0.5393	0.8545	0.5264	0.8793

4) 독립변수들이 특이값 : 6번째 관측값,
예측값에 영향력이 큰 관측값 : 6번째 관측값
회귀계수에 영향력이 큰 관측값 : 6번째 관측값

10.4 1) $\hat{Y} = 17.07 - 4.495X1 + 3.111X2$

2) 0.9933, 상관관계가 매우 높다.

3) X1 : 74.9, X2 : 74.9, VIF가 10보다 훨씬 크므로 다중공선성의 문제가 있다.

4) 고유값 2.8531 0.1455 0.0014
조건지수 1.000 4.43 45.20

10.5 1) 4번째 관측값이 특이값인 동시에 영향력이 큰 관측값임.

Obs	Y	Residual	h_{jj}	$t_{(j)}$	D_j	$Dffits_j$
1	10.0000	0.8571	0.5238	0.1476	0.016	0.1548
2	12.0000	0.9143	0.2952	0.1293	0.005	0.0837
3	18.0000	4.9714	0.1810	0.7019	0.062	0.3299
4	2.0000	-12.9714	0.1810	-8.5092	0.424	-3.9996
5	20.0000	3.0857	0.2952	0.4497	0.053	0.2911
6	22.0000	3.1429	0.5238	0.5675	0.213	0.5952

2) 3번째 관측값이 특이값인 동시에 영향력이 큰 관측값임.

Obs	Y	Residual	h_{jj}	$t_{(j)}$	D_j	$Dffits_j$
1	10.0000	-0.6512	0.5349	-0.4898	0.185	-0.5252
2	12.0000	-1.0465	0.3140	-0.6795	0.129	-0.4597

3	18.0000	2.5581	0.2093	8.3874	0.386	4.3153
4	20.0000	-0.2326	0.3488	-0.1404	0.008	-0.1028
5	22.0000	-0.6279	0.5930	-0.5068	0.249	-0.6118

다시 3번째 관측값을 제거하고 분석하면 특이값도 영향력이 큰 관측값도 나타나지 않음.

제11장

11.1 ~ 11.3 생략

11.4 1)

Number in Model	R-square	Adjusted R-square	C(p)	MSE	Variables in Model
1	0.57919900	0.55582116	4.21209	135.82054	X1
1	0.39988897	0.36654947	12.82478	193.69584	X3
1	0.38144351	0.34707926	13.71076	199.64942	X2
2	0.65305124	0.61223373	2.66479	118.57076	X1 X3
2	0.65234004	0.61143886	2.69895	118.81381	X1 X2
2	0.44377073	0.37833199	12.71704	190.09299	X2 X3
3	0.66689162	0.60443380	4.00000	120.95582	X1 X2 X3

2) Summary of Forward Selection Procedure for Dependent Variable Y

Step	Variable Entered	Number In	Partial R**2	Model R**2	C(p)	F	Prob>F
1	X1	1	0.5792	0.5792	4.2121	24.7756	0.0001
2	X3	2	0.0739	0.6531	2.6648	3.6187	0.0742
3	X2	3	0.0138	0.6669	4.0000	0.6648	0.4268

3) Summary of Stepwise Procedure for Dependent Variable Y

Step	Variable Entered	Variable Removed	Number In	Partial R**2	Model R**2	C(p)	F	Prob>F
1	X1		1	0.5792	0.5792	4.2121	24.7756	0.0001
2	X3		2	0.0739	0.6531	2.6648	3.6187	0.0742

4) 생략

제12장

12.1 생략

12.2 모형에 상수항이 포함되는 경우에 선형종속이 됨.

12.3 1) 생략

2) 절편과 기울기가 모두 유의적임.

$\hat{Y} = 13.447 + \underset{(0.004)}{0.401X} + \underset{(0.016)}{12.329D}$ $R^2 = 0.7598$

$\hat{Y} = -12.500 + \underset{(0.000)}{0.739X} + \underset{(0.004)}{51.250D} - \underset{(0.013)}{0.494XD}$ $R^2 = 0.8936$

3) 동일함.

12.4 생략

12.5 1) $\hat{Y}_j = -0.6786 + 0.0066X_{1j} + 0.1067X_{2j}$, $R^2 = 0.79$

(0.009) (0.033) (0.002) ( ) : p−값

2) $\hat{Y}_j = -0.7543 + 0.0069X_{1j} + 0.1161X_{2j}$, $R^2 = 0.96$

(0.000) (0.000) (0.000) ( ) : p−값

제13장

13.1 생략

13.2 1) $\hat{Y} = 3.95 + 0.365x + 0.0782x^2$

2) 점추정값 : 15.420, 구간추정 : 10.966−19.873

3) X와 X^2간의 상관계수 : 0.975, x와 x^2간의 상관계수 : 0.000

다중공선성의 문제를 해결함.

13.3 1) $\hat{Y} = 38.6406 + 0.3314x - 0.0911x^2$, $x = X - 47.5$, $R^2 = 0.9474$

2) 점추정 : 38.78, 구간추정 : (37.05−40.52)

13.4 1) $\hat{Y} = 50.3 - \underset{(0.00)}{0.742x_1} - \underset{(0.00)}{0.499x_2} - \underset{(0.00)}{0.286x_1^2} - \underset{(0.21)}{0.109x_2^2} + \underset{(0.73)}{0.0143x_1x_2}$, $R^2 = 0.945$

2) $\hat{Y} = 50.1 - \underset{(0.00)}{0.752x_1} - \underset{(0.00)}{0.518x_2} - \underset{(0.00)}{0.289x_1^2}$, $R - sq = 0.94$

3) 점추정 : 49.750, 구간추정 : (48.243−50.258)

찾아보기

F

F-분포 22

G

Gaus-Markov 정리 47

T

t-분포 21, 67

ㄱ

가설검정 26
가중최소제곱법 225
공분산 18
기본사건 16

ㄷ

단측검정 69
독립변수 29
동분산 85
두 회귀선의 비교 106

ㅁ

모집단 회귀모형 39
몬테칼로 실험 54

ㅂ

반응변수 29
분산분석 66, 76
불편추정량 24

ㅅ

산점도 45
상관계수 95
설명변수 29
순위상관계수 96
신뢰구간 26, 49, 66, 68

ㅇ

양정치행렬 59
양측검정 69
예측 80
우도함수 25
원점을 지나는 회귀 104
유의확률(P-value) 27
유효추정량 24
음정치 행렬 58
일치추정량 24
임계값 27

ㅈ

잔차 43
잔차제곱평균(MSR) 50
잔차제곱합 50
정규방정식 45
정규분포 19
정규오차회귀모형 66
종속변수 29, 80
중회귀분석 29

ㅊ

총변동 76
총제곱합 76
최량선형불편추정량 47
최소제곱추정량 25
최우추정량 25, 60
최우추정법 60
추정값의 표준오차 50

ㅋ

카이2-분포 20
코크란의 정리 90

ㅌ

통계적 관련성 33
통상최소제곱법 225

ㅍ

패키지 프로그램 36
편상관계수 96
평균제곱오차(MSE) 24
표본공간 17
표본회귀모형 43
표본회귀직선 43

ㅎ

확률변수 16
확률오차항 39
회귀계수 39
회귀제곱합 77

▸▸▸ 저자소개

저자 ❙ 이 우 리

성균관대학교 경상대학 통계학과 졸업
성균관대학교 대학원 통계학과 졸업(경제학 석, 박사)
국토개발연구원 연구원
미국 Oklahoma State University 연구교수
전, 경기대학교 부총장
전, 한국통계학회 논문집 편집위원장
현, 경기대학교 경상대학 응용정보통계학과 명예교수

회귀분석 입문 – 이해와 SAS활용

지 은 이 · 이 우 리
펴 낸 이 · 최 재 범
펴 낸 곳 · 도서출판 탐진
등록 1-996호(倫). 1990. 1. 12.
서울특별시 마포구 신수로 27-1
Tel. 715-1092 ~ 3 / FAX. 701-6391
E-mail. tamjin90@hanmail.net / www.tamjin.co.kr

저자와의 협의하에 인지를 생략함

2004. 12. 27. 초 판 발행
2012. 2. 29. 제2판 발행
2023. 2. 28. 제2판 6쇄 발행

ISBN 978-89-5540-288-9 93310

정가 20,000원